挠曲电理论及应用

申胜平　梁　旭　邓　谦　著

科 学 出 版 社

北　京

内 容 简 介

本书从力电耦合类功能材料的发展历程、物理基础、器件设计和应用等方面对固体电介质的挠曲电效应进行了较全面地总结和讨论；重点梳理了作者团队在挠曲电理论、挠曲电介质中的弹性波、挠曲电效应的实验表征、挠曲电效应的扩展有限元方法以及挠曲电器件设计等方面的研究工作，涵盖了挠曲电效应的基础理论、弹性波理论、扩展有限元方法及器件性能分析等内容。本书对固体电介质材料的挠曲电理论和应用的发展进行了综述和展望，并系统阐述了挠曲电效应的潜在应用价值和挠曲电器件的设计思路与方法。

本书可作为智能材料结构力学与挠曲电理论等相关力学、凝聚态物理、材料、机械等领域研究人员的参考书，也可作为相关专业高校师生的参考书籍，同时可供其他领域对固体电介质中挠曲电效应感兴趣的研究人员参考使用。

图书在版编目(CIP)数据

挠曲电理论及应用/申胜平，梁旭，邓谦著. —北京：科学出版社，2022.10
ISBN 978-7-03-070175-6

Ⅰ. ①挠… Ⅱ. ①申… ②梁… ③邓… Ⅲ. ①固体绝缘材料-电介质-研究 Ⅳ. ①TM215

中国版本图书馆 CIP 数据核字(2022)第 064694 号

责任编辑：祝 洁／责任校对：崔向琳
责任印制：张 伟／封面设计：迷底书装

科学出版社 出版
北京东黄城根北街 16 号
邮政编码：100717
http://www.sciencep.com
北京中石油彩色印刷有限责任公司 印刷
科学出版社发行 各地新华书店经销
*
2022 年 10 月第 一 版 开本：720×1000 1/16
2023 年 1 月第二次印刷 印张：14 1/2 插页：5
字数：300 000

定价：165.00 元
(如有印装质量问题，我社负责调换)

序　言

固体的变形是由微观尺度组成固体的原子之间的相互位置和构型偏离能量最小的平衡状态的变化所产生的。在介电材料 (或电介质材料，是一种能被外加电场极化的电绝缘体) 中，这种微观变化可以引起原子间局部电子的重新分布，产生极性，也称极化，应变作用下称为压电效应，而非均匀应变场中应变梯度引起的极化称为挠曲电效应。极化也可以通过外加电场作用下电荷偏离其平均平衡位置而产生。在一些介电材料中，电场引起的极化会使原子偏离其平均平衡位置而产生宏观变形，称为逆压电效应。

应变是固体微元本身的伸长率，属于局部变量；应变梯度则是相邻固体微元应变的变化量，属于非局部变量。随着器件尺寸的缩小和柔性器件的兴起，应变梯度效应具有日益重要的实际意义。从微丝的扭转、弯曲塑性和微梁的变形，到碳纳米管的波动，从广泛使用的液晶触摸屏到新兴的柔性纳米器件，应变梯度都有显著的作用。

相比压电效应，挠曲电效应不受居里温度的限制，具有更好的温度稳定性。但在宏观尺度，应变梯度往往很小，固体材料中挠曲电效应十分微弱。挠曲电效应 20 世纪 60 年代首次被发现，在此后较长的一段时间内并没有受到重视。在更小的空间产生同样的应变变化会导致更大的应变梯度，因此挠曲电效应随材料尺寸减小而增大。随着微纳米技术的发展，压电和半导体器件呈现微型化和超精密化趋势，宏观尺度中可被忽略的挠曲电效应在此时起到非常重要的作用，甚至处于主导地位，有望突破压电和半导体器件力电耦合性能与温度稳定性难以兼顾的瓶颈，变革其设计方式。

可喜的是，申胜平带领团队在国际上较早地开展了挠曲电效应的研究，从本构关系、变分原理和基本方程出发，发展完善了挠曲电力电耦合理论，深入研究了挠曲电介质中的波、各种介电固体挠曲电效应的测试、表征方法和有限元分析方法，开展了挠曲电器件设计和研制。尤其可贵的是，他们提出了一种可大幅度提升聚合物材料挠曲电效应的方法，通过微结构设计将聚二甲基硅氧烷的挠曲电效应提高了 100 倍，为在宏观尺度上应用挠曲电效应提供了可能性。

我认识申胜平已逾 30 年。1989 年，在西北工业大学飞机系，他是大三学生，我攻读博士，是他“弹性力学”课程的辅导老师。1990 年，我指导他本科毕业论文工作，从此他选择了科研之路。1992 年，我到西安交通大学做博士后，我们仍经常见面，我也在科研上给他建议和指导。1993 年，我推荐他到西安交通大学攻读博士学位，帮助他走上了智能材料研究之路。我很高兴地看到他一路走来，对科研始终如一的坚持及不畏艰难的探索。

因此，我很高兴为申胜平、梁旭和邓谦所著的《挠曲电理论及应用》一书作序。该书系统地总结了固体电介质材料中挠曲电效应的发展历程、基础理论和基本方法，阐述了挠曲电效应测试原理和应用价值，介绍了挠曲电器件的设计思路和方法，重点论述了挠曲电理论、挠曲电介质中的弹性波、挠曲电效应的实验表征、挠曲电有限元方法以及挠曲电器件设计等方面的内容。全书内容系统而精炼，结构严谨，理论体系清晰，语言简明，颇具可读性。

该书是我国第一本关于挠曲电效应的专著，丰富和发展了智能材料和结构力学的基本理论，为挠曲电材料与结构的性能表征，新器件设计以及可靠性分析提供了理论基础和新思路。

最后我想指出，应变梯度引起的挠曲效应不仅存在于极化介电固体，而且对半导体的能带调控和激子动力学行为有显著作用。应变调控半导体能带和应变工程已经广泛应用于半导体工业技术多年。随着集成电路特征尺寸的减小以及柔性电子技术的发展，不同掺杂区域的不同应变和微纳米尺度的柔性变形引起的应变梯度变得显著，实验和理论已揭示出的光电半导体能带随应变梯度增加线性红移的柔性电子效应将会是力电耦合研究，尤其是挠曲效应研究的新领域。

郭万林

中国科学院院士　郭万林

2022 年 3 月于南京

前　　言

自 1880 年居里兄弟首次发现压电效应，对能够实现机械能和电能相互转换的功能材料的研究和应用已经过去一百多年了。基于压电材料的各类振荡器、滤波器、延迟线、传感器和作动器件极大改变了信息通信、工业自动化、医疗诊断、交通控制和国防等各个领域的工作模式。随着科学技术的快速发展，将压电材料与微加工技术相结合，已经逐渐实现了人机交互、传感和驱动等新的思路和途径，不断改变着人类的生活方式。

国际压电器件市场已经从 2015 年的 203.5 亿美元持续增长到 2020 年的 272.4 亿美元，年复合增长率达到 6.01%，巨大的市场需求和广泛的应用前景将继续推动压电器件的快速发展。各种新材料和新结构不断涌现，为传统压电器件的性能突破铺平了道路，同时也提出了许多新的挑战。受材料对称性限制，压电效应仅存在于微结构具有非中心对称的材料中，且无法与微加工工艺兼容。最近二十年，固体电介质的挠曲电效应备受关注，挠曲电材料和器件的开发取得了长足发展，器件性能达到甚至超过已有的压电器件，这使得挠曲电效应的研究已经不再局限于科学研究领域，逐渐成为一种有希望实际应用的力电转换技术。

挠曲电器件与压电器件相比结构简单，不易受温度影响，极大拓宽了力电耦合材料的选择范围。与传统压电器件相比，挠曲电器件具有独特的优势：挠曲电器件提供了更多的力学设计途径，在微纳米尺度具有显著的力电耦合响应，同时可以避免使用对环境和人类健康产生危害的材料等。

作者从事固体中挠曲电效应的研究工作已有十余年，围绕挠曲电效应相关的力电耦合理论，挠曲电梁、板、膜理论，挠曲电介质中的弹性波理论和挠曲电效应的有限元方法等方面开展研究工作，本书就是对多年研究工作的成果总结。全书共 6 章，第 1 章叙述压电效应和挠曲电效应的发展历程，重点综述超越压电效应的材料和器件设计，并展望挠曲电理论和器件的发展方向；第 2 章提出挠曲电理论的基本框架，阐述应变梯度和表面效应，并建立挠曲电梁、板和膜的力电耦合理论，最后基于诺特定理提出具有挠曲电效应的纳米电介质的守恒定律，并计算 Ⅲ 型裂纹的 J 积分；第 3 章建立挠曲电介质中弹性波传播的力电耦合理论，讨论关键参数对声波器件性能的影响；第 4 章介绍材料挠曲电效应的实验表征手段，提出基于圆台压缩和冲击压缩测量材料挠曲电系数的实验方法，通过轻气炮和分离式霍普金森压杆实验增强材料中的应变梯度，避免了宏观块体材料中挠曲电效应微弱难以准确测量的困难，并分析挠曲电效应表征中的关键影响因素；第 5 章介绍挠曲电效应的扩展有限元方法，构造二维和三维混合单元用于讨论挠曲电效应对力电耦合响应的影响；第 6 章对挠曲电器件进行总结和展望，讨论挠曲电效应在传感、俘能和声波器件方面的潜在应用，并基于理论分析器件性能。

西安交通大学为相关研究工作和本书的顺利完成提供了长期支持，相关研究工作同时得到了国家自然科学基金等项目的支持，在此表示深深的感谢。在本书的撰写过程中，硕士研究生刘晨晨、徐莹、吕江彦，博士研究生卢建锋、胡涛涛、吁鹏飞等贡献了他们的才智，特别是杨文君博士、郁汶山副教授、胡淑玲教授对本书的内容完善和相关工作提出的宝贵建议，没有他们本书不能顺利成稿，在此深表谢意!

衷心希望本书能够成为固体中挠曲电效应研究领域的重要参考资料，对本领域的科研人员和学生提供帮助。希望本书涉及的具体研究过程、方法和结构能够推动挠曲电理论及应用领域的研究进一步发展。

由于近年来固体中挠曲电效应的研究发展迅速，在许多方面并非十分成熟，也有很多内容本书并没有涉及，书中很难全面反映固体中挠曲电效应的最新研究进展。另外，著者对某些问题的理解也还不够深入，书中内容难免有一定的局限性，疏漏之处在所难免，恳请广大读者批评指正。

著　者

2022 年 3 月于西安

目　录

第 1 章 绪 论

材料科学的研究和发展深刻地影响着人类的生产和生活方式，结构材料以其力学性能为基础，如弹性、塑性、强度、硬度等；功能材料以其力、电、磁、热等物理性能为基础，支撑高新技术发展，促进传统产业结构调整，提高人类健康水平。功能材料具有重要的战略意义和市场前景，是世界各国科研工作者的研究热点之一。通过积极发展各种新技术专利，并通过知识产权形成技术壁垒。目前，功能材料的研究和开发已经占新材料研究的 75%以上，且在超导材料、稀土材料、生物医用材料、红外隐身材料等领域取得了国际领先成果。功能材料是一类能够实现能量转换的材料，常见的能量转换包括电能和机械能、磁能和机械能、电能和磁能以及光能和电能的相互转换。功能材料的研究为开发新型智能材料，提高能量转换效率，发掘材料的新用途提供了保证。

目前，能够实现机械能和电能转换的材料包括压电材料、铁电材料、介电弹性体等。其中，压电材料能够实现机械能和电能的相互转换，且具有优异的力电耦合性能。常用的压电材料包括压电晶体、压电陶瓷和压电聚合物。压电晶体如石英晶体，其压电性能弱，但温度稳定性较好，压电性不易受外界因素干扰；以铁电材料为主的压电陶瓷具有较强的压电性，可根据实际生产需要加工，在宽度滤波和换能等方面具有广泛的应用。基于压电材料的压电振荡器、滤波器、延迟线、传感器、作动器等器件极大促进了信息通信、工业自动化、医疗诊断、交通控制及国防领域的发展 [1]。随着科学技术的进步和工业的快速发展，近年来压电材料与微纳米技术、微加工工艺相结合，进一步促进了压电器件的发展，并产生了纳米压电电子器件，为实现人机交互、传感和驱动等应用提供全新的思路和途径，极大改变了人类的生活。图 1.1 为压电微机电系统的应用。

应变梯度能够局部破坏晶体的反演对称，从而在电介质中引起极化现象，称为挠曲电效应 (flexoelectric effect)。相比于压电效应 (piezoelectric effect)，挠曲电效应可以被视为一种高阶效应。与压电效应不同，挠曲电效应存在于所有电介质材料中，极大拓展了力电耦合材料的选择范围。此外，应变梯度与材料和结构的特征尺寸相关，随材料和结构特征尺寸的减小，应变梯度迅速增大。因此，在微纳米尺寸下挠曲电效应有望超越压电效应主导材料和结构的力电耦合性能。

本章首先简要介绍压电效应和挠曲电效应，重点讨论挠曲电效应超越压电效应的智能材料与器件设计，最后给出挠曲电效应未来发展趋势和潜在的应用前景。

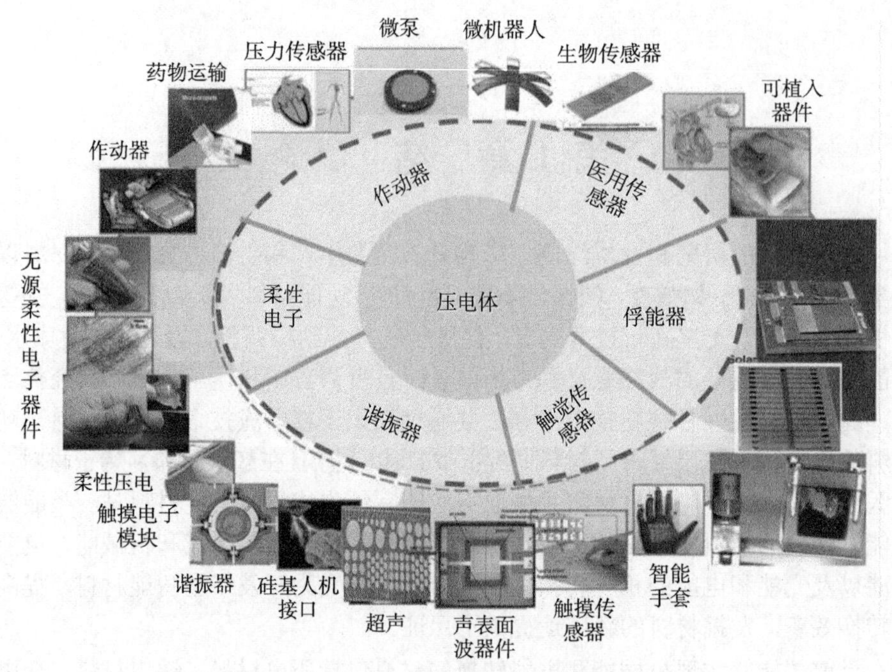

图 1.1　压电微机电系统的应用
(www.tyndall.ie/piezo-mems)

1.1　压 电 效 应

压电材料实现机械能和电能转换的基础是压电效应，压电效应是指晶体材料在受到应力时出现电极化，或相反地在外加电场作用下形状发生改变 [2]。1880 年，居里兄弟最早发现了压电现象，直到半个世纪以后，压电产品才大量出现在市场上 [3]。1921 年，随着石英晶体振荡器的发展，首次实现了通过压电效应对装置的重要改进。固溶体氧化物钛酸钡 ($BaTiO_3$，BT) 的出现使得压电技术的大规模应用成为可能。1946 年，有学者证实钛酸钡陶瓷通过极化工艺处理具有明显的压电效应，钛酸钡陶瓷的压电常数远大于石英晶体，并且其可以低成本地制备成各种形状 [4]。1954 年，学者们在固溶体锆钛酸铅 [$Pb(Zr_{1-x}Ti_x)O_3$，PZT] 材料中发现了非常强的压电效应，这是压电材料历史上具有里程碑意义的进展。压电器件的年营业额超过几百亿美元，压电技术的市场应用已非常广泛 [1]。因此，深入理解这些压电类材料力电耦合机理的本质，有助于新型压电器件的设计和开发 [5]。

对某些电介质上沿着一定方向施加力而使其发生变形时，其内部就产生电极化现象，同时在其两个相对表面上产生符号相反的电荷；当外力去掉后，其又重新恢复到不带电的状态，这种现象被称为压电效应。当作用力改变方向时，电荷的极性也随之改变，这种外加应力引起电荷的现象称为正压电效应；相应地，当在电介质极化方向施加电场时这些介质将会发生变形，当外电场的方向改变时变形的形式也随之改变，这种外加电场引起变形的现象称为逆压电效应，如图 1.2 所示。

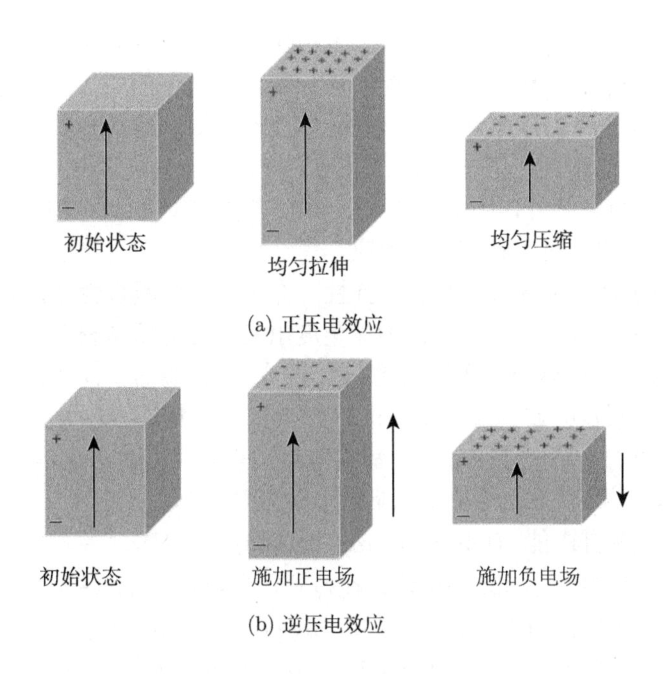

图 1.2　正压电效应和逆压电效应示意图

对于压电单晶，其压电效应的微观机理与晶体的微观结构密切相关。以压电石英晶体为例，图 1.3(a) 为石英晶体产生压电效应的微观机理示意图；对于压电陶瓷，一般具有自发极化的多畴结构，在强电场作用下这些具有一定取向的畴将重新排列，当强电场撤去后压电陶瓷具有剩余极化，这使得压电陶瓷具有显著的压电效应，如图 1.3(b) 所示。

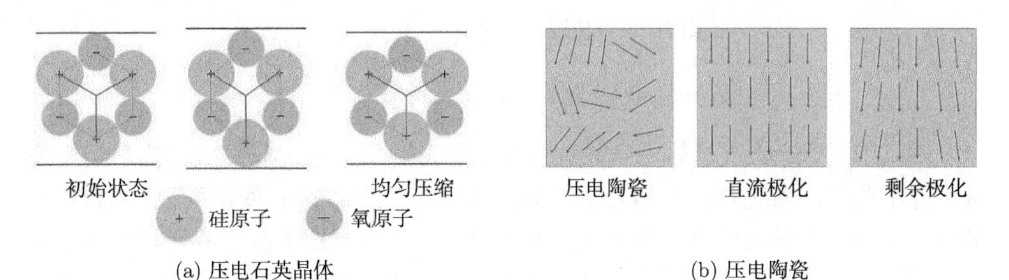

图 1.3　压电效应的微观机理示意图

正压电效应和逆压电效应可通过如下方程描述:

$$P_i = d_{ikl}\sigma_{kl}, \quad \varepsilon_{kl} = d_{ikl}E_i \tag{1.1}$$

式中，P_i 为电极化矢量的分量；σ_{kl} 为应力张量分量；ε_{kl} 为应变张量分量；E_i 为电场矢量分量；d_{ikl} 为压电张量分量。电极化与应力或者应变与电场通过压电张量相联系，可描述为在恒电场作用时，应力变化所产生的电极化变化与应力变化之比，d_{ikl} 一般也称为压电常数。根据晶体理论可知，材料参数的对称性与晶体结构的对称性密切相关，压电常数 d_{ikl} 为三阶张量，其满足 $d_{ikl} = d_{ilk}$，因此最多只有 18 个分量。此外，压电常数 $d_{ikl} \neq 0$，要求晶体的微结构非中心对称，因此具有中心对称的材料不具有压电效应。

压电材料的理论描述涉及材料的弹性、介电和力电耦合性能，式 (1.1) 为正、逆压电效应的理论描述。本节从热力学角度出发，描述压电材料的压电性。假设材料性质由以下六个热力学变量描述：① 温度 T 和熵 S；② 应力 $\boldsymbol{\sigma}$ 和应变 $\boldsymbol{\varepsilon}$；③ 电场 $\boldsymbol{E}$ 和电位移 $\boldsymbol{D}$。通过定义的热力学势建立状态方程。由于三组共轭自变量可以有八种不同的选择方式，这就意味着可以定义八种不同的热力学势函数。除内能 U 外，还可以方便地使用以下热力学势 [1,6]。

(1) 赫姆霍兹自由能 (Helmholtz free energy) F：$F = U - TS$；

(2) 吉布斯自由能 (Gibbs free energy) G：$G = U - TS - \sigma_{ij}\varepsilon_{ij} - E_iD_i$；

(3) 弹性吉布斯自由能 (elastic Gibbs free energy) G_1：$G_1 = U - TS - \sigma_{ij}\varepsilon_{ij}$；

(4) 电学吉布斯自由能 (electric Gibbs free energy) G_2：$G_2 = U - TS - E_iD_i$。

描述这些热力学势无穷小变化的微分形式如下:

$$\mathrm{d}U = T\mathrm{d}S + \sigma_{ij}\mathrm{d}\varepsilon_{ij} + E_i\mathrm{d}D_i \tag{1.2}$$

$$\mathrm{d}F = -S\mathrm{d}T + \sigma_{ij}\mathrm{d}\varepsilon_{ij} + E_i\mathrm{d}D_i \tag{1.3}$$

$$\mathrm{d}G = -S\mathrm{d}T - \varepsilon_{ij}\mathrm{d}\sigma_{ij} - D_i\mathrm{d}E_i \tag{1.4}$$

$$\mathrm{d}G_1 = -S\mathrm{d}T - \varepsilon_{ij}\mathrm{d}\sigma_{ij} + E_i\mathrm{d}D_i \tag{1.5}$$

$$\mathrm{d}G_2 = -S\mathrm{d}T + \sigma_{ij}\mathrm{d}\varepsilon_{ij} - D_i\mathrm{d}E_i \tag{1.6}$$

式 (1.2) 明确给出了热力学势的三个主变量。依据热力学规则，当一组自变量保持不变时，系统将达到热力学平衡，从而使以约束变量为主要变量的自由能最小。例如，在以温度 T、应力 σ_{ij} 和电场 E_i 分别固定的静态实验测量中，可逆过程达到一种平衡态，使吉布斯自由能最小。当系统经历从 A 相到 B 相的转变过程时，转变发生在 $G_{\mathrm{A}}(T, \sigma_{ij}, E_k) = G_{\mathrm{B}}(T, \sigma_{ij}, E_k)$，因此相变温度由公式

$T=T_t\left(\sigma_{ij},E_k\right)$ 确定。例如，以应变、温度和电场为自变量，通过电学吉布斯自由能可以获得如下关系：

$$-S=\left(\frac{\partial G_2}{\partial T}\right)_{\sigma_{ij},E_i},\quad \sigma_{ij}=\left(\frac{\partial G_2}{\partial \varepsilon_{ij}}\right)_{T,E_i},\quad -D_i=\left(\frac{\partial G_2}{\partial E_i}\right)_{T,\sigma_{ij}} \tag{1.7}$$

式 (1.7) 的线性微分增量形式为

$$\left\{\begin{array}{l}\Delta\sigma_{ij}=\left(\dfrac{\partial \sigma_{ij}}{\partial T}\right)_{\varepsilon_{ij},E_i}\Delta T+\left(\dfrac{\partial \sigma_{ij}}{\partial \varepsilon_{ij}}\right)_{T,E_i}\Delta\varepsilon_{ij}+\left(\dfrac{\partial \sigma_{ij}}{\partial E_i}\right)_{T,\varepsilon_{ij}}\Delta E_i \\ \Delta D_i=\left(\dfrac{\partial D_i}{\partial T}\right)_{\varepsilon_{ij},E_i}\Delta T+\left(\dfrac{\partial D_i}{\partial \varepsilon_{ij}}\right)_{T,E_i}\Delta\varepsilon_{ij}+\left(\dfrac{\partial D_i}{\partial E_k}\right)_{T,\varepsilon_{ij}}\Delta E_k\end{array}\right. \tag{1.8}$$

式中，$\Delta\sigma_{ij}$ 为应力的微分增量；ΔT 为温度的微分增量；$\Delta\varepsilon_{ij}$ 为应变的微分增量；ΔE_i 为电场的微分增量；$\left(\partial\sigma_{ij}/\partial T\right)_{\varepsilon_{ij},E_i}$ 为应变和电场固定时应力对温度的导数；$\left(\partial\sigma_{ij}/\partial\varepsilon_{ij}\right)_{T,E_i}$ 为温度和电场固定时应力对应变的导数；$\left(\partial\sigma_{ij}/\partial E_i\right)_{T,\varepsilon_{ij}}$ 为温度和应变固定时应力对电场的导数；$(\partial D_i/\partial T)_{\varepsilon_{ij},E_i}$ 为应变和电场固定条件下电位移对温度的导数；$(\partial D_i/\partial\varepsilon_{ij})_{T,E_i}$ 为温度和电场固定条件下电位移对应变的导数；$(\partial D_i/\partial E_k)_{T,\varepsilon_{ij}}$ 为温度和应变固定条件下电位移对电场的导数。

式 (1.8) 将引出如下方程:

$$\left\{\begin{array}{l}\Delta\sigma_{ij}=\alpha_\alpha^E\Delta T+c_{ijkl}^E\Delta\varepsilon_{kl}+d_{ijk}\Delta E_k \\ \Delta D_i=p_\alpha^{\sigma_{ij}}\Delta T+d_{ikl}\Delta\varepsilon_{kl}+\kappa_{ik}^{\sigma_{ij}}\Delta E_i\end{array}\right. \tag{1.9}$$

式中，α_α^E 为热膨胀系数；c_{ijkl}^E 为恒电场状态下材料的弹性常数；d_{ijk} 为压电常数；$p_\alpha^{\sigma_{ij}}$ 为恒应力状态下温度变化引起的电极化，即热释电效应 (pyroelectric effect)；$\kappa_{ik}^{\sigma_{ij}}$ 为恒应力状态下材料的介电常数。在等温情况下，$\Delta T=0$，式 (1.9) 称为基本压电方程。除式 (1.9) 外，还可以通过其他热力学函数得到六组不同的基本压电方程，这里不再赘述。

对于等温情况，电学吉布斯自由能可以表示成如下形式 [6]：

$$G_2\left(\varepsilon_{kl},E_i\right)=-\frac{1}{2}\kappa_{ik}E_iE_k-e_{ikl}E_i\varepsilon_{kl}+\frac{1}{2}c_{ijkl}^E\varepsilon_{ij}\varepsilon_{kl} \tag{1.10}$$

根据式 (1.7)，本构方程由如下热力学方程得到：

$$\left\{\begin{array}{l}\sigma_{ij}=\dfrac{\partial G_2}{\partial\varepsilon_{ij}}=c_{ijkl}^E\varepsilon_{kl}-e_{kij}E_k \\ D_i=-\dfrac{\partial G_2}{\partial E_i}=\kappa_{ik}E_k+e_{ikl}\varepsilon_{kl}\end{array}\right. \tag{1.11}$$

其中，应力和电位移也是无穷小量。

通常假设弹性常数和介电常数是正定的，即对于任意 $\varepsilon_{ij}=\varepsilon_{ji}$ 和 E_i，有

$$c_{ijkl}^{E}\varepsilon_{ij}\varepsilon_{kl}\geqslant 0,\quad \kappa_{ik}E_iE_k\geqslant 0 \tag{1.12}$$

且

$$c_{ijkl}^{E}\varepsilon_{ij}\varepsilon_{kl}=0,\quad \kappa_{ik}E_iE_k=0 \tag{1.13}$$

仅当 $\varepsilon_{ij}=0$ 和 $E_i=0$ 时成立。

利用勒让德变换 (Legendre transform)，单位体积的内能密度可通过电学吉布斯自由能确定：

$$U\left(\varepsilon_{ij},D_i\right)=G_2\left(\varepsilon_{ij},E_i\right)+E_i\left(\varepsilon_{ij},D_i\right)D_i \tag{1.14}$$

将式 (1.10)、式 (1.11) 代入式 (1.14) 得

$$\begin{aligned}U\left(\varepsilon_{ij},D_i\right)&=-\frac{1}{2}\kappa_{ik}E_iE_k-e_{ikl}E_i\varepsilon_{kl}+\frac{1}{2}c_{ijkl}^{E}\varepsilon_{ij}\varepsilon_{kl}+E_i\left(\kappa_{ik}E_k+e_{ikl}\varepsilon_{kl}\right)\\&=\frac{1}{2}c_{ijkl}^{E}\varepsilon_{ij}\varepsilon_{kl}+\frac{1}{2}\kappa_{ik}E_iE_k\geqslant 0\end{aligned} \tag{1.15}$$

根据弹性常数和介电常数正定性的定义，单位体积的内能也是正定的。

根据热力学势函数式 (1.2)，压电材料的本构方程通过内能密度可以表示为

$$\sigma_{ij}=\frac{\partial U}{\partial\varepsilon_{ij}},\quad E_i=\frac{\partial U}{\partial D_i} \tag{1.16}$$

内能密度通常可以描述为

$$U\left(\varepsilon_{ij},D_i\right)=\frac{1}{2}c_{ijkl}^{D}\varepsilon_{ij}\varepsilon_{kl}+\frac{1}{2}\beta_{ik}D_iD_k-h_{ikl}D_i\varepsilon_{kl} \tag{1.17}$$

式中，c_{ijkl}^{D} 为恒定电位移下的弹性常数；β_{ik} 为介电极化率的倒数；h_{ikl} 为压电 (应力) 常数。

根据式 (1.16) 和式 (1.17)，本构方程可以表示为

$$\left\{\begin{aligned}\sigma_{ij}&=c_{ijkl}^{D}\varepsilon_{kl}-h_{kij}D_k\\E_i&=\beta_{ik}D_k-h_{ikl}\varepsilon_{kl}\end{aligned}\right. \tag{1.18}$$

需要注意的是，根据晶体学理论，三十二种点群中只有二十种可能具有压电性。本节仅简述电介质的线性压电效应，非线性力电耦合效应 (如电致伸缩) 以及

介电弹性体的有限变形理论均不在本节的讨论范围内，感兴趣的读者可参阅相关文献和书籍 [7-10]。

下面以电学吉布斯自由能为例推导线性压电体的运动方程和边界条件，根据哈密尔顿原理 (Hamilton's principle)，热力学势 Γ 表示为弹性位移 $\boldsymbol{u}$ 和电势 φ 的函数：

$$\begin{aligned}\Gamma(\boldsymbol{u},\varphi)=&\int_{t_1}^{t_2}\mathrm{d}t\int_V\left[\frac{1}{2}\rho\dot{u}_i\dot{u}_i-G_2(\varepsilon_{ij},E_k)+f_iu_i-\rho^{\mathrm{e}}\varphi\right]\mathrm{d}V\\&+\int_{t_1}^{t_2}\mathrm{d}t\int_{a_\sigma}\bar{t}_iu_i\mathrm{d}a-\int_{t_1}^{t_2}\mathrm{d}t\int_{a_D}\varpi\varphi\mathrm{d}a\end{aligned}\tag{1.19}$$

式中，f_i 为单位体积力；ρ^{e} 为单位体积内自由电荷密度；$\bar{t}_i$ 为应力边界上的表面张力；ϖ 为电荷边界上单位面积电荷量。

弹性应变和电场通过下列几何方程给出

$$\varepsilon_{ij}=\frac{1}{2}(u_{i,j}+u_{j,i}),\quad E_k=-\varphi_{,k}\tag{1.20}$$

将式 (1.10) 代入式 (1.19)，热力学势函数的变分方程为

$$\begin{aligned}\delta\Gamma(\boldsymbol{u},\varphi)=&\int_{t_1}^{t_2}\mathrm{d}t\int_V[(\sigma_{ij,j}+f_i-\rho\ddot{u}_i)\delta u_i+(D_{i,i}-\rho^{\mathrm{e}})\delta\varphi]\mathrm{d}V\\&+\int_{t_1}^{t_2}\mathrm{d}t\int_{a_\sigma}(\bar{t}_i-\sigma_{ij}n_j)\delta u_i\mathrm{d}a-\int_{t_1}^{t_2}\mathrm{d}t\int_{a_D}(\varpi+D_in_i)\delta\varphi\mathrm{d}a\\=&0\end{aligned}\tag{1.21}$$

通过上述热力学势函数的变分方程可以得到压电体的运动方程和边界条件为

$$\begin{cases}\sigma_{ij,j}+f_i=\rho\ddot{u}_i & \text{in } V, t_1<t<t_2\\ D_{i,i}=\rho^{\mathrm{e}} & \text{in} V, t_1<t<t_2\\ \bar{t}_i=\sigma_{ij}n_j & \text{on } a_\sigma, t_1<t<t_2\\ -\varpi=D_in_i & \text{on } a_\sigma, t_1<t<t_2\end{cases}\tag{1.22}$$

1.2 挠曲电效应

相比于压电效应，挠曲电效应可视为一种高阶效应。在纳米尺寸，应变梯度增大使得挠曲电效应变得显著。20 世纪 50 年代，Mashkevich 和 Tolpygo[11] 首先从晶格动力学理论描述了挠曲电效应，他们通过长波的振动谱定性研究了晶格振动

对红外吸收的可能性，以及导电电子和晶格振动的相互作用。1964 年，Kogan[12] 提出了描述挠曲电效应的唯象学理论框架，指出在中心对称晶体中电子–声子的耦合中挠曲电效应可能起着重要作用。1981 年，Indenbom 等 [13] 提出了铁电挠曲电效应的朗道型理论 (Landau-type theory)，从液晶物理中借用了挠曲电效应来描述这种固体中的非局域压电效应 (nonlocal piezoelectric effect)。1986 年，Tagantsev[14] 同时利用唯象学和微观方法证明了动力学和表面对挠曲电效应的贡献，而压电性没有类似的贡献。

对某些电介质上沿着一定方向对其施加应变梯度 (如施加力矩而使其发生弯曲变形) 时，其内部就产生电极化现象，同时在它的两个表面上产生符号相反的电荷；当应变梯度去掉后，其又重新恢复到不带电的状态，这种现象被称为挠曲电效应 [15-18]。当应变梯度改变方向时，电荷的极性也随之改变，这种由应变梯度引起电荷的现象称为“正挠曲电效应”，如图 1.4 所示。当在电介质上下表面施加电场时，这些介质也会发生弯曲变形，当外电场的方向改变时，弯曲变形的方向也随之改变，这种外加电场引起弯曲变形的现象称为“逆挠曲电效应”[19,20]，逆挠曲电效应也可描述为由电场梯度引起的弹性变形 [21,22]。

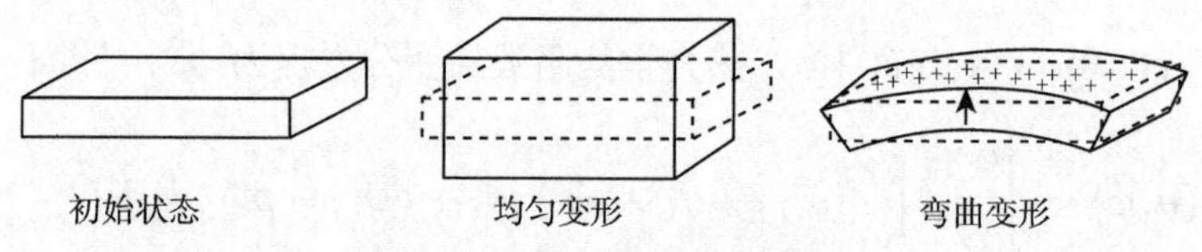

图 1.4 正挠曲电效应示意图

值得注意的是，挠曲电效应的微观机理相对比较复杂，Tagantsev[23] 在统一理论框架中讨论了热释电体中的压电性和极化对应变梯度的线性响应。此外，Tagantsev 通过离子晶体的晶格动力学理论计算指出材料中存在四种挠曲电效应，即体静态挠曲电效应、体动态挠曲电效应、表面压电效应和表面挠曲电效应。Resta[24] 认为基本立方晶体中声学声子引起的挠曲电效应和均匀应变梯度引起的效应等效，不存在所谓的非本征挠曲电效应 (即表面挠曲电效应)。Stengel[25] 通过第一性原理计算认为，可通过表面或界面工程控制挠曲电效应。

挠曲电效应的微观本质可以描述为应变梯度对晶体的局部反演对称破坏从而引起电极化。图 1.5 为中心对称晶体 NaCl 中产生挠曲电效应的微观机理。

正、逆挠曲电效应可通过如下方程描述：

$$P_i = \mu_{ijkl}\frac{\partial \varepsilon_{kl}}{\partial x_j}, \quad \varepsilon_{ij} = \mu_{ijkl}\frac{\partial E_l}{\partial x_k} \tag{1.23}$$

式中，P_i 为电极化矢量的分量；ε_{ij} 为应变张量分量；$\partial\varepsilon_{kl}/\partial x_j$ 为应变对坐标函

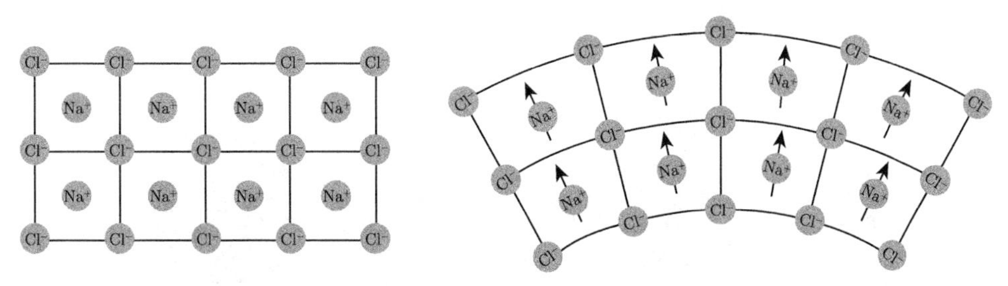

图 1.5 中心对称晶体 NaCl 中产生挠曲电效应的微观机理

数的导数，即应变梯度；$\partial E_l/\partial x_k$ 为电场梯度；μ_{ijkl} 为四阶挠曲电系数张量的分量，满足 $\mu_{ijkl}=\mu_{ijlk}$。由于联系电极化和应变梯度，以及联系应变和电场梯度的系数为四阶张量，晶体学理论表明，对于微结构具有中心对称的晶体，所有奇数阶张量为零，因此四阶挠曲电系数张量不为零 [16]。对于立方晶体，挠曲电系数仅有三个独立的非零分量，分别为 μ_{1111}、μ_{1122} 和 μ_{1212} [26,27]。上述三个非零的挠曲电系数分量可简写为 μ_{11}、μ_{12} 和 μ_{44}，因此挠曲电系数张量对应的矩阵形式为

$$[\mu_{ijkl}]=\begin{bmatrix}\mu_{11}&\mu_{12}&\mu_{12}&0&0&0\\\mu_{12}&\mu_{11}&\mu_{12}&0&0&0\\\mu_{12}&\mu_{12}&\mu_{11}&0&0&0\\0&0&0&\mu_{44}&0&0\\0&0&0&0&\mu_{44}&0\\0&0&0&0&0&\mu_{44}\end{bmatrix}\tag{1.24}$$

对于一般电介质材料而言，当材料受到电场和外力共同作用时，其内部产生的电极化包括外电场引起的电极化、压电效应引起的电极化和挠曲电效应引起的电极化，表示为

$$P_i=\underbrace{\varepsilon_0\chi_{ij}E_j}_{\text{外电场}}+\underbrace{e_{ikl}\varepsilon_{kl}}_{\text{压电效应}}+\underbrace{\mu_{ijkl}\frac{\partial\varepsilon_{kl}}{\partial x_j}}_{\text{挠曲电效应}}\tag{1.25}$$

式中，χ_{ij} 为电介质的极化率；e_{ikl} 为压电常数。在非中心对称晶体电介质中，e_{ikl} 不为零，在没有外电场作用下电介质中的极化包括压电效应和挠曲电效应的贡献；在中心对称晶体电介质中，压电效应不存在，电介质中的极化仅包括挠曲电效应，式 (1.25) 退化为式 (1.23) 给出的形式。由于压电效应和挠曲电效应是电介质中机械能与电能相互转换的两种典型形式，这里将压电效应和挠曲电效应进行对比，以便读者更容易了解两者差异。图 1.6 为压电效应和挠曲电效应各物理量之间的关系。

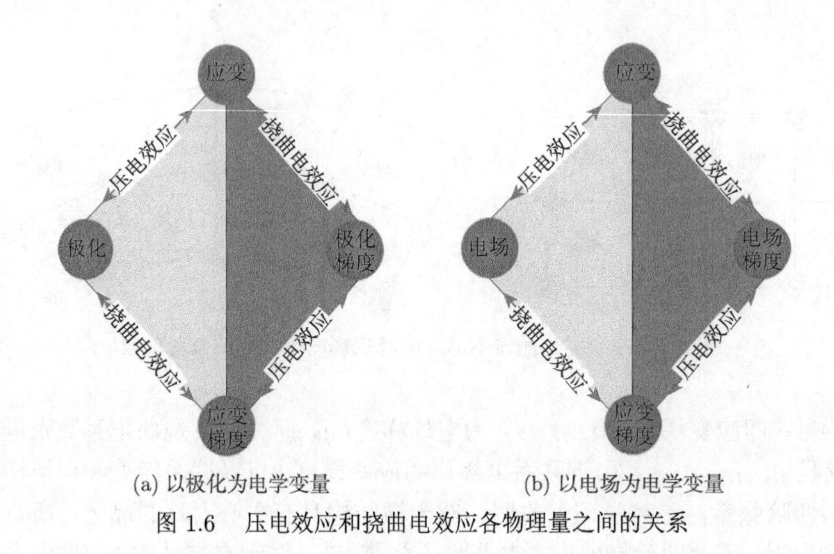

(a) 以极化为电学变量　　(b) 以电场为电学变量

图 1.6　压电效应和挠曲电效应各物理量之间的关系

压电效应是应变和电极化强度之间的线性耦合，其仅存在于微结构具有非中心对称的晶体电介质中；挠曲电效应是应变梯度和电极化之间的线性耦合，挠曲电效应存在于所有晶体中，因此挠曲电效应使得力电耦合材料的选择范围更广。此外，挠曲电效应与应变梯度密切相关，微纳米尺度材料和结构中的应变梯度可达 $10^7 m^{-1}$，这使得挠曲电效应通常主导材料的力电耦合行为，在微纳器件设计和分析中必须考虑挠曲电效应的影响 [28]。此外，挠曲电效应可极大提高材料和结构的力电耦合性能，有望用于开发新型的电子器件。

1.3　超越压电效应的智能材料与器件设计

挠曲电效应可以极大地拓宽力电耦合材料的选择范围，从而可以利用非压电材料制备具有压电响应的力电耦合复合材料。Fousek 等 [29] 基于挠曲电效应的唯象学理论，首次探讨了采用非压电材料制备具有力电耦合响应复合材料的构想，并构造了不同 0-3 型压电复合材料。实验证明，在微米尺度，挠曲电效应可完全代替压电效应。Zhu 等 [30] 提出了一种利用非压电材料 $Ba_{0.67}Sr_{0.33}TiO_3$ 制备具有压电响应复合材料的方法。典型的挠曲电增强型压电复合材料的结构如图 1.7 所示。由 $Ba_{0.67}Sr_{0.33}TiO_3$ 材料梯台形成 3×3 的阵列制备复合材料，梯台下表面是边长为 2.72mm 的正方形，上表面是边长为 1.13mm 的正方形，高为 0.76mm。$Ba_{0.67}Sr_{0.33}TiO_3$ 材料的挠曲电系数 $\mu_{11} = (121 \pm 20)\,\mu C \cdot m^{-1}$，通过理论计算可得到复合材料的平均压电常数为 $d_{33} = (6 \pm 1) pC \cdot N^{-1}$。另一种复合材料的设计思路是弯曲模式的挠曲电复合材料，同样采用 $Ba_{0.67}Sr_{0.33}TiO_3$ 材料作为基本元素，在这种弯曲模式的复合材料中，等效压电常数高达 $2000 pC \cdot N^{-1}$ 以上 [31]。

图 1.7 典型的挠曲电增强型压电复合材料的结构

挠曲电效应的另一个显著特点是其与应变梯度相耦合，应变梯度与材料或结构的特征长度成反比，随着材料或结构尺寸的减小，应变梯度逐渐增大，从而导致挠曲电效应越来越强。Fu 等 [32] 研究了挠曲电复合材料中的尺寸效应，他们制备了如图 1.7 所示梯台阵列组成的复合材料 (另一相为空气)，当梯台的特征尺寸从 100μm 减小到 50μm 时，等效压电常数从 $(17.0 \pm 3.0)\text{pC}\cdot\text{N}^{-1}$ 增大到 $(38.5 \pm 5.0)\text{pC}\cdot\text{N}^{-1}$(70Hz 加载频率下的实验数据)。上述实验一方面证实了可以利用挠曲电效应制备具有压电响应的复合材料；另一方面证实了挠曲电效应的尺寸效应，可以预见当梯台的特征尺寸继续减小，复合材料的等效压电常数更大。

挠曲电效应赋予介电材料响应弯曲变形而产生电极化的能力，反过来也使介电材料能够响应电场而弯曲，这就是逆挠曲电效应 (逆挠曲电效应也定义为电场梯度引起的变形)。因此，通过电介质材料的逆挠曲电效应可以设计和制备用于微机电系统的高性能器件。Bhaskar 等 [19] 通过蚀刻方法制备了基于逆挠曲电效应的微机电驱动器原型。图 1.8(a) 给出了压电作动器示意图。压电效应使得压电体在均匀电场作用下产生均匀变形，而要产生弯曲变形通常需要将压电材料与其他材料黏结在一起，即经典的压电单晶或双晶作动器。由于电极和压电层、电极和弹性层之间存在多个界面，界面黏附性能将极大地影响压电作动器的弯曲作动性能。图 1.8(b) 为挠曲电作动器示意图。挠曲电作动器的结构简单是显而易见的。挠曲电介电材料在电场作用下产生弯曲变形，从而可以省略弹性层，这减少了由界面失效问题引起的器件性能不稳定。此外，挠曲电效应随应变梯度的增大而急剧增大，尤其是在微纳米尺寸材料和结构中通常存在较大的应变梯度，这使得微纳尺度挠曲电效应极强。利用微纳米电介质材料的挠曲电效应设计和制备可用于微机电系统的高性能器件，将有望为高性能器件的设计提供新的途径。

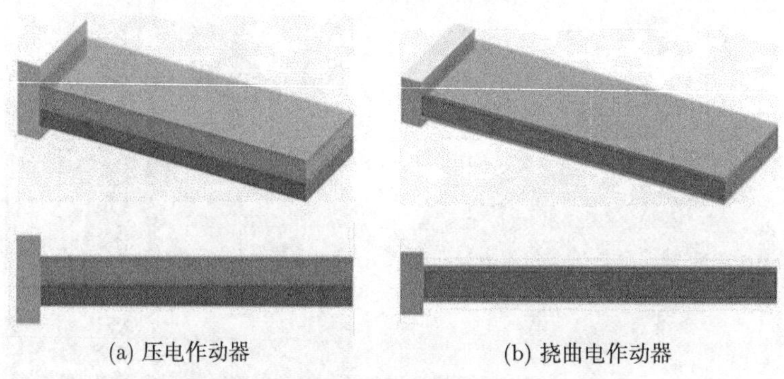

(a) 压电作动器　　(b) 挠曲电作动器

图 1.8　压电作动器和挠曲电作动器示意图

薄膜材料中通常存在着较大的应变梯度，在外延生长的薄膜中，很容易发生晶格失配而引起挠曲电极化 [33]。外延薄膜中的失配应变可以表示为 $\varepsilon_i=(a_{\rm film}-a_{\rm substrate})/a_{\rm substrate}$，其中 ε_i 为面内失配应变，$a_{\rm film}$ 为薄膜的晶格常数，$a_{\rm substrate}$ 为基底的晶格常数。Catalan 等 [34] 提出了面内弛豫理论，认为面内失配应变沿薄膜厚度方程弛豫，即 $\partial\varepsilon_i/\partial z=-\lambda/z$，据此可以计算出外延薄膜中存在较大的应变梯度，同时在实验中观察到了铁电畴之间由于晶格失配而产生巨大的应变梯度和挠曲电极化。当薄膜受外力作用时，应变梯度引起的极化高达 $15\mu\mathrm{C\cdot m^{-2}}$，该实验结果与铁电陶瓷材料中挠曲电极化强度相当。此外，在研究中发现，极化电荷的相互叠加使得铁电畴的方向发生了转动，如图 1.9(a) 所示。

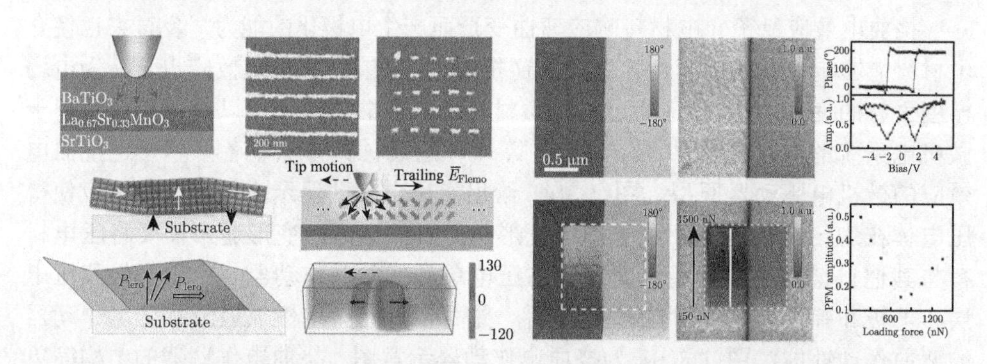

(a) 铁电薄膜中的极化转动　　(b) PFM针尖应变梯度诱导极化翻转

图 1.9　铁电薄膜中的极化转动以及应变梯度诱导极化翻转 [33-35]

Lee 等 [36] 也在外延生长的薄膜中发现了巨大的应变梯度效应，该应变梯度可通过略射角 X 射线衍射实验观察到，通过控制薄膜生长间接控制薄膜内部的应变梯度 (高达 $10^6\mathrm{m}^{-1}$)，从而使其产生较大的极化强度，实验中从薄膜中观察到了电滞回线现象，证实了挠曲电效应对薄膜的极性状态产生了很大的影响。Lu

等[35]通过压电力显微镜 (piezoresponse force microscopy, PFM) 探针在钛酸钡薄膜材料中产生应变梯度，发现可以通过改变薄膜的应变梯度从而改变材料的极化方向，如图 1.9(b) 所示。通过在探针上施加微弱交流信号的方向，压电力显微镜清楚地观测薄膜，尤其是铁电薄膜的电畴和畴壁。由于薄膜材料的厚度一般在几百纳米以下，当 PFM 探针和薄膜之间施加电信号时，会在薄膜中产生较大的电场，从而改变薄膜材料的电畴方向。通过该方法可以翻转电畴，从而用于存储器 (RAM)“写”的操作，且电畴稳定性好。

1.4 展 望

作为一种普遍存在的力电耦合效应，挠曲电效应在纳米尺度有望匹配甚至超过压电效应而主导材料的力电耦合行为。尽管已经在高介电常数的铁电陶瓷材料和单晶中发现了较强的挠曲电效应，关于材料及其结构挠曲电效应的研究还远远不够。

(1) 尽管基于晶格动力学的理论已经预测出所有电介质均具有挠曲电效应，大多数电介质材料中的挠曲电效应非常微弱，挠曲电效应产生的电信号在宏观尺度难以测量，无法从实验上验证大多数材料的挠曲电效应。当材料尺寸减小到微纳米时，挠曲电效应赋予纳米电介质材料独特的物理性质，可以在微纳米尺度表征材料或结构的挠曲电效应，同时也对挠曲电测量手段和测试工具提出了新的挑战。

(2) 挠曲电效应非常重要的应用之一是利用非压电成分制备具有压电响应的复合材料。已经利用具有高挠曲电系数的陶瓷材料和空气构成具有压电响应的复合材料，其在毫米尺寸下等效压电常数 $d_{33} = (6 \pm 1)\mathrm{pC \cdot N^{-1}}$。根据挠曲电的唯象学理论可以预测，当该复合材料的单元结构减小到约 60μm 时，复合材料的等效压电常数可与目前商用压电陶瓷 PZT 的压电常数相当，这为无铅压电复合材料的设计和制备提供了全新思路和方向。

(3) 关于正挠曲电效应的实验研究已经取得了瞩目的成果，然而迄今为止系统、全面地给出材料完整挠曲电系数的工作尚未报道。单晶材料和多晶材料中挠曲电效应的物理机理是否一致，微观结构到底扮演什么样的角色也未可知。此外，关于逆挠曲电效应的实验研究极其缺乏，正挠曲电系数和逆挠曲电系数的关系；是否和理论预测的一样具有双重性和满足 Lifshitz 不变性，还未从实验中得到严格地验证。

参 考 文 献

[1] 埃旺 (HEYWANG W), 卢比茨 (LUBITZ K), 韦辛 (WERSING W). 压电：该技术的发展和未来 (影印版)[M]. 影印本. 北京：北京大学出版社, 2012.

[2] 方岱宁, 刘彬. 力电耦合物理力学计算方法 [M]. 北京：高等教育出版社, 2012.

[3] CURIE J, CURIE P. Piezoelectric and allied phenomena in Rochelle salt[J]. Comput Rend Acad Sci Paris, 1880, 91: 294-297.
[4] RANDALL C, NEWNHAM R, CROSS L. History of the first ferroelectric oxide, $BaTiO_3$[J]. The Pennsylvania State University, University Park, USA, 2004: 1-11.
[5] WANG Z L. Piezopotential gated nanowire devices: Piezotronics and piezo-phototronics[J]. Nano Today, 2010, 5(6): 540-552.
[6] YANG J S. An Introduction to the Theory of Piezoelectricity[M]. Berlin: Springer, 2005.
[7] 匡震邦. 电弹性理论 [M]. 上海: 上海交通大学出版, 2011.
[8] DORFMANN A, OGDEN R. Nonlinear electroelasticity[J]. Acta Mechanica, 2005, 174(3-4): 167-183.
[9] CARPI F, BAUER S, ROSSI D. Stretching dielectric elastomer performance[J]. Science, 2010, 33(6012): 1759-1761.
[10] ZHAO X, SUO Z. Theory of dielectric elastomers capable of giant deformation of actuation[J]. Physical Review Letters, 2010, 104: 178302.
[11] MASHKEVICH V, TOLPYGO K. Electrical, optical and elastic properties of diamond type crystals[J]. Soviet Physics, JETP, 1957, 5(3): 435-439.
[12] KOGAN S M. Piezoelectric effect during inhomogeneous deformation and acoustic scattering of carriers in crystals[J]. Soviet Physics-Solid State, 1964, 5(10): 2069-2070.
[13] INDENBOM V, LOGINOV E, OSIPOV M. The flexoelectric effect and structure of crystals[J]. Kristallografiya, 1981, 28: 1157-1162.
[14] TAGANTSEV A K. Piezoelectricity and flexoelectricity in crystalline dielectrics[J]. Physical Review B, 1986, 34: 5883.
[15] YUDIN P, TAGANTSEV A K. Fundamentals of flexoelectricity in solids[J]. Nanotechnology, 2013, 24(43): 432001.
[16] ZUBKO P, CATALAN G, TAGANTSEV A K. Flexoelectric effect in solids[J]. Annual Review of Materials Research, 2013, 43: 387-421.
[17] TAGANTSEV A K, YUDIN P V. Flexoelectricity In Solids: From Theory To Applications[M]. Singapore: World Scientific Publishing Co. Pte. Ltd., 2016.
[18] NGUYEN T D, MAO S, YEH Y W, et al. Nanoscale flexoelectricity[J]. Advanced Materials, 2013, 25(7): 946-974.
[19] BHASKAR U K, BANERJEE N, ABDOLLAHI A, et al. A flexoelectric microelectromechanical system on silicon[J]. Nature Nanotechnology, 2016, 11(3): 263-266.
[20] FU J Y, CROSS L E. On the flexoelectric effects in solid dielectrics: Theories and applications[J]. Ferroelectrics, 2007, 354(1): 238-245.
[21] SHU L L, HUANG W B, KWON S R, et al. Converse Flexoelectric coefficient f_{1212} in bulk $Ba_{0.67}Sr_{0.33}$ TiO_3[J]. Applied Physics Letters, 2014, 104: 232902.
[22] FU JY, ZHU W, LI N, et al. Experimental studies of the converse flexoelectric effect induced by inhomogeneous electric field in a barium strontium titanate composition[J]. Journal of Applied Physics, 2006, 100: 024112.
[23] TAGANTSEV A K. Theory of flexoelectric effect in crystals[J]. Zhurnal Eksperimental'noi I Teoreticheskoi Fiziki, 1985, 88(6): 2108-2122.
[24] RESTA R. Towards a bulk theory of flexoelectricity[J]. Physical Review Letters, 2010, 105: 127601.
[25] STENGEL M. Surface control of flexoelectricity[J]. Physical Review B, 2014, 90: 201112.
[26] SHU L L, WEI X Y, PANG T, et al. Symmetry of flexoelectric coefficients in crystalline medium[J]. Journal of Applied Physics, 2011, 110(10): 104106.
[27] LE QUANG H, HE Q C. The number and types of all possible rotational symmetries for flexoelectric tensors[J]. Proceedings of the Royal Society A: Mathematical, Physical and Engineering Sciences, 2011, 467(2132): 2369-2386.

[28] DAS S, WANG B, CAO Y, et al. Controlled manipulation of oxygen vacancies using nanoscale flexoelectricity[J]. Nature Communications, 2017, 8: 1-9.

[29] FOUSEK J, CROSS L, LITVIN D B. Possible piezoelectric composites based on the flexoelectric effect[J]. Materials Letters, 1999, 39(5): 287-291.

[30] ZHU W, FU J Y, LI N, et al. Piezoelectric composite based on the enhanced flexoelectric effects[J]. Applied Physics Letters, 2006, 89(19): 192904.

[31] CHU B, ZHU W, LI N, et al. Flexure mode flexoelectric piezoelectric composites[J]. Journal of Applied Physics, 2009, 106: 104109.

[32] FU J Y, ZHU W, LI N, et al. Gradient scaling phenomenon in microsize flexoelectric piezoelectric composites[J]. Applied Physics Letters, 2007, 91: 182910.

[33] CATALAN G, NOHEDA B, MCANENEY J, et al. Strain gradients in epitaxial ferroelectrics[J]. Physical Review B, 2005, 72: 020102.

[34] CATALAN G, LUBK A, VLOOSWIJK A H G, et al. Flexoelectric rotation of polarization in ferroelectric thin films[J]. Nature Materials, 2011, 10(12): 963-967.

[35] LU H, BARK C W, OJOS D E D L, et al. Mechanical writing of ferroelectric polarization[J]. Science, 2012, 336(6077): 59-61.

[36] LEE D, YOON S, JANG Y, et al. Giant flexoelectric effect in ferroelectric epitaxial thin films[J]. Physical Review Letters, 2011, 107: 057602.

第 2 章 挠曲电理论

随着科学技术的发展，功能材料已经广泛应用于信息通信、航空航天、自动控制等高新技术领域。随着微纳米技术的发展，智能器件呈现微型化、集成化和精密化的趋势，其特征尺寸缩小至几百纳米甚至几纳米，在宏观尺度可以被忽略的挠曲电效应、静电应力和表面效应等此时起到非常重要的作用。力电耦合是器件实现功能的基础之一，力电耦合理论是研究智能材料和结构力学行为的基础。传统的连续介质理论没有考虑应变梯度、表面效应和挠曲电等效应对力电耦合行为的影响，无法描述微纳尺度下具有尺寸效应的力电耦合行为。本章从应变梯度和表面效应出发，介绍考虑挠曲电理论的发展，给出具有挠曲电效应的纳米电介质的变分原理和基本方程，并根据热力学势函数给出纳米电介质的本构方程。针对智能结构的典型构件，本章建立梁、板等纳米结构的力电耦合理论模型，重点分析挠曲电效应对纳米电介质梁和板力电耦合响应的影响。最后，基于诺特定理给出考虑应变梯度和挠曲电效应的纳米电介质的守恒定律，并计算了 Ⅲ 型裂纹的 J 积分。

2.1 应变梯度、表/界面效应及挠曲电效应

1. 应变梯度

由于物质固有的离散本质，当材料或结构的尺寸缩小到微纳米时，不连续性就表现得尤为突出。传统描述物质线弹性力学行为通常基于胡克定律，对于均质各向同性材料，通过杨氏模量和泊松比这两个与材料相关的参数描述力学行为。然而，传统以应变为基础的经典力学理论没有考虑应变梯度的贡献，缺乏与材料特征尺度相关的材料参数，从而难以计算与应变梯度相关的应力，且无法描述微纳尺寸结构的尺寸效应。Toupin[1] 基于经典场理论，提出了考虑偶应力 (couple stress) 的理想弹性材料本构方程和控制方程。Mindlin 等考虑了线弹性材料中微结构对宏观变形的影响，提出了应变梯度理论 [2-4]。早在 20 世纪 90 年代，Fleck 等 [5]、Hutchinson 和 Fleck[6] 在 Mindlin 应变梯度弹性理论的基础上提出了应变梯度塑性理论框架，开创了应变梯度在塑性变形行为方面研究的先河。Han 等 [7] 和 Huang 等 [8,9] 在应变梯度塑性理论方面开展了许多系统和细致的研究，并从有限元和实验方面进行了深入探讨。Nix 和 Gao[10] 利用应变梯度塑性理论完美

解释了微压痕实验中的尺寸效应。Mindlin 的广义应变梯度理论中引入与材料微结构相关的材料参数，对于均质各向同性材料有 18 个新的材料常数，极大地限制了该理论的应用。受限于当时的工业技术水平，小变形弹性范围内材料的固有微结构对力学行为的影响并没有受到足够重视，难度之一是难以测量与材料特征尺寸相关的材料参数。Anthoine[11] 研究了微弯曲梁中的偶应力，只引入 3 个材料参数 (2 个经典材料参数和 1 个额外的材料参数) 给出了弯曲梁的解析解。Yang 等 [12] 和 Lam 等 [13] 重新推导并整理了应变梯度理论，并测量了环氧树脂微米梁的材料参数，通过实验和理论结合准确获得了环氧树脂材料的特征尺度。20 世纪 90 年代以来，应变梯度塑性力学和弹性力学问题吸引了诸多学者们的关注，实验已经证实，应变梯度可用来描述材料和结构尺寸相关的力学行为 [14-16]。

2. 表/界面效应

学者们通过表/界面效应来描述材料或结构的物理行为，工程上很早就发现了表/界面效应的重要性，在许多机械结构制造中，表面处理极为重要。对于一般物质，表面原子具有和体内原子不同的物理环境，临近表面的原子有许多悬空的键，这些悬空键的重新分布会改变表面的性质。在吉布斯关于表面工作的基础上，Gurtin 和 Murdoch[17] 于 1975 年首次提出了描述表面力学行为的理论框架，随后 Gurtin 等 [18] 研究了表面残余应力对晶体板固有频率的影响。Cammarata 等给出了固体表面和界面应力的定义，讨论了其对固体热动力学的影响和相应的物理意义，并提出表/界面效应在微纳米材料和结构力学行为方面具有重要的地位 [19-21]。Miller 和 Shenoy[22] 利用原子模拟给出了硅和银纳米线的有效刚度参数，通过表面效应研究了不同晶向纳米结构的有效模量与结构尺寸之间的依赖关。Cuenot 等 [23] 利用原子力显微镜测量了表面张力对纳米材料力学性能的影响。Jing 等 [24] 利用接触原子力显微镜测量了银纳米线的表面材料参数。Duan 等 [25,26]、Wang 和 Feng[27] 研究了表面效应对材料和结构力学行为的影响，均发现表/界面能够显著影响或改变纳米材料和结构的力学响应。大量工作系统地研究了表/界面效应对材料的等效弹性模量、尺寸效应和力学响应的影响，这些工作均表明表/界面效应能够在微纳米尺度主导材料的力学行为。

3. 挠曲电效应

应变梯度和表/界面效应赋予电介质材料和结构新的力电耦合形式和机理。应变梯度能够局部破坏晶体的反演对称，在电介质中引起电极化；表/界面效应也破坏了原子的排列周期，以及晶体的反演对称，从而赋予表面与块体不同的物理属性。Mindlin[28] 在经典电介质理论的基础上引入极化梯度，将力电耦合效应推广到了中心对称晶体电介质中。Suhubi[29] 提出了具有极化梯度效应的弹性电介质理论。Askar 等 [30] 给出了具有极化梯度弹性电介质理论的晶格动力学方法，并计算了 NaCl 等材料的应变和极化梯度耦合系数。Tagantsev[31] 通过晶格动力学系统地阐述了应变梯度引起的电极化现象，基于简单离子的晶格动力学计算提出了四种挠曲电效应的形式，即体静态挠曲电效应、体动态挠曲电效应、表面压电效应和表面挠曲电效应，并认为这些效应对力电耦合行为具有同等量级的影响。然而，宏观块体材料中的挠曲电效应通常非常微弱，难以对力电耦合性能产生影响。Cross[32] 在一系列未极化处理的铁电陶瓷中观察到了明显的挠曲电响应，并讨论了利用非压电材料制备具有力电耦合响应的复合材料的思路，为在宏观尺寸利用挠曲电效应奠定了基础。对于电介质材料，极化梯度理论 [28,29] 和电场梯度理论 [33] 均被视为弱非局域理论 [34]，电场梯度理论也被称为具有空间色散的电介质理论，其等效于考虑电四极的电介质理论。具有电四极的电介质理论已经被很多学者讨论过，包括 Demiray 和 Eringen[35]、Maugin[36]、Maugin 和 Eringen[37]。Yang 等 [38] 通过电场梯度效应解释了薄膜电容器的尺寸依赖现象，同时指出当平面波的波长接近微观特征长度时，平面波变得开始色散。Sharma 等 [39] 基于连续介质理论建立了纳米复合材料力电耦合模型，揭示了非压电纳米复合材料具有明显力电耦合响应的挠曲电机理。关于表面压电性的连续介质理论框架可参考 Huang 和 Yu[40]、Pan 等 [41] 的工作。Yan 和 Jiang[42-44] 研究了表面压电和表面应力对纳米结构力电耦合行为的影响。借助压电力显微镜，Kholkin 等 [45] 在抛光 $SrTiO_3$ 陶瓷表面观察到异常压电响应，室温时 $SrTiO_3$ 陶瓷并非压电材料，这种异常压电响应的来源可能就是表面压电效应。此外，宏观尺度可以忽略的静电应力等也会显著影响纳米材料的力电耦合行为，甚至引起明显的非线性效应 [46]。Hu 和 Shen 建立了具有挠曲电效应的纳米电介质的理论框架，系统地考虑了表面效应和静电应力的影响，为纳米电介质和结构的安全和性能设计以及工程应用打下坚实的基础，为纳米智能材料和结构的性能表征、新器件设计及可靠性分析提供了理论基础和新思路 [47-49]。

2.2 弹性电介质理论发展概述

1968 年，Mindlin[28] 将极化梯度引入经典电介质理论，提出了描述挠曲电效应的唯象学理论框架，将力电耦合效应推广到中心对称晶体。1970 年，Askar 等 [30] 对如 NaCl、KCl 类简单离子晶体的挠曲电系数进行了微观计算。在此之前，关于固体中挠曲电效应的实验信息相当有限，而且上述工作均未涉及铁电材料。Bursian 等研究了铁电薄膜中极化引起曲率变化，以及弯曲引起的电极化，这是当时仅有的研究铁电薄膜中挠曲电效应的工作 [50,51]。然而，自 1968 年 Mindlin 从连续介质角度提出唯象学理论以来，挠曲电效应的描述并没有形成完备的理论框架，挠曲电效应也没有引起学者们的关注。铁电陶瓷中存在的较大挠曲电系数重新唤起了学者们对这个课题的认识。随着微纳米技术的发展以及电介质材料在微机电系统中的广泛应用，这些材料力电耦合性能和行为的预测分析需要考虑挠曲电效应的影响。Maranganti 等 [52] 在 Mindlin 极化梯度理论的基础上，将应变梯度引入热力学势函数，描述了这种由应变梯度引起的电极化。然而，上述理论既没有考虑表面的影响，又没有考虑静电应力效应。1975 年，Gurtin 和 Murdoch[17] 提出了一个阐述表面应力场和表面应变场的连续介质理论框架。Hu 和 Shen 首次系统地提出了纳米电介质的完备的理论框架，不仅描述了应变梯度引起的极化、极化梯度引起的变形，而且考虑了表面和静电应力的贡献，为纳米结构的力电耦合行为分析提供了完整地理论框架 [48,49]。

2.2.1 基于内能的变分原理

本小节首先从内能出发，给出描述纳米电介质挠曲电效应的热力学势函数，根据式 (1.2) 可知，电介质的内能增量可以表示为熵、应变和电位移的函数。这里需要注意，电位移是为了方便描述电学方程而引入的物理量，描述电介质的力电耦合机理需要使用电偶极矩作为内变量。电介质中的电位移可以表示为

$$\boldsymbol{D} = \boldsymbol{P} + \varepsilon_0 \boldsymbol{E} \tag{2.1}$$

式中，$\boldsymbol{D}$ 为电位移矢量；$\boldsymbol{P}$ 为电极化矢量；$\boldsymbol{E}$ 为电场矢量；ε_0 为真空中的介电常数。

将式 (2.1) 代入式 (1.2) 得到

$$\mathrm{d}U = T\mathrm{d}S + \sigma_{ij}\mathrm{d}\varepsilon_{ij} + E_i\mathrm{d}P_i + \varepsilon_0 E_i \mathrm{d}E_i \tag{2.2}$$

根据热力学内能函数的微分形式，可得如下热力学关系:

$$T = \left(\frac{\partial U}{\partial S}\right)_{\boldsymbol{\varepsilon},\boldsymbol{P}}, \quad \sigma_{ij} = \left(\frac{\partial U}{\partial \varepsilon_{ij}}\right)_{S,\boldsymbol{P}}, \quad E_i = \left(\frac{\partial U}{\partial P_i}\right)_{S,\boldsymbol{\varepsilon}} \tag{2.3}$$

小变形下弹性压电材料的本构方程可以表示为 [53-55]

$$U\left(\varepsilon_{ij}, D_k\right) = U^{\mathrm{L}}\left(\varepsilon_{ij}, P_k\right) + \frac{1}{2}\varepsilon_0 E_i E_i \tag{2.4}$$

式中，U 为系统的总内能；U^{L} 为存储在电介质材料中的内能。其中，

$$E_i = \left(\frac{\partial U}{\partial P_i}\right)_{S,\boldsymbol{\varepsilon}} = \left[\left(\frac{\partial U}{\partial U^{\mathrm{L}}}\right)\left(\frac{\partial U^{\mathrm{L}}}{\partial D_i}\right)\left(\frac{\partial D_i}{\partial P_i}\right)\right]_{S,\boldsymbol{\varepsilon}} \tag{2.5}$$

为了描述由物质本身离散引起的晶格现象和性质，Mindlin[28] 在经典弹性电介质理论中引入了极化梯度，其内能函数表示改写为

$$U\left(\varepsilon_{ij}, D_k\right)=U^{\mathrm{L}}\left(\varepsilon_{ij}, P_k, P_{k,l}\right)+\frac{1}{2}\varepsilon_0 E_i E_i \tag{2.6}$$

根据 Toupin 经典电介质理论，体电学焓密度 H_{b} 可通过内能函数表示为

$$H_{\mathrm{b}}=U-\frac{1}{2}\varepsilon_0 E_i E_i-P_i E_i \tag{2.7}$$

为描述纳米电介质的力电耦合行为，需要系统地考虑挠曲电效应、表面效应及静电应力等对力电耦合行为的影响，因此将内能分解为体内能部分和表面内能部分，后面讨论中体内能部分用下标 b 表示，表面内能部分用下标 s 表示。电学焓同样分解为体电学焓和表面电学焓部分。体电学焓密度由式 (2.7) 给出，表面电学焓分解为表面内能和一个额外量，即

$$H_{\mathrm{s}}=U_{\mathrm{s}}+\nabla_{\mathrm{s}}\varphi\cdot\boldsymbol{P}_{\mathrm{s}} \tag{2.8}$$

式中，H_{s} 为表面电学焓；U_{s} 为表面内能；$\boldsymbol{P}_{\mathrm{s}}$ 为表面极化矢量；∇_{s} 为表面梯度算子；φ 为静电势。$\boldsymbol{P}_{\mathrm{s}}$ 为由表面悬空键引起的表面极化，表面悬空键的重新排列将引起电荷位移，并可能极大地改变表面的极性。对于纳米电介质，表面积与体积的比值 (比表面积) 非常大，表面对材料极性的影响不可忽略，因此需要考虑表面极化。表面极化的单位即单位面积的电偶极矩，为 $\mathrm{C}\cdot\mathrm{m}^{-1}$，而体电极化的单位为 $\mathrm{C}\cdot\mathrm{m}^{-2}$。

在表面力电耦合模型中，静电势 φ 在整个表面上是连续的，如位移在整个表面上连续。此外，表面能中同时考虑表面残余张力和表面残余电荷的影响。在电弹性分析中，通常电介质材料与其周围环境一起考虑，这是因为除了理想导体外电场无处不在。假定介电材料占据空间体积为 V_0，边界为 a，周围环境体积为 V'，其中边界 a 为 V_0 和 V' 的分界面，考虑的问题域为 $V=V_0+V'$。对于施加位移边界的介电材料，考虑表面效应和挠曲电效应，并忽略体积力和体电荷的影响，电学焓的变分原理为 [48,49]

$$\delta\int_V H_{\mathrm{b}}\mathrm{d}V+\delta\int_a H_{\mathrm{s}}\mathrm{d}a=0 \tag{2.9}$$

式中，δ 为变分符号。

根据雷诺输运定理 (Reynold's transport theorem)[56-58]，得

$$\delta\int_V H_{\mathrm{b}}\mathrm{d}V=\int_V \delta H_{\mathrm{b}}\mathrm{d}V+\int_V H_{\mathrm{b}}\delta\left(\nabla\cdot\boldsymbol{u}\right)\mathrm{d}V \tag{2.10}$$

$$\delta \int_a H_{\mathrm{s}} \mathrm{d}V = \int_a \delta H_{\mathrm{s}} \mathrm{d}a + \int_a H_{\mathrm{s}} \delta \left(\nabla_{\mathrm{s}} \cdot \boldsymbol{u} \right) \mathrm{d}a \tag{2.11}$$

首先考虑式 (2.10) 给出的体电学焓变分：

$$\delta \int_V H_{\mathrm{b}} \mathrm{d}V = \delta \int_V \left(U_{\mathrm{b}} - \frac{1}{2} \varepsilon_0 E_i E_i - P_i E_i \right) \mathrm{d}V \tag{2.12}$$

其中，内能的变分为

$$\delta \int_V U_{\mathrm{b}} \mathrm{d}V = \int_V \delta U_{\mathrm{b}} \mathrm{d}V + \int_V U_{\mathrm{b}} \delta u_{k,k} \mathrm{d}V \tag{2.13}$$

正如 Kuang[56] 在工作中讨论的一样，虚位移不仅引起应变的变分，而且引起电势、极化和极化梯度的变分。因此有

$$\left\{ \begin{array}{l} \delta P_i = \delta_p P_i + \delta_u P_i = \delta_p P_i + P_{i,j} \delta u_j \\ \delta P_{i,j} = \delta_p P_{i,j} + \delta_u P_{i,j} = \delta_p P_{i,j} + P_{i,jk} \delta u_k \\ \delta \varphi = \delta_\varphi \varphi + \delta_u \varphi = \delta_\varphi \varphi + \varphi_{,j} \delta u_j \\ \delta \varphi_{,i} = \delta_\varphi \varphi_{,i} + \delta_u \varphi_{,i} = \delta_\varphi \varphi_{,i} + \varphi_{,ij} \delta u_j \end{array} \right. \tag{2.14}$$

式中，$\delta_p P_i$ 和 $\delta_p P_{i,j}$ 由电介质内虚电极化引起；$\delta_\varphi \varphi$ 和 $\delta_\varphi \varphi_{,i}$ 由虚电势引起；$\delta_u P_i = P_{i,j} \delta u_j$，$\delta_u P_{i,j} = P_{i,jk} \delta u_k$，$\delta_u \varphi = \varphi_{,i} \delta u_i$ 及 $\delta_u \varphi_{,i} = \varphi_{,ij} \delta u_j$ 由虚位移引起。式 (2.14) 与 Landau 等 [59] 的电动力学理论，以及 Stratton[60] 的电磁理论相似，即虚位移同时引起应变和电势的变分。

将式 (2.3) 推广到考虑应变梯度的情况，利用热力学关系式，内能变分可表示为

$$\begin{aligned} \int_V \delta U_{\mathrm{b}} \mathrm{d}V = & \int_V \left(\frac{\partial U_{\mathrm{b}}}{\partial \varepsilon_{ij}} \delta \varepsilon_{ij} + \frac{\partial U_{\mathrm{b}}}{\partial w_{ijm}} \delta w_{ijm} + \frac{\partial U_{\mathrm{b}}}{\partial P_i} \delta P_i + \frac{\partial U_{\mathrm{b}}}{\partial P_{i,j}} \delta P_{i,j} \right) \mathrm{d}V \\ & + \int_V U_{\mathrm{b}} \delta u_{k,k} \mathrm{d}V \\ = & \int_V \left(\sigma_{ij} \delta \varepsilon_{ij} + \tau_{ijm} \delta w_{ijm} + E_i \delta P_i + V_{ij} \delta P_{i,j} \right) \mathrm{d}V \\ & + \frac{1}{2} \int_V \left(\sigma_{ij} \varepsilon_{ij} + \tau_{ijm} w_{ijm} + E_i P_i + V_{ij} P_{i,j} \right) \delta u_{k,k} \mathrm{d}V \end{aligned} \tag{2.15}$$

由于 $\delta u_{i,j}$ 在边界 a 上依赖于 δu_i，为了获得独立的面力边界条件，将包含 $\delta u_{i,j}$ 的积分项分解为

$$\tau_{ijm} n_m \delta u_{i,j} = \tau_{ijm} n_m D_j \delta u_i + \tau_{ijm} n_m n_j D \delta u_i \tag{2.16}$$

其中，表面梯度 $\delta u_{i,j}$ 分解为切向梯度 $D_j\delta u_i$ 和法向梯度 $n_jD\delta u_i$，即

$$\delta u_{i,j}=D_j\delta u_i+n_jD\delta u_i \tag{2.17}$$

式 (2.17) 等式右端第一项包含表面上的非独立变量 $\tau_{ijm}n_mD_j\delta u_i$，可以表示为

$$\tau_{ijm}n_mD_j\delta u_i=D_j\left(\tau_{ijm}n_m\delta u_i\right)-n_mD_j\tau_{ijm}\delta u_i-D_j\left(n_m\right)\tau_{ijm}\delta u_i \tag{2.18}$$

式 (2.18) 等号右端的后两项只包含独立变量的变分 δu_i。

对于式 (2.18) 等号右端第一项，在边界 a 上有

$$D_j\left(\tau_{ijm}n_m\delta u_i\right)=\left(D_ln_l\right)n_jn_m\tau_{ijm}\delta u_i+n_qe_{qpk}\partial_p\left(e_{klj}n_ln_m\tau_{ijm}\delta u_i\right) \tag{2.19}$$

式中，e_{qpk} 为置换张量。根据斯托克斯定理 (Stokes' theorem)，式 (2.19) 等号右端最后一项在光滑表面上的积分为零。

式 (2.15) 给出的内能变分，利用高斯散度定理经过一系列复杂的过程，最终可以化简为 [48,49]

$$\begin{aligned}\delta\int_V U_{\mathrm{b}}\mathrm{d}V=&\int_a\sigma_{ij}n_j\delta u_i\mathrm{d}a-\int_V\sigma_{ij,j}\delta u_i\mathrm{d}V+\int_V E_i\delta P_i\mathrm{d}V\\&+\int_a\left(D_ln_l\right)\tau_{ijm}n_mn_j\delta u_i\mathrm{d}a-\int_a D_j\left(\tau_{ijm}n_m\right)\delta u_i\mathrm{d}a\\&+\int_a\tau_{ijm}n_mn_jD\delta u_i\mathrm{d}a-\int_a\tau_{ijm,m}n_j\delta u_i\mathrm{d}a+\int_a V_{ij}n_j\delta P_i\mathrm{d}a\\&-\int_V V_{ij,j}\delta P_i\mathrm{d}V-\int_a V_{ij}P_{i,k}n_j\delta u_k\mathrm{d}a+\int_V\left(V_{ij}P_{i,k}\right)_{,j}\delta u_k\mathrm{d}V\\&+\frac{1}{2}\int_a\left(\sigma_{ij}u_{i,j}+\tau_{ijm}u_{i,jm}+E_iP_i+V_{ij}P_{ij}\right)n_k\delta u_k\mathrm{d}a\\&-\frac{1}{2}\int_a\left(\sigma_{ij}u_{i,j}+\tau_{ijm}u_{i,jm}+E_iP_i+V_{ij}P_{ij}\right)_{,k}\delta u_k\mathrm{d}a\end{aligned} \tag{2.20}$$

将式 (2.20) 代入式 (2.12)，再代入式 (2.10)，最终得到体电学焓的变分为

$$\begin{aligned}\delta\int_V H_{\mathrm{b}}\mathrm{d}V=&-\int_V\left(\sigma_{ij}-\tau_{ijm,m}+\sigma_{ij}^{\mathrm{ES}}\right)_{,j}\delta u_i\mathrm{d}V+\int_V\left(E_i-V_{ij}+\varphi_{,i}\right)\delta P_i\mathrm{d}V\\&-\int_V D_{i,i}^{\mathrm{e}}\delta\varphi\mathrm{d}V-\int_a\tau_{ijm}n_mn_jD\delta u_i\mathrm{d}a-\int_a V_{ij}n_j\delta P_i\mathrm{d}a+\int_a D_i^{\mathrm{e}}n_i\delta\varphi\mathrm{d}a\\&+\int_a\left[\left(\sigma_{ij}-\tau_{ijm,m}+\sigma_{ij}^{\mathrm{ES}}\right)n_j+\left(D_ln_l\right)\tau_{ijm}n_mn_j-D_j\left(\tau_{ijm}n_m\right)\right]\delta u_i\mathrm{d}a\end{aligned} \tag{2.21}$$

式中，$D_j \equiv (\delta_{jk} - n_j n_k)\,\partial_k$；$D \equiv n_k \partial_k$，$\partial_k$ 为对位置函数 x_k 的偏导数；$\sigma_{ij}^{\mathrm{ES}}$ 为广义体静电应力，定义如下

$$\sigma_{ij}^{\mathrm{ES}} = -V_{kj}P_{k,i} + \frac{1}{2}\left(\sigma_{kl}u_{k,l} + \tau_{klm}u_{k,lm} + E_kP_k + V_{kl}P_{kl}\right)\delta_{ij} - D_i^{\mathrm{e}}\varphi_{,i} + \left(\frac{1}{2}\varepsilon_0\varphi_{,k}\varphi_{,k} + \varphi_{,k}P_k\right)\delta_{ij} \tag{2.22}$$

在小变形假设下应变很小，式 (2.22) 中 $\sigma_{kl}u_{k,l}$ 和 $\tau_{klm}u_{k,lm}$ 相对于 σ_{ij} 和 $\tau_{ijm,m}$ 可以忽略不计。因此，静电应力可以进一步简写为

$$\sigma_{ij}^{\mathrm{ES}} = \sigma_{ij}^{\mathrm{M}} - \tau_{ijm,m}^{\mathrm{M}} \tag{2.23}$$

式中，σ_{ij}^{M} 和 $\tau_{ijm,m}^{\mathrm{M}}$ 分别为广义体麦克斯韦应力 (Maxwell stress) 和与挠曲电效应相关的广义体静电应力。

广义体麦克斯韦应力和与挠曲电效应相关的广义体静电应力分别定义为

$$\sigma_{ij}^{\mathrm{M}} = \frac{1}{2}E_kP_k\delta_{ij} - D_j^{\mathrm{e}}\varphi_{,i} + \left(\frac{1}{2}\varepsilon_0\varphi_{,k}\varphi_{,k} + \varphi_{,k}P_k\right)\delta_{ij} \tag{2.24}$$

$$\tau_{ijm,m}^{\mathrm{M}} = V_{kj}P_{k,i} - \frac{1}{2}V_{kl}P_{k,l}\delta_{ij} \tag{2.25}$$

体电学焓变分式 (2.21) 可通过张量积的形式表示为

$$\begin{aligned}\delta\int_V H_{\mathrm{b}}\mathrm{d}V = &-\int_V \left[\nabla\cdot\left(\boldsymbol{\sigma} - \boldsymbol{\tau} + \boldsymbol{\sigma}^{\mathrm{ES}}\right)\right]\cdot(\delta\boldsymbol{u}_t + \delta\boldsymbol{u}_n)\,\mathrm{d}V \\ &+ \int_a \boldsymbol{T}\cdot(\delta\boldsymbol{u}_t + \delta\boldsymbol{u}_n)\,\mathrm{d}a + \int_V (\boldsymbol{E} - \boldsymbol{V} + \nabla\varphi)\cdot\delta\boldsymbol{P}\mathrm{d}V \\ &- \int_V \nabla\cdot\boldsymbol{D}^{\mathrm{e}}\delta\varphi\mathrm{d}V - \int_a \boldsymbol{\tau}:(\boldsymbol{n}\otimes\boldsymbol{n})\cdot D\delta\boldsymbol{u}\mathrm{d}a - \int_a \boldsymbol{V}\cdot\boldsymbol{n}\cdot\delta\boldsymbol{P}\mathrm{d}a \\ &+ \int_a \boldsymbol{D}^{\mathrm{e}}\cdot\boldsymbol{n}\delta\varphi\mathrm{d}a\end{aligned} \tag{2.26}$$

式中，$\boldsymbol{T}$ 为表面张力，其具体表达式为

$$T_i = \left(\sigma_{ij} - \tau_{ijm,m} + \sigma_{ij}^{\mathrm{ES}}\right)n_j + (D_l n_l)\,\tau_{ijm}n_m n_j - D_j\left(\tau_{ijm}n_m\right) \tag{2.27}$$

接下来给出表面部分电学焓的变分，表面内能的变分可以表示为

$$\delta\int_a U_{\mathrm{s}}\mathrm{d}a = \int_a \delta U_{\mathrm{s}}\mathrm{d}a + \int_a U_{\mathrm{s}}\delta\left(\nabla_{\mathrm{s}}\cdot u\right)\mathrm{d}V$$

$$
\begin{aligned}
&= \int_a \left(\boldsymbol{\sigma}_{\mathrm{s}} : \delta\boldsymbol{\varepsilon}_{\mathrm{s}} + \boldsymbol{\tau}_{\mathrm{s}} \vdots \delta\boldsymbol{w}_{\mathrm{s}} + \boldsymbol{E}_{\mathrm{s}} \cdot \delta\boldsymbol{P}_{\mathrm{s}} + \boldsymbol{V}_{\mathrm{s}} : \delta\boldsymbol{Q}_{\mathrm{s}}\right) \mathrm{d}a \\
&\quad + \int_a \frac{1}{2}\left[2U_{\mathrm{s}0} + (\boldsymbol{\sigma}_{\mathrm{s}} + \boldsymbol{\Gamma}) : \boldsymbol{\varepsilon}_{\mathrm{s}} + (\boldsymbol{\tau}_{\mathrm{s}} + \boldsymbol{\Omega}) \vdots \boldsymbol{w}_{\mathrm{s}}\right] \delta\left(\nabla_{\mathrm{s}} \cdot u_{\mathrm{s}}\right) \mathrm{d}a \\
&\quad + \int_a \frac{1}{2}\left[(\boldsymbol{E}_{\mathrm{s}} + \boldsymbol{\omega}) \cdot \boldsymbol{P}_{\mathrm{s}} + (\boldsymbol{V}_{\mathrm{s}} + \boldsymbol{\kappa}) : \boldsymbol{Q}_{\mathrm{s}}\right] \delta\left(\nabla_{\mathrm{s}} \cdot u_{\mathrm{s}}\right) \mathrm{d}a
\end{aligned} \tag{2.28}
$$

其中，

$$
\nabla_{\mathrm{s}} \cdot \boldsymbol{u} = \mathrm{div}_{\mathrm{s}} \boldsymbol{u} = \mathrm{tr}\left(\nabla_{\mathrm{s}} \otimes \boldsymbol{u}\right) \tag{2.29}
$$

根据 $\nabla_{\mathrm{s}} \otimes \boldsymbol{u} = \nabla_{\mathrm{s}} \otimes \boldsymbol{u}_t - u^n \boldsymbol{k}$，式 (2.29) 可以表示为

$$
\nabla_{\mathrm{s}} \cdot \boldsymbol{u} = \mathrm{div}_{\mathrm{s}} \boldsymbol{u} = \nabla_{\mathrm{s}} \cdot \boldsymbol{u}_t - 2\gamma u^n \tag{2.30}
$$

式中，γ 为平均曲率，定义为

$$
\gamma = \frac{1}{2}\mathrm{tr}\boldsymbol{k} = \frac{1}{2}\boldsymbol{I} : \boldsymbol{k} \tag{2.31}
$$

与体内的变分类似，在表面上也存在如下关系

$$
\left\{
\begin{aligned}
&\delta\boldsymbol{P}_{\mathrm{s}} = \delta_p \boldsymbol{P}_{\mathrm{s}} + \delta_u \boldsymbol{P}_{\mathrm{s}} = \delta_p \boldsymbol{P}_{\mathrm{s}} + \nabla_{\mathrm{s}} \otimes \boldsymbol{P}_{\mathrm{s}} \cdot \delta\boldsymbol{u} \\
&\delta\boldsymbol{Q}_{\mathrm{s}} = \delta_p \boldsymbol{Q}_{\mathrm{s}} + \delta_u \boldsymbol{Q}_{\mathrm{s}} = \delta_p\left(\nabla_{\mathrm{s}} \otimes \boldsymbol{P}_{\mathrm{s}}\right) + \left(\nabla_{\mathrm{s}} \otimes \nabla_{\mathrm{s}} \otimes \boldsymbol{P}_{\mathrm{s}}\right) \cdot \delta\boldsymbol{u} \\
&\delta\varphi = \delta_\varphi \varphi + \delta_u \varphi = \delta_\varphi \varphi + \nabla_{\mathrm{s}}\varphi \cdot \delta\boldsymbol{u} \\
&\delta\nabla_{\mathrm{s}}\varphi = \delta_\varphi \nabla_{\mathrm{s}}\varphi + \delta_u \nabla_{\mathrm{s}}\varphi = \delta_\varphi \nabla_{\mathrm{s}}\varphi + \nabla_{\mathrm{s}} \otimes \nabla_{\mathrm{s}}\varphi \cdot \delta\boldsymbol{u}
\end{aligned}
\right. \tag{2.32}
$$

其中，$\delta_p \boldsymbol{P}_{\mathrm{s}}$ 和 $\delta_p \boldsymbol{Q}_{\mathrm{s}}$ 由表面虚电极化引起；$\delta_\varphi \varphi$ 和 $\delta_\varphi \nabla_{\mathrm{s}}\varphi$ 由表面虚电势引起；$\delta_u \boldsymbol{P}_{\mathrm{s}} = (\nabla_{\mathrm{s}} \otimes \boldsymbol{P}_{\mathrm{s}}) \cdot \delta\boldsymbol{u}$、$\delta_u \boldsymbol{Q}_{\mathrm{s}} = (\nabla_{\mathrm{s}} \otimes \nabla_{\mathrm{s}} \otimes \boldsymbol{P}_{\mathrm{s}}) \cdot \delta\boldsymbol{u}$、$\delta_u \varphi = \nabla_{\mathrm{s}}\varphi \cdot \delta\boldsymbol{u}$ 和 $\delta_u \nabla_{\mathrm{s}}\varphi = (\nabla_{\mathrm{s}} \otimes \nabla_{\mathrm{s}}\varphi) \cdot \delta\boldsymbol{u}$ 分别为由表面上的虚位移引起的电偶极 (electric dipole)、电四极 (electric quadrupole)、电势和电势梯度的变分。

利用表面散度定理并经过一系列复杂的运算，表面电学焓变分式 (2.28) 表示为

$$
\begin{aligned}
\delta \int_a H_{\mathrm{s}} \mathrm{d}a = &- \int_a \left[\nabla_{\mathrm{s}} \cdot \left(\boldsymbol{\sigma}_{\mathrm{s}} - \nabla_{\mathrm{s}} \cdot \boldsymbol{\tau}_{\mathrm{s}} + \boldsymbol{\sigma}_{\mathrm{s}}^{\mathrm{ES}}\right)\right] \delta\boldsymbol{u}_t \mathrm{d}a - \int_a \nabla_{\mathrm{s}} \cdot \boldsymbol{P}_{\mathrm{s}} \delta\varphi \mathrm{d}a \\
&- \int_a \left[\left(\boldsymbol{\sigma}_{\mathrm{s}} - \nabla_{\mathrm{s}} \cdot \boldsymbol{\tau}_{\mathrm{s}} + \boldsymbol{\sigma}_{\mathrm{s}}^{\mathrm{ES}}\right) : \boldsymbol{k}\right] \delta\boldsymbol{u}_n \mathrm{d}a \\
&+ \int_a \left[\boldsymbol{E}_{\mathrm{s}} - \left(\nabla_{\mathrm{s}} \cdot \boldsymbol{V}_{\mathrm{s}}\right) + \nabla_{\mathrm{s}}\varphi\right] \delta\boldsymbol{P}_{\mathrm{s}} \mathrm{d}a
\end{aligned} \tag{2.33}
$$

式中，$\boldsymbol{\sigma}_{\mathrm{s}}^{\mathrm{ES}}$ 为广义表面静电应力，定义为

$$\boldsymbol{\sigma}_{\mathrm{s}}^{\mathrm{ES}}=-\boldsymbol{Q}_{\mathrm{s}}^{\mathrm{T}}\cdot\boldsymbol{V}_{\mathrm{s}}+\frac{1}{2}\left[2U_{\mathrm{s}0}+(\boldsymbol{\sigma}_{\mathrm{s}}+\boldsymbol{\Gamma}):\boldsymbol{\varepsilon}_{\mathrm{s}}+(\boldsymbol{\tau}_{\mathrm{s}}+\boldsymbol{\Omega})\,\vdots\,\boldsymbol{w}_{\mathrm{s}}\right]\boldsymbol{I}$$
$$+\left[(\boldsymbol{E}_{\mathrm{s}}+\boldsymbol{\omega})\cdot\boldsymbol{P}_{\mathrm{s}}+(\boldsymbol{V}_{\mathrm{s}}+\boldsymbol{\kappa}):\boldsymbol{Q}_{\mathrm{s}}\right]\boldsymbol{I}-\nabla_{\mathrm{s}}\varphi\otimes\boldsymbol{P}_{\mathrm{s}}+(\nabla_{\mathrm{s}}\varphi\cdot\boldsymbol{P}_{\mathrm{s}})\boldsymbol{I} \tag{2.34}$$

式 (2.34) 表示的广义表面静电应力和式 (2.22) 表示的广义体静电应力的表达形式相同。由于 $(\boldsymbol{\sigma}_{\mathrm{s}}+\boldsymbol{\Gamma}):\boldsymbol{\varepsilon}_{\mathrm{s}}$ 和 $(\boldsymbol{\tau}_{\mathrm{s}}+\boldsymbol{\Omega})\,\vdots\,\boldsymbol{w}_{\mathrm{s}}$ 与 $\boldsymbol{\sigma}_{\mathrm{s}}$ 和 $\boldsymbol{\tau}_{\mathrm{s}}$ 相比非常小，可以忽略不计。因此，式 (2.34) 可进一步表示为

$$\begin{aligned}\boldsymbol{\sigma}_{\mathrm{s}}^{\mathrm{ES}}&=-\boldsymbol{Q}_{\mathrm{s}}^{\mathrm{T}}\cdot\boldsymbol{V}_{\mathrm{s}}+\frac{1}{2}\left[2U_{\mathrm{s}0}+(\boldsymbol{E}_{\mathrm{s}}+\boldsymbol{\omega})\cdot\boldsymbol{P}_{\mathrm{s}}+(\boldsymbol{V}_{\mathrm{s}}+\boldsymbol{\kappa}):\boldsymbol{Q}_{\mathrm{s}}\right]\boldsymbol{I}\\&\quad-\nabla_{\mathrm{s}}\varphi\otimes\boldsymbol{P}_{\mathrm{s}}+(\nabla_{\mathrm{s}}\varphi\cdot\boldsymbol{P}_{\mathrm{s}})\boldsymbol{I}\\&=\boldsymbol{\sigma}_{\mathrm{s}}^{\mathrm{M}}-\nabla_{\mathrm{s}}\cdot\boldsymbol{\tau}_{\mathrm{s}}^{\mathrm{M}}\end{aligned} \tag{2.35}$$

式中，$\boldsymbol{\sigma}_{\mathrm{s}}^{\mathrm{M}}$ 和 $\tau_{\mathrm{s}}^{\mathrm{M}}$ 分别为表面广义麦克斯韦应力和表面静电应力，它们与挠曲电效应相关，定义如下

$$\boldsymbol{\sigma}_{\mathrm{s}}^{\mathrm{M}}=\frac{1}{2}\left[2U_{\mathrm{s}0}+(\boldsymbol{E}_{\mathrm{s}}+\boldsymbol{\omega})\cdot\boldsymbol{P}_{\mathrm{s}}\right]\boldsymbol{I}-\nabla_{\mathrm{s}}\varphi\otimes\boldsymbol{P}_{\mathrm{s}}+(\nabla_{\mathrm{s}}\varphi\cdot\boldsymbol{P}_{\mathrm{s}})\boldsymbol{I} \tag{2.36}$$

$$\nabla_{\mathrm{s}}\cdot\boldsymbol{\tau}_{\mathrm{s}}^{\mathrm{M}}=-\boldsymbol{Q}_{\mathrm{s}}^{\mathrm{T}}\cdot\boldsymbol{V}_{\mathrm{s}}-\frac{1}{2}\left[(\boldsymbol{V}_{\mathrm{s}}+\boldsymbol{\kappa}):\boldsymbol{Q}_{\mathrm{s}}\right]\boldsymbol{I} \tag{2.37}$$

由于 $\delta\boldsymbol{u}_t$、δu^n、$\delta\boldsymbol{P}$、$\delta\boldsymbol{P}_{\mathrm{s}}$ 和 $\delta\varphi$ 的任意性，具有挠曲电效应的纳米电介质的控制方程可通过式 (2.21) 或式 (2.26) 得到，在电介质占据的空间区域 V_0 内：

$$\nabla\cdot\left(\boldsymbol{\sigma}-\nabla\cdot\boldsymbol{\tau}+\boldsymbol{\sigma}^{\mathrm{ES}}\right)=0 \tag{2.38}$$

$$\boldsymbol{E}-\nabla\cdot\boldsymbol{V}+\nabla\varphi=0 \tag{2.39}$$

$$\nabla\cdot(-\varepsilon_0\nabla\varphi+\boldsymbol{P})=0 \tag{2.40}$$

电学控制方程式 (2.40) 即高斯方程，可通过电位移矢量表示为

$$\nabla\cdot\boldsymbol{D}^{\mathrm{e}}=0 \tag{2.41}$$

在周围环境区域 V' 内满足:

$$\nabla\cdot\nabla\varphi=0 \tag{2.42}$$

在边界 a 上具有以下边界条件:

$$\boldsymbol{T}\cdot\boldsymbol{R}=\nabla_{\rm s}\cdot\left(\boldsymbol{\sigma}_{\rm s}-\nabla_{\rm s}\cdot\boldsymbol{\tau}_{\rm s}+\boldsymbol{\sigma}_{\rm s}^{\rm ES}\right) \tag{2.43}$$

$$\boldsymbol{T}\cdot\boldsymbol{n}=\left(\boldsymbol{\sigma}_{\rm s}-\nabla_{\rm s}\cdot\boldsymbol{\tau}_{\rm s}+\boldsymbol{\sigma}_{\rm s}^{\rm ES}\right):\boldsymbol{k} \tag{2.44}$$

$$\boldsymbol{\tau}:(\boldsymbol{n}\otimes\boldsymbol{n})=0 \tag{2.45}$$

$$\boldsymbol{V}\cdot\boldsymbol{n}=0 \tag{2.46}$$

$$(-\varepsilon_0\lfloor\nabla\varphi\rfloor+\boldsymbol{P})\cdot\boldsymbol{n}=\nabla_{\rm s}\cdot\boldsymbol{P}_{\rm s} \tag{2.47}$$

$$\boldsymbol{E}_{\rm s}-(\nabla_{\rm s}\cdot\boldsymbol{V}_{\rm s})+\nabla_{\rm s}\varphi=0 \tag{2.48}$$

式 (2.47) 中，$\lfloor\ \rfloor$ 表示括号内的量为域 V_0 和 V' 界面上该量的跳跃。边界条件式 (2.43)、式 (2.44) 和式 (2.47) 一起构成力电耦合材料的广义杨–拉普拉斯方程 (Young-Laplace equation)。式 (2.38) ~ 式 (2.42) 与式 (2.43) ~ 式 (2.48) 共同给出了考虑表面效应和挠曲电效应的纳米电介质的控制方程和边界条件。这些方程经过适当的简化和变换，可以变成一些文献中的理论形式。例如，忽略表面效应和挠曲电效应，这些方程将退化为经典的力电耦合理论。在 Majdoub 等 [61,62] 的工作中，式 (2.43) 和式 (2.44) 简化为

$$\boldsymbol{T}=\boldsymbol{n}\cdot(\boldsymbol{\sigma}-\nabla\cdot\boldsymbol{\tau}) \tag{2.49}$$

如果忽略挠曲电效应，$\nabla\cdot\tau^{\rm M}$ 和 $\nabla_{\rm s}\cdot\tau_{\rm s}^{\rm M}$ 将不会出现。在没有表面张力的情况下杨–拉普拉斯方程为

$$\boldsymbol{n}\cdot\left(\boldsymbol{\sigma}+\boldsymbol{\sigma}^{\rm M}\right)\cdot\boldsymbol{R}=\nabla_{\rm s}\cdot\left(\boldsymbol{\sigma}_{\rm s}+\boldsymbol{\sigma}_{\rm s}^{\rm M}\right) \tag{2.50}$$

$$\boldsymbol{n}\cdot\left(\boldsymbol{\sigma}+\boldsymbol{\sigma}^{\rm M}\right)\cdot\boldsymbol{n}=\left(\boldsymbol{\sigma}_{\rm s}+\boldsymbol{\sigma}_{\rm s}^{\rm M}\right):\boldsymbol{k} \tag{2.51}$$

如果静电应力和表面效应均忽略不计，控制方程与 Sharma 等 [39] 给出的方程一致。

如果不考虑力电耦合，可以得到具有表面效应和应变梯度弹性理论的控制方程:

$$\nabla\cdot(\boldsymbol{\sigma}-\nabla\cdot\boldsymbol{\tau})=0 \tag{2.52}$$

边界 a 上的杨–拉普拉斯方程为

$$\boldsymbol{T}\cdot\boldsymbol{R}=\nabla_{\rm s}\cdot(\boldsymbol{\sigma}_{\rm s}-\nabla_{\rm s}\cdot\boldsymbol{\tau}_{\rm s}) \tag{2.53}$$

$$\boldsymbol{T}\cdot\boldsymbol{n}=(\boldsymbol{\sigma}_{\rm s}-\nabla_{\rm s}\cdot\boldsymbol{\tau}_{\rm s}):\boldsymbol{k} \tag{2.54}$$

如果进一步忽略应变梯度效应，式 (2.53) 和式 (2.54) 将进一步简化为 Gurtin 和 Murdoch[17] 提出的经典表面弹性理论。

2.2.2 基于吉布斯自由能的变分原理

通过不同的热力学势函数，选择不同的状态变量可给出系统的变分原理和基本方程，见 1.1 节中的式 (1.2) ~ 式 (1.6)。本小节给出以电学吉布斯自由能为热力学势函数的变分原理和基本方程。

假设电介质材料由光滑闭合曲面 a 包围的空间体积为 V，如 Maugin 和 Eringen[37]、Kuang[56-58] 的力电耦合理论框架。将经典电介质理论中的电学吉布斯自由能分解为体部分电学吉布斯自由能和表面电学吉布斯自由能，变分方程可表示为 [47]

$$\delta \int_V G_{\mathrm{b}} \mathrm{d}V + \delta \int_a G_{\mathrm{s}} \mathrm{d}a = 0 \tag{2.55}$$

根据雷诺输运定理，式 (2.55) 可进一步表示为

$$\left\{\begin{array}{l} \delta \displaystyle\int_V G_{\mathrm{b}} \mathrm{d}V = \int_V \delta G_{\mathrm{b}} \mathrm{d}V + \int_a G_{\mathrm{b}} \delta \left(\nabla \cdot \boldsymbol{u}\right) \mathrm{d}V \\ \delta \displaystyle\int_a G_{\mathrm{s}} \mathrm{d}a = \int_a \delta G_{\mathrm{s}} \mathrm{d}a + \delta \int_a G_{\mathrm{s}} \delta \left(\nabla_{\mathrm{s}} \cdot \boldsymbol{u}\right) \mathrm{d}a \end{array}\right. \tag{2.56}$$

与基于内能的变分原理过程类似，虚位移不仅引起应变的变化，同时引起电势及其梯度的变化，因此有

$$\left\{\begin{array}{l} \delta\varphi = \delta_{\varphi}\varphi + \delta_u\varphi = \delta_{\varphi}\varphi + \varphi_{,j}\delta u_j \\ \delta\varphi_{,i} = \delta_{\varphi}\varphi_{,i} + \delta_u\varphi_{,i} = \delta_{\varphi}\varphi_{,i} + \varphi_{,ji}\delta u_j \\ \delta\varphi_{,ij} = \delta_{\varphi}\varphi_{,ij} + \delta_u\varphi_{,ij} = \delta_{\varphi}\varphi_{,ij} + \varphi_{,ijk}\delta u_k \end{array}\right. \tag{2.57}$$

体部分电学吉布斯自由能的变分方程可最终表示为如下张量形式：

$$\begin{aligned} \delta \int_V G_{\mathrm{b}} \mathrm{d}V = & -\int_V \left[\nabla \cdot \left(\boldsymbol{\sigma} - \nabla \cdot \boldsymbol{\tau} + \boldsymbol{\sigma}^{\mathrm{ES}}\right)\right] \cdot \left(\delta \boldsymbol{u}_t + \delta \boldsymbol{u}_n\right) \mathrm{d}V \\ & - \int_V \nabla \cdot \left(\boldsymbol{D} - \nabla \cdot \boldsymbol{Q}\right) \delta\varphi \mathrm{d}V + \int_a \boldsymbol{T} \cdot \left(\delta \boldsymbol{u}_t + \delta \boldsymbol{u}_n\right) \mathrm{d}a \\ & + \int_a \boldsymbol{\tau} : \left(\boldsymbol{n} \otimes \boldsymbol{n}\right) \cdot D\delta\boldsymbol{u} \mathrm{d}a + \int_a q\delta\varphi \mathrm{d}a + \int_a \boldsymbol{Q} : \left(\boldsymbol{n} \otimes \boldsymbol{n}\right) D\delta\varphi \mathrm{d}a \end{aligned} \tag{2.58}$$

式中，$\boldsymbol{T}$ 和 q 分别为表面张力和表面电荷密度，表示为

$$T_i = \left(\sigma_{ij} - \tau_{ijm,m} + \sigma_{ij}^{\mathrm{ES}}\right) n_j + \left(D_l n_l\right) \tau_{ijm} n_m n_j - D_j \left(\tau_{ijm} n_m\right) \tag{2.59}$$

$$q = n_i\left(D_i - Q_{ij,j}\right) + \left(D_l n_l\right) n_i n_j Q_{ij} - D_i\left(n_j Q_{ij}\right) \tag{2.60}$$

类似地，表面电学吉布斯自由能的变分可表示为

$$\begin{aligned}\delta\int_a G_{\mathrm{s}}\mathrm{d}a = &-\int_a\left[\left(\boldsymbol{\sigma}_{\mathrm{s}} - \nabla_{\mathrm{s}}\cdot\boldsymbol{\tau}_{\mathrm{s}} + \boldsymbol{\sigma}_{\mathrm{s}}^{\mathrm{ES}}\right):\boldsymbol{k}\right]\delta u^n\mathrm{d}a\\&+\int_a\left[-\nabla_{\mathrm{s}}\cdot\left(\boldsymbol{\sigma}_{\mathrm{s}} - \nabla_{\mathrm{s}}\cdot\boldsymbol{\tau}_{\mathrm{s}} + \boldsymbol{\sigma}_{\mathrm{s}}^{\mathrm{ES}}\right)\right]\delta\boldsymbol{u}_t\mathrm{d}a\\&-\int_a\nabla_{\mathrm{s}}\cdot\left(D_{\mathrm{s}} - \nabla_{\mathrm{s}}\cdot\boldsymbol{Q}_{\mathrm{s}}\right)\delta\varphi\mathrm{d}a\end{aligned} \tag{2.61}$$

式中，$\boldsymbol{\sigma}_{\mathrm{s}}^{\mathrm{ES}}$ 为广义表面静电应力，定义如下

$$\begin{aligned}\boldsymbol{\sigma}_{\mathrm{s}}^{\mathrm{ES}} = &-\left(\nabla_{\mathrm{s}}\varphi\otimes\boldsymbol{D}_{\mathrm{s}}\right) - \left(\nabla_{\mathrm{s}}\otimes\nabla_{\mathrm{s}}\varphi\right)\cdot\boldsymbol{Q}_{\mathrm{s}} + \nabla_{\mathrm{s}}\varphi\otimes\left(\nabla_{\mathrm{s}}\cdot\boldsymbol{Q}_{\mathrm{s}}\right)\\&+\frac{1}{2}\left[2U_{\mathrm{s}0} + (\boldsymbol{\Gamma} + \boldsymbol{\sigma}_{\mathrm{s}}):\boldsymbol{\varepsilon}_{\mathrm{s}} + (\boldsymbol{\Omega} + \boldsymbol{\tau})\,\vdots\,\boldsymbol{w}_{\mathrm{s}}\right]\boldsymbol{I}\\&+\frac{1}{2}\left[(\boldsymbol{\omega} + \boldsymbol{D}_{\mathrm{s}})\cdot\nabla_{\mathrm{s}}\varphi + (\boldsymbol{\kappa} + \boldsymbol{Q}_{\mathrm{s}}):\left(\nabla_{\mathrm{s}}\otimes\nabla_{\mathrm{s}}\varphi\right)\right]\boldsymbol{I}\end{aligned} \tag{2.62}$$

由于 $\delta\boldsymbol{u}_t$、δu^n 和 $\delta\varphi$ 的任意性，将式 (2.58) 和式 (2.61) 代入式 (2.55)，可以得到如下控制方程:

$$\nabla\cdot\left(\boldsymbol{\sigma} - \nabla\cdot\boldsymbol{\tau} + \boldsymbol{\sigma}^{\mathrm{ES}}\right) = 0 \tag{2.63}$$

$$\nabla\cdot(\boldsymbol{D} - \nabla\cdot\boldsymbol{Q}) = 0 \tag{2.64}$$

以及在边界 a 上的边界条件

$$\boldsymbol{T}\cdot\boldsymbol{R} = \nabla_{\mathrm{s}}\cdot\left(\boldsymbol{\sigma}_{\mathrm{s}} - \nabla_{\mathrm{s}}\cdot\boldsymbol{\tau}_{\mathrm{s}} + \boldsymbol{\sigma}_{\mathrm{s}}^{\mathrm{ES}}\right) \tag{2.65}$$

$$\boldsymbol{T}\cdot\boldsymbol{n} = \left(\boldsymbol{\sigma}_{\mathrm{s}} - \nabla_{\mathrm{s}}\cdot\boldsymbol{\tau}_{\mathrm{s}} + \boldsymbol{\sigma}_{\mathrm{s}}^{\mathrm{ES}}\right):\boldsymbol{k} \tag{2.66}$$

$$q = \nabla_{\mathrm{s}}\cdot\left(\boldsymbol{D}_{\mathrm{s}} - \nabla_{\mathrm{s}}\cdot\boldsymbol{Q}_{\mathrm{s}}\right) \tag{2.67}$$

$$\boldsymbol{\tau}:(\boldsymbol{n}\otimes\boldsymbol{n}) = 0 \tag{2.68}$$

$$\boldsymbol{Q}:(\boldsymbol{n}\otimes\boldsymbol{n}) = 0 \tag{2.69}$$

对比式 (2.38) ~ 式 (2.40) 和式 (2.63)、式 (2.64) 可以发现，以应变和电场为状态量，基于电学吉布斯自由能的变分得到的电介质的控制方程形式简单，且物理意义明确，即式 (2.63) 为力学运动方程，而式 (2.64) 为电学高斯方程。

Hadjesfandiari[63] 基于压电介质的哈密顿原理，从偶应力理论出发，重新推导了压电电介质的力电耦合方程，其可通过式 (2.55) 给出的变分原理简化得到。选择不同热力学变量作为状态量建立热力学势函数，这些热力学势函数可相互转换，因此这些基本方程的本质是一致的。

2.3 本构关系

材料宏观性质通常用材料的本构方程描述，可通过热力学势函数的具体表达式给出。例如，根据 Mindlin[28] 考虑极化梯度的内能密度函数，本构方程可通过如下方程给出:

$$\sigma_{ij}=\left(\frac{\partial U^{\mathrm{L}}}{\partial \varepsilon_{ij}}\right)_{\boldsymbol{P},\boldsymbol{Q}},\quad -E_i^{\mathrm{L}}=\left(\frac{\partial U^{\mathrm{L}}}{\partial P_i}\right)_{\boldsymbol{\varepsilon},\boldsymbol{Q}},\quad Q_{ij}=\left(\frac{\partial U^{\mathrm{L}}}{\partial P_{i,j}}\right)_{\boldsymbol{\varepsilon},\boldsymbol{P}} \tag{2.70}$$

需要注意的是，为了区别于经典线弹性压电理论中的电场，本构方程 (2.70) 中的局部电场用 E_i^{L} 表示，并且前面为负号。

Mindlin[28] 的内能函数为

$$\begin{aligned}U^{\mathrm{L}}\left(\varepsilon_{ij},P_i,P_{i,j}\right)=&\frac{1}{2}a_{ij}P_iP_j+\frac{1}{2}b_{ijkl}P_{i,j}P_{k,l}+\frac{1}{2}c_{ijkl}^{P}\varepsilon_{ij}\varepsilon_{kl}\\&+d_{ikl}P_i\varepsilon_{kl}+f_{ijkl}P_{i,j}\varepsilon_{kl}+h_{ikl}P_iP_{k,l}\end{aligned} \tag{2.71}$$

式中，P_i 为电极化；$P_{i,j}$ 为极化梯度；ε_{ij} 为应变；a_{ij}、b_{ijkl}、c_{ijkl}^{P}、d_{ikl}、f_{ijkl} 和 h_{ikl} 均为材料参数。

考虑极化梯度的电介质材料的线性本构方程如下

$$\begin{cases}\sigma_{ij}=\left(\dfrac{\partial U^{\mathrm{L}}}{\partial \varepsilon_{ij}}\right)_{\boldsymbol{P},\boldsymbol{Q}}=c_{ijkl}^{P}\varepsilon_{kl}+d_{kij}P_k+f_{klij}P_{k,l}\\[2ex]-E_i^{\mathrm{L}}=\left(\dfrac{\partial U^{\mathrm{L}}}{\partial P_i}\right)_{\boldsymbol{\varepsilon},\boldsymbol{Q}}=a_{ij}P_j+d_{ikl}\varepsilon_{kl}+j_{ikl}P_{k,l}\\[2ex]Q_{ij}=\left(\dfrac{\partial U^{\mathrm{L}}}{\partial P_{i,j}}\right)_{\boldsymbol{\varepsilon},\boldsymbol{P}}=b_{ijkl}P_{k,l}+f_{ijkl}\varepsilon_{kl}+h_{kij}P_k\end{cases} \tag{2.72}$$

将内能表示为应变、极化、应变梯度和极化梯度的函数，表示为

$$\begin{aligned}U=&\frac{1}{2}a_{kl}P_kP_l+\frac{1}{2}b_{ijkl}P_{i,j}P_{k,l}+\frac{1}{2}c_{ijkl}\varepsilon_{ij}\varepsilon_{kl}+d_{ikl}P_i\varepsilon_{kl}+e_{ijkl}P_{i,j}\varepsilon_{kl}\\&+f_{ijkl}P_iu_{j,kl}+h_{ijk}P_iP_{j,k}+r_{ijklm}\varepsilon_{ij}u_{k,lm}+\eta_{ijkmn}P_{i,j}u_{k,mn}\\&+\frac{1}{2}g_{ijklmn}u_{i,jk}u_{l,mn}\end{aligned}$$

$$
\begin{aligned}
&= \frac{1}{2}a_{kl}P_kP_l + \frac{1}{2}b_{ijkl}Q_{ij}Q_{kl} + \frac{1}{2}c_{ijkl}\varepsilon_{ij}\varepsilon_{kl} + d_{ikl}P_i\varepsilon_{kl} + e_{ijkl}Q_{ij}\varepsilon_{kl} \\
&\quad + f_{ijkl}P_iw_{jkl} + h_{ijk}P_iQ_{jk} + r_{ijklm}\varepsilon_{ij}w_{klm} + \eta_{ijkmn}Q_{ij}w_{kmn} \\
&\quad + \frac{1}{2}g_{ijklmn}w_{ijk}w_{lmn}
\end{aligned} \tag{2.73}
$$

式中，$u_{j,kl}$ 为位移的二阶导数；a_{kl}、b_{ijkl}、c_{ijkl}、d_{ikl}、e_{ijkl}、f_{ijkl}、h_{ijk}、r_{ijklm}、η_{ijkmn} 和 g_{ijklmn} 均为材料参数。具体地，a_{kl} 和 c_{ijkl} 分别为二阶极化率的倒数和四阶弹性常数张量；e_{ijkl} 和 f_{ijkl} 为四阶挠曲电张量，根据 Lifshitz 不变性，$e_{ijkl}=-f_{ijkl}$；g_{ijklmn} 用来描述纯非局域弹性效应并与应变梯度理论相关。

应变与位移的关系由几何方程确定：

$$
\varepsilon_{ij} = \frac{1}{2}(u_{i,j}+u_{j,i}), \quad \boldsymbol{\varepsilon} = \frac{1}{2}(\nabla\otimes\boldsymbol{u}+\boldsymbol{u}\otimes\nabla) \tag{2.74}
$$

w_{ijk} 和 Q_{ij} 为应变梯度和极化梯度，定义如下

$$
\begin{cases}
w_{ijk} = \varepsilon_{ij,k}, \quad \boldsymbol{w} = \dfrac{1}{2}\nabla\otimes(\nabla\otimes\boldsymbol{u}+\boldsymbol{u}\otimes\nabla) \\
Q_{ij} = P_{i,j}, \quad \boldsymbol{Q} = \nabla\otimes\boldsymbol{P}
\end{cases} \tag{2.75}
$$

根据几何方程式 (2.74) 和式 (2.75)，应变和应变梯度满足 $\varepsilon_{ij}=\varepsilon_{ji}$，$w_{ijk}=w_{jik}$。

对于不同材料，材料参数张量 a_{kl}、b_{ijkl}、c_{ijkl}、d_{ikl}、e_{ijkl}、f_{ijkl}、h_{ijk}、r_{ijklm}、η_{ijkmn} 和 g_{ijklmn} 有不同的值，可通过实验或原子模拟计算获得。如果不考虑力电耦合，则所有与力电耦合相关的参数为零，即 d_{ijk}、e_{ijkl}、f_{ijkl} 和 η_{ijklmn} 为零。对于中心对称电介质，d_{ijk}、h_{ikl}、r_{ijklm} 和 η_{ijkmn} 均为零 (其中，d_{ijk} 和 η_{ijkmn} 是与力电耦合相关的材料参数)。需要注意的是，对于中心对称电介质，力电耦合效应依然存在，通过挠曲电效应可实现力电能相互转换 (e_{ijkl} 和 f_{ijkl} 对应的项)。

小变形假设下，本构方程可表示为

$$
\begin{cases}
\sigma_{ij} = \dfrac{\partial U_{\mathrm{b}}}{\partial \varepsilon_{ij}} = c_{ijkl}\varepsilon_{kl} + e_{klij}Q_{kl} + d_{kij}P_k + r_{ijklm}w_{klm} \\
\tau_{ijm} = \dfrac{\partial U_{\mathrm{b}}}{\partial w_{ijm}} = f_{kijm}P_k + r_{klijm}\varepsilon_{kl} + \eta_{klijm}Q_{kl} + g_{ijmknl}w_{knl} \\
E_i = \dfrac{\partial U_{\mathrm{b}}}{\partial P_i} = a_{ij}P_j + d_{ijk}\varepsilon_{jk} + h_{ijk}Q_{jk} + f_{ijkl}w_{jkl} \\
V_{ij} = \dfrac{\partial U_{\mathrm{b}}}{\partial Q_{ij}} = b_{ijkl}Q_{kl} + e_{ijkl}\varepsilon_{kl} + h_{kij}P_k + \eta_{ijkmn}w_{kmn}
\end{cases} \tag{2.76}
$$

式中，σ_{ij} 为应力张量；τ_{ijm} 为高阶应力 (偶应力) 张量；E_i 为有效局部电场；V_{ij} 为高阶局部电场。根据应变和应变梯度的对称性，有 $\sigma_{ij}=\sigma_{ji}$ 和 $\tau_{ijm}=\tau_{jim}$。

表面内能密度 U_{s} 是表面应变 $\varepsilon^{\mathrm{s}}_{\alpha\beta}$、表面极化 P^{s}_{α} 及其一阶梯度的非线性连续函数，因此表面内能密度可以表示为

$$
\begin{aligned}
U_{\mathrm{s}}=&U_{\mathrm{s}0}+\frac{\partial U_{\mathrm{s}}}{\partial P^{\mathrm{s}}_{\alpha}}P^{\mathrm{s}}_{\alpha}+\frac{\partial U_{\mathrm{s}}}{\partial Q^{\mathrm{s}}_{\alpha\beta}}Q^{\mathrm{s}}_{\alpha\beta}+\frac{\partial U_{\mathrm{s}}}{\partial \varepsilon^{\mathrm{s}}_{\alpha\beta}}\varepsilon^{\mathrm{s}}_{\alpha\beta}+\frac{\partial U_{\mathrm{s}}}{\partial w^{\mathrm{s}}_{\alpha\beta\gamma}}w^{\mathrm{s}}_{\alpha\beta\gamma}\\
&+\frac{1}{2}\frac{\partial^2 U_{\mathrm{s}}}{\partial P^{\mathrm{s}}_{\alpha}\partial P^{\mathrm{s}}_{\beta}}P^{\mathrm{s}}_{\alpha}P^{\mathrm{s}}_{\beta}+\frac{1}{2}\frac{\partial^2 U_{\mathrm{s}}}{\partial Q^{\mathrm{s}}_{\alpha\beta}\partial Q^{\mathrm{s}}_{\gamma\kappa}}Q^{\mathrm{s}}_{\alpha\beta}Q^{\mathrm{s}}_{\gamma\kappa}\\
&+\frac{1}{2}\frac{\partial^2 U_{\mathrm{s}}}{\partial \varepsilon^{\mathrm{s}}_{\alpha\beta}\partial \varepsilon^{\mathrm{s}}_{\gamma\kappa}}\varepsilon^{\mathrm{s}}_{\alpha\beta}\varepsilon^{\mathrm{s}}_{\gamma\kappa}+\frac{\partial^2 U_{\mathrm{s}}}{\partial \varepsilon^{\mathrm{s}}_{\alpha\beta}\partial Q^{\mathrm{s}}_{\gamma\kappa}}\varepsilon^{\mathrm{s}}_{\alpha\beta}Q^{\mathrm{s}}_{\gamma\kappa}\\
&+\frac{\partial^2 U_{\mathrm{s}}}{\partial \varepsilon^{\mathrm{s}}_{\alpha\beta}\partial P^{\mathrm{s}}_{\gamma}}\varepsilon^{\mathrm{s}}_{\alpha\beta}P^{\mathrm{s}}_{\gamma}+\frac{\partial^2 U_{\mathrm{s}}}{\partial P^{\mathrm{s}}_{\alpha}\partial Q^{\mathrm{s}}_{\gamma\kappa}}P^{\mathrm{s}}_{\alpha}Q^{\mathrm{s}}_{\gamma\kappa}+\frac{\partial^2 U_{\mathrm{s}}}{\partial P^{\mathrm{s}}_{\alpha}\partial w^{\mathrm{s}}_{\beta\gamma\kappa}}P^{\mathrm{s}}_{\alpha}w^{\mathrm{s}}_{\beta\gamma\kappa}\\
&+\frac{\partial^2 U_{\mathrm{s}}}{\partial \varepsilon^{\mathrm{s}}_{\alpha\beta}\partial w^{\mathrm{s}}_{\gamma\kappa\lambda}}\varepsilon^{\mathrm{s}}_{\alpha\beta}w^{\mathrm{s}}_{\gamma\kappa\lambda}+\frac{\partial^2 U_{\mathrm{s}}}{\partial Q^{\mathrm{s}}_{\alpha\beta}\partial w^{\mathrm{s}}_{\gamma\kappa\lambda}}Q^{\mathrm{s}}_{\alpha\beta}w^{\mathrm{s}}_{\gamma\kappa\lambda}\\
&+\frac{1}{2}\frac{\partial^2 U_{\mathrm{s}}}{\partial w^{\mathrm{s}}_{\alpha\beta\gamma}\partial w^{\mathrm{s}}_{\kappa\lambda\iota}}w^{\mathrm{s}}_{\alpha\beta\gamma}w^{\mathrm{s}}_{\kappa\lambda\iota}+\cdots
\end{aligned}
\tag{2.77}
$$

式中，$U_{\mathrm{s}0}$、ω_{α}、$\kappa_{\alpha\beta}$、$\varGamma_{\alpha\beta}$、$\varOmega_{\alpha\beta\gamma}$、$\alpha^{\mathrm{s}}_{\alpha\beta}$ 等均为表面材料常数，可通过实验或者原子模拟确定，$\omega_{\alpha}=\partial U_{\mathrm{s}}/\partial P^{\mathrm{s}}_{\alpha}$，$\kappa_{\alpha\beta}=\partial U_{\mathrm{s}}/\partial Q^{\mathrm{s}}_{\alpha\beta}$，$\varGamma_{\alpha\beta}=\partial U_{\mathrm{s}}/\partial \varepsilon^{\mathrm{s}}_{\alpha\beta}$，$\varOmega_{\alpha\beta\gamma}=\partial U_{\mathrm{s}}/\partial w^{\mathrm{s}}_{\alpha\beta\gamma}$，$\alpha^{\mathrm{s}}_{\alpha\beta}=\partial^2 U_{\mathrm{s}}/\partial(P^{\mathrm{s}}_{\alpha}\partial P^{\mathrm{s}}_{\beta})$。这些材料常数的形式可通过 Aris[64,65] 的理论确定。例如，对于各向同性材料表面残余应力 $\varGamma_{\alpha\beta}$ 可以表示为 $\varGamma_{11}\delta_{\alpha\beta}$。同样的，表面挠曲电系数应满足 Lifshitz 不变量的要求，即 $e^{\mathrm{s}}_{\alpha\beta\gamma\kappa}=-f^{\mathrm{s}}_{\alpha\beta\gamma\kappa}$。$\omega_{\alpha}$、$\kappa_{\alpha\beta}$、$\varGamma_{\alpha\beta}$ 和 $\varOmega_{\alpha\beta\gamma}$ 分别为表面残余电场、表面残余电四极、表面残余应力和表面残余偶应力，它们与表面极化、表面极化梯度、表面应变和表面应变梯度相关。本节中，s 表示表面上的量，希腊字母从 1 变到 2，而拉丁字母从 1 变到 3。

在小变形假设条件下，忽略二阶以上物理量的影响，线性表面本构方程可以表示为

$$
\begin{cases}
\boldsymbol{\sigma}_{\mathrm{s}}=\dfrac{\partial U_{\mathrm{s}}}{\partial \boldsymbol{\varepsilon}_{\mathrm{s}}}, & \boldsymbol{B}_{\mathrm{s}}=\dfrac{\partial U_{\mathrm{s}}}{\partial \boldsymbol{w}_{\mathrm{s}}}\\[2ex]
\boldsymbol{E}_{\mathrm{s}}=\dfrac{\partial U_{\mathrm{s}}}{\partial \boldsymbol{P}_{\mathrm{s}}}, & \boldsymbol{V}_{\mathrm{s}}=\dfrac{\partial U_{\mathrm{s}}}{\partial \boldsymbol{Q}_{\mathrm{s}}}
\end{cases}
\tag{2.78}
$$

或者根据式 (2.77) 表示为

$$\begin{cases} \sigma_{\alpha\beta}^{\mathrm{s}} = \dfrac{\partial U_{\mathrm{s}}}{\partial \varepsilon_{\alpha\beta}^{\mathrm{s}}} = \varGamma_{\alpha\beta} + c_{\alpha\beta\gamma\kappa}^{\mathrm{s}}\varepsilon_{\gamma\kappa}^{\mathrm{s}} + e_{\alpha\beta\gamma\kappa}^{\mathrm{s}}Q_{\gamma\kappa}^{\mathrm{s}} + d_{\alpha\beta\gamma}^{\mathrm{s}}P_{\gamma}^{\mathrm{s}} + r_{\alpha\beta\gamma\kappa\lambda}^{\mathrm{s}}w_{\gamma\kappa\lambda}^{\mathrm{s}} \\ \tau_{\alpha\beta\gamma}^{\mathrm{s}} = \dfrac{\partial U_{\mathrm{s}}}{\partial w_{\alpha\beta\gamma}^{\mathrm{s}}} = \varOmega_{\alpha\beta\gamma} + f_{\alpha\beta\gamma\kappa}^{\mathrm{s}}P_{\kappa}^{\mathrm{s}} + r_{\kappa\lambda\alpha\beta\gamma}^{\mathrm{s}}\varepsilon_{\kappa\lambda}^{\mathrm{s}} + \eta_{\kappa\lambda\alpha\beta\gamma}^{\mathrm{s}}Q_{\kappa\lambda}^{\mathrm{s}} + g_{\alpha\beta\gamma\kappa\lambda\iota}^{\mathrm{s}}w_{\kappa\lambda\iota}^{\mathrm{s}} \\ E_{\alpha}^{\mathrm{s}} = \dfrac{\partial U_{\mathrm{s}}}{\partial P_{\alpha}^{\mathrm{s}}} = \omega_{\alpha} + a_{\alpha\beta}^{\mathrm{s}}P_{\beta}^{\mathrm{s}} + d_{\beta\gamma\alpha}^{\mathrm{s}}\varepsilon_{\beta\gamma}^{\mathrm{s}} + h_{\alpha\beta\gamma}^{\mathrm{s}}Q_{\beta\gamma}^{\mathrm{s}} + f_{\alpha\beta\gamma\kappa}^{\mathrm{s}}w_{\beta\gamma\kappa}^{\mathrm{s}} \\ V_{\alpha\beta}^{\mathrm{s}} = \dfrac{\partial U_{\mathrm{s}}}{\partial Q_{\alpha\beta}^{\mathrm{s}}} = \kappa_{\alpha\beta} + b_{\alpha\beta\gamma\kappa}^{\mathrm{s}}Q_{\gamma\kappa}^{\mathrm{s}} + e_{\gamma\kappa\alpha\beta}^{\mathrm{s}}\varepsilon_{\gamma\kappa}^{\mathrm{s}} + h_{\alpha\beta\gamma}^{\mathrm{s}}P_{\gamma}^{\mathrm{s}} + \eta_{\alpha\beta\gamma\kappa\lambda}^{\mathrm{s}}w_{\gamma\kappa\lambda}^{\mathrm{s}} \end{cases} \tag{2.79}$$

式中，$\sigma_{\alpha\beta}^{\mathrm{s}}$ 和 $\tau_{\alpha\beta\gamma}^{\mathrm{s}}$ 分别为表面应力张量和表面高阶应力张量 (表面偶应力张量)；E_{α}^{s} 和 $V_{\alpha\beta}^{\mathrm{s}}$ 分别为表面有效局部电场和表面高阶有效局部电场。

同样地，可根据电学吉布斯自由能给出材料的本构方程。将经典线弹性电介质理论推广到包含应变梯度和电场梯度，体部分电学吉布斯自由能的一般表达形式为

$$\begin{aligned} G_{\mathrm{b}} =& -\frac{1}{2}a_{kl}E_kE_l - \frac{1}{2}b_{ijkl}E_{i,j}E_{k,l} + \frac{1}{2}c_{ijkl}\varepsilon_{ij}\varepsilon_{kl} - d_{ijkl}E_{i,j}\varepsilon_{kl} - e_{ijk}E_i\varepsilon_{jk} \\ & - f_{ijkl}E_iu_{j,kl} - h_{ijk}E_iE_{j,k} + r_{ijklm}\varepsilon_{ij}u_{k,lm} - \eta_{ijkmn}E_{i,j}u_{k,mn} \\ & + \frac{1}{2}g_{ijklmn}u_{i,jk}u_{l,mn} \\ =& -\frac{1}{2}a_{kl}E_kE_l - \frac{1}{2}b_{ijkl}V_{ij}V_{kl} + \frac{1}{2}c_{ijkl}\varepsilon_{ij}\varepsilon_{kl} - d_{ijkl}V_{ij}\varepsilon_{kl} - e_{ijk}E_i\varepsilon_{jk} \\ & - f_{ijkl}E_iw_{jkl} - h_{ijk}E_iV_{jk} + r_{ijklm}\varepsilon_{ij}w_{klm} - \eta_{ijkmn}V_{ij}w_{kmn} \\ & + \frac{1}{2}g_{ijklmn}w_{ijk}w_{lmn} \end{aligned} \tag{2.80}$$

式中，a_{kl}、b_{ijkl}、c_{ijkl}、d_{ijkl}、e_{ijk}、h_{ijk}、f_{ijkl}、r_{ijklm} 和 g_{ijklmn} 均为材料参数张量。特别地，a_{kl} 和 c_{ijkl} 分别为二阶介电常数张量和四阶弹性常数张量；六阶张量 g_{ijklmn} 为纯非均匀效应，其与应变梯度弹性理论相应；四阶张量 d_{ijkl} 和 f_{ijkl} 分别为逆挠曲电系数和正挠曲电系数张量；三阶张量 h_{ijk} 和 e_{ijk} 分别为电场–电场梯度耦合系数张量和压电常数张量。

在无穷小变形假设下，体部分的本构方程可以用电学吉布斯自由能表示为

$$\begin{cases} \sigma_{ij} = \dfrac{\partial G_{\rm b}}{\partial \varepsilon_{ij}} = c_{ijkl}\varepsilon_{kl} - d_{klij}V_{kl} - e_{kij}E_k + r_{ijklm}w_{klm} \\ \tau_{ijm} = \dfrac{\partial G_{\rm b}}{\partial w_{ijm}} = -f_{kijm}E_k + r_{klijm}\varepsilon_{kl} - \eta_{klijm}V_{kl} + g_{ijmknl}w_{knl} \\ D_i = -\dfrac{\partial G_{\rm b}}{\partial E_i} = a_{ij}P_j + e_{ijk}\varepsilon_{jk} + h_{ijk}V_{jk} + f_{ijkl}w_{jkl} \\ V_{ij} = -\dfrac{\partial G_{\rm b}}{\partial V_{ij}} = b_{ijkl}V_{kl} + d_{ijkl}\varepsilon_{kl} + h_{kij}E_k + \eta_{ijkmn}w_{kmn} \end{cases} \tag{2.81}$$

式中，σ_{ij} 为柯西应力张量，与经典弹性理论中的定义一样；D_i 为电位移矢量；τ_{ijm} 和 V_{ij} 分别为偶应力张量和电四极张量。值得注意的是 $\sigma_{ij}=\sigma_{ji}$，$\tau_{ijm}=\tau_{jim}$，$V_{ij}=V_{ji}$。

表面电学吉布斯自由能函数 $G_{\rm s}$ 是表面应变、表面电场及其梯度的非线性函数，可以用级数展开为

$$\begin{aligned} G_{\rm s} = {} & G_{\rm s0} - \omega_\alpha E^{\rm s}_\alpha - \kappa_{\alpha\beta}V^{\rm s}_{\alpha\beta} + \varGamma_{\alpha\beta}\varepsilon^{\rm s}_{\alpha\beta} + \varOmega_{\alpha\beta\gamma}w^{\rm s}_{\alpha\beta\gamma} - \frac{1}{2}a^{\rm s}_{\alpha\beta}E^{\rm s}_\alpha E^{\rm s}_\beta \\ & - \frac{1}{2}b^{\rm s}_{\alpha\beta\gamma\kappa}V^{\rm s}_{\alpha\beta}V^{\rm s}_{\gamma\kappa} + \frac{1}{2}c^{\rm s}_{\alpha\beta\gamma\kappa}\varepsilon^{\rm s}_{\alpha\beta}\varepsilon^{\rm s}_{\gamma\kappa} - d^{\rm s}_{\alpha\beta\gamma\kappa}V^{\rm s}_{\alpha\beta}\varepsilon^{\rm s}_{\gamma\kappa} - e^{\rm s}_{\alpha\beta\gamma}E^{\rm s}_\alpha\varepsilon^{\rm s}_{\beta\gamma} \\ & - h^{\rm s}_{\alpha\beta\gamma}E^{\rm s}_\alpha E^{\rm s}_{\beta\gamma} - f^{\rm s}_{\alpha\beta\gamma\kappa}E^{\rm s}_\alpha\varepsilon^{\rm s}_{\beta\gamma\kappa} + r^{\rm s}_{\alpha\beta\gamma\kappa\lambda}\varepsilon^{\rm s}_{\alpha\beta}w^{\rm s}_{\gamma\kappa\lambda} - \eta^{\rm s}_{\alpha\beta\gamma\kappa\lambda}V^{\rm s}_{\alpha\beta}w^{\rm s}_{\gamma\kappa\lambda} \\ & + \frac{1}{2}g^{\rm s}_{\alpha\beta\gamma\kappa\lambda\iota}w^{\rm s}_{\alpha\beta\gamma}w^{\rm s}_{\kappa\lambda\iota} \end{aligned} \tag{2.82}$$

在无穷小变形情况下，忽略高阶项 (大于 2 阶的项)，线性表面本构关系可以表示为

$$\begin{cases} \sigma^{\rm s}_{\alpha\beta} = \dfrac{\partial G_{\rm s}}{\partial \varepsilon^{\rm s}_{\alpha\beta}} = \varGamma_{\alpha\beta} + c^{\rm s}_{\alpha\beta\gamma\kappa}\varepsilon^{\rm s}_{\gamma\kappa} - e^{\rm s}_{\alpha\beta\gamma}E^{\rm s}_\gamma - d^{\rm s}_{\alpha\beta\gamma\kappa}V^{\rm s}_{\gamma\kappa} + r^{\rm s}_{\alpha\beta\gamma\kappa\lambda}w^{\rm s}_{\gamma\kappa\lambda} \\ \tau^{\rm s}_{\alpha\beta\gamma} = \dfrac{\partial G_{\rm s}}{\partial w^{\rm s}_{\alpha\beta\gamma}} = \varOmega_{\alpha\beta\gamma} - f^{\rm s}_{\alpha\beta\gamma\kappa}E^{\rm s}_\kappa + r^{\rm s}_{\alpha\beta\gamma\kappa\lambda}\varepsilon^{\rm s}_{\kappa\lambda} - \eta^{\rm s}_{\kappa\lambda\alpha\beta\gamma}V^{\rm s}_{\kappa\lambda} + g^{\rm s}_{\alpha\beta\gamma\kappa\lambda\iota}w^{\rm s}_{\kappa\lambda\iota} \\ D^{\rm s}_\alpha = \dfrac{\partial G_{\rm s}}{\partial E^{\rm s}_\alpha} = \omega_\alpha + a^{\rm s}_{\alpha\beta}E^{\rm s}_\beta + e^{\rm s}_{\alpha\beta\gamma}\varepsilon^{\rm s}_{\beta\gamma} + h^{\rm s}_{\alpha\beta\gamma}V^{\rm s}_{\beta\gamma} + f^{\rm s}_{\alpha\beta\gamma\kappa}w^{\rm s}_{\beta\gamma\kappa} \\ Q^{\rm s}_{\alpha\beta} = \dfrac{\partial G_{\rm s}}{\partial V^{\rm s}_{\alpha\beta}} = \kappa_{\alpha\beta} + b^{\rm s}_{\alpha\beta\gamma\kappa}V^{\rm s}_{\gamma\kappa} + d^{\rm s}_{\alpha\beta\gamma\kappa}\varepsilon^{\rm s}_{\beta\gamma} + h^{\rm s}_{\alpha\beta\gamma}E^{\rm s}_\gamma + \eta^{\rm s}_{\alpha\beta\gamma\kappa\lambda}w^{\rm s}_{\beta\gamma\kappa} \end{cases} \tag{2.83}$$

式中，$\sigma_{\alpha\beta}^{\mathrm{s}}$、$\tau_{\alpha\beta\gamma}^{\mathrm{s}}$、$D_{\alpha}^{\mathrm{s}}$ 和 $Q_{\alpha\beta}^{\mathrm{s}}$ 分别为表面应力张量、表面偶应力张量、表面电位移矢量和表面电四极张量的分量；$\varepsilon_{\alpha\beta}^{\mathrm{s}}$ 和 $w_{\alpha\beta\gamma}^{\mathrm{s}}$ 分别为表面应变张量和表面应变梯度张量的分量；E_{α}^{s} 和 $V_{\alpha\beta}^{\mathrm{s}}$ 分别为表面电场矢量和表面电场梯度张量的分量。表面电位移 D_{α}^{s} 来源于表面极化，由表面悬空键重排以及表面电荷的重新分布引起。表面悬空键的重新排列将导致表面电荷位移，相对于块体，这些表面电荷位移可能会极大地改变材料表面的性质。

2.4　具有挠曲电效应的梁和板理论

梁和板等结构是微纳机电系统中广泛使用的典型构件，分析这些结构的力、电、磁、热、化学等行为是设计性能优异的微纳电子器件的基础。由于纳米材料特殊的物理和化学性质，纳机电系统有望具有比微机电系统更优异的性能和潜在应用价值。尺寸效应是微纳米结构具有的独特的现象，经典连续介质力电耦合理论无法描述材料和结构的力、电、磁、热和化学等行为的尺寸依赖现象。本节首先建立具有挠曲电效应的纳米电介质梁模型，研究外载荷作用下梁的力电耦合行为；接着给出具有挠曲电效应的纳米电介质板模型，研究板的静态和动态力学电学特性随结构尺寸的变化。这些结果将为纳米智能结构性能和稳定性分析提供理论基础。

2.4.1　伯努利–欧拉梁理论

为了简化问题，本节重点分析具有挠曲电效应的纳米电介质梁的力电耦合行为，根据 2.3 节的描述，电学吉布斯自由能密度函数简化为

$$G_{\mathrm{b}}=-\frac{1}{2}a_{kl}E_kE_l+\frac{1}{2}c_{ijkl}\varepsilon_{ij}\varepsilon_{kl}-e_{ijk}E_i\varepsilon_{jk}-\mu_{ijkl}E_iw_{jkl}+\frac{1}{2}g_{ijklmn}w_{ijk}w_{lmn} \tag{2.84}$$

式中，ε_{ij} 为应变张量的分量；w_{ijk} 为应变梯度张量的分量；E_i 为电场矢量的分量。静电场 $\boldsymbol{E}$ 与静电势 φ 满足 $E_i=-\varphi_{,i}$。

小变形假设下，根据式 (2.84) 得出的电学吉布斯自由能密度函数，可得到如下本构方程：

$$\left\{\begin{aligned}&\sigma_{ij}=\frac{\partial G_{\mathrm{b}}}{\partial\varepsilon_{ij}}=c_{ijkl}\varepsilon_{kl}-e_{kij}E_k\\&\tau_{ijm}=\frac{\partial G_{\mathrm{b}}}{\partial w_{ijm}}=-\mu_{kijm}E_k+g_{ijmknl}w_{knl}\\&D_i=-\frac{\partial G_{\mathrm{b}}}{\partial E_i}=a_{ij}E_j+e_{ijk}\varepsilon_{jk}+\mu_{ijkl}w_{jkl}\end{aligned}\right. \tag{2.85}$$

对比式 (2.85) 和式 (2.81) 可以发现，式 (2.85) 忽略了电场梯度的影响，从而本构方程中不包含与电四极相关的项。此外，式 (2.85) 同时忽略表面效应的影响，仅关注挠曲电效应对纳米电介质梁力电耦合行为的影响。考虑如图 2.1 所示的纳米电介质梁，采用笛卡儿坐标系描述该模型，其中 x 轴沿未变形梁长度且位于梁的中性面上，z 轴沿梁的厚度方向向下，y 轴垂直于 x-z 轴组成的平面。忽略轴向位移的影响，根据经典伯努利–欧拉梁理论 [66-68]，位移 $\boldsymbol{u}(x,z)$ 可以表示为

$$\boldsymbol{u}(x,z) = -z\frac{\mathrm{d}w}{\mathrm{d}x}\boldsymbol{e}_x + w(x)\boldsymbol{e}_z \tag{2.86}$$

式中，$\boldsymbol{e}_x$ 和 $\boldsymbol{e}_z$ 分别为沿 x 轴和 z 轴方向的单位矢量。

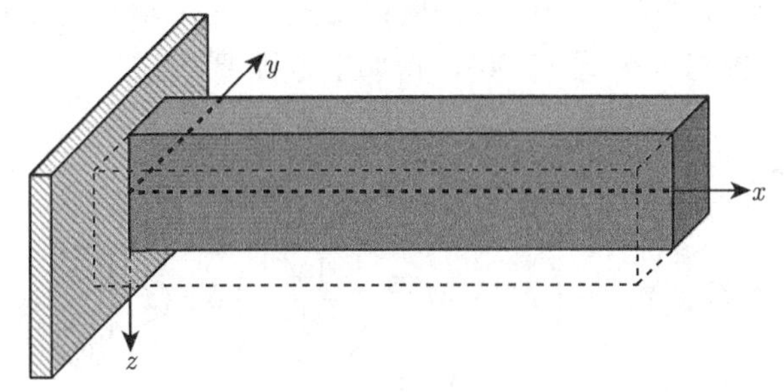

图 2.1 纳米电介质梁和笛卡儿坐标系示意图

应变和应变梯度可通过式 (2.74)、式 (2.86) 得到

$$\varepsilon_{xx} = -z\frac{\mathrm{d}^2 w}{\mathrm{d}x^2} = -zG(x), \quad w_{xxz} = -\frac{\mathrm{d}^2 w}{\mathrm{d}x^2} = -G(x) \tag{2.87}$$

式中，$G(x)$ 为梁的弯曲曲率，$G(x) = \mathrm{d}^2 w(x)/\mathrm{d}x^2$。

纳米电介质梁中的电势假设用如下差值函数表示：

$$\varphi(x,z) = \sum_{j=1}^{2} f_j(z)\varphi_j(x) \tag{2.88}$$

式中，$f_j(z)$ 为拉格朗日差值函数；$\varphi_j(x)$ 为上表面 $(j=1)$ 和下表面 $(j=2)$ 电势。

根据电场和静电势之间的关系，可以得到

$$\boldsymbol{E}(x,z) = -\sum_{j=1}^{2} f_j(z)\frac{\mathrm{d}\varphi_j(x)}{\mathrm{d}x}\boldsymbol{e}_x - \sum_{j=1}^{2}\frac{\mathrm{d}f_j(z)}{\mathrm{d}z}\varphi_j(x)\boldsymbol{e}_z \tag{2.89}$$

考虑由边界 a 包围的占据空间体积为 V 的电介质，并忽略体力和体电荷密度，根据式 (2.55) 给出的变分原理，考虑外力功的变分方程可以表示为

$$\delta\left(-\int_V G_{\mathrm{b}}\mathrm{d}V+\int_V W\mathrm{d}V\right)=0 \tag{2.90}$$

式中，W 为单位体积外力功。当纳米电介质梁受到下表面载荷时，外力虚功可表示为

$$\int_V W\mathrm{d}V=\int_0^l q(x)\,\delta w(x)\,\mathrm{d}x \tag{2.91}$$

式中，$q(x)$ 为位置为 x 处单位长度的外力，$\mathrm{N{\cdot}m^{-1}}$。

将式 (2.87) 给出的应变和应变梯度以及式 (2.89) 给出的电场代入本构方程式 (2.85)，再代入能量变分式 (2.90)，得如下方程 [69,70]：

$$\begin{aligned}
&\delta\left(-\int_V G_{\mathrm{b}}\mathrm{d}V+\int_V W\mathrm{d}V\right)\\
&=M^{\mathrm{h}}G(x)\Big|_0^l+\left(M+M^{\mathrm{ES}}-\frac{\mathrm{d}M^{\mathrm{h}}}{\mathrm{d}x}\right)\delta\Phi(x)\Big|_0^l\\
&-\frac{\mathrm{d}}{\mathrm{d}x}\left(M+M^{\mathrm{ES}}-\frac{\mathrm{d}M^{\mathrm{h}}}{\mathrm{d}x}\right)\delta w(x)\Big|_0^l\\
&+\int_0^l\frac{\mathrm{d}^2}{\mathrm{d}x^2}\left(M+M^{\mathrm{ES}}-\frac{\mathrm{d}M^{\mathrm{h}}}{\mathrm{d}x}\right)\delta w(x)\,\mathrm{d}x\\
&-\sum_{j=1}^{2}\bar{D}_{1j}\delta\varphi_j(x)\Big|_0^l+\int_0^l\sum_{j=2}^{2}\left[\frac{\mathrm{d}\bar{D}_{1j}}{\mathrm{d}x}-\bar{D}_{3j}\right]\delta\varphi_j(x)\,\mathrm{d}x\\
&=0
\end{aligned} \tag{2.92}$$

式中，$(M+M^{\mathrm{ES}}-\mathrm{d}M^{\mathrm{h}}/\mathrm{d}x)$ 为总内力弯矩，M^{ES} 为静电应力引起的弯矩，$\mathrm{d}M^{\mathrm{h}}/\mathrm{d}x$ 为偶应力引起的弯矩。

各内力弯矩定义如下

$$M=\int_A(\sigma_{xx}z+\tau_{xxz})\,\mathrm{d}A,\quad M^{\mathrm{ES}}=\int_A\sigma_{xx}^{\mathrm{ES}}z\mathrm{d}A,\quad M^{\mathrm{h}}=\int_A\tau_{xxz}z\mathrm{d}A \tag{2.93}$$

式 (2.92) 中，$\bar{D}_{1j}$ 和 $\bar{D}_{3j}$ 定义如下

$$\bar{D}_{1j}=\int_A D_{1j}f_j(z)\,\mathrm{d}A,\quad \bar{D}_{3j}=\int_A D_{3j}\frac{\mathrm{d}f_j(z)}{\mathrm{d}z}\mathrm{d}A \tag{2.94}$$

式中，A 为梁的横截面面积。

由于 $\delta w(x)$ 和 $\delta\varphi_j(x)$ 的任意性，可以得到如下伯努利–欧拉梁的控制方程：

$$\begin{cases} \dfrac{\mathrm{d}^2}{\mathrm{d}x^2}\left(M+M^{\mathrm{ES}}-\dfrac{\mathrm{d}M^{\mathrm{h}}}{\mathrm{d}x}\right)+q(x)=0 \\ \displaystyle\sum_{j=1}^{2}\left(\dfrac{\mathrm{d}\bar{D}_{1j}}{\mathrm{d}x}-\bar{D}_{ej}\right)=0, \quad \forall x\in(0,l) \end{cases} \tag{2.95}$$

边界条件由梁两端 $x=0$ 和 $x=l$ 的如下方程确定：

$$\left.\begin{array}{cc} M^{\mathrm{h}} & G(x) \\ M+M^{\mathrm{ES}}-\dfrac{\mathrm{d}M^{\mathrm{h}}}{\mathrm{d}x} & \dfrac{\mathrm{d}w(x)}{\mathrm{d}x} \\ \dfrac{\mathrm{d}}{\mathrm{d}x}\left(M+M^{\mathrm{ES}}-\dfrac{\mathrm{d}M^{\mathrm{h}}}{\mathrm{d}x}\right) & w(x) \\ \displaystyle\sum_{j=1}^{2}\bar{D}_{1j} & \varphi_j(x) \end{array}\right\} \tag{2.96}$$

考虑如图 2.1 所示的悬臂梁，梁受到自由端的剪力 Q 和电压 V 作用，其中下表面接地。梁的厚度为 h，宽度为 b，长度 l=20h。对于细长梁忽略边缘效应，在电压 V 作用下电势表示为

$$\begin{cases} \varphi_1(x)=0, \quad \varphi_2(x)=V \\ f_1(z)=-\dfrac{z-h/2}{h}, \quad f_2(z)=\dfrac{z+h/2}{h} \\ \varphi(x,z)=\dfrac{z}{h}V+\dfrac{V}{2} \end{cases} \tag{2.97}$$

将式 (2.97) 代入式 (2.62) 定义的广义体静电应力，得

$$\sigma_{xx}^{\mathrm{ES}}=-\frac{a_{33}V^2}{2h^2}-\frac{a_{33}e_{31}Vz}{2h}G(x)-\frac{a_{33}f_{13}}{2h}G(x) \tag{2.98}$$

其中，等号右端第一项为由外加电压引起的静电应力；第二项和第三项分别为由压电效应和挠曲电效应引起的静电应力。对于非压电电介质，令 $e_{31}=0$，广义体静电应力可以简化为

$$\sigma_{xx}^{\mathrm{ES}}=-\frac{a_{33}V^2}{2h^2}-\frac{a_{33}f_{13}}{2h}G(x) \tag{2.99}$$

当不考虑挠曲电效应时，静电应力可以进一步化简为 $\sigma_{xx}^{\mathrm{M}}=-a_{33}V^2/(2h^2)$，即麦克斯韦应力，这是外加电压作用下，上、下表面正负电荷相互吸引导致。

将式 (2.89) 和式 (2.97) 代入式 (2.85) 得

$$\tau_{xxz}=\mu_{13}\frac{V}{h}+g_{55}G\left(x\right) \tag{2.100}$$

偶应力引起的弯矩和高阶弯矩分别为

$$\begin{cases} M^{\mathrm{h}}=\displaystyle\int_A \tau_{xxz}z\mathrm{d}A=0 \\ \dfrac{\mathrm{d}M^{\mathrm{h}}}{\mathrm{d}x}=\displaystyle\int_A \tau_{xxz}\mathrm{d}A=\frac{\mu_{13}AV}{h}+g_{55}AG\left(x\right) \end{cases} \tag{2.101}$$

从式 (2.101) 可以直观地看到，外加电场作用下，偶应力中的挠曲电效应产生弯矩，且弯矩的大小与材料的挠曲电系数、面内尺寸和外加电场成正比，与悬臂梁的厚度成反比。

将内力矩方程式 (2.101) 代入式 (2.95) 可得

$$-\left[\left(c_{11}+\frac{a_{33}e_{31}V}{2h}\right)I+g_{55}A\right]\frac{\mathrm{d}^4w}{\mathrm{d}x^4}+g_{11}I\frac{\mathrm{d}^6w}{\mathrm{d}x^6}=0 \tag{2.102}$$

悬臂梁的边界条件可以表示为

$$\begin{cases} w\left(x=0\right)=0, \quad \left.\dfrac{\mathrm{d}w\left(x\right)}{\mathrm{d}x}\right|_{x=0}=0, \quad G\left(0\right)=\left.\dfrac{\mathrm{d}^2w\left(x\right)}{\mathrm{d}x^2}\right|_{x=0}=0 \\ \left.M^{\mathrm{h}}\left(x\right)\right|_{x=l}=0, \quad \left.\left[M\left(x\right)+M^{\mathrm{ES}}\left(x\right)-\dfrac{\mathrm{d}M^{\mathrm{h}}\left(x\right)}{\mathrm{d}x}\right]\right|_{x=l}=0 \\ \left.\dfrac{\mathrm{d}}{\mathrm{d}x}\left[M\left(x\right)+M^{\mathrm{ES}}\left(x\right)-\dfrac{\mathrm{d}M^{\mathrm{h}}\left(x\right)}{\mathrm{d}x}\right]\right|_{x=l}=Q \end{cases} \tag{2.103}$$

这里非局域边界条件为固定端的曲率为零，自由端的高阶力矩为零，类似于经典梁理论中的处理方式。

控制方程式 (2.102) 的通解为

$$w\left(x\right)=\frac{C_1}{\lambda_1^4}\mathrm{e}^{\lambda_1x}+\frac{C_2}{\lambda_1^4}\mathrm{e}^{\lambda_2x}+\frac{1}{6}C_3x^3+\frac{1}{2}C_4x^2+C_5x+C_6 \tag{2.104}$$

定义无量纲变量 $\xi=x/l$，式 (2.104) 可以进一步改写为

$$w\left(x\right)=\frac{C_1}{\lambda_1^4}\mathrm{e}^{\lambda_1\xi l}+\frac{C_2}{\lambda_1^4}\mathrm{e}^{\lambda_2\xi l}+\frac{1}{6}C_3\xi^3l^3+\frac{1}{2}C_4\xi^2l^2+C_5\xi l+C_6 \tag{2.105}$$

式中，$\lambda_i\,(i=1,2)$ 是式 (2.103) 对应的特征方程的根，代入边界条件就可以得到式 (2.105) 中的未知参数 $C_i\,(i=1,\cdots,6)$。

当不考虑应变梯度弹性效应时，式 (2.102) 表示的控制方程化简为具有静电应力效应的纳米压电梁理论。当静电应力的影响同时忽略不计时，式 (2.102) 的控制方程化简为经典伯努利–欧拉梁理论，此时力电耦合解耦。这里仅给出当纳米电介质梁受外电压作用下的响应，此时 $Q=0$。根据经典电介质和压电理论，当电介质梁或压电梁受电压作用时，梁不会发生弯曲变形；由于力电耦合效应，对于压电梁，其内部产生均匀的轴向拉伸或压缩应力，长度会伸长或缩短。然而，当考虑挠曲电效应时，外加电场和挠曲电效应会在梁内产生静电应力和偶应力，引起额外的弯矩，将会引起纳米电介质梁的弯曲。

图 2.2 为考虑静电应力和挠曲电效应后，纳米电介质伯努利–欧拉梁挠度沿梁长度方向的变化。图中，CBT 为经典梁理论，从图 2.2 可以看出，不管是非压电梁还是压电梁，经典电介质梁理论和压电梁理论都无法预测梁的弯曲行为；SGBT 为考虑静电应力和挠曲电效应的纳米电介质伯努利–欧拉梁理论，可以看出静电应力和挠曲电效应在非压电梁和压电梁中均产生弯矩从而导致梁的弯曲。从式 (2.52) 定义的静电应力可以发现，静电应力与压电效应和挠曲电效应均有关，只有与压电效应有关的静电应力可以产生弯矩，因而纳米压电梁在外电场作用下具有比非压电梁更大的挠度，这也与图 2.2 的结果一致。这种由均匀电场引起纳米电介质的弯曲行为 (即逆挠曲电效应) 为微纳机电系统中驱动器的设计提供了理论依据。Bhaskar 等 [71] 制备了 $SrTiO_3$ 悬臂梁微机电器件，测量了悬臂梁挠度和外加电压的关系，证实了可用挠曲电效应设计新型微纳机电系统驱动器件。式 (2.37) 给出的电学吉布斯自由能考虑了正挠曲电效应和应变梯度效应的影响，对于大多数材料应变梯度弹性相关的材料参数还十分有限。Maranganti 和 Sharma[72] 利用分子动力学模拟研究了不同材料的特征尺寸，对于聚乙烯材料，当悬臂梁的厚度大于 30nm 时还表现出明显的尺寸效应，而二氧化硅材料在悬臂梁厚度大于 8nm 时依然能够表现出尺寸效应。Lam 等 [13] 测量了不同尺寸环氧树脂悬臂梁的力学行为，结果表明，当梁的厚度小于 17.6 μm 时表现出明显的尺寸效应。对于挠曲电材料，大多数材料的特征尺寸未知，为了讨论挠曲电效应对材料和结构力电耦合行为的影响，后面的讨论忽略应变梯度弹性效应的影响。

根据 Yudin 和 Tagantse[73] 的讨论，在相对较小的外源梯度情况下 (试样中由弯曲引起的梯度)，用下面本构方程描述挠曲电效应：

$$\left\{\begin{aligned} P_k &= \varepsilon_0\chi_{kl}E_l + \underbrace{e_{kij}\varepsilon_{ij}}_{\text{正压电效应}} + \underbrace{\mu_{ijkl}\varepsilon_{ij,l}}_{\text{正挠曲电效应}} \\ \sigma_{ij} &= c_{ijkl}\varepsilon_{kl} - \underbrace{e_{kij}E_k}_{\text{逆压电效应}} + \underbrace{\mu_{ijkl}E_{k,l}}_{\text{逆挠曲电效应}} \end{aligned}\right. \tag{2.106}$$

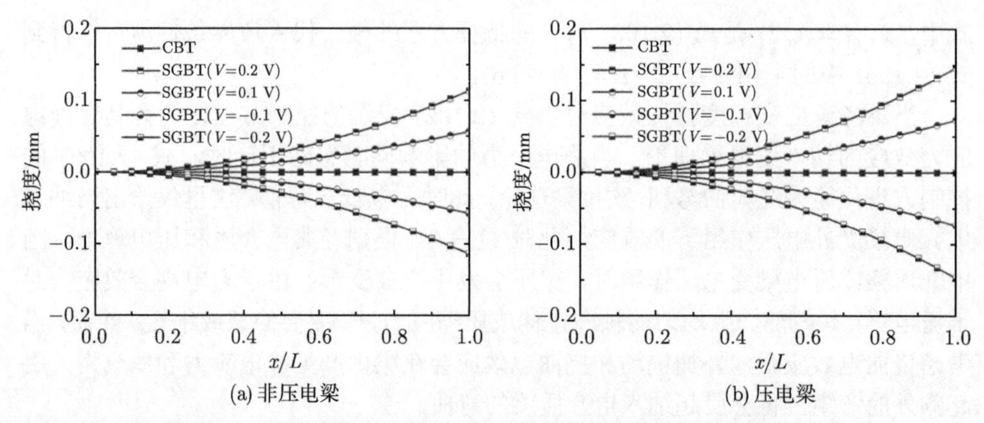

图 2.2 纳米电介质伯努利–欧拉梁中挠度沿梁长度方向的变化

本构方程的另一种处理方式是使用物理应力和物理电位移 [74]：

$$\begin{cases} \sigma_{ij}^{phy} = \sigma_{ij} - \tau_{ijm,m} = c_{ijkl}\varepsilon_{kl} - e_{kij}E_k - (d_{klij} - f_{kijm})V_{kl} \\ D_i^{phy} = D_i - Q_{ij,j} = a_{ij}E_j + e_{ijk}\varepsilon_{jk} - (d_{klij} - f_{kijm})\varepsilon_{kl} - b_{ijkl}V_{kl,j} \end{cases} \tag{2.107}$$

式 (2.107) 忽略压电效应和高阶电位移，就可化简为文献 [73] 中的公式 (13) 和公式 (14)。

定义 $\mu_{ijkl} = f_{ijkl} - d_{ijkl}$，可通过一个挠曲电系数来表示挠曲电效应，并且同时包含了正挠曲电效应和逆挠曲电效应。此外，如果用挠曲电系数 μ_{ijkl} 表示的能量代替 $(-d_{klij}V_{kl}\varepsilon_{ij} - f_{ijkl}E_k w_{ijl})$，能量密度依然保持不变。

考虑如图 2.1 所示的悬臂梁问题，伯努利–欧拉梁中的位移由式 (2.87) 给出，代入本构方程式 (2.85) 可得到一维梁的本构关系 [75]：

$$\begin{cases} \sigma_{xx} = c_{11}\varepsilon_{xx} - e_{31}E_z + \dfrac{\mu_{31}}{2}V_{zz} \\ \tau_{xxz} = -\dfrac{\mu_{13}}{2}E_z \\ D_z = a_{33}E_z + e_{31}\varepsilon_{xx} + \dfrac{\mu_{31}}{2}w_{xxz} \\ Q_{zz} = b_{33}V_{zz} - \dfrac{\mu_{31}}{2}\varepsilon_{xx} \end{cases} \tag{2.108}$$

对于长细比较大的细长梁，沿梁长度方向的应变梯度可以忽略不计；此外，梁上、下表面电极面上施加外电压 V，体电荷密度为零，从而电学控制方程为

$$a_{33}V_{zz} + e_{31}w_{xxz} + \mu_{31}w_{xxz,z} - b_{33}V_{zz,z} = 0 \tag{2.109}$$

将式 (2.87) 表示的应变和应变梯度代入电学控制方程式 (2.109)，可以得到

$$b_{33}\frac{\partial^4\varphi}{\partial z^4}-a_{33}\frac{\partial^2\varphi}{\partial z^2}=e_{31}\frac{\partial^2 w}{\partial x^2} \tag{2.110}$$

式 (2.110) 的通解为

$$\varphi(z)=\frac{e_{31}}{2a_{33}}\frac{\partial^2 w}{\partial x^2}z^2+C_1+C_2z+\frac{C_3}{\lambda}\mathrm{e}^{\lambda z}+\frac{C_4}{\lambda}\mathrm{e}^{-\lambda z} \tag{2.111}$$

电学边界条件 $\varphi(h/2)=V$ 和 $\varphi(-h/2)=0$ 可以表示为

$$\begin{cases}\dfrac{e_{31}}{2a_{33}}\dfrac{\partial^2 w}{\partial x^2}\left(\dfrac{h}{2}\right)^2+C_1+C_2\dfrac{h}{2}+\dfrac{C_3}{\lambda}\mathrm{e}^{hz/2}+\dfrac{C_4}{\lambda}\mathrm{e}^{-hz/2}=V\\[2ex]\dfrac{e_{31}}{2a_{33}}\dfrac{\partial^2 w}{\partial x^2}\left(\dfrac{h}{2}\right)^2+C_1-C_2\dfrac{h}{2}+\dfrac{C_3}{\lambda}\mathrm{e}^{-hz/2}+\dfrac{C_4}{\lambda}\mathrm{e}^{hz/2}=0\end{cases} \tag{2.112}$$

由于通解中有四个未知参数，还需要两个额外的边界条件才能确定电势的具体表达式，根据式 (2.69) 可知高阶电学边界条件为 $Q_{zz}n_z=0$，代入式 (2.112) 得

$$\begin{cases}\left(\dfrac{e_{31}b_{33}}{a_{33}}+\dfrac{\mu_{31}h}{4}\right)\dfrac{\partial^2 w}{\partial x^2}-b_{33}C_3\mathrm{e}^{\lambda h/2}-b_{33}C_4\mathrm{e}^{-\lambda h/2}=0\\[2ex]\left(\dfrac{e_{31}b_{33}}{a_{33}}-\dfrac{\mu_{31}h}{4}\right)\dfrac{\partial^2 w}{\partial x^2}-b_{33}C_3\mathrm{e}^{-\lambda h/2}-b_{33}C_4\mathrm{e}^{\lambda h/2}=0\end{cases} \tag{2.113}$$

式 (2.112) 和式 (2.113) 联立可得未知参数如下

$$\begin{cases}C_1=\dfrac{V}{2}+\dfrac{e_{31}}{2a_{33}}\left(\dfrac{h}{2}\right)^2\dfrac{\partial^2 w}{\partial x^2}-\dfrac{e_{31}}{\lambda^2 a_{33}}\dfrac{\partial^2 w}{\partial x^2}\\[2ex]C_2=\dfrac{V}{h}-\dfrac{\mu_{31}}{2a_{33}}\dfrac{\partial^2 w}{\partial x^2}\\[2ex]C_3=\left[\dfrac{e_{31}}{a_{33}}\dfrac{1}{\mathrm{e}^{\lambda h/2}+\mathrm{e}^{-\lambda h/2}}+\dfrac{\mu_{31}h}{4b_{33}}\dfrac{1}{\mathrm{e}^{\lambda h/2}-\mathrm{e}^{-\lambda h/2}}\right]\dfrac{\partial^2 w}{\partial x^2}\\[2ex]C_4=\left[\dfrac{e_{31}}{a_{33}}\dfrac{1}{\mathrm{e}^{\lambda h/2}+\mathrm{e}^{-\lambda h/2}}-\dfrac{\mu_{31}h}{4b_{33}}\dfrac{1}{\mathrm{e}^{\lambda h/2}-\mathrm{e}^{-\lambda h/2}}\right]\dfrac{\partial^2 w}{\partial x^2}\end{cases} \tag{2.114}$$

式中，λ 为高斯方程式 (2.110) 对应特征方程的特征根。

将未知参数代入电势的通解式 (2.111)，并考虑到伯努利–欧拉梁中曲率的定义，最终电势的通解为

$$
\begin{aligned}
\varphi(z)= & \frac{V}{2}+\frac{Vz}{h}-\frac{e_{31}}{\lambda^2 a_{33}}G(x)-\frac{\mu_{31}z}{2a_{33}}G(x)+\frac{e_{31}}{2a_{33}}\left(\frac{h^2}{4}-z^2\right)G(x) \\
& +\frac{e_{31}}{\lambda^2 a_{33}}\frac{\mathrm{e}^{\lambda z}+\mathrm{e}^{-\lambda z}}{\mathrm{e}^{\lambda h/2}+\mathrm{e}^{-\lambda h/2}}G(x)+\frac{\mu_{31}h}{4\lambda^2 a_{33}}\frac{\mathrm{e}^{\lambda z}-\mathrm{e}^{-\lambda z}}{\mathrm{e}^{\lambda h/2}-\mathrm{e}^{-\lambda h/2}}G(x)
\end{aligned}
\tag{2.115}
$$

式中，等号右端的前两项为外加电压导致的电势沿梁厚度的分布；第三项和最后两项为非均匀电学效应导致的电势分布；第四项为挠曲电效应引起的电势沿梁厚度的分布；第五项为压电效应引起的电势沿梁厚度的分布。从式 (2.115) 同时可以看出，除外加电势外，其余与压电效应、挠曲电效应及非均匀电学效应相关的电势均与变形后梁的曲率有关；反过来，即使没有外电势的作用，梁的曲率也会在梁内部引起沿厚度变化的电势分布，从而在梁的上、下电极面上出现电势差。

如果不考虑非均匀电学效应的影响，电势的解将化简为

$$
\varphi(z)=\frac{V}{2}+\frac{Vz}{h}-\frac{\mu_{31}z}{2a_{33}}G(x)+\frac{e_{31}}{2a_{33}}\left(\frac{h^2}{4}-z^2\right)G(x)
\tag{2.116}
$$

显然，悬臂梁中电势的分布受外加电压 V、压电效应和挠曲电效应的影响。同时可以发现，压电效应引起的电势沿厚度分布为抛物线形，在梁的上、下表面电势为零，中性面上电势最大，这是由于悬臂梁弯曲时，梁单元的上半部分受拉 (或受压)，相反的下半部分受压 (或受拉)，压电效应引起的极化方向在梁的上、下部分方向相反，从而相互抵消，这也是目前材料的挠曲电系数 μ_{12}(对于立方晶体的材料，$\mu_{31}=\mu_{12}$) 通常采用长细比较大的悬臂梁的弯曲实验来测量的原因 [32,76-78]。

根据式 (2.115) 得到的静电势表达式，可以得到梁中电场和电场梯度为

$$
\begin{aligned}
E_z= & -\frac{V}{h}+\frac{\mu_{31}}{2a_{33}}G(x)+\frac{e_{31}z}{a_{33}}G(x) \\
& -\frac{e_{31}}{\lambda a_{33}}\frac{\mathrm{e}^{\lambda z}-\mathrm{e}^{-\lambda z}}{\mathrm{e}^{\lambda h/2}+\mathrm{e}^{-\lambda h/2}}G(x)-\frac{\mu_{31}h}{4\lambda a_{33}}\frac{\mathrm{e}^{\lambda z}+\mathrm{e}^{-\lambda z}}{\mathrm{e}^{\lambda h/2}-\mathrm{e}^{-\lambda h/2}}G(x)
\end{aligned}
\tag{2.117}
$$

$$
V_{zz}=\frac{e_{31}}{a_{33}}G(x)-\frac{e_{31}}{a_{33}}\frac{\mathrm{e}^{\lambda z}+\mathrm{e}^{-\lambda z}}{\mathrm{e}^{\lambda h/2}+\mathrm{e}^{-\lambda h/2}}G(x)-\frac{\mu_{31}h}{\lambda^2 a_{33}}\frac{\mathrm{e}^{\lambda z}-\mathrm{e}^{-\lambda z}}{\mathrm{e}^{\lambda h/2}-\mathrm{e}^{-\lambda h/2}}G(x)
\tag{2.118}
$$

将压电效应和挠曲电效应引起的静电势称为内电势 (intrinsic electric potential)，相应的电场和电场梯度称为内电场和内电场梯度。从式 (2.116) 和式 (2.117) 可以看出，曲率会引起内电场和内电场梯度，这些内电势必引起梁内正负电荷的分离，从而引起电极化，即曲率将在弯曲梁中引起极化。需要注意的是，这种现

象不仅存在于弯曲悬臂梁中，而且存在于具有曲率变化的材料和结构中。例如，Dumitrică 等 [79] 报道了碳纳米壳中曲率引起的电极化行为。

接下来求解悬臂梁的运动控制方程，将本构方程式 (2.112) 代入力学控制方程得

$$-(EI)_{\text{eff}}\frac{\partial^4 w}{\partial x^4}+N\frac{\partial^2 w}{\partial x^2}+q(x,t)=\rho I_0\frac{\partial^2 w}{\partial t^2} \tag{2.119}$$

式中，$(EI)_{\text{eff}}$ 为悬臂梁的有效弯曲刚度；N 为轴向力。对于力电耦合压电梁的弯曲问题，受挠曲电效应的影响，有效弯曲刚度的定义极其复杂。

对于仅考虑挠曲电效应的悬臂梁，有效弯曲刚度定义为

$$(EI)_{\text{eff}}=\left(c_{11}+\frac{e_{31}^2}{a_{33}}\right)I_2+\frac{\mu_{31}^2}{4a_{33}}\left(1-\frac{1}{\lambda^2}\right)I_0+\frac{\mu_{31}^2}{8a_{33}}\left(\frac{h}{\lambda}-\frac{h}{\lambda^2}\frac{\mathrm{e}^{\lambda h/2}-\mathrm{e}^{-\lambda h/2}}{\mathrm{e}^{\lambda h/2}+\mathrm{e}^{-\lambda h/2}}\right) \tag{2.120}$$

式中，I_0 和 I_2 分别为梁的横截面面积和截面惯性矩，$I_0=A=bh$，$I_2=bh^3/12$。忽略高阶非均匀电学效应，梁的有效弯曲刚度简化为

$$(EI)_{\text{eff}}=\left(c_{11}+\frac{e_{31}^2}{a_{33}}\right)\frac{bh^3}{12}\left[1+\frac{12\mu_{31}^2}{4\left(c_{11}a_{33}+e_{31}^2\right)}\frac{1}{h^2}\right]=(EI)_{\text{effc}}\,\zeta(h) \tag{2.121}$$

式中，$(EI)_{\text{effc}}$ 为经典压电梁的弯曲刚度，$(EI)_{\text{effc}}=\left[\left(c_{11}a_{33}+e_{31}^2\right)/a_{33}\right]\left(bh^3/12\right)$；$\zeta(h)$ 是关于梁厚度的函数，描述了挠曲电效应对梁弯曲刚度的影响。

当考虑表面效应时，表面效应对边界条件的影响需要予以考虑，对于悬臂梁问题，一维表面本构方程表示为 [80]

$$\begin{cases}\sigma_{xx}^{\text{s}}=\varGamma_{11}+c_{11}^{\text{s}}\varepsilon_{xx}^2-e_{31}^{\text{s}}E_z^{\text{s}}\\ D_x^{\text{s}}=D_x^0\end{cases} \tag{2.122}$$

值得注意的是，由于表面原子处于与体内原子不同的环境，局部反演对称将被破坏，从而使非压电材料的表面也可能表现出强极性。

将表面本构方程式 (2.83) 代入广义杨–拉普拉斯方程式 (2.65) 和式 (2.66)，并利用静电势在表面的值，表面的面内应力可以表示为

$$\begin{cases}T_x=\dfrac{\partial\sigma_{xx}^{\text{s}}}{\partial x}\\ T_z^{\text{u}}=\left(\sigma_{xx}^{\text{s}}G\right)^{\text{u}}\\ T_z^{\text{l}}=\left(\sigma_{xx}^{\text{s}}G\right)^{\text{l}}\end{cases} \tag{2.123}$$

式中，u 和 l 分别表示上表面和下表面。对于本节中讨论的伯努利–欧拉梁上、下表面的曲率为 $G(x)=\partial^2 w/\partial x^2$，并且上、下表面的外法线方向相反，考虑表面效应和挠曲电效应的悬臂梁的控制方程改写为

$$-(EI)'_{\text{eff}}\frac{\partial^4 w}{\partial x^4}+N\frac{\partial^2 w}{\partial x^2}+q(x,t)=\rho I_0\frac{\partial^2 w}{\partial t^2} \tag{2.124}$$

需要注意的是由于受到表面效应的影响，有效弯曲刚度的表达式与仅考虑挠曲电效应的式 (2.120) 不再相同。考虑表面效应和挠曲电效应的有效弯曲刚度表示为

$$\begin{aligned}(EI)'_{\text{eff}}=&\left(c_{11}+\frac{e_{31}^2}{a_{33}}\right)I_2+\frac{\mu_{31}^2}{4a_{33}}\left(1-\frac{1}{\lambda^2}\right)I_0+\left(c_{11}^{\text{s}}+\frac{e_{31}^{\text{s}}e_{31}}{a_{33}}\right)I_2^{\text{s}}\\&+\frac{\mu_{31}^2}{8a_{33}}\left(\frac{h}{\lambda}-\frac{h}{\lambda^2}\frac{\mathrm{e}^{\lambda h/2}-\mathrm{e}^{-\lambda h/2}}{\mathrm{e}^{\lambda h/2}+\mathrm{e}^{-\lambda h/2}}\right)\end{aligned} \tag{2.125}$$

式中，I_2^{s} 为沿梁横截面周线的惯性矩。

考虑外电载荷作用下的悬臂梁，轴向力为

$$N=N_{\text{b}}+N_{\text{s}}=e_{31}bV+2(b+h)\varGamma_{11}+2\left(1+\frac{b}{h}\right)e_{31}^{\text{s}}V \tag{2.126}$$

式中，N_{b} 为体内应力的截面合力；N_{s} 为表面应力的横截面等效合力。对于考虑表面效应和挠曲电效应的纳米压电梁的屈曲问题，控制方程式 (2.124) 可以简化为

$$-(EI)'_{\text{eff}}\frac{\partial^4 w}{\partial x^4}+N\frac{\partial^2 w}{\partial x^2}=0 \tag{2.127}$$

遵循经典弹性理论中关于屈曲问题的处理过程，由式 (2.127) 可以获得纳米压电梁屈曲的临界电势为

$$V_{\text{cr}}=\frac{2(b+h)\varGamma_{11}+\pi^2(EI)_{\text{eff}}/(\eta l)^2}{e_{31}b+2(1+b/h)e_{31}^{\text{s}}} \tag{2.128}$$

式中，η 为与梁边界约束相关的参数，具有与经典屈曲理论相同的数值。

对于悬臂梁的自由振动问题，控制方程式 (2.124) 化简为

$$(EI)'_{\text{eff}}\frac{\partial^4 w}{\partial x^4}-N\frac{\partial^2 w}{\partial x^2}+\rho I_0\frac{\partial^2 w}{\partial t^2}=0 \tag{2.129}$$

固有频率可通过如下梁的边界条件确定：

$$\sin(\beta_2 l)=0,\quad \text{(S-S)} \tag{2.130}$$

$$\beta_1^4+\beta_2^4+\beta_1\beta_2\left(\beta_2^2-\beta_1^2\right)\sinh\left(\beta_1 l\right)+2\beta_1^2\beta_2^2\cosh\left(\beta_1 l\right)\cos\left(\beta_1 l\right)=0,\quad \text{(C-F)} \tag{2.131}$$

$$2\beta_1\beta_2-2\beta_1\beta_2\cos\left(\beta_2 l\right)\cosh\left(\beta_1 l\right)+\left(\beta_1^2-\beta_2^2\right)\sin\left(\beta_2 l\right)\sinh\left(\beta_1 l\right)=0,\quad \text{(C-C)} \tag{2.132}$$

式中，S-S 表示简支梁边界条件；C-F 表示固支–自由边界条件；C-C 表示两端固支梁边界条件。参数 β_1 和 β_2 定义为

$$\begin{cases}\beta_1=\left(\dfrac{N+\sqrt{N^2+4\rho\omega^2 I_0\left(EI\right)'_{\text{eff}}}}{2\left(EI\right)'_{\text{eff}}}\right)^{\frac{1}{2}}\\ \beta_2=\left(\dfrac{-N+\sqrt{N^2+4\rho\omega^2 I_0\left(EI\right)'_{\text{eff}}}}{2\left(EI\right)'_{\text{eff}}}\right)^{\frac{1}{2}}\end{cases} \tag{2.133}$$

为了定量理解表面效应、挠曲电效应和非均匀电学效应等的影响，这里选择 $BaTiO_3$ 和 PZT-5H 作为示例材料研究表面效应和挠曲电效应。根据 Ma 和 Cross[77,78] 的实验，PZT-5H 室温下的挠曲电系数比 $BaTiO_3$ 低。对于 $BaTiO_3$，其挠曲电系数在居里温度附近 (约 120 ℃) 接近 $50\mu C\cdot m^{-1}$，数值分析中选择挠曲电系数实验测量值的下限。

当表面效应和挠曲电效应同时考虑时，悬臂梁的有效弯曲刚度会受到表面效应和挠曲电效应的修正，如式 (2.125) 所示。图 2.3 为描述表面效应和挠曲电效应对有效弯曲刚度影响系数 $\zeta(h)$ 随梁厚度的变化 (无量纲化有效弯曲刚度)。尽管经典弹性理论和压电理论预测的悬臂梁的有效弯曲刚度均随悬臂梁的尺寸变化，但是其无量纲化有效弯曲刚度不随梁的尺寸变化。

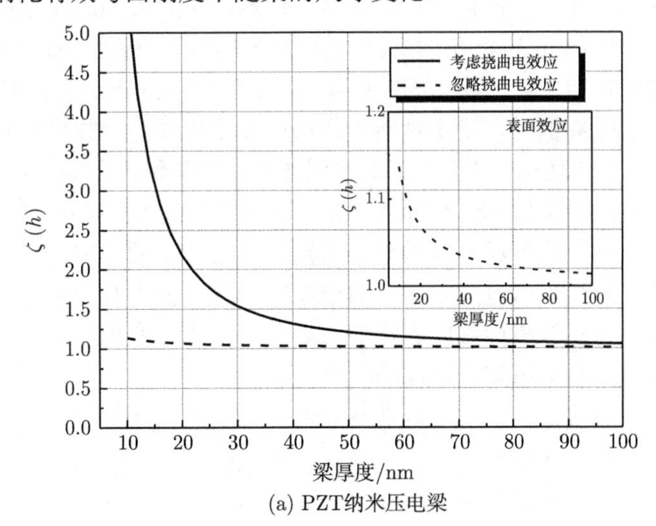

(a) PZT纳米压电梁

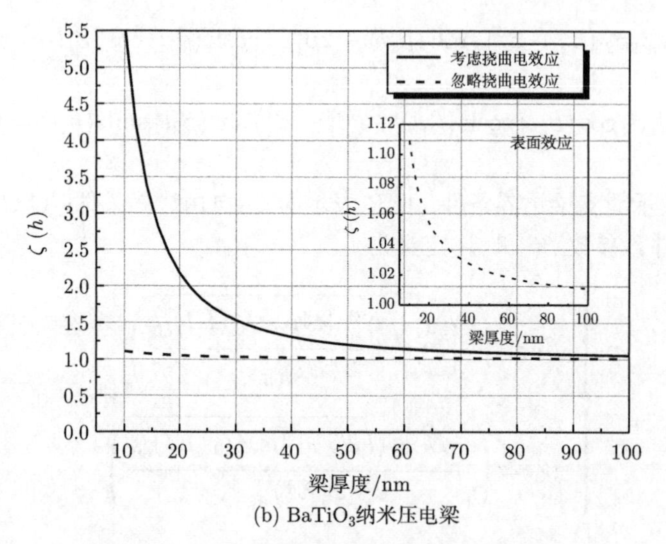

图 2.3　有效弯曲刚度影响系数随梁厚度的变化

从图 2.3 中可以看出，考虑表面效应和挠曲电效应后，有效弯曲刚度影响因子随梁厚度的减小而急剧增大。当悬臂梁厚度为 20 nm 时，PZT 纳米压电梁的有效弯曲刚度为经典压电理论预测的 5.5 倍，而 BT 纳米压电梁的有效弯曲刚度为经典压电理论预测的 5 倍。当忽略挠曲电效应而仅考虑表面效应时，梁的有效弯曲刚度也随厚度的减小而增大，对于 PZT 和 BT 纳米压电梁，在所选择的材料参数下有效弯曲刚度增大超过 10%。图 2.3 表明，对于 PZT 和 BT 纳米压电梁，挠曲电效应的影响比表面效应的影响更为显著。

图 2.4 给出了 PZT 纳米压电梁和 BT 纳米压电梁临界屈曲电压随梁厚度的变化。根据压电理论，正电场在纳米压电梁中产生轴向压缩力，而负电场在纳米压电梁中产生轴向拉伸力。上下表面的电势差为负时电场为正，产生轴向压缩力。当压缩力超过一定临界值时，梁受轴向力作用而发生失稳，该临界值对应的电压即为临界屈曲电压。从理论分析可知，临界屈曲电压为负值，图 2.4 也可以证实悬臂梁屈曲的临界电压为负值，临界屈曲电压随梁厚度的减小而减小。同时，从图 2.4 中可以直观地看到，临界屈曲电压受表面残余应力 Γ_{11} 的影响。Yan 和 Jiang[42] 讨论了表面效应对纳米压电梁临界屈曲电压的影响，但没有考虑挠曲电效应的影响。为了更直观地理解表面效应和挠曲电效应对临界屈曲电压的影响，图 2.5 给出了归一化临界屈曲电压随梁厚度的变化。

从图 2.5 中可以看出，归一化临界屈曲电压存在临界尺寸。对于 PZT 纳米压电梁，临界尺寸受表面残余应力的影响，当表面残余应力 $\Gamma_{11} = 0\text{N}\cdot\text{m}^{-1}$，临界尺寸为 25nm；当表面残余应力 $\Gamma_{11} = -1\text{N}\cdot\text{m}^{-1}$ 时，临界尺寸变为 14.4nm。

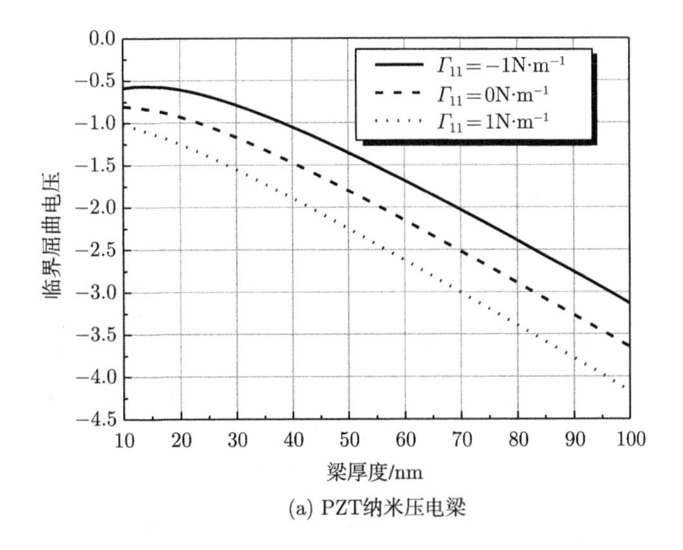

(a) PZT纳米压电梁

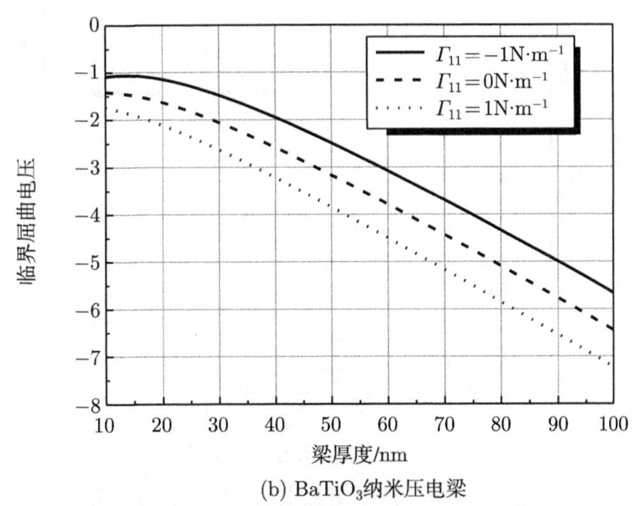

(b) $BaTiO_3$纳米压电梁

图 2.4 临界屈曲电压随梁厚度的变化

对于表面残余应力 $\Gamma_{11}=0\text{N}\cdot\text{m}^{-1}$ 的情况，临界尺寸表明考虑表面效应和挠曲电效应的临界屈曲电压和经典压电理论的预测一致；当梁厚度小于临界尺寸后，临界屈曲电压随梁厚度的减小而增大，说明纳米压电梁难以失稳；当尺寸大于临界尺寸，临界屈曲电压随梁厚度的减小而减小，说明在这个阶段纳米压电梁易失稳。

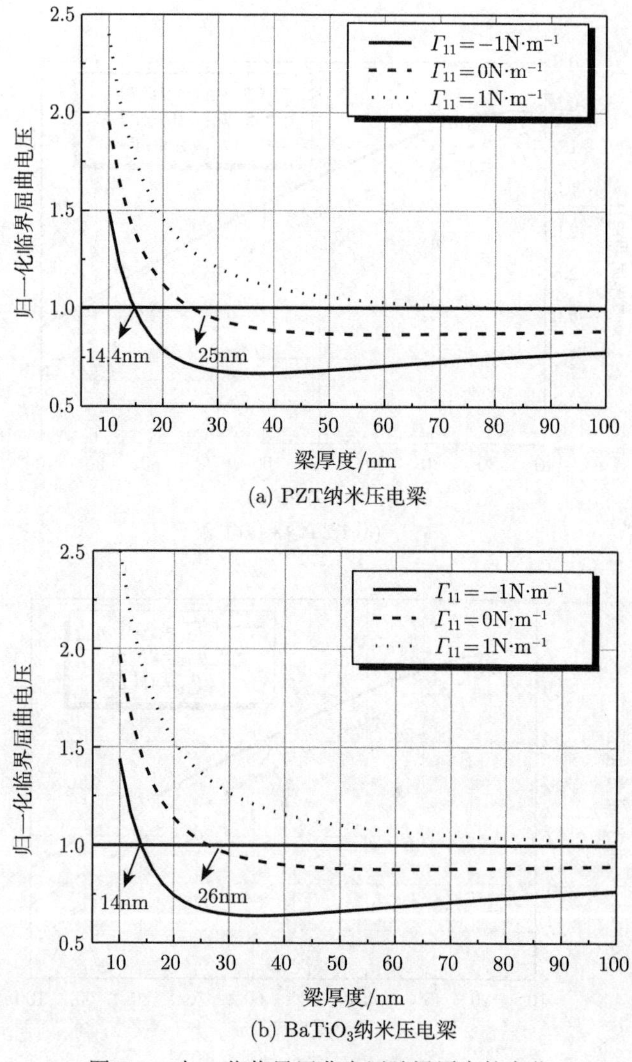

(a) PZT纳米压电梁

(b) $BaTiO_3$纳米压电梁

图 2.5　归一化临界屈曲电压随梁厚度的变化

最后，根据边界条件式 (2.131) 可求解悬臂梁固有振动频率。图 2.6 为外加电压 $V=0\text{V}$ 时，归一化共振频率随梁厚度的变化。从图 2.6 中可以看出，纳米压电梁的归一化共振频率受表面残余应力的影响，正的表面残余应力使梁松弛，从而降低纳米压电梁的归一化共振频率；而负的表面残余应力使梁产生夹紧，增大纳米压电梁的归一化共振频率。表面效应和挠曲电效应则通过力电耦合修正梁的有效弯曲刚度，从而改变梁的归一化共振频率。同时，纳米压电梁的归一化共振频率随梁厚度的减小而迅速增大，当梁厚度为 10nm 时，考虑表面效应和挠曲电效应理论预测的纳米压电梁共振频率是经典压电理论预测值的 2 倍以上。

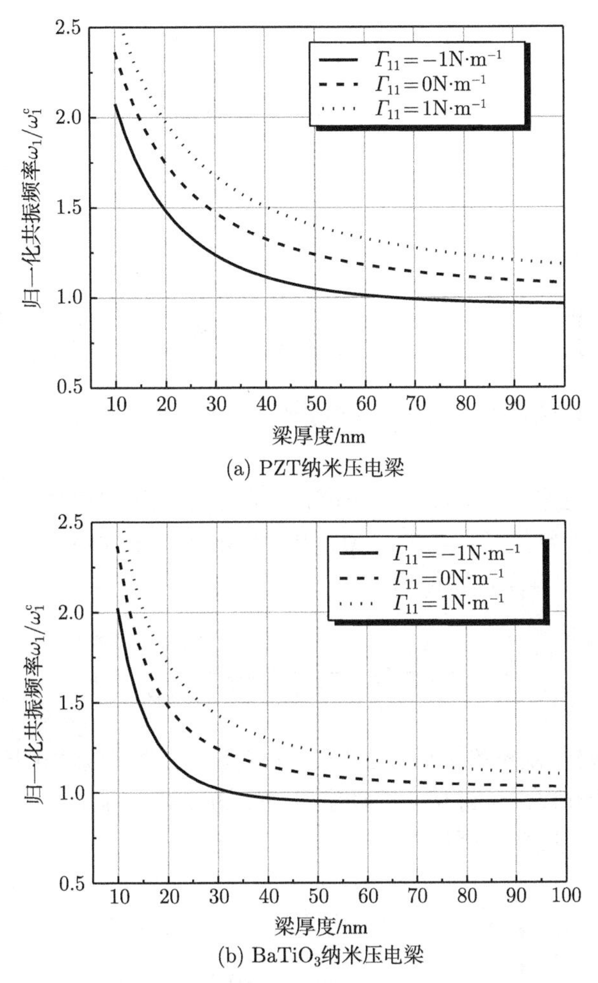

(a) PZT纳米压电梁

(b) $BaTiO_3$纳米压电梁

图 2.6 归一化共振频率随梁厚度的变化 (V=0V)

随着悬臂梁厚度的增加，表面效应和挠曲电效应的影响也逐渐减弱，当梁厚度超过 100nm，考虑表面效应和挠曲电效应理论预测的悬臂梁共振频率与经典压电理论的预测一致，此时表面效应和挠曲电效应对力学行为的影响可以忽略不计。

2.4.2 铁摩辛柯梁理论

伯努利–欧拉梁理论忽略了梁横截面上剪切应力的影响，当梁厚度相对于长度较大，横截面剪切应力不可忽略时，铁摩辛柯梁理论能更准确地描述结构变形和力学行为。基于经典铁摩辛柯梁理论建立考虑挠曲电效应的纳米电介质梁的力学模型，为简单起见忽略表面效应的影响。根据铁摩辛柯梁理论，梁中任意一点的位移可以表示为 [81]

$$\boldsymbol{u}(x,z) = -z\phi(x)\,\boldsymbol{e}_x + w(x)\,\boldsymbol{e}_z \tag{2.134}$$

式中，$w(x)$ 为中性轴的挠度；$\phi(x)$ 为横截面的转角。

非零应变和应变梯度为

$$\varepsilon_{xx} = -z\frac{\mathrm{d}\phi}{\mathrm{d}x},\quad 2\varepsilon_{xz} = 2\varepsilon_{zx} = -\phi + \frac{\mathrm{d}w}{\mathrm{d}x} \tag{2.135}$$

$$w_{xxx} = -z\frac{\mathrm{d}^2\phi}{\mathrm{d}x^2},\quad w_{xxz} = -\frac{\mathrm{d}\phi}{\mathrm{d}x},\quad 2w_{xzx} = 2w_{zxx} = -\frac{\mathrm{d}\phi}{\mathrm{d}x} + \frac{\mathrm{d}^2 w}{\mathrm{d}x^2} \tag{2.136}$$

当横截面转角满足 $\phi = \mathrm{d}w/\mathrm{d}x$ 时，剪切应变为零，铁摩辛柯梁退化为伯努利–欧拉梁。

对于一维梁问题，梁厚度小于长度，因此通常假设电学量仅存在沿梁厚度方向的分量，即对于电场 $E_x = E_y = 0$。开环情况下，表面电位移为零，根据电学高斯方程 $\partial D_3/\partial z = 0$ 可以得到

$$E_z = -\frac{e_{31}}{a_{33}}\varepsilon_{xx} - \frac{f_{31}}{a_{33}}w_{xxz} - \frac{2f_{44}}{a_{33}}w_{xzx} \tag{2.137}$$

类似于伯努利–欧拉梁的处理过程，将应变、应变梯度和电场代入本构方程，并代入能量变分方程，可得相应的铁摩辛柯梁的控制方程。

对于悬臂梁，边界条件如下

$$\begin{cases} \phi|_{x=0} = 0, \quad (M+P+R)|_{x=l} = 0 \\ w|_{x=0} = 0, \quad \left(Q - \dfrac{\mathrm{d}R}{\mathrm{d}x}\right) = -F \\ \left.\dfrac{\mathrm{d}w}{\mathrm{d}x}\right|_{x=0} = 0, \quad R|_{x=l} = 0 \end{cases} \tag{2.138}$$

对于两端简支梁，由于对称性和 $x = l/2$ 的力平衡条件，边界条件可以表示为

$$\begin{cases} (M+P+R)|_{x=0} = 0, \quad \phi|_{x=l/2} = 0 \\ w|_{x=0} = 0, \quad \left.\left(Q - \dfrac{\mathrm{d}R}{\mathrm{d}x}\right)\right|_{x=l/2} = -F/2 \\ R|_{x=0} = 0, \quad \left.\dfrac{\mathrm{d}w}{\mathrm{d}x}\right|_{x=l/2} = 0 \end{cases} \tag{2.139}$$

将内力矩和剪力合力代入控制方程得

$$
\begin{cases}
\left[\left(c_{11}+\dfrac{e_{31}^{2}}{a_{33}}\right)I+\dfrac{\left(f_{31}+f_{44}\right)^{2}}{a_{33}}A\right]\dfrac{\mathrm{d}^{2}\phi}{\mathrm{d}x^{2}}-\dfrac{f_{31}\left(f_{31}+f_{44}\right)}{a_{33}}A\dfrac{\mathrm{d}^{3}w}{\mathrm{d}x^{3}} \\
+kc_{44}A\left(-\phi+\dfrac{\mathrm{d}w}{\mathrm{d}x}\right)=0 \\
kc_{44}A\left(-\phi+\dfrac{\mathrm{d}w}{\mathrm{d}x}\right)+\dfrac{f_{44}^{2}}{a_{33}}A\dfrac{\mathrm{d}^{3}\phi}{\mathrm{d}x^{3}}-\dfrac{f_{31}f_{44}}{a_{33}}A\left(-\dfrac{\mathrm{d}^{3}\phi}{\mathrm{d}x^{3}}+\dfrac{\mathrm{d}^{4}w}{\mathrm{d}x^{4}}\right)=0
\end{cases}
\tag{2.140}
$$

为了得到式 (2.140) 的解，定义如下变量：

$$
\theta=-\phi+\frac{\mathrm{d}w}{\mathrm{d}x} \tag{2.141}
$$

新变量具有清晰的力学含义，其为梁单元刚体旋转角度的 2 倍。将式 (2.141) 代入控制方程式 (2.140) 可得 [82]

$$
\left[\left(c_{11}+\frac{e_{31}^{2}}{a_{33}}\right)I+\frac{f_{31}f_{44}}{a_{33}}A\right]\frac{\mathrm{d}^{3}\phi}{\mathrm{d}x^{3}}+\frac{f_{31}^{2}}{a_{33}}A\frac{\mathrm{d}^{3}\theta}{\mathrm{d}x^{3}}=0 \tag{2.142}
$$

将式 (2.142) 代回控制方程式 (2.140)，可进一步得到

$$
B\frac{\mathrm{d}^{3}\theta}{\mathrm{d}x^{3}}-C\frac{\mathrm{d}\theta}{\mathrm{d}x}=0 \tag{2.143}
$$

式中，$B=\left(f_{31}f_{44}/a_{33}\right)\left\{1-f_{31}f_{44}A/\left[\left(c_{11}a_{33}+e_{31}^{2}\right)I+f_{31}f_{44}A\right]\right\}$；$C=kc_{44}A$。注意到，由于 $0<f_{31}f_{44}A<\left(c_{11}a_{33}+e_{31}^{2}\right)I+f_{31}f_{44}A$，且 $c_{44}>0$，有 $B>0$ 且 $C>0$。

得到变量 θ 的通解后，可进一步得到铁摩辛柯梁挠度的通解为

$$
\begin{aligned}
w(x)=&-\frac{t_3}{t_2}\left[\frac{1}{\lambda}C_4\sinh(\lambda x)+\frac{1}{\lambda}C_5\cosh(\lambda x)+\frac{t_2t_3}{t_1\lambda^2}+\frac{1}{6}C_1x^3\right] \\
&-\frac{t_3}{t_2}\left(\frac{1}{2}C_2x^2+C_3x+C_6\right)
\end{aligned}
\tag{2.144}
$$

对于具有固支–自由边界 (C-F) 的悬臂梁，代入边界条件式 (2.138) 可得

$$
\begin{cases}
C_1 = -\dfrac{F}{(t_3 + f_{31} f_{44} A / a_{33})} \\
C_2 = -C_1 l \\
C_3 = 0 \\
C_4 = \dfrac{F}{k c_{44} A \left(f_{31} f_{44} / a_{33} t_3 - 1 \right)} \\
C_5 = -\dfrac{\sinh(\lambda x)}{\cosh(\lambda x)} C_4 \\
C_6 = \dfrac{t_3}{t_2 \lambda} C_5
\end{cases}
\tag{2.145}
$$

对于具有简支–简支 (S-S) 边界条件的简支梁，代入边界条件式 (2.139) 得

$$
\begin{cases}
C_1 = \dfrac{F}{2t_2} \\
C_3 = -\dfrac{C_1 l^2}{8} \\
C_4 = -\dfrac{t_2 t_3 C_1}{t_1 \lambda^2 \cosh(\lambda l/2)} \\
C_2 = C_5 = C_6 = 0
\end{cases}
\tag{2.146}
$$

为了直观地了解挠曲电效应对铁摩辛柯电介质梁力电耦合行为的影响，选择 $BaTiO_3$ 作为典型的挠曲电材料，材料参数为：$c_{11} = 131\text{GPa}$，$c_{44} = 42.9\text{GPa}$，$e_{31} = 4.4\text{C}\cdot\text{m}^{-2}$，$a_{33} = 0.78 \times 10^{-8}\text{F}\cdot\text{m}^{-1}$。Ma 和 Cross[78] 实验测量了钛酸钡 ($BaTiO_3$) 陶瓷的挠曲电系数，室温时钛酸钡陶瓷材料的挠曲电系数为 $10\mu\text{C}\cdot\text{m}^{-1}$，当温度为铁电–顺电相变温度时钛酸钡陶瓷材料的挠曲电系数可达 $50\mu\text{C}\cdot\text{m}^{-1}$。

图 2.7 为 $BaTiO_3$ 悬臂梁挠度和横截面转角随梁长的变化。从图中可以发现，挠曲电铁摩辛柯梁理论预测的梁任意点的挠度和横截面转角均小于经典铁摩辛柯梁理论的预测值。这是由于挠曲电效应修正了铁摩辛柯梁有效弯曲刚度，如式 (2.125) 所示。当梁厚度为纳米尺度时，由于纳米压电梁弯曲时存在较大的应变梯度，挠曲电效应对梁弯曲刚度的修正将会非常显著，从而导致纳米压电梁在自由端的集中力作用下，挠度和横截面转角均小于经典压电理论的预测。同时从式 (2.125) 可以看出，经典压电梁理论预的有效弯曲刚度为 $\left(c_{11} + e_{31}^2 / a_{33}\right) I$，$I$ 为梁的截面惯性矩。

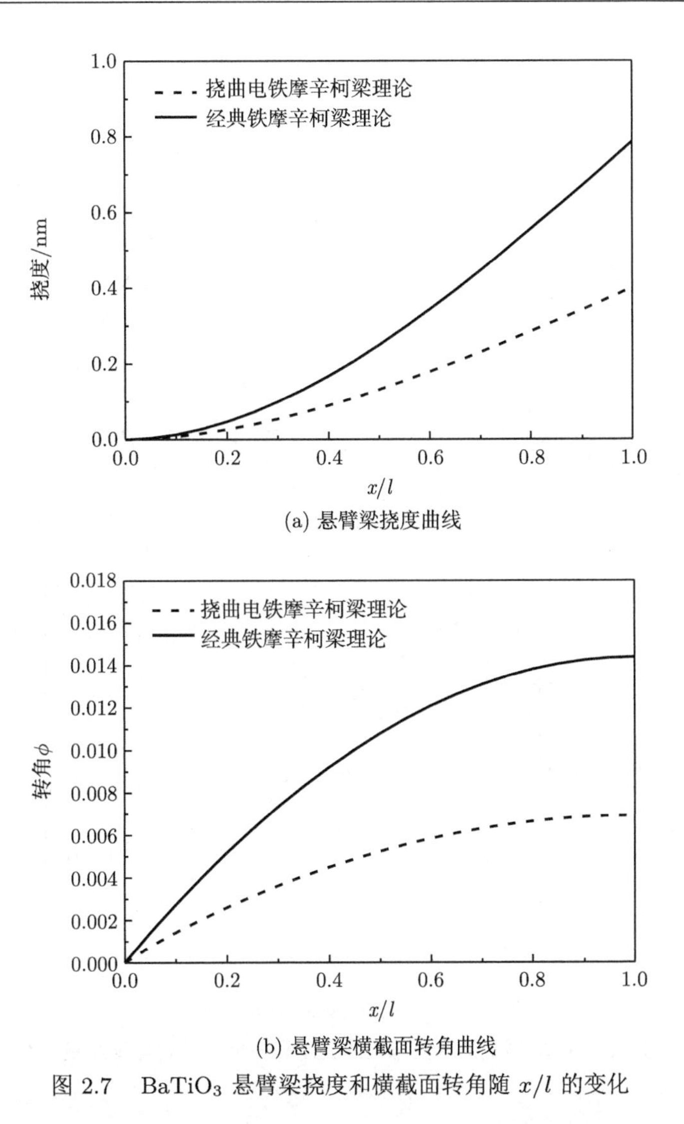

(a) 悬臂梁挠度曲线

(b) 悬臂梁横截面转角曲线

图 2.7 $BaTiO_3$ 悬臂梁挠度和横截面转角随 x/l 的变化

挠曲电效应对梁有效弯曲刚度的修正具有 $(f_{31}+f_{44})^2 A/a_{33}$ 的形式，当梁厚度减少时，经典压电梁理论得到的有效弯曲刚度比挠曲电修正部分衰减得更快，因此当梁厚度减小到一定值时，挠曲电效应的影响比较显著，甚至数值上接近经典压电梁理论的有效弯曲刚度，从而使梁的有效弯曲刚度相比经典压电梁理论的预测更大，在外力作用下能够显著抵抗变形。

图 2.8 为两端简支纳米压电梁的挠度和横截面转角随梁长的变化。同样地，挠曲电铁摩辛柯梁理论预测的挠度和横截面转角均小于经典铁摩辛柯梁理论的预测，说明在此厚度时挠曲电效应的影响非常显著。

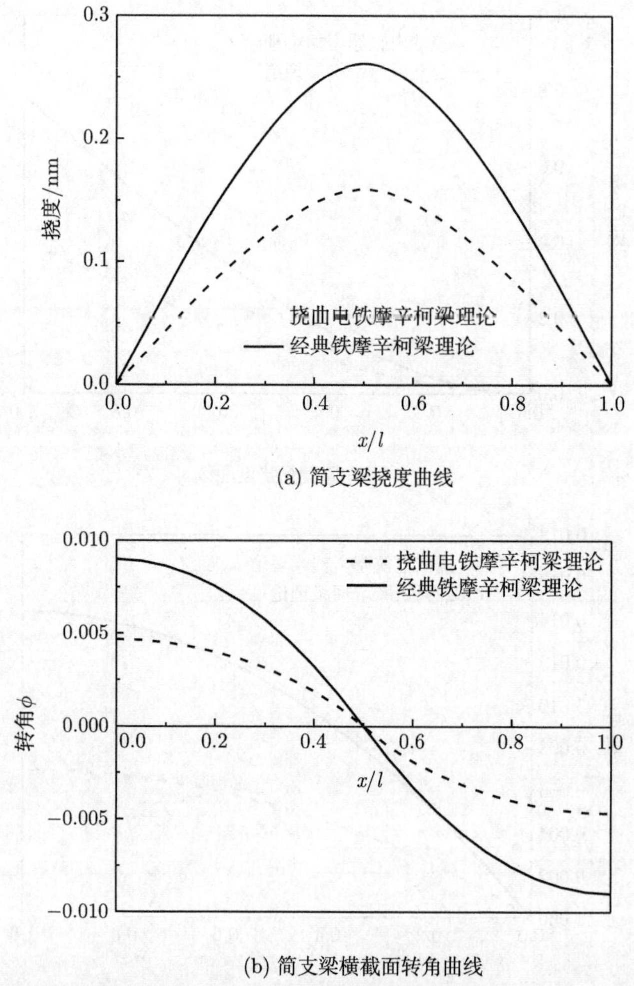

(a) 简支梁挠度曲线

(b) 简支梁横截面转角曲线

图 2.8　两端简支纳米压电梁的挠度和横截面转角随 x/l 的变化

为了定量表征挠曲电效应对铁摩辛柯梁力学行为的影响，图 2.9 给出了纳米压电梁归一化挠度随梁厚度的变化，即挠曲电铁摩辛柯梁理论预测的挠度除以经典铁摩辛柯梁理论预测的挠度。从图中可以看出，当梁厚度从 10nm 变化到 100nm 时，挠曲电铁摩辛柯梁理论预测的挠度逐渐靠近经典铁摩辛柯梁理论的预测结果；当梁厚度大于 50nm 时，挠曲电效应的影响已经不再显著。

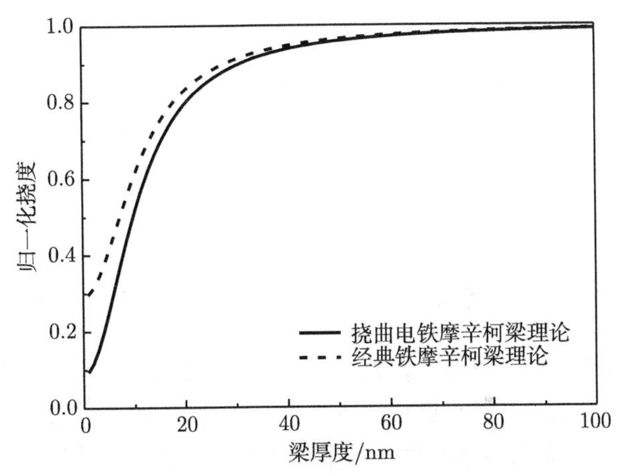

图 2.9 纳米压电梁归一化挠度随梁厚度的变化

2.4.3 基尔霍夫板理论

本小节建立考虑挠曲电效应的压电板理论，讨论挠曲电效应对压电板力电耦合行为的影响。考虑长为 a、宽为 b 和厚度为 h 的四边简支压电板的静态弯曲和自由振动问题，板下表面受均布载荷 $q(x,t)$，如图 2.10 所示。

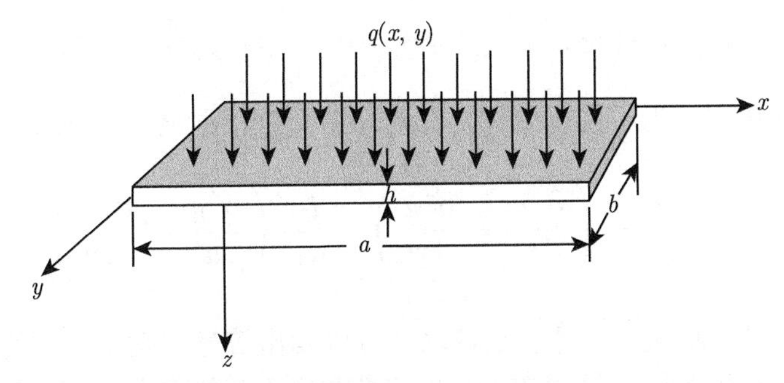

图 2.10 均布载荷作用下的简支压电板

建立如图 2.10 所示的笛卡儿直角坐标系，采用基尔霍夫板 (Kirchhoff plate) 模型描述压电板的变形。根据基尔霍夫板理论的假设，薄板中任意一点的位移可以表示为 [83]

$$\begin{cases} u(x,y,z,t) = -z\dfrac{\partial w(x,y,t)}{\partial x} \\ v(x,y,z,t) = -z\dfrac{\partial w(x,y,t)}{\partial y} \\ w(x,y,z,t) = w(x,y,t) \end{cases} \tag{2.147}$$

式中，t 为时间；w 为横向位移；u 和 v 分别为沿 x 和 y 方向的面内位移分量。

根据应变、位移及应变梯度的定义，可得

$$\varepsilon_{xx}=-z\frac{\partial^2 w}{\partial x^2},\quad \varepsilon_{yy}=-z\frac{\partial^2 w}{\partial y^2},\quad \varepsilon_{xy}=-z\frac{\partial^2 w}{\partial x\partial y} \tag{2.148}$$

$$w_{xxz}=-\frac{\partial^2 w}{\partial x^2},\quad w_{yyz}=\frac{\partial^2 w}{\partial y^2},\quad w_{xyz}=\frac{\partial^2 w}{\partial x\partial y} \tag{2.149}$$

基尔霍夫板理论中，面内变形通常远小于梁的横向变形，因此面内应变梯度可以忽略不计。同时，通常假设电场仅沿板的厚度方向，即 $E_x=E_y=0$。

将式 (2.148) 和式 (2.149) 代入本构方程式 (2.81)，可得

$$\sigma_{xx}=c_{11}\varepsilon_{xx}+c_{12}\varepsilon_{yy}-e_{31}E_z \tag{2.150}$$

$$\sigma_{yy}=c_{12}\varepsilon_{xx}+c_{11}\varepsilon_{yy}-e_{31}E_z \tag{2.151}$$

$$\sigma_{xy}=2c_{66}\varepsilon_{xy} \tag{2.152}$$

$$\tau_{xxz}=-f_{13}E_z,\quad \tau_{yyz}=-f_{13}E_z,\quad \tau_{xyz}=0 \tag{2.153}$$

$$D_z=e_{31}\left(\varepsilon_{xx}+\varepsilon_{yy}\right)+f_{31}\left(w_{xxz}+w_{yyz}\right)+a_{33}E_z \tag{2.154}$$

考虑体自由电荷为零的压电体，在开环情况下根据电学高斯方程，内电场为

$$E_z=\frac{e_{31}z}{a_{33}}\left(\frac{\partial^2 w}{\partial x^2}+\frac{\partial^2 w}{\partial x^2}\right)+\frac{f_{31}}{a_{33}}\left(\frac{\partial^2 w}{\partial x^2}+\frac{\partial^2 w}{\partial x^2}\right) \tag{2.155}$$

仔细观察式 (2.155) 等号右端各项，可以看出等号右端第一项为弹性应变引起的内电场 (压电效应)，第二项为弹性应变梯度引起的内电场 (挠曲电效应)。对于非压电介质 ($e_{31}=0$)，由弹性应变引起的内电场为零，而挠曲电效应引起的内电场将影响板的静态和动态行为。此外，由于挠曲电效应的影响，由曲率引起的内电场的分布相对于中性面不再具有反对称的分布。如果假设板中任一点的曲率 $G=G_x+G_y$，其中 $G_x=\partial^2 w/\partial x^2$，$G_y=\partial^2 w/\partial y^2$。内电场对曲率的响应为 $E_z=G\left(e_{31}z+f_{31}\right)/a_{33}$，其依赖于 z 坐标。挠曲电效应引起的内电场破坏了压电效应内电场的对称性，$e_{31}z+f_{31}$ 可视为依赖于 z 坐标的板的有效挠曲电常数。

简支压电梁的控制方程和边界条件可由如下哈密顿变分原理获得

$$\delta\int_{t_1}^{t_2}\left(-\int_V G_{\mathrm{b}}\mathrm{d}V+K+W\right)\mathrm{d}t=0 \tag{2.156}$$

式中，K 为压电板的总动能；W 为外力功，分别表示为

$$K = \frac{1}{2}\int_V \rho \left(\frac{\partial w}{\partial t}\right)^2 \mathrm{d}V \tag{2.157}$$

$$W = \int_0^a \int_0^b q(x,y,t)\, w(x,y,t)\, \mathrm{d}x\mathrm{d}y \tag{2.158}$$

将电介质板的本构方程式 (2.150) ~ 式 (2.154) 代入电学吉布斯自由能方程，结合式 (2.157) 和式 (2.158) 可得电介质板的控制方程为

$$\frac{\partial^2 M_{xx}}{\partial x^2}+\frac{\partial^2 M_{xy}}{\partial x\partial y}+\frac{\partial^2 M_{yx}}{\partial x\partial y}+\frac{\partial^2 M_{yy}}{\partial y^2}+\frac{\partial^2 N_{xxz}}{\partial x^2}+\frac{\partial^2 N_{yyz}}{\partial y^2}-\rho h\frac{\partial^2 w}{\partial t^2}+q=0 \tag{2.159}$$

在边界 $x=0$ 和 $x=a$ 上相应的边界条件为

$$\begin{cases} M_{xx}+N_{xxz} & \text{or} \quad \dfrac{\partial w}{\partial x} \\ M_{xy} & \text{or} \quad \dfrac{\partial w}{\partial y} \\ \dfrac{\partial M_{xx}}{\partial x}+\dfrac{\partial M_{xy}}{\partial y}+\dfrac{\partial N_{xxz}}{\partial x} & \text{or} \quad w \end{cases} \tag{2.160}$$

在边界 $y=0$ 和 $y=b$ 上相应的边界条件为

$$\begin{cases} M_{yx} & \text{or} \quad \dfrac{\partial w}{\partial x} \\ M_{yy}+N_{yyz} & \text{or} \quad \dfrac{\partial w}{\partial y} \\ \dfrac{\partial M_{xy}}{\partial x}+\dfrac{\partial M_{yy}}{\partial y}+\dfrac{\partial N_{yyz}}{\partial y} & \text{or} \quad w \end{cases} \tag{2.161}$$

式中，M_{xx}、M_{yy}、M_{xy} 和 M_{yx} 为弯矩，其具有和经典板理论中相同的定义；N_{xxz} 和 N_{yyz} 为偶应力沿板厚度方向的合力。弯矩和偶应力的合力定义如下

$$\begin{cases} M_{xx}=\displaystyle\int_{-h/2}^{h/2}\sigma_{xx}z\mathrm{d}z, \quad M_{xy}=\int_{-h/2}^{h/2}\sigma_{xy}z\mathrm{d}z \\ M_{yx}=\displaystyle\int_{-h/2}^{h/2}\sigma_{yx}z\mathrm{d}z, \quad M_{yy}=\int_{-h/2}^{h/2}\sigma_{yy}z\mathrm{d}z \\ N_{xxz}=\displaystyle\int_{-h/2}^{h/2}\tau_{xxz}\mathrm{d}z, \quad N_{yyz}=\int_{-h/2}^{h/2}\tau_{yyz}\mathrm{d}z \end{cases} \tag{2.162}$$

将式 (2.150) ~ 式 (2.154) 给出的本构方程代入式 (2.162)，再代入式 (2.159)，得到以横向位移 w 表示的电介质板的控制方程为

$$F_{11}\left(\frac{\partial^4 w}{\partial x^4}+\frac{\partial^4 w}{\partial y^4}\right)+2\left(F_{12}+2F_{66}\right)\frac{\partial^4 w}{\partial x^2\partial y^2}+\rho h\frac{\partial^2 w}{\partial t^2}=q\left(x,y,t\right) \tag{2.163}$$

式中，F_{11}、F_{12} 和 F_{66} 定义如下

$$\begin{cases} F_{11}=\left(c_{11}+\dfrac{e_{31}^2}{a_{33}}+\dfrac{12f_{31}^2}{a_{33}h^2}\right)\dfrac{h^3}{12} \\ F_{12}=\left(c_{12}+\dfrac{e_{31}^2}{a_{33}}+\dfrac{12f_{31}^2}{a_{33}h^2}\right)\dfrac{h^3}{12} \\ F_{66}=c_{66}\dfrac{h^3}{12} \end{cases} \tag{2.164}$$

由此可见，挠曲电效应对电介质板的弯曲刚度具有重要影响，且挠曲电效应对电介质板弹性模量的修正与板厚度的平方成反比。此外，从式 (2.164) 可以看出挠曲电效应确实对 F_{11} 和 F_{12} 有影响，但对 F_{66} 没有影响。

对于考虑挠曲电效应的压电纳米板的静态弯曲，控制方程化简为

$$F_{11}\left(\frac{\partial^4 w}{\partial x^4}+\frac{\partial^4 w}{\partial y^4}\right)+2\left(F_{12}+2F_{66}\right)\frac{\partial^4 w}{\partial x^2\partial y^2}=q\left(x,y,t\right) \tag{2.165}$$

值得一提的是，当挠曲电效应的影响很小时，式 (2.165) 表示的控制方程即为经典基尔霍夫压电板的控制方程。

假设板的横向位移 $w\left(x,y\right)$ 具有如下傅里叶级数的形式 [84]：

$$w\left(x,y\right)=\sum_{m=1}^{\infty}\sum_{n=1}^{\infty}A_{mn}\sin\frac{m\pi x}{a}\sin\frac{n\pi x}{b} \tag{2.166}$$

式中，A_{mn} 为给定 m 和 n 的傅里叶系数。式 (2.166) 给出的横向位移形式已经满足边界条件。均布横向载荷 $q\left(x,y\right)$ 也可以用傅里叶级数表示为

$$q\left(x,y\right)=\sum_{m=0}^{\infty}\sum_{n=0}^{\infty}Q_{mn}\sin\frac{m\pi x}{a}\sin\frac{n\pi y}{b} \tag{2.167}$$

其中，

$$Q_{mn}=\frac{16q}{mn\pi^2}\quad m,n=1,3,5,\cdots \tag{2.168}$$

可以容易得到板的横向位移为

$$w(x,y)=\frac{16q}{\pi^6}\sum_{m=1,3,5,\cdots}^{\infty}\sum_{n=1,3,5,\cdots}^{\infty}\frac{\sin\dfrac{m\pi x}{a}\sin\dfrac{n\pi y}{b}}{F_{11}\left[\left(\dfrac{m}{a}\right)^2+\left(\dfrac{n}{b}\right)^2\right]+2\left[F_{12}+2F_{66}\left(\dfrac{mn}{ab}\right)^2\right]} \tag{2.169}$$

经典板理论的傅里叶级数解表明，横向位移级数随着 m 和 n 的增加很快衰减，且 m=1 和 n=1 对应的一阶级数解远大于其他阶级数解。因此，对于静态弯曲问题通常取一阶级数解作为板的横向位移的近似解。

对于板的自由振动问题，控制方程式 (2.159) 将化简为

$$F_{11}\left(\frac{\partial^4 w}{\partial x^4}+\frac{\partial^4 w}{\partial y^4}\right)+2\left(F_{12}+2F_{66}\right)\frac{\partial^4 w}{\partial x^2\partial y^2}+\rho h\frac{\partial^2 w}{\partial t^2}=0 \tag{2.170}$$

与经典板理论中求解自由振动的过程类似，采取如下位移的调和解：

$$w(x,y,t)=\sum_{m=1}^{\infty}\sum_{n=1}^{\infty}B_{mn}\sin\frac{m\pi x}{a}\sin\frac{n\pi x}{b}\mathrm{e}^{\mathrm{i}\omega_{mn}t} \tag{2.171}$$

式中，B_{mn} 为表示板振形振幅的常数；m 和 n 为半波数；ω_{mn} 为共振频率；i 为虚数，满足 $\mathrm{i}^2=-1$。

将式 (2.171) 给定的调和解代入控制方程式 (2.170)，得到不同 m 阶和 n 阶共振频率：

$$\omega_{mn}=\pi^2\sqrt{\frac{F_{11}\left[\left(\dfrac{m}{a}\right)^4+\left(\dfrac{n}{b}\right)^4\right]+2\left(F_{12}+2F_{66}\right)\left(\dfrac{m}{a}\right)^2\left(\dfrac{n}{b}\right)^2}{\rho h}} \tag{2.172}$$

值得注意的是，当挠曲电效应的影响很小时，式 (2.172) 表示的共振频率将退化为经典基尔霍夫板理论得到的共振频率。

为了直观地反映挠曲电效应对电介质板静态弯曲和共振频率的影响，选择 PZT-5H 陶瓷作为典型的挠曲电材料。PZT-5H 陶瓷弹性常数 $c_{11}=102\text{GPa}$，$c_{12}=31\text{GPa}$，$c_{66}=35.5\text{GPa}$；压电系数和介电系数 $e_{31}=-17.05\text{C}\cdot\text{m}^{-2}$，$a_{33}=1.78\times10^{-8}\text{F}\cdot\text{m}^{-1}$；密度 $\rho=7600\text{kg}\cdot\text{m}^{-3}$[85]；均布载荷大小为 $q=0.05\text{GPa}$。实验表明，PZT-5H 陶瓷挠曲电系数的量级为 $10^{-7}\text{C}\cdot\text{m}^{-1}$，这里假设压电 PZT-5H 的挠曲电系数近似为 $f_{31}=10^{-7}\text{C}\cdot\text{m}^{-1}$。

首先讨论挠曲电效应对弯曲刚度 F_{11} 的影响。弯曲刚度 F_{11} 与面内几何尺寸 a 和 b 无关，仅与板厚度 h 有关。图 2.11 为归一化弯曲刚度 F_{11}/F_{11}^0 随板厚度的变化，其中 F_{11}^0 为不考虑挠曲电效应的电介质板的弯曲刚度。

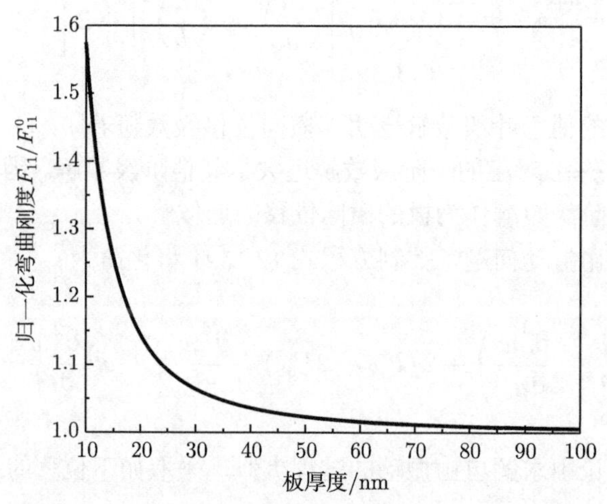

图 2.11　归一化弯曲刚度 F_{11}/F_{11}^0 随板厚度的变化

如图 2.11 所示，挠曲电效应增强了电介质板的弯曲刚度。同时，挠曲电效应对电介质板的有效弯曲刚度的强化随板厚度的减小而增大，具有明显的尺寸效应。当板厚度为 10nm 时，其弯曲刚度大约是经典电介质板理论预测值的 1.6 倍。

为了研究挠曲电效应对压电纳米板静态弯曲行为的影响，图 2.12(a) 给出经典压电板理论和考虑挠曲电效应的压电板理论计算的横向位移沿 x 方向的分布。板厚度 $h = 20$nm，面内尺寸 $a = b = 50h$。通常基尔霍夫板的面内特征尺寸与厚度比为 5~80，这里取面内尺寸与厚度比为 50。从图 2.12(a) 可以直观地看出，考虑挠曲电效应的压电板理论预测的挠度小于经典压电板理论预测的挠度，这也进一步反映了挠曲电效应对压电板弯曲刚度的增强作用。图 2.12(b) 为最大挠度随板厚度的变化。可以直观地看出，当板厚度非常小时，考虑挠曲电效应的压电板理论预测的归一化最大挠度与经典压电板理论预测的归一化最大挠度存在偏差，随着板厚度的增加，这种偏差逐渐减少甚至消失。说明在板厚度很小时，挠曲电效应的影响比较显著，而当板厚度逐渐增大或者为宏观尺寸时，挠曲电效应对力学行为的影响非常微弱，可以忽略不计。

图 2.13 为电介质板挠度比随板厚度 (考虑挠曲电效应的压电板理论计算的挠度与经典压电板理论计算的挠度之比) 和最大挠度随板长厚比的变化，可以得到与图 2.12 类似的结论。即挠曲电效应对板力学行为的影响随板厚度的增大而减小，当板厚度大于 50nm 时，挠曲电效应对板力学行为的影响几乎可以忽略不计。

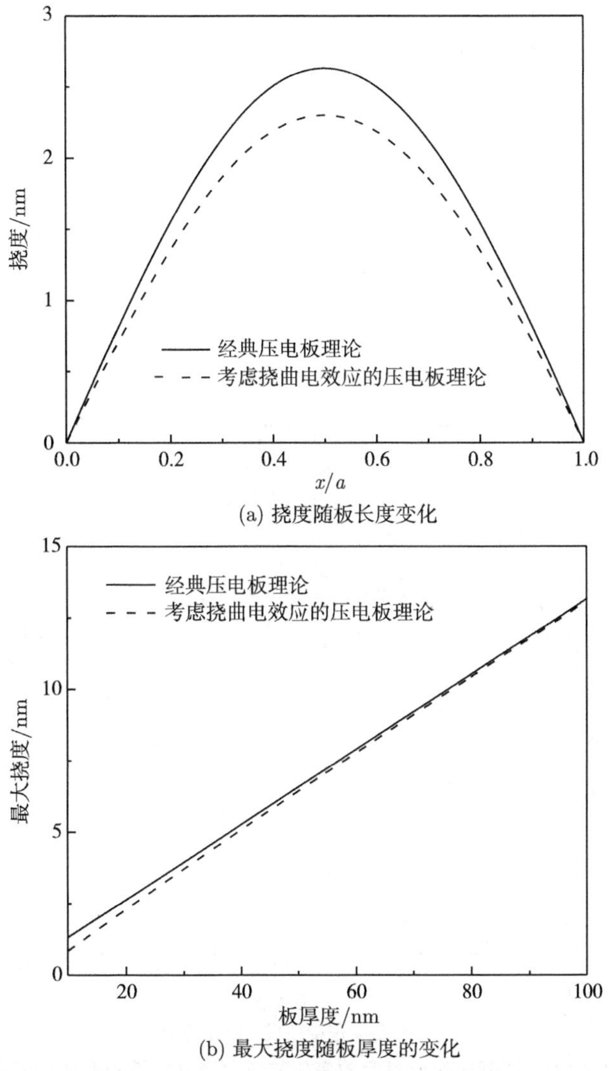

图 2.12 经典压电板理论和考虑挠曲电效应的压电板理论计算的挠度及最大挠度的变化

图 2.13(b) 为最大挠度随板长厚比的变化，可以发现当板长厚比为 80 时，考虑挠曲电效应的压电板理论和经典压电板理论计算的最大挠度偏差较大；而当板长厚比很小时，挠曲电效应对板力学行为的影响同样可以忽略不计。这是由于在相同的均布载荷作用下，具有较小长厚比的板更难发生变形，因此应变梯度很小。需要注意的是，上述结论均基于 PZT-5H 陶瓷的材料参数得到，其挠曲电系数非常小，对于挠曲电常数较大的材料 (如 $Ba_{0.67}Sr_{0.33}TiO_3$，其挠曲电系数高达 $100\mu C\cdot m^{-1}$)，挠曲电效应对板力学行为的影响将更加显著。

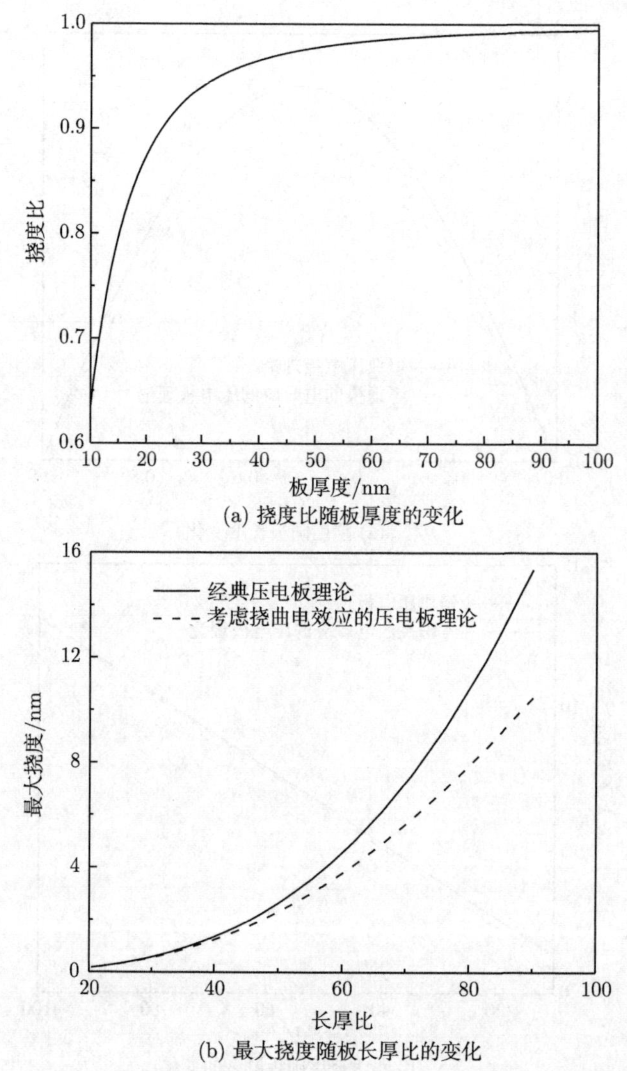

(a) 挠度比随板厚度的变化

(b) 最大挠度随板长厚比的变化

图 2.13　挠度比随板厚度的变化和最大挠度随板长厚比的变化

接下来讨论挠曲电效应对纳米电介质板屈曲和振动行为的影响，考虑面内变形的经典基尔霍夫板理论，板中任意一点的位移为 [75]

$$\left\{\begin{array}{l} u(x,y,z,t)=u_0(x,y,t)-z\dfrac{\partial w(x,y,t)}{\partial x} \\ v(x,y,z,t)=v_0(x,y,t)-z\dfrac{\partial w(x,y,t)}{\partial y} \\ w(x,y,z,t)=w_0(x,y,t) \end{array}\right. \tag{2.173}$$

式中，$u_0(x,y,t)$、$v_0(x,y,t)$ 和 $w_0(x,y,t)$ 为中面上任意一点的位移沿 x、y 和 z 方向的位移分量。

将位移表达式 (2.173) 代入几何方程式 (2.74) 和应变梯度的定义式 (2.75)，可得到应变和应变梯度的具体表达式。对于板厚度远小于面内尺寸 ($h \ll a$，$h \ll b$) 的板问题，面内应变梯度相对于面外应变梯度 (沿厚度方向的应变梯度) 可以忽略不计。

如前述对于板问题，电学量 (如电场) 假设仅考虑沿厚度方向的分量，因此非零的电场为 $E_z = -\partial\varphi/\partial z$，其中 φ 为静电势。

将应变和应变梯度代入本构方程，得

$$\left\{\begin{array}{c}\sigma_{xx}\\ \sigma_{yy}\\ \sigma_{xy}\\ \tau_{xxz}\\ \tau_{yyz}\\ \tau_{xyz}\end{array}\right\}=\begin{bmatrix}c_{11} & c_{12} & 0 & 0 & 0 & 0\\ c_{12} & c_{22} & 0 & 0 & 0 & 0\\ 0 & 0 & c_{66} & 0 & 0 & 0\\ 0 & 0 & 0 & 0 & 0 & 0\\ 0 & 0 & 0 & 0 & 0 & 0\\ 0 & 0 & 0 & 0 & 0 & 0\end{bmatrix}\left\{\begin{array}{c}\varepsilon_{xx}\\ \varepsilon_{yy}\\ 2\varepsilon_{xy}\\ \varepsilon_{xxz}\\ \varepsilon_{yyz}\\ 2\varepsilon_{xyz}\end{array}\right\}$$
$$+\begin{bmatrix}e_{31} & \mu_{31}t/2\\ e_{32} & \mu_{32}/2\\ 0 & 0\\ \mu_{31}/2 & 0\\ \mu_{32}/2 & 0\\ 0 & 0\end{bmatrix}\left\{\begin{array}{c}\dfrac{\partial\varphi}{\partial z}\\ -\dfrac{\partial^2\varphi}{\partial z^2}\end{array}\right\} \tag{2.174}$$

$$\left\{\begin{array}{c}D_z\\ Q_{zz}\end{array}\right\}=\begin{bmatrix}-a_{33} & 0\\ 0 & 0\end{bmatrix}\left\{\begin{array}{c}\dfrac{\partial\varphi}{\partial z}\\ \dfrac{\partial^2\varphi}{\partial z^2}\end{array}\right\}$$
$$+\begin{bmatrix}e_{31} & e_{32} & 0 & \mu_{31}/2 & \mu_{32}/2 & 0\\ \mu_{31}/2 & \mu_{32}/2 & 0 & 0 & 0 & 0\end{bmatrix}\left\{\begin{array}{c}\varepsilon_{xx}\\ \varepsilon_{yy}\\ 2\varepsilon_{xy}\\ \varepsilon_{xxz}\\ \varepsilon_{yyz}\\ 2\varepsilon_{xyz}\end{array}\right\} \tag{2.175}$$

注意，这里为了简单起见，将电场和电场梯度、应变和应变梯度组成一个新的向量。

由于电四极梯度等效于电偶极矩密度，因此相比前面的基尔霍夫板理论，这里进一步考虑了电场梯度的影响。电场和电场梯度可通过高斯方程直接求解，在开环情况下，表面电位移为零 ($D_z - Q_{zz,z} = 0$)，可得

$$E_z = -\left(\frac{e_{31}}{a_{33}}\frac{\partial u_0}{\partial x} + \frac{e_{32}}{a_{33}}\frac{\partial v_0}{\partial y}\right) + \left(\frac{e_{31}}{a_{33}}\frac{\partial^2 w_0}{\partial x^2} + \frac{e_{32}}{a_{33}}\frac{\partial^2 w_0}{\partial y^2}\right)z + \left(\frac{\mu_{31}}{a_{33}}\frac{\partial^2 w_0}{\partial x^2} + \frac{\mu_{32}}{a_{33}}\frac{\partial^2 w_0}{\partial y^2}\right) \tag{2.176}$$

将应力和高阶应力代入能量方程，并在板体积积分，得

$$\begin{aligned} U &= \frac{1}{2}\int_V (\sigma_{xx}\varepsilon_{xx} + \sigma_{yy}\varepsilon_{yy} + 2\sigma_{xy}\varepsilon_{xy} + \tau_{xxz}\eta_{xxz} + \tau_{yyz}\eta_{yyz} + \tau_{xyz}\eta_{xyz})\,\mathrm{d}V \\ &= \frac{1}{2}\int \left[N_{xx}\frac{\partial u_0}{\partial x} - M_{xx}\frac{\partial^2 w_0}{\partial x^2} + N_{yy}\frac{\partial v_0}{\partial y} - M_{yy}\frac{\partial^2 w_0}{\partial y^2} \right. \\ &\quad \left. + N_{xy}\left(\frac{\partial u_0}{\partial y} + \frac{\partial v_0}{\partial x}\right)\right]\mathrm{d}x\mathrm{d}y \\ &\quad - \frac{1}{2}\int \left(2M_{xy}\frac{\partial^2 w_0}{\partial x \partial y} + P_{xxz}\frac{\partial^2 w_0}{\partial x^2} + P_{yyz}\frac{\partial^2 w_0}{\partial y^2}\right)\mathrm{d}x\mathrm{d}y \end{aligned} \tag{2.177}$$

外力功可表示为

$$W = \int_V (f_i - \rho\ddot{u}_i)\,u_i\mathrm{d}V + \int (\bar{t}_i u_i + \bar{r}_i \nabla u_i)\,\mathrm{d}x\mathrm{d}y - \int \frac{1}{2}F\left(\frac{\partial w}{\partial x}\right)^2 \mathrm{d}x\mathrm{d}y \tag{2.178}$$

式中，f_i 为体积力；$\rho\ddot{u}_i$ 为单位体积的惯性力；$\bar{t}_i$ 和 $\bar{r}_i$ 分别为已知表面张力和表面高阶张力；F 为施加在面内的压缩力。

板或板横截面上的内力合力为

$$\begin{Bmatrix} N_{xx} \\ N_{yy} \\ N_{xy} \end{Bmatrix} = \begin{bmatrix} A_{11} & A_{12} & 0 \\ A_{21} & A_{22} & 0 \\ 0 & 0 & A_{66} \end{bmatrix} \begin{Bmatrix} \dfrac{\partial u_0}{\partial x} \\ \dfrac{\partial v_0}{\partial y} \\ \dfrac{\partial u_0}{\partial y} + \dfrac{\partial v_0}{\partial x} \end{Bmatrix}$$

$$+\begin{bmatrix} B_{11} & B_{12} & 0 \\ B_{21} & B_{22} & 0 \\ 0 & 0 & 0 \end{bmatrix}\begin{Bmatrix} \dfrac{\partial^2 w_0}{\partial x^2} \\ \dfrac{\partial^2 w_0}{\partial y^2} \\ \dfrac{\partial^2 w_0}{\partial x \partial y} \end{Bmatrix} \tag{2.179}$$

从式 (2.179) 可以看出，面内变形和面外变形相耦合，这是由逆挠曲效应引起的。

根据变分原理，将得到如下板变形的控制方程

$$\frac{\partial^2 M_{xx}}{\partial x^2}+2\frac{\partial^2 M_{xy}}{\partial x \partial y}+\frac{\partial^2 M_{yy}}{\partial y^2}+\frac{\partial^2 P_{xxz}}{\partial x^2}+\frac{\partial^2 P_{yyz}}{\partial y^2}+F\frac{\partial^2 w_0}{\partial x^2}=0 \tag{2.180}$$

对于自由振动问题，控制方程如前所述。边界条件如下

$$\begin{cases} x=0,\ w=0; \quad x=a,\ (M_{xx}+P_{xxz})=0,\ M_{xy}=0 \\ y=0,\ w=0; \quad y=b,\ (M_{yy}+P_{yyz})=0,\ M_{xy}=0 \end{cases} \tag{2.181}$$

考虑四边简支的压电板，位移可表示为傅里叶级数形式，代入控制方程可得受面内压缩力作用的板的控制方程

$$(C_{11}+E_{11})\frac{\partial^4 w_0}{\partial x^4}+2(C_{12}+C_{66}+E_{12})\frac{\partial^4 w_0}{\partial x^2 \partial y^2}+(C_{22}+E_{22})\frac{\partial^4 w_0}{\partial y^4}+F\frac{\partial^2 w_0}{\partial x^2}=0 \tag{2.182}$$

式中，$(C_{11}+E_{11})$、$2(C_{12}+C_{66}+E_{12})$ 和 $(C_{22}+E_{22})$ 为挠曲电板的有效弯曲刚度；E_{11}、E_{12} 和 E_{22} 为挠曲电效应对弯曲刚度的修正部分。

利用与经典板理论中类似的处理过程，可得临界屈曲载荷为

$$\begin{aligned} F_{\text{buckling}} &= \left(\frac{m\pi}{a}\right)^2 (C_{11}+E_{11})+2\left(\frac{n\pi}{b}\right)^2 (C_{12}+C_{66}+E_{12}) \\ &\quad +\frac{\pi^2 a^2 n^4}{m^2 b^4}(C_{22}+E_{22}) \\ &= \frac{\pi^2\sqrt{(C_{11}+E_{11})(C_{22}+E_{22})}}{b^2}\left[\sqrt{\frac{C_{11}+E_{11}}{C_{22}+E_{22}}}\left(\frac{m}{\beta}\right)^2\right. \\ &\quad \left.+\frac{2(C_{12}+C_{66}+E_{12})}{\sqrt{(C_{11}+E_{11})(C_{22}+E_{22})}}n^2+\sqrt{\frac{C_{22}+E_{22}}{C_{11}+E_{11}}}\left(\beta\frac{n^2}{m}\right)^2\right] \end{aligned}$$

$$=\frac{\pi^2\sqrt{(C_{11}+E_{11})(C_{22}+E_{22})}}{b^2}f(m,\beta) \tag{2.183}$$

式中，$\beta=a/b$ 为面内长宽比；临界屈曲载荷为 F_{buckling} 的最小值，其与正整数 m、n 的取值有关。当函数 $f(m,\beta)$ 在 n=1 情况下取最小时，屈曲载荷达到临界屈曲载荷。如果挠曲电效应的影响很小，屈曲载荷化简为经典压电板理论预测的结果，即

$$\begin{aligned}
F^c_{\text{buckling}}&=C_{11}\left(\frac{m\pi}{a}\right)^2+2(C_{12}+C_{66})\left(\frac{n\pi}{b}\right)^2+C_{22}\frac{\pi^2a^2n^4}{m^2b^4}\\
&=\frac{\pi^2\sqrt{C_{11}C_{22}}}{b^2}\left[\sqrt{\frac{C_{11}}{C_{22}}}\left(\frac{m}{\beta}\right)^2+\frac{2(C_{12}+C_{66})}{\sqrt{C_{11}C_{22}}}n^2+\sqrt{\frac{C_{22}}{C_{11}}}\left(\beta\frac{n^2}{m}\right)^2\right]\\
&=\frac{\pi^2\sqrt{C_{11}C_{22}}}{b^2}f'(m,\beta)
\end{aligned} \tag{2.184}$$

为了直观地描述挠曲电效应对压电纳米板临界屈曲载荷和共振频率的影响，选择 $\mathrm{Pb(Mg_{1/3}Nb_{2/3})O_3}$-Pt(PMN-Pt) 作为示例材料，其弹性常数 $c_{11}=160.4\mathrm{GPa}$，$c_{12}=149.4\mathrm{GPa}$，$c_{33}=120\mathrm{GPa}, c_{66}=28.7\mathrm{GPa}$，压电常数 $e_{31}=-5.22\mathrm{C\cdot m^{-1}}$，$e_{33}=30.4\mathrm{C\cdot m^{-1}}$，相对介电常数 $a_{33}/\varepsilon_0=1386$，其中 $\varepsilon_0=8.854\times10^{-12}\mathrm{F\cdot m^{-1}}$ 为真空介电常数。实验测量结果表明，室温时 PMN-Pt 材料的挠曲电系数为 $4\mathrm{\mu C\cdot m^{-1}}$。首先讨论挠曲电效应对临界屈曲载荷的影响，当 $\beta=a/b=m$ 时屈曲载荷达到其最小值。图 2.14 给出了经典压电板理论计算的归一化临界屈曲载荷 $F_{\mathrm{cr}}b^2/\left(\pi^2\sqrt{C_{11}C_{22}}\right)$ 和考虑挠曲电效应后压电板理论计算的归一化临界屈曲载荷。图 2.14(a) 为经典压电板理论计算的归一化临界屈曲载荷，经过归一化处理后，经典压电板理论计算的临界屈曲载荷不随板厚度变化。图 2.14 (b)~(d) 分别为板厚度 h 为 1μm、2 μm 和 5μm 时考虑挠曲电效应的压电板理论计算的归一化临界屈曲载荷。从图 2.14(b) 中可以看出，当板厚度为 1μm 时，考虑挠曲电效应的压电板理论计算的归一化临界屈曲载荷远大于经典压电板理论的预测结果。随着板厚度的增加，考虑挠曲电效应的板理论计算的归一化临界屈曲载荷逐渐减小。当板厚度为 5μm 时，考虑挠曲电效应的压电纳米板理论计算的归一化临界屈曲载荷接近于经典压电板理论计算的归一化临界屈曲载荷。这说明当板厚度很小时，挠曲电效应对压电板屈曲载荷的影响明显。进一步分析可以得出，压电板发生屈曲需要的载荷远比经典理论预测的载荷大，表明压电板的抗弯曲能力增强，这是由挠曲电效应对压电板有效弯曲刚度的修正引起的。

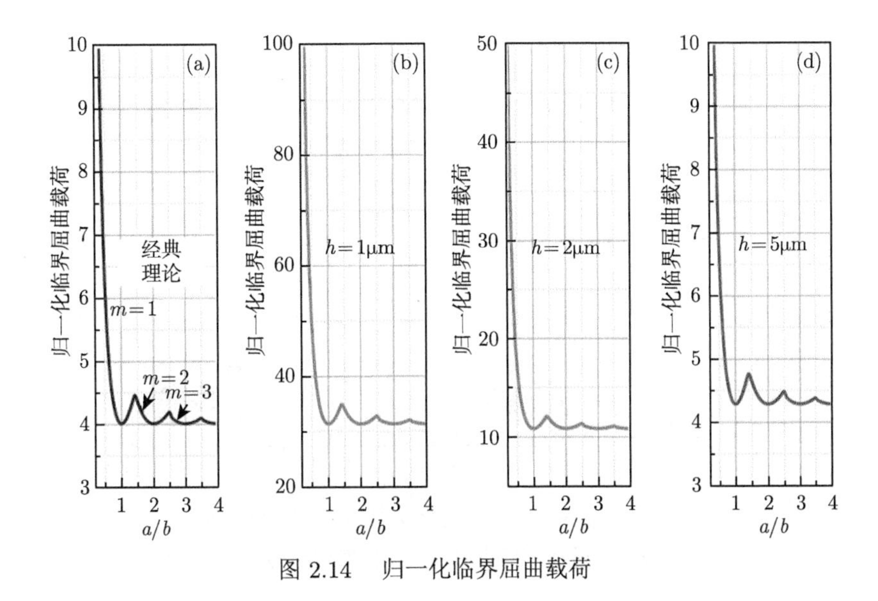

图 2.14 归一化临界屈曲载荷

图 2.15(a) 为面内长宽比为 1，且 $m = n = 1$ 时归一化最小临界屈曲载荷随板厚度的变化，可以看出此时归一化最小临界屈曲载荷随板厚度的减小而迅速增大。当板厚度为 50nm 时，考虑挠曲电效应的压电板理论计算的归一化最小临界屈曲载荷是经典压电板理论计算的归一化最小临界屈曲载荷的 35 倍以上。图 2.15(b) 为板厚度为 50nm 时，归一化最小临界屈曲载荷随板面内长宽比 a/b 的变化。当面内长宽比 $a/b = 1$ 时，沿 x 方向的压缩力更容易引起板的失稳而发生屈曲。

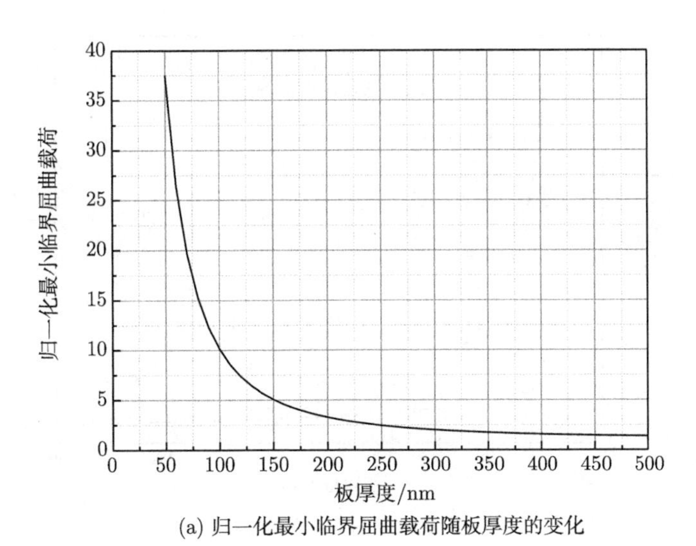

(a) 归一化最小临界屈曲载荷随板厚度的变化

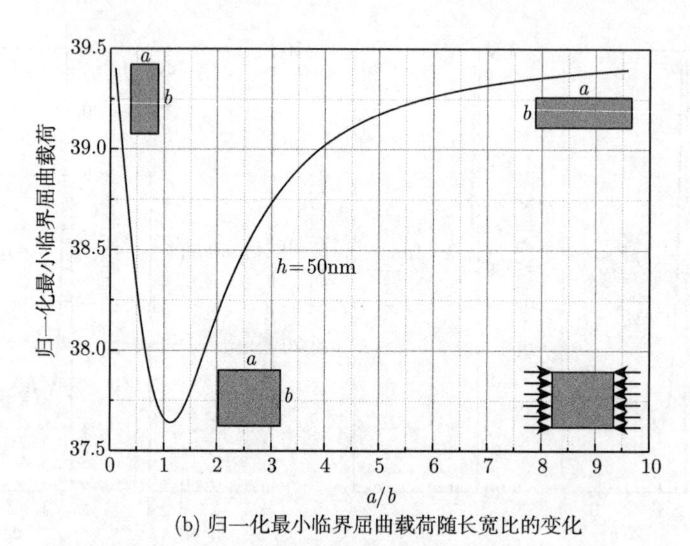

(b) 归一化最小临界屈曲载荷随长宽比的变化

图 2.15 归一化最小临界屈曲载荷随板厚度和面内长宽比的变化

最后，讨论挠曲电效应对压电板固有频率的影响。图 2.16 为 $a = b = 30h$、$m = n = 1$ 时，考虑挠曲电效应的压电板理论和经典压电板理论计算的压电板固有频率随板厚度的变化。从图 2.16 可以明显地看出，考虑挠曲电效应的压电板理论计算的固有频率大于经典压电板理论计算的固有频率。当板厚度为 50nm 时，经典压电板理论预测的压电纳米板的固有频率大约为 10MHz，而考虑挠曲效应的压电板理论计算的固有频率大约为 70MHz，为经典压电板理论预测的 7 倍。

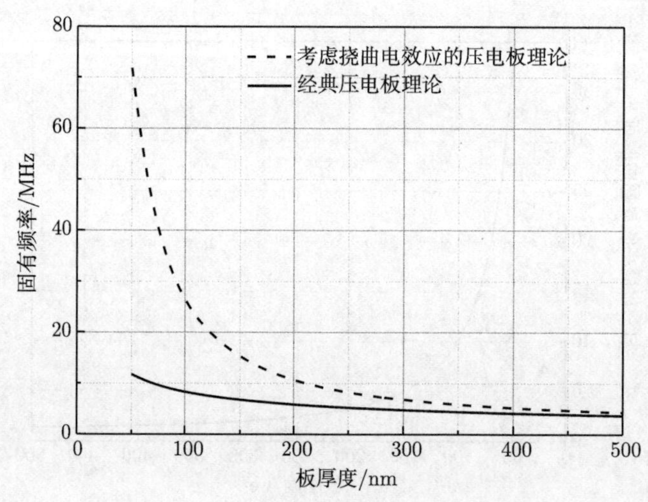

图 2.16 压电板固有频率随板厚度的变化

此外，挠曲电效应对压电板固有频率的影响随板厚度的增大而减小，当板厚度大于 500nm，挠曲电效应对固有频率的影响几乎可以忽略不计，此时考虑挠曲电效应的压电板理论计算的固有频率与经典压电板理论计算的固有频率几乎一样。

2.5 诺特理论与守恒积分

守恒定律在物理和力学许多领域中非常重要，在一个系统里如果找到一个守恒定律，往往能够降低问题求解的难度。1918 年，德国女数学家诺特 (Nother) 首次清晰地阐述了对称性和守恒定律之间的联系。Nother[86] 在 1918 年研究泛函变分时发现系统的对称性和守恒定律存在一一对应的关系。数学上，物理系统中的守恒定律可以写成如下散度为零的形式 [87]：

$$\mathrm{Div}\boldsymbol{P}=\frac{\partial P_x}{\partial x}+\frac{\partial P_y}{\partial y}+\frac{\partial P_z}{\partial z}+\frac{\partial P_t}{\partial t}=0 \tag{2.185}$$

式中，$\boldsymbol{P}$ 为依赖自变量的矢量函数；x、y、z 为空间坐标，P_x、P_y 和 P_z 为沿空间坐标轴方向的分量；$\partial P_t/\partial t$ 从物理上讲就是所谓的某个物理量的变化率。

物理和数学中的一个重要性质是系统的对称性，找到系统的对称性能大幅降低求解问题的困难程度。对称性一般指物体或者系统经过一个映射变换后保持自身不变的性质。这里对诺特定理做一个简单的阐述，对于泛函 $\Pi(y)=\int_V H\big(\boldsymbol{x},\boldsymbol{y},\partial\boldsymbol{y}/\partial\boldsymbol{x}\big)\mathrm{d}V$，该系统的欧拉–拉格朗日方程为

$$\frac{\partial H}{\partial y_j}-\frac{\partial}{\partial x_i}\frac{\partial H}{\partial y_{j,i}}=0 \tag{2.186}$$

给该系统一个无穷小变换 $x_i^*=x_i+f_{iI}\in_K+o(\in_K)$，$y_i^*=y_i+g_{iI}\in_K+o(\in_K)$，如果在此变换下，泛函保持不变，即

$$\int_{V^*}H^*\left(\boldsymbol{x}^*,\boldsymbol{y}^*,\frac{\partial\boldsymbol{y}^*}{\partial\boldsymbol{x}^*}\right)\mathrm{d}V^*-\int_V H\left(\boldsymbol{x},\boldsymbol{y},\frac{\partial\boldsymbol{y}}{\partial\boldsymbol{x}}\right)\mathrm{d}V=o(\in_K) \tag{2.187}$$

且欧拉–拉格朗日方程在系统中是恒成立的，那么由诺特定理可以得到

$$\frac{\partial}{\partial x_i}\left[\left(H\delta_{ij}-y_{k,j}\frac{\partial H}{\partial y_{k,i}}\right)f_{jK}+\frac{\partial H}{\partial y_{k,i}}g_{kK}\right]=0 \tag{2.188}$$

式 (2.188) 就是系统的一个守恒定律，通过散度定理可以得到与路径无关的守恒积分。

经典的诺特定理只适用于拉格朗日系统。所谓拉格朗日系统是指从系统中可以构建出一个拉格朗日函数，且从最小作用量原理变分可以得到描述系统的控制方程,即欧拉–拉格朗日方程。经典线性压电体的守恒积分可参考 Yang 和 Batra[88] 的工作。王吉伟和匡震邦等 [89] 给出了热释电体非保守动力学系统的守恒定律，提出了广义的哈密顿最小能原理并证明该原理可用来描述热–力–电耦合耗散行为。对于考虑挠曲电效应的力–电耦合耗散动力学系统 [90]，定义如下拉格朗日密度函数 [91]：

$$L = G + d_{\mathrm{gc}} - K \tag{2.189}$$

式中，G 为电学吉布斯自由能，具体表达式见式 (2.80)；d_{gc} 为耗散能量；K 为系统的总动能。他们的定义如下

$$G = U - \boldsymbol{E} \cdot \boldsymbol{D}^{(\mathrm{r})} - \boldsymbol{V} : \boldsymbol{Q}^{(\mathrm{r})} \tag{2.190}$$

$$\dot{G} = \boldsymbol{\sigma} : \dot{\boldsymbol{\varepsilon}}^{(\mathrm{r})} + \boldsymbol{\tau} \vdots \dot{\boldsymbol{w}}^{(\mathrm{r})} - \boldsymbol{D}^{(\mathrm{r})} \cdot \dot{\boldsymbol{E}} - \boldsymbol{Q}^{(\mathrm{r})} : \dot{\boldsymbol{V}} + \rho^{\mathrm{e}} \dot{\varphi} \tag{2.191}$$

$$\dot{d}_{\mathrm{gc}} = \boldsymbol{\sigma} : \dot{\boldsymbol{\varepsilon}}^{(\mathrm{i})} + \boldsymbol{\tau} \vdots \dot{\boldsymbol{w}}^{(\mathrm{i})} - \boldsymbol{D}^{(\mathrm{i})} \cdot \dot{\boldsymbol{E}} - \boldsymbol{Q}^{(\mathrm{i})} : \dot{\boldsymbol{V}} \tag{2.192}$$

式中，U 为内能，具体表达式见式 (2.73)；$\boldsymbol{E}$ 为电场强度；$\boldsymbol{D}^{(\mathrm{r})}$ 为可逆电位移；$\boldsymbol{V}$ 为电场梯度；$\boldsymbol{Q}^{(\mathrm{r})}$ 为可逆电四级；$\boldsymbol{\sigma}$ 为应力；$\boldsymbol{\varepsilon}^{(\mathrm{r})}$ 为可逆应变；$\boldsymbol{w}^{(\mathrm{r})}$ 为可逆应变梯度；ρ^{e} 为体电荷密度；φ 为静电势；$\boldsymbol{\varepsilon}^{(\mathrm{i})}$ 为不可逆应变；$\boldsymbol{w}^{(\mathrm{i})}$ 为不可逆应变梯度；$\boldsymbol{D}^{(\mathrm{i})}$ 为不可逆电位移；$\boldsymbol{Q}^{(\mathrm{i})}$ 为不可逆电四级。

由拉格朗日方程可推导出如下本构关系：

$$\begin{aligned} &\frac{\partial L}{\partial u_{i,j}} = \sigma_{ij}, \quad \frac{\partial L}{\partial \dot{u}_i} = -\rho \dot{u}_i, \quad \frac{\partial L}{\partial u_{i,jm}} = \tau_{ijm}, \\ &\frac{\partial L}{\partial \varphi_{,i}} = D_i + z^N F \xi_i^N, \quad \frac{\partial L}{\partial \varphi_{,ij}} = Q_{ij} \end{aligned} \tag{2.193}$$

式中，D_i 为总电位移矢量的分量；Q_{ij} 为总电四极张量的分量。

根据哈密顿最小作用量原理，在所有许可运动内，真实的运动在时间和空间区域使得相应的作用量取极小值，即

$$\delta \mathit{\Pi} = \delta \int_t^{t_0} \int_V L \mathrm{d}V \mathrm{d}t = 0 \tag{2.194}$$

假定位移 u_i 和电势 φ 为表征系统真实运动的基本变量，δu_i 和 $\delta\varphi$ 为其变分，且在时间和空间的边界上满足 $\delta u_i = 0$ 和 $\delta\varphi = 0$，那么

$$\delta \mathit{\Pi} = \int_t^{t_0} \int_V \left(\frac{\partial L}{\partial u_{i,j}} \delta u_{i,j} + \frac{\partial L}{\partial \dot{u}_i} \delta \dot{u}_i + \frac{\partial L}{\partial \varphi_{,i}} \delta \varphi_{,i} + \frac{\partial L}{\partial u_{i,jm}} \delta u_{i,jm} \right.$$

$$+\frac{\partial L}{\partial \varphi_{,ij}}\delta\varphi_{,ij}\Big)\mathrm{d}V\mathrm{d}t \tag{2.195}$$

利用高斯定律并分步积分，可得到如下方程：

$$-\frac{\partial}{\partial x_j}\frac{\partial L}{\partial u_{i,j}}-\frac{\partial}{\partial t}\frac{\partial L}{\partial \dot{u}_i}+\frac{\partial}{\partial x_j}\frac{\partial}{\partial x_m}\frac{\partial L}{\partial u_{i,jm}}=0 \tag{2.196}$$

$$-\frac{\partial}{\partial x_j}\frac{\partial L}{\partial \varphi_{,j}}+\frac{\partial}{\partial x_j}\frac{\partial}{\partial x_i}\frac{\partial L}{\partial \varphi_{,ij}}=0 \tag{2.197}$$

式 (2.196) 和式 (2.197) 就是欧拉–拉格朗日方程。得到系统的拉格朗日密度函数，类似于守恒系统，就可以用诺特定理推导出该系统的守恒定律和对应的守恒积分。

根据诺特定理，守恒定律和无穷小变换不变性存在一一对应关系，即系统有一个对称性，就肯定有一个与该对称性相对应的守恒定律；反之亦然。系统的变分不变性，是指系统的时间和空间、基本自变量的一个无穷小变换时，系统对应的作用量保持不变，即

$$\begin{aligned}\Pi\left(L^*\right)-\Pi\left(L\right)&=\int_{V^*}L^*\left(x^*_\alpha;u^*_{i,j},u^*_{i,jm};\varphi^*_{,i},\varphi^*_{,ij}\right)\mathrm{d}V^*\\&\quad-\int_V L\left(x_\alpha;u_{i,j},u_{i,jm};\varphi_{,i},\varphi_{.ij}\right)\mathrm{d}V\\&=O\left(\in^2\right)\end{aligned} \tag{2.198}$$

式中，L^* 为系统通过无穷小变换后的拉格朗日密度函数；x^*_α 为无穷小变换后的时间和空间坐标；$\alpha=1,2,3$ 对应空间坐标，$\alpha=4$ 对应时间坐标；$(u^*_{i,j},u^*_{i,jm};\varphi^*_{,i},\varphi^*_{,ij})$ 为无穷小变换后的基本变量；V^* 和 V 为时空系统，且 $\mathrm{d}V=\mathrm{d}x_1\mathrm{d}x_2\mathrm{d}x_3\mathrm{d}x_4$；$O\left(\in^2\right)$ 表示无穷小量。

对应无穷小变换为

$$x^*_\alpha=x_\alpha+\in\varsigma_\alpha\left(x_\alpha;u_{i,j},u_{i,jk};\varphi_{,j},\varphi_{,jk}\right) \tag{2.199}$$

$$u^*_i=u_i+\in\eta_i\left(x_\alpha;u_{i,j},u_{i,jk};\varphi_{,j},\varphi_{,jk}\right) \tag{2.200}$$

$$\varphi^*=\varphi+\in\Phi\left(x_\alpha;u_{i,j},u_{i,jk};\varphi_{,j},\varphi_{,jk}\right) \tag{2.201}$$

式中，ς_α、η_i、Φ 分别为时空坐标、位移和静电势的无穷小变换。

将对应的无穷小变换式 (2.199) ~ 式 (2.201) 代入式 (2.198)，利用泰勒展开和积分运算，就可以得到满足诺特定理对称不变性要求的充分必要条件 [92]。最后，可以得到任意无穷小变换时的守恒积分为

$$\begin{aligned}&\frac{\mathrm{d}}{\mathrm{d}t}\int_V\left(\varsigma_4 L-\rho\dot{u}_i\eta_i+\varsigma_\alpha u_{i,\alpha}\rho\dot{u}_i\right)\mathrm{d}V+\int_A\left(-\varsigma_4 u_{i,4}\sigma_{ij}n_j+\varsigma_4 u_{i,4}\tau_{ijk,k}n_j\right)\mathrm{d}A\\&+\int_A\left[-\varsigma_\alpha\varphi_{,\alpha}\left(D_j+zF\xi_j\right)+\varsigma_\alpha\varphi_{,\alpha}Q_{jk,k}n_j\right]\mathrm{d}A\\&+\int_A\left[\varsigma_j Ln_j-\varsigma_i u_{p,i}\sigma_{pj}n_j+\varsigma_i u_{p,i}\tau_{pjk,k}n_j\right]\mathrm{d}A\\&+\int_A\left[\eta_i\sigma_{ij}n_j-\eta_i\tau_{ijk,k}n_j+\varPhi\left(D_j+zF\xi_j\right)n_j-\varPhi Q_{jk,k}n_j\right]\mathrm{d}A\\&+\int_A\left[\left(\eta_p-\varsigma_i u_{p,i}\right)_{,k}\tau_{pjk}n_j+\left(\varPhi-\varsigma_i\varphi_{,i}\right)_{,k}Q_{jk}n_j\right]\mathrm{d}A=0\end{aligned}\tag{2.202}$$

下面给出几种常见的守恒积分。

1) 时间平移变换

如果无穷小变换取 $\varsigma_4=\in$、$\varsigma_i=0$、$\eta_i=0$、$\varPhi=0$，代入无穷小变换式 (2.199) 可验证该无穷小变换是否满足不变性的充分必要性，也可以验证上述无穷小变换下得到作用量 L 对时间 t 的全微分，因此该无穷小变换满足不变性的充分必要条件。最后，可以得到在时间平移变换下的一个守恒积分，即能量守恒：

$$\frac{\partial}{\partial t}\int_V\left(L+\rho\dot{u}_i\dot{u}_i\right)\mathrm{d}V-\int_a\left[\sigma_{ij}\dot{u}_i+\left(D_j+zF\xi_j\right)\dot{\varphi}-\tau_{ijk,k}\dot{u}_i-Q_{jk,k}\dot{\varphi}\right]n_j\mathrm{d}a=0\tag{2.203}$$

2) 刚体平移变换

如果无穷小变换取 $\varsigma_\alpha=0$、$\eta_i=\in_i$、$\varPhi=0$，同样可以很容易地验证该变换满足不变性条件。因此，在该无穷小变换下可以得到另一个守恒积分，即动量守恒：

$$\frac{\mathrm{d}}{\mathrm{d}t}\int_V\left(-\rho\dot{u}_i\right)\mathrm{d}V+\int_A\left(\sigma_{ij}n_j-\tau_{ijk,k}n_j\right)\mathrm{d}A=0\tag{2.204}$$

3) 坐标平移变换

如果无穷小变换取 $\varsigma_i=\in_i$、$\varsigma_4=0$、$\eta_i=0$、$\varPhi=0$，与时间平移类似，可以很容易发现该变换得到作用量 L 对空间坐标的全微分，说明该变换满足不变性条件。其对应的守恒积分为

$$\begin{aligned}&\frac{\mathrm{d}}{\mathrm{d}t}\int_V(u_{i,j}\rho\dot{u}_j)\,\mathrm{d}V-\int_A(\tau_{pjk}u_{p,ik}n_j+Q_{jk}\varphi_{,ik}n_j)\,\mathrm{d}A\\&+\int_A[-(D_j+zF\xi_j)\,\varphi_{,i}n_j+Q_{jk,k}\varphi_{,i}n_j]\,\mathrm{d}A\\&+\int_A(Ln_i-\sigma_{kj}u_{k,i}n_j+\tau_{pjk,k}u_{p,i}n_j)\,\mathrm{d}A=0\end{aligned}\tag{2.205}$$

式 (2.205) 为线弹性动力学系统的守恒积分。当系统退化到静态时，可用于考虑挠曲电效应、应变梯度效应的力–电耦合耗散系统的 J 积分。

同样地，可以分别取无穷小变换 $\varsigma_i=x_i$、$\varsigma_4=t$、$\eta_i=-u_i/2$、$\Phi=-\varphi/2$ 和 $\varsigma_i=e_{ikl}x_lw_k$、$\varsigma_4=0$、$\eta_i=0$、$\Phi=0$ 得到关于标度变换和坐标转换变换。可以容易地证明这些无穷小变换均满足不变性条件，从而可以得到不同的守恒积分。

本节最后给出考虑挠曲电效应的 J 积分，用于说明电介质中裂纹尖端或孔洞扩展时，能量释放率和路径无关的性质。Mao 和 Purohit[93] 分析了挠曲电介质中点缺陷、位错和裂纹附近的应力和极化场，给出了裂纹尖端场的近似解。这里以 Ⅲ 型裂纹问题为例来计算 J 积分的数值。

根据 Mao 和 Purohit[93] 的工作，Ⅲ 性裂纹尖端的位移场可表示为

$$\omega\left(r,\vartheta\right)=C_3\sqrt{\frac{r^3}{l}}\left[\sin\frac{\vartheta}{2}-\left(\frac{5}{3}-\frac{8}{3}\alpha^2\right)\sin\frac{3\vartheta}{2}\right]\sim r^{\frac{3}{2}}\tag{2.206}$$

式中，C_3 为待定参数；l 为材料的特征长度；α^2 为与材料的挠曲电系数和特征长度有关的参数，$\alpha^2=f_2^2/(\varpi al^2)$，$f_2$ 为材料的挠曲耦合系数，ϖ 为 Lamé 常数，a 为介质极化率的倒数，$a=1/\left(\varepsilon-\varepsilon_0\right)$。

垂直平面方向的极化为

$$P_3=\frac{f_2C_3}{2a}\sqrt{\frac{1}{rl}}\sin\frac{\vartheta}{2}\sim r^{-\frac{1}{2}}\tag{2.207}$$

代入本构方程式 (2.76) 得

$$\sigma_{i3}=\varpi w_{,i}\sim r^{\frac{1}{2}},\quad \tau_{ii3}=\varpi l^2\left(w_{,ii}-\alpha^2\nabla^2w\right)\sim r^{-\frac{1}{2}},\quad \tau_{ij3,m}\sim r^{-\frac{3}{2}}\tag{2.208}$$

静电势的解根据高斯方程具有如下形式：

$$\varphi=C_2\sqrt{r}\sin\frac{\vartheta}{2}\sim r^{\frac{1}{2}}\tag{2.209}$$

由静电势可得到电场强度的表达式为

$$E_1=-\frac{1}{2}C_2\sin\frac{\vartheta}{2}\sqrt{\frac{1}{r}}\sim r^{-\frac{1}{2}},\quad E_2=\frac{1}{2}C_2\cos\frac{\vartheta}{2}\sqrt{\frac{1}{r}}\sim r^{-\frac{1}{2}}\tag{2.210}$$

在该算例中，拉格朗日密度函数可表示为

$$L=\frac{1}{2}\left(\sigma_{13}w_{,1}+\sigma_{23}w_{,2}\right)+\frac{1}{2}\left(\tau_{113}w_{,11}+\tau_{223}w_{,22}+2\tau_{123}w_{,12}\right)$$
$$+\frac{1}{2}\left(E_1D_1+E_2D_2\right)\sim\left(r,r^{-1}\right)\tag{2.211}$$

同样地，能量–动量–张量相应地可以表示为

$$S_{kj}=L\delta_{kj}-\sigma_{ij}u_{i,k}+\tau_{ijm,m}u_{i,k}-\tau_{ijm}u_{i,mk}-D_j\varphi_{,k}\sim\left(r,r^{-1}\right)\tag{2.212}$$

J 积分和能量动量张量的关系为

$$J_k=\lim_{\varepsilon\to\infty}\int_{\Gamma_\varepsilon}S_{jk}n_j\mathrm{d}s=\lim_{r\to\infty}\int_{-\pi}^{\pi}S_{jk}n_jr\mathrm{d}\vartheta\tag{2.213}$$

将式 (2.208) $\sim$ 式 (2.212) 代入式 (2.213)，考虑到只有量级为 r^{-1} 的项才对 J 积分有影响，最后可求得 J 积分的表达式为

$$J_1=\frac{\pi}{8}\left(64C_3^2\alpha^4l\varpi-112C_3^2\alpha^2l\varpi+48C_3^2l\varpi-C_2^2\in\right)\tag{2.214}$$

从式 (2.214) 可以直观地看出，J 积分的值是与材料参数有关的常数，跟路径无关。如果只考虑应变梯度而忽略挠曲电效应的影响，即 $\alpha=0$ 且 $C_2=0$，J 积分的值退化为 $J_1=6\pi C_3^2l\varpi$，这跟 Zhang 等 [94] 的结果是一致的。

本章给出了考虑应变梯度、表面效应和挠曲电效应的电介质的变分原理和基本方程，并从热力学势函数的具体表达式给出了小变形假设下挠曲电介质的本构关系。基于上述能量变分原理和本构方程，讨论了典型挠曲电结构梁和板的力电耦合行为，建立了挠曲电结构的屈曲和稳定性分析模型，得到了有效屈曲载荷等的解析解。最后，基于诺特定理，给出了考虑应变梯度和挠曲电效应的纳米电介质的守恒定律，并计算了 Ⅲ 型裂纹的 J 积分。

参考文献

[1] TOUPIN R A. Theories of elasticity with couple-stress[J]. Archive for Rational Mechanics and Analysis, 1964, 17: 85-112.

[2] MINDLIN R D. Microstructure in linear elasticity[J]. Archive for Rational Mechanics and Analysis, 1964, 16: 51-78.

[3] MINDLIN R D. Second gradient of strain and surface-tension in linear elasticity[J]. International Journal of Solids and Structures, 1965, 1(4): 417-438.

[4] MINDLIN R D, ESHEL N. On first strain-gradient theories in linear elasticity[J]. International Journal of Solids and Structures, 1968, 4(1): 109-124.

[5] FLECK N A, MULLER G M, ASHBY M F, et al. Strain gradient plasticity: Theory and experiment[J]. Acta Metallurgica Et Materialia, 1994, 42(2): 475-487.

[6] HUTCHINSON J W, FLECK N A. Strain gradient plasticity[J]. Advances in Applied Mechanics, 1997, 33: 295-361.

[7] HAN C S, GAO H J, HUANG Y G, et al. Mechanism-based strain gradient plasticity—I. Theory[J]. Journal of the Mechanics and Physics of Solids, 1999, 47(6): 1239-1263.

[8] HUANG Y G, GAO H J, NIX W D, et al. Mechanism-based strain gradient plasticity-Ⅱ. Analysis[J]. Journal of the Mechanics and Physics of Solids, 2000, 48(1): 99-128.

[9] HUANG Y G, XUE Z, GAO H J, et al. A study of microindentation hardness tests by mechanism-based strain gradient plasticity[J]. Journal of Materials Research, 2000, 15(8): 1786-1796.

[10] NIX W D, GAO H J. Indentation size effects in crystalline materials: A law for strain gradient plasticity[J]. Journal of the Mechanics and Physics of Solids, 1998, 46(3): 411-425.

[11] ANTHOINE A. Effect of couple-stresses on the elastic bending of beams[J]. International Journal of Solids and Structures, 2000, 37(7): 1003-1018.

[12] YANG F, CHONG A C M, LAM D C C, et al. Couple stress based strain gradient theory for elasticity[J]. International Journal of Solids and Structures, 2002, 39(10): 2731-2743.

[13] LAM D C C, YANG F, CHONG A C M, et al. Experiments and theory in strain gradient elasticity[J]. Journal of the Mechanics and Physics of Solids, 2003, 51(8): 1477-1508.

[14] CHEN S, WANG T. A new hardening law for strain gradient plasticity[J]. Acta Materialia, 2000, 48(16): 3997-4005.

[15] PARK S, GAO X L. Bernoulli-Euler beam model based on a modified couple stress theory[J]. Journal of Micromechanics and Microengineering, 2006, 16(11): 2355-2359.

[16] WU X L, JIANG P, CHEN L, et al. Extraordinary strain hardening by gradient structure[J]. Proceedings of the National Academy of Sciences, 2014, 111(20): 7197-7201.

[17] GURTIN M E, MURDOCH A I. A continuum theory of elastic material surfaces[J]. Archive for Rational Mechanics and Analysis, 1975, 57(4): 291-323.

[18] GURTIN M E, MARKENSCOFF X, THURSTON R. Effect of surface stress on the natural frequency of thin crystals[J]. Applied Physics Letters, 1976, 29(9): 529-530.

[19] CAMMARATA R C. Surface and interface stress effects on interfacial and nanostructured materials[J]. Materials Science and Engineering: A, 1997, 237(2): 180-184.

[20] CAMMARATA R C. Surface and interface stress effects in thin films[J]. Progress in Surface Science, 1994, 46(1): 1-38.

[21] CAMMARATA R C, SIERADZKI K. Surface and interface stresses[J]. Annual Review of Materials Science, 1994, 24(1): 215-234.

[22] MILLER R E, SHENOY V B. Size-dependent elastic properties of nanosized structural elements[J]. Nanotechnology, 2000, 11(3): 139.

[23] CUENOT S, FRÉTIGNY C, DEMOUSTIER-CHAMPAGNE S, et al. Surface tension effect on the mechanical properties of nanomaterials measured by atomic force microscopy[J]. Physical Review B, 2004, 69: 165410.

[24] JING G Y, DUAN H L, SUN X M et al. Surface effects on elastic properties of silver nanowires: Contact atomic-force microscopy[J]. Physical Review B, 2006, 73(23): 235409.

[25] DUAN H L, WANG J, KARIHALOO B L, et al. Nanoporous materials can be made stiffer than non-porous counterparts by surface modification[J]. Acta Materialia, 2006, 54(11): 2983-2990.

[26] DUAN H L, WANG J, HUANG Z P, et al. Size-dependent effective elastic constants of solids containing nano-inhomogeneities with interface stress[J]. Journal of the Mechanics and Physics of Solids, 2005, 53(7): 1574-1596.

[27] WANG G F, FENG X Q. Effects of surface elasticity and residual surface tension on the natural frequency of microbeams[J]. Applied Physics Letters, 2007, 90(23): 231904.

[28] MINDLIN R D. Polarization gradient in elastic dielectrics[J]. International Journal of Solids and Structures, 1968, 4(6): 637-642.

[29] SUHUBI E. Elastic dielectrics with polarization gradient[J]. International Journal of Engineering Science, 1969, 7(9): 993-997.

[30] ASKAR A, LEE P, CAKMAK. Lattice-dynamics approach to the theory of elastic dielectrics with polarization gradient[J]. Physical Review B, 1970, 1(8): 3525-3537.

[31] TAGANTSEV A K. Theory of flexoelectric effect in crystals[J]. Zhurnal Eksperimental'noi I Teoreticheskoi Fiziki, 1985, 88(6): 2108-2122.

[32] CROSS L E. Flexoelectric effects: Charge separation in insulating solids subjected to elastic strain gradients[J]. Journal of Materials Science, 2006, 41(1): 53-63.

[33] YANG X, HU Y, YANG J S. Electric field gradient effects in anti-plane problems of polarized ceramics[J]. International Journal of Solids and Structures, 2004, 41(24-25): 6801-6811.

[34] MAUGIN G A. Nonlocal theories or gradient-type theories: A matter of convenience[J]. Archives of Mechanics, 1979, 31(1): 15-26.

[35] DEMIRAY H, ERINGEN A. On the constitutive equations of polar elastic dielectrics[J]. Letters in Applied Enginering Science, 1973, 1: 517-527.

[36] MAUGIN G A. Thermomechanics of heterogeneous materials with weakly nonlocal microstructure[J]. Journal of the Mechanical Behavior of Materials, 2000, 11(1-3): 129-140.

[37] MAUGIN G A, ERINGEN A C. Polarized elastic materials with electronic spin—A relativistic approach[J]. Journal of Mathematical Physics, 1972, 13(11): 1777-1788.

[38] YANG J S, ZHOU H, LI J. Electric field gradient effects in an anti-plane circular inclusion in polarized ceramics[J]. Proceedings of the Royal Society A: Mathematical, Physical and Engineering Sciences, 2006, 462(2076): 3511-3522.

[39] SHARMA N, MARANGANTI R, SHARMA P. On the possibility of piezoelectric nanocomposites without using piezoelectric materials[J]. Journal of the Mechanics and Physics of Solids, 2007, 55(11): 2328-2350.

[40] HUANG G Y, YU S W. Effect of surface piezoelectricity on the electromechanical behaviour of a piezoelectric ring[J]. Physica Status Solidi(B), 2006, 243(4): R22-R24.

[41] PAN X H, YU S W, FENG X Q. A continuum theory of surface piezoelectricity for nanodielectrics[J]. Science China Physics, Mechanics and Astronomy, 2011, 54(4): 564-573.

[42] YAN Z, JIANG L Y. The vibrational and buckling behaviors of piezoelectric nanobeams with surface effects[J]. Nanotechnology, 2011, 22(24): 245703.

[43] YAN Z, JIANG L Y. Surface effects on the electromechanical coupling and bending behaviours of piezoelectric nanowires[J]. Journal of Physics D: Applied Physics, 2011, 44: 075404.

[44] YAN Z, JIANG L Y. Electromechanical response of a curved piezoelectric nanobeam with the consideration of surface effects[J]. Journal of Physics D: Applied Physics, 2011, 44: 365301.

[45] KHOLKIN A, BDIKIN I, OSTAPCHUK T, et al. Room temperature surface piezoelectricity in $SrTiO_3$ ceramics via piezoresponse force microscopy[J]. Applied Physics Letters, 2008, 93: 222905.

[46] RIVERA C. Effects of electrostatic force on piezoelectric materials under high electric field: Impact on GaN-based nanoscale structures[J]. Journal of Applied Physics, 2011, 109: 013513.

[47] HU S L, SHEN S P. Electric field gradient theory with surface effect for nano-dielectrics[J]. CMC-Computers, Materials & Continua, 2009, 13(1): 63-87.

[48] HU S L, SHEN S P. Variational principles and governing equations in nano-dielectrics with the flexoelectric effect[J]. Science China Physics, Mechanics and Astronomy, 2010, 53(8): 1497-1504.

[49] SHEN S P, HU S L. A theory of flexoelectricity with surface effect for elastic dielectrics[J]. Journal of the Mechanics and Physics of Solids, 2010, 58(5): 665-677.

[50] BURSIAN E, OI Z. Changes in curvature of a ferroelectric film due to polarization[J]. Soviet Physics Solid State, USSR, 1968, 10(5): 1121-1124.

[51] BURSIAN E, OI Z, MAKAROV K. Ferroelectric plate polarization by bending[J]. Izvestiya Akademii Nauk SSSR Seriya Fizicheskaya, 1969, 33(7): 1098-1102.

[52] MARANGANTI N, SHARMA N, SHARMA P. Electromechanical coupling in nonpiezoelectric materials due to nanoscale nonlocal size effects: Green's function solutions and embedded inclusions[J]. Physical Review B, 2006, 74: 014110.

[53] TOUPIN R A. Stress tensors in elastic dielectrics[J]. Archive for Rotional Mechanics and Analysis, 1960, 5: 400-452.

[54] TOUPIN R A. A dynamical theory of elastic dielectrics[J]. International Journal of Engineering Science, 1963, 1(1): 101-126.

[55] TOUPIN R A. The elastic dielectric[J]. Journal of Rational Mechanics and Analysis, 1956, 5(6): 849-915.

[56] KUANG Z B. Some variational principles in elastic dielectric and elastic magnetic materials[J]. European journal of mechanics-A/Solids, 2008, 27(3): 504-514.

[57] KUANG Z B. Variational principles for generalized dynamical theory of thermopiezoelectricity[J]. Acta Mechanica, 2009, 203: 1-11.

[58] KUANG Z B. Variational principles for generalized thermodiffusion theory in pyroelectricity[J]. Acta Mechanica, 2010, 214(3-4): 275-289.

[59] LANDAU L D, PITAEVSKII L P, LIFSHITZ E M. Electrodynamics of Continuous Media[M]. 2nd Edition. Oxford: Elsevier Science & Technology, 2010.

[60] STRATTON J A. Electromagnetic Theory[M]. New Jersey: IEEE Press, 2015.

[61] MAJDOUB M, SHARMA P, CAĞIN T. Enhanced size-dependent piezoelectricity and elasticity in nanostructures due to the flexoelectric effect[J]. Physical Review B, 2008, 77: 125424.

[62] MAJDOUB M, SHARMA P, CAĞIN T. Erratum: Enhanced size-dependent piezoelectricity and elasticity in nanostructures due to the flexoelectric effect[J]. Physical Review B, 2009, 79: 119904.

[63] HADJESFANDIARI A R. Size-dependent piezoelectricity[J]. International Journal of Solids and Structures, 2013, 50(18): 2781-2791.

[64] ARIS R. Vectors, Tensors and The Basic Equations of Fluid Mechanics[M]. New York: Dover Publications, 1990.

[65] ARIS R. Vectors, Tensors and The Basic Equations of Fluid mechanics[M]. New York: Dover Publications, 2012.

[66] LIANG X, SHEN S P. Effect of electrostatic force on a piezoelectric nanobeam[J]. Smart Materials and Structures, 2012, 21: 015001.

[67] LIANG X, SHEN S P. Dynamic analysis of Bernoulli-Euler piezoelectric nanobeam with electrostatic force[J]. Science China Physics, Mechanics and Astronomy, 2013, 56(10): 1930-1937.

[68] PAPARGYRI-BESKOU S, TSEPOURA S, POLYZOS K G, et al. Bending and stability analysis of gradient elastic beams[J]. International Journal of Solids and Structures, 2003, 40(2): 385-400.

[69] LIANG X, HU S L, SHEN S P. Bernoulli-Euler dielectric beam model based on strain-gradient effect[J]. Journal of Applied Mechanics, 2013, 80(4): 044502.

[70] LIANG X, HU S L, SHEN S P. A new Bernoulli-Euler beam model based on a simplified strain gradient elasticity theory and its applications[J]. Composite Structures, 2014, 111: 317-323.

[71] BHASKAR U K, BANERJEE N, ABDOLLAHI A, et al. A flexoelectric microelectromechanical system on silicon[J]. Nature Nanotechnology, 2016, 11(3): 263-266.

[72] MARANGANTI R, SHARMA P. A novel atomistic approach to determine strain-gradient elasticity constants: Tabulation and comparison for various metals, semiconductors, silica, polymers and their relevance for nanotechnologies[J]. Journal of the Mechanics and Physics of Solids, 2007, 55(9): 1823-1852.

[73] YUDIN P V, TAGANTSEV A K. Fundamentals of flexoelectricity in solids[J]. Nanotechnology, 2013, 24: 432001.

[74] LIANG X, HU S L, SHEN S P. Size-dependent buckling and vibration behaviors of piezoelectric nanostructures due to flexoelectricity[J]. Smart Materials and Structures, 2015, 24: 105012.

[75] LIANG X, YANG W J, HU S L, et al. Buckling and vibration of flexoelectric nanofilms subjected to mechanical loads[J]. Journal of Physics D: Applied Physics, 2016, 49: 115307.

[76] MA W H, CROSS L E. Large flexoelectric polarization in ceramic lead magnesium niobate[J]. Applied Physics Letters, 2001, 79(26): 4420-4422.

[77] MA W H, CROSS L E. Flexoelectric effect in ceramic lead zirconate titanate[J]. Applied Physics Letters, 2005, 86: 072905.

[78] MA W H, CROSS L E. Flexoelectricity of barium titanate[J]. Applied Physics Letters, 2006, 88: 232902.

[79] DUMITRICĂ, LANDIS C M, YAKOBSON B I. Curvature-induced polarization in carbon nanoshells[J]. Chemical Physics Letters, 2002, 360(1-2): 182-188.

[80] LIANG X, HU S L, SHEN S P. Effects of surface and flexoelectricity on a piezoelectric nanobeam[J]. Smart Materials and Structures, 2014, 23: 035020.

[81] MA H M, GAO X L, REDDY J. A microstructure-dependent Timoshenko beam model based on a modified couple stress theory[J]. Journal of the Mechanics and Physics of Solids, 2008, 56(12): 3379-3391.

[82] ZHANG R Z, LIANG X, SHEN S P. A Timoshenko dielectric beam model with flexoelectric effect[J]. Meccanica, 2016, 51(5): 1181-1188.

[83] YANG W J, LIANG X, SHEN S P. Electromechanical responses of piezoelectric nanoplates with flexoelectricity[J]. Acta Mechanica, 2015, 226(9): 3097-3110.

[84] TSIATAS G C. A new Kirchhoff plate model based on a modified couple stress theory[J]. International Journal of Solids and Structures, 2009, 46(13): 2757-2764.

[85] YAN Z, JIANG L Y. Vibration and buckling analysis of a piezoelectric nanoplate considering surface effects and in-plane constraints[J]. Proceedings of the Royal Society A: Mathematical, Physical and Engineering Sciences, 2012, 468(2147): 3458-3475.

[86] NOETHER E. Invarianten beliebiger differentialausdrücke[J]. Nachrichten von der Gesellschaft der Wissenschaften zu Göttingen, mathematisch-physikalische Klasse, 1918: 37-44.

[87] SHI W C, KUANG Z B. Conservation laws in non-homogeneous electro-magneto-elastic materials[J]. European Journal of Mechanics-A/Solids, 2003, 22(2): 217-230.

[88] YANG J S, BATRA R C. Conservation laws in linear piezoelectricity[J]. Engineering Fracture Mechanics, 1995, 51(6): 1041-1048.

[89] 王吉伟, 匡震邦. 热释电体非保守动力学系统的守恒定律 [J]. 力学季刊, 2001, 22(2): 154-161.

[90] 胡淑玲, 申胜平. 具有挠曲电效应的纳米电介质变分原理及控制方程 [J]. 中国科学 G 辑：物理学 力学 天文学, 2009, 39(12): 1762-1769.

[91] YU P F, WANG H L, CHEN J Y, et al. Conservation laws and path-independent integrals in mechanical-diffusion-electrochemical reaction coupling system[J]. Journal of the Mechanics and Physics of Solids, 2017, 104: 57-70.

[92] YU P F, CHEN J Y, WANG H L, et al. Path-independent integrals in electrochemomechanical systems with flexoelectricity[J]. International Journal of Solids and Structures, 2018, 147: 20-28.

[93] MAO S, PUROHIT P K. Defects in flexoelectric solids[J]. Journal of the Mechanics and Physics of Solids, 2015, 84: 95-115.

[94] ZHANG L, HUANG Y, CHEN J Y, et al. The mode Ⅲ full-field solution in elastic materials with strain gradient effects[J]. International Journal of Fracture, 1998, 92(4): 325-348.

第 3 章　挠曲电介质中的波

波动是物质运动的一种重要形式，广泛地存在于自然界中。波的形成与扰动密不可分，波的传播实际上是扰动的传播，也是振动能量和形式的传递过程。固体中的体波按传播方式可分为纵波与横波两类。纵波是指传播方向与介质质点运动方向相同或相反的波；横波是指传播方向与介质质点运动方向垂直的波。按照材料本构关系的不同，固体中的波分为弹性波与非弹性波。弹性波的应变和应力之间遵循胡克定律，非弹性波如黏弹性波、塑性波等，其应变和应力之间不遵循胡克定律。

弹性波在电介质中传播，将引起应变的非均匀分布，从而产生应变梯度，如图 3.1 所示。此时，挠曲电效应产生的伴随交变电场也会反过来影响波的传播特性。因此，设计和制造基于波传播特性的微纳米器件时，有必要考虑挠曲电效应的影响。迄今为止，关于挠曲电效应对波传播特性影响的研究仍然很少，尚未开展关于考虑挠曲电效应、微惯性效应和应变梯度弹性效应影响的弹性电介质中波传播特性的研究。此外，目前测量纵向挠曲电系数的主要方法是对梯台或圆台介电材料进行低频或准静态加载，并测量产生的微弱电信号变化，然后利用挠曲电理论计算其系数。然而，在准静态加载条件下样品中产生的应变梯度相对较小，很难精确测量由挠曲电效应产生的微弱电信号。因此，研究挠曲电固体中的波传播特性不仅具有重要的理论意义，而且为进一步设计和应用微纳米器件提供了全新的理念和指导方向。

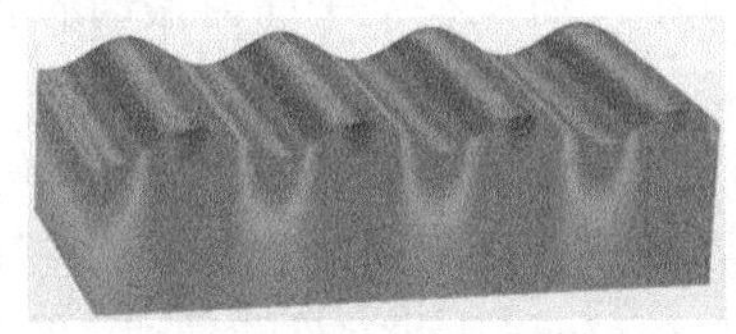

(a) Rayleigh波传播过程中的正应变分布

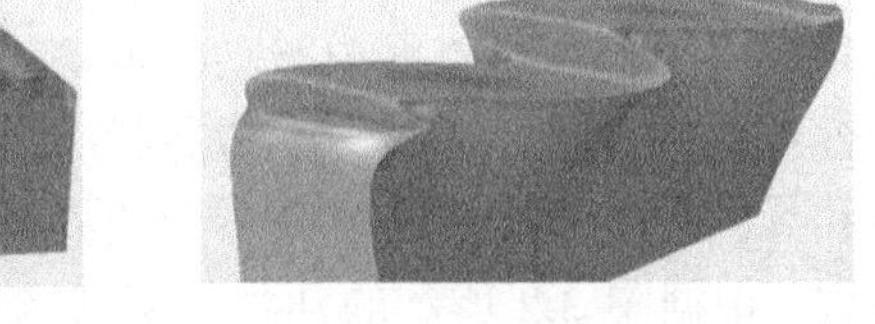

(b) Love波传播过程中的切应变分布

图 3.1　弹性波在电介质中传播引起应变的非均匀分布

3.1　弹性波概述

当弹性介质中的某一质点在扰动或外力作用下离开平衡位置时，弹性力使该质点及相邻质点发生振动，振动在弹性介质中的传播过程称为弹性波。如果只研究弹性波的传播问题，可以不考虑振源的影响，并将外力设为零。如果扰动很小，弹性波满足经典的波动方程，弹性波是线性的；如果扰动很大，弹性波不满足线性的波动方程，弹性波是非线性的。在弹性波的传播过程中，扰动部分和未被扰动部分之间的界面称为波面。波面曲率很小的波可近似看作平面波，平面波又可以分为均匀平面波和非均匀平面波，非均匀平面波的振幅与空间坐标有关，不是常数。

描述弹性波传播的重要参数有波数 k、相速度 C_{p} 和群速度 C_{g}。波数 k 定义为

$$k=\frac{\omega}{C_{\mathrm{p}}}=\frac{2\pi}{\lambda} \tag{3.1}$$

式中，ω 为圆频率 (或角频率)；λ 为波长。波数 k 与波长 λ 成反比，表示 2π 长度上的全波数量。圆频率 ω 表示 2π 时间内的振动次数，单位是 $\mathrm{rad\cdot s^{-1}}$ 而不是 Hz。相速度 C_{p} 表示等相位面的传播速度，群速度 C_{g} 表示等振幅面的传播速度，也是能量的传播速度。相速度和群速度之间的关系为

$$C_{\mathrm{g}}=\frac{\mathrm{d}\omega}{\mathrm{d}k}=C_{\mathrm{p}}+k\frac{\mathrm{d}C_{\mathrm{p}}}{\mathrm{d}k} \tag{3.2}$$

如果相速度与波数无关，只依赖于介质的性质，这种波称为非频散波，有 $\mathrm{d}C_{\mathrm{p}}/\mathrm{d}k=0$，并且 $C_{\mathrm{g}}=C_{\mathrm{p}}$。如果相速度与波数相关，这种波称为频散波，有 $\mathrm{d}C_{\mathrm{p}}/\mathrm{d}k\neq 0$，并且 $C_{\mathrm{g}}\neq C_{\mathrm{p}}$。正常频散下，群速度小于相速度 $(C_{\mathrm{g}}<C_{\mathrm{p}})$；非正常频散下，群速度大于相速度 $(C_{\mathrm{g}}>C)$。发生频散时，扰动以群速度而非相速度传播。

在无限弹性介质中传播且不受边界影响的弹性波称为体波。体波可分为纵波和横波 (也称剪切波) 两种形式，质点振动方向与波传播方向一致的是纵波，质点振动方向与波传播方向垂直的是剪切波。其中，质点在水平面内振动的剪切波称为水平剪切波，质点在竖直面内振动的剪切波称为垂直剪切波。受弹性介质边界影响的弹性波称为导波，通过改变边界状况可以调节导波的速度和传播方向。因此，体波和导波的主要区别在于是否受边界影响，而相同之处在于他们满足相同的运动方程。根据图 3.2 所示的几种典型结构，介绍几种常见的导波，界面波、表面波和声板波。

1) 界面波

界面波沿着两种不同半空间的界面传播，如图 3.2(a) 所示。界面波只存在于界面附近，其质点振幅随质点与界面之间距离的增大而迅速衰减。常见的界面波有 Stoneley 波和 Scholte 波，他们的位移在垂直于界面的矢状平面内[1]。其中，沿固固界面传播的界面波是 Stoneley 波，其对材料参数的限制非常严格，只在很小

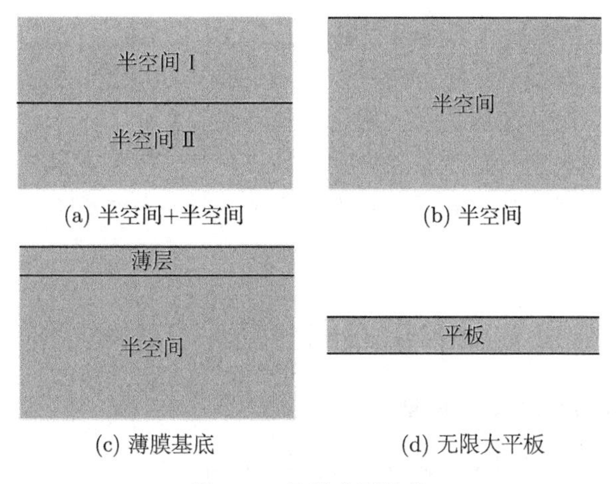

(a) 半空间+半空间　(b) 半空间

(c) 薄膜基底　(d) 无限大平板

图 3.2　几种典型结构

的参数范围内才存在，Stoneley 波的速度大于两种半无限介质 Rayleigh 波速度中较小的速度[2]；沿固液界面传播的界面波是 Scholte 波，其能量大部分集中在液体中，其传播特性对固体介质的变化不太敏感。

2) 表面波

表面波沿着半无限介质表面传播，如图 3.2(b) 和 (c) 所示。表面波的能量集中在介质表面附近，当质点振幅衰减为表面振幅的 e^{-1} 倍时，相应的深度称为穿透深度。如果将空气看作另一种半无限介质，可以认为表面波是一种特殊的界面波。常见的表面波有 Rayleigh 波、Love 波和 Bleustein-Gulyaev 波 (简称 B-G 波)。不同于 Rayleigh 波，Love 波和 B-G 波都是水平剪切表面波，只有水平方向的位移分量，属于平面应力问题。

3) 声板波

常见的声板波有 Lamb 波和水平剪切声板波。1917 年，Lamb[3] 从理论上研究了弹性平板中传播的二维弹性波，这种弹性波被称为 Lamb 波。Lamb 波具有与 Rayleigh 波相同的位移形式，也是平面应变波，然而 Lamb 波不属于表面波。当平板厚度远大于波长时，最低阶 Lamb 波与 Rayleigh 波的传播特性相似。根据质点位移关于平板中性面的对称性，经典 Lamb 波可以分为对称模态和反对称模态，这两类模态能够独立地传播。Lamb 波具有无数种模态，每一种模态的相速度都不相同。当波数减小时，只有反对称零阶模态的相速度单调减小到零，如果反对称零阶模态的相速度小于液体的纵波速度，反对称零阶模态不能在液体中激发纵波，这使 Lamb 波传感器在液体环境具有吸引力。Lamb 波在物理/化学/生物传感、无损检测等领域得到了广泛应用。

水平剪切波可以独立地在平板中传播，与其他形式的运动解耦。平板形式可以多种多样，如黏弹性板和弹性板组成的层合板、压电板、功能梯度压电板。水平剪切波没有垂直于表面的位移分量，从而不会把声学能量辐射到理想液体中，基于水平剪切波的平板声波器件多应用于液体环境。

综上所述，弹性波的种类多样，形式复杂，与材料性质和边界条件密切相关。本章将针对不同的弹性波，研究其挠曲电效应、应变梯度弹性效应、表面效应及微惯性效应的影响。

3.2　半无限大挠曲电介质中传播的弹性波

3.2.1　挠曲电介质中的弹性波理论

考虑电介质占据空间体积为 V_0，周围环境体积为 V'，电介质与周围环境的边界为 a，忽略体力和体电荷密度，控制方程可以表示为 [4]

$$\begin{cases} \sigma_{ji,j} - \tau_{kji,jk} = \rho\ddot{u}_i - \dfrac{1}{3}\rho\lambda^2\ddot{u}_{i,jj} \\ E_i - V_{ij,j} + \varphi_{,i} = 0 \\ \left(-\varepsilon_0\varphi_{,i} + P_i\right)_{,i} = 0 & \text{in } V_0 \\ \varphi_{,ii} = 0 & \text{in } V' \end{cases} \tag{3.3}$$

式中，V_{ij} 为高阶局部电力，与极化梯度为热力学共轭。

沿着光滑边界 a 的边界条件为

$$\begin{cases} \left(-\varepsilon_0\varphi_{,i} + P_i\right) n_i = 0 \\ t_i = \sigma_{ij}n_j + \left(D_l n_l\right) n_j n_k \tau_{kji} - D_j\left(\tau_{kji}n_k\right) - \tau_{kji,k}n_j + \dfrac{1}{3}\rho\lambda^2\ddot{u}_{i,j}n_j \\ r_i = \tau_{kji}n_k n_j \\ V_{ij}n_j = 0 \end{cases} \tag{3.4}$$

控制方程式 (3.3) 可以用位移和极化表示成以下形式:

$$\begin{cases} c_{ijkl}u_{k,lj} + d_{kij}P_{k,j} + \left(e_{klij} - f_{lkij}\right)P_{l,kj} - g_{kijlmn}u_{m,nljk} = \rho\ddot{u}_i - \dfrac{1}{3}\rho\lambda^2\ddot{u}_{i,jj} \\ b_{ijkl}P_{l,kj} - a_{ij}P_j - d_{ikl}u_{k,l} + \left(e_{klij} - f_{ijkl}\right)u_{k,lj} - \varphi_{,i} = 0 & \text{in } V_0 \\ \left(-\varepsilon_0\varphi_{,i} + P_i\right)_{,i} = 0 \end{cases}$$

$$\varphi_{,ii} = 0 \quad \text{in } V' \tag{3.5}$$

对于各向同性电介质，材料参数可以写为 [5,6]

$$
\left\{\begin{array}{l}
a_{ij} = a\delta_{ij} \\
c_{ijkl} = c_{12}\delta_{ij}\delta_{kl} + c_{44}\left(\delta_{ik}\delta_{jl} + \delta_{jk}\delta_{il}\right) \\
d_{kij} = 0 \\
h_{ijkl} = h_{12}\delta_{ij}\delta_{kl} + h_{44}\left(\delta_{ik}\delta_{jl} + \delta_{jk}\delta_{il}\right) \\
b_{ijkl} = b_{12}\delta_{ij}\delta_{kl} + b_{44}\left(\delta_{ik}\delta_{jl} + \delta_{jk}\delta_{il}\right) + b_{77}\left(\delta_{ik}\delta_{jl} - \delta_{jk}\delta_{il}\right) \\
g_{kijlmn} = c_{ijmn}l_{kl}^2 = c_{12}\delta_{ij}\delta_{kl}\delta_{mn}l^2 + c_{44}\left(\delta_{ik}\delta_{jl} + \delta_{jk}\delta_{il}\right)\delta_{mn}l^2
\end{array}\right. \tag{3.6}
$$

式中，$h_{ijkl} = e_{ijkl} - f_{klij}$；$l$ 为材料特征长度参数。

把式 (3.6) 代入式 (3.5)，可以得到包含挠曲电效应、微惯性效应及应变梯度弹性效应的类似于纳维 (Navier) 方程的方程组：

$$
\left\{\begin{array}{ll}
c_{44}u_{i,jj} + \left(c_{12} + c_{44}\right)u_{j,ji} + h_{44}P_{i,jj} + \left(h_{12} + h_{44}\right)P_{j,ji} & \\
-c_{44}l^2u_{i,jjkk} - \left(c_{12} + c_{44}\right)l^2u_{j,jikk} = \rho\ddot{u}_i - \dfrac{1}{3}\rho\lambda^2\ddot{u}_{i,jj} & \\
\left(b_{44} - b_{77}\right)P_{i,jj} + \left(b_{12} + b_{44} + b_{77}\right)P_{j,ji} - aP_i & \\
+h_{44}u_{i,jj} + \left(h_{12} + h_{44}\right)u_{j,ji} - \varphi_{,i} = 0 & \\
P_{i,i} - \varepsilon_0\varphi_{,ii} = 0 & \text{in } V_0 \\
\varphi_{,ii} = 0 & \text{in } V'
\end{array}\right. \tag{3.7}
$$

对于半无限大介质中的纵波，各场量只沿着 x 方向变化，并且考虑弹性波垂直入射和电学开路的情况 (如图 3.3 所示)，那么式 (3.7) 化简为

$$
\left\{\begin{array}{l}
c_{44}\dfrac{\partial^2 u}{\partial x^2} + \left(c_{12} + c_{44}\right)\dfrac{\partial^2 u}{\partial x^2} + h_{44}\dfrac{\partial^2 P}{\partial x^2} + \left(h_{12} + h_{44}\right)\dfrac{\partial^2 P}{\partial x^2} \\
-c_{44}l^2\dfrac{\partial^4 u}{\partial x^4} - \left(c_{12} + c_{44}\right)l^2\dfrac{\partial^4 u}{\partial x^4} = \rho\dfrac{\partial^2 u}{\partial t^2} - \dfrac{1}{3}\rho\lambda^2\dfrac{\partial^4 u}{\partial x^2\partial t^2} \\
\left(b_{44} - b_{77}\right)\dfrac{\partial^2 P}{\partial x^2} + \left(b_{12} + b_{44} + b_{77}\right)\dfrac{\partial^2 P}{\partial x^2} - aP + h_{44}\dfrac{\partial^2 u}{\partial x^2} \\
+\left(h_{12} + h_{44}\right)\dfrac{\partial^2 u}{\partial x^2} - \dfrac{\partial \varphi}{\partial x} = 0 \\
P - \varepsilon_0\dfrac{\partial \varphi}{\partial x} = 0
\end{array}\right. \tag{3.8}
$$

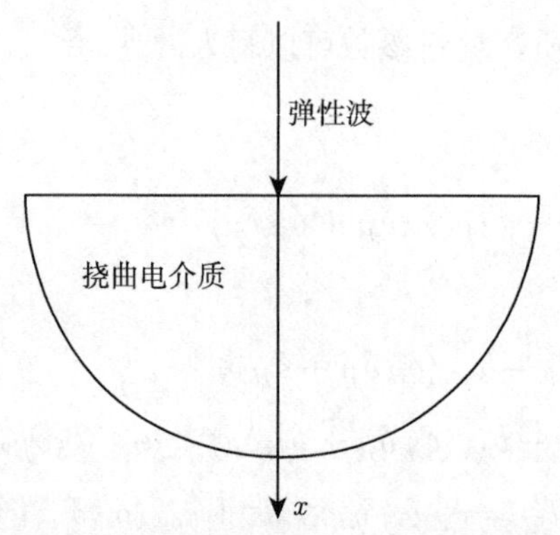

图 3.3　半无限大挠曲电介质中纵向弹性波传播示意图

将式 (3.8) 的第三个方程代入第二个方程，可进一步化简为只含位移向量 $\boldsymbol{u}$ 和极化向量 $\boldsymbol{P}$ 的微分方程组：

$$\begin{cases} c_{44}\dfrac{\partial^2 u}{\partial x^2}+(c_{12}+c_{44})\dfrac{\partial^2 u}{\partial x^2}+h_{44}\dfrac{\partial^2 P}{\partial x^2}+(h_{12}+h_{44})\dfrac{\partial^2 P}{\partial x^2} \\ -c_{44}l^2\dfrac{\partial^4 u}{\partial x^4}-(c_{12}+c_{44})\,l^2\dfrac{\partial^4 u}{\partial x^4}=\rho\dfrac{\partial^2 u}{\partial t^2}-\dfrac{1}{3}\rho\lambda^2\dfrac{\partial^4 u}{\partial x^2\partial t^2} \\ (b_{44}-b_{77})\dfrac{\partial^2 P}{\partial x^2}+(b_{12}+b_{44}+b_{77})\dfrac{\partial^2 P}{\partial x^2}+h_{44}\dfrac{\partial^2 u}{\partial x^2} \\ +(h_{12}+h_{44})\dfrac{\partial^2 u}{\partial x^2}-\left(a+\varepsilon_0^{-1}\right)P=0 \end{cases} \tag{3.9}$$

考虑简谐波的情况，假设位移和极化的谐波解如下

$$\begin{cases} u(x,t)=U_0\exp\left[(kx-\omega t)\,\mathrm{i}\right] \\ P(x,t)=P_0\exp\left[(kx-\omega t)\,\mathrm{i}\right] \\ \varphi(x,t)=\varPhi_0\exp\left[(kx-\omega t)\,\mathrm{i}\right] \end{cases} \tag{3.10}$$

式中，U_0、P_0 和 $\varPhi_0$ 分别为位移、极化和电势的幅值；k 为波数；ω 为圆频率；$\mathrm{i}=\sqrt{-1}$。

将式 (3.10) 代入式 (3.9) 中可以得到

$$\begin{cases} -ck^2U_0-hk^2P_0-cl^2k^4U_0=-\rho\omega^2U_0-\dfrac{1}{3}\lambda^2\rho k^2\omega^2U_0 \\ -bk^2P_0-hk^2U_0-\left(a+\varepsilon_0^{-1}\right)P_0=0 \end{cases} \tag{3.11}$$

式中，c、h、b 为材料参数，$c=c_{12}+2c_{44}$，$h=h_{12}+2h_{44}$，$b=b_{12}+2b_{44}$。

根据式 (3.11) 可以推导出纵波传播的色散关系：

$$\omega = k\sqrt{\frac{-h^2k^2 + c\left(1+k^2l^2\right)\left[\left(a+\varepsilon_0^{-1}\right)+bk^2\right]}{\rho\left(1+\dfrac{1}{3}\lambda^2k^2\right)\left[\left(a+\varepsilon_0^{-1}\right)+bk^2\right]}} \tag{3.12}$$

从而可以进一步推导出相速度的表达式：

$$C_{\mathrm{p}} = \frac{\omega}{k} = \sqrt{\frac{-h^2k^2 + c\left(1+k^2l^2\right)\left[\left(a+\varepsilon_0^{-1}\right)+bk^2\right]}{\rho\left(1+\dfrac{1}{3}\lambda^2k^2\right)\left[\left(a+\varepsilon_0^{-1}\right)+bk^2\right]}}$$

$$= C_{\mathrm{p}}^{c}\sqrt{\frac{1+k^2l^2}{\left(1+\dfrac{1}{3}\lambda^2k^2\right)} - \frac{h^2k^2}{c\left[\left(a+\varepsilon_0^{-1}\right)+bk^2\right]\left(1+\dfrac{1}{3}\lambda^2k^2\right)}} \tag{3.13}$$

以及群速度的表达式

$$C_{\mathrm{g}} = \frac{\partial\omega}{\partial k}$$

$$= C_{\mathrm{p}}^{c}\left[\frac{\left(k+2k^3l^2\right)\left[\left(a+\varepsilon_0^{-1}\right)+bk^2\right]+bk^3+bl^2k^5-\dfrac{2h^2k^3}{c}}{\sqrt{\left\{\left(k^2+k^4l^2\right)\left[\begin{array}{c}\left(a+\varepsilon_0^{-1}\right)\\+bk^2\end{array}\right]-\dfrac{h^2k^4}{c}\right\}\cdot\left(1+\dfrac{1}{3}\lambda^2k^2\right)\cdot\left[\begin{array}{c}\left(a+\varepsilon_0^{-1}\right)\\+bk^2\end{array}\right]}} - \left\{\begin{array}{c}\dfrac{1}{3}\lambda^2k\left[\left(a+\varepsilon_0^{-1}\right)+bk^2\right]\\+bk\left(1+\dfrac{1}{3}\lambda^2k^2\right)\end{array}\right\}\cdot\sqrt{\frac{\left(k^2+k^4l^2\right)\left[\begin{array}{c}\left(a+\varepsilon_0^{-1}\right)\\+bk^2\end{array}\right]-\dfrac{h^2k^4}{c}}{\left\{\left(1+\dfrac{1}{3}\lambda^2k^2\right)\left[\begin{array}{c}\left(a+\varepsilon_0^{-1}\right)\\+bk^2\end{array}\right]\right\}^3}}\right] \tag{3.14}$$

式中，$C_{\mathrm{p}}^{c} = \sqrt{c/\rho}$ 为经典的相速度表达式。

如果不考虑力电耦合效应 ($h=0$)，相速度可以化简为

$$C_{\mathrm{p}} = \frac{\omega}{k} = C_{\mathrm{p}}^{c}\sqrt{\frac{1+k^2l^2}{1+\dfrac{1}{3}\lambda^2k^2}} \tag{3.15}$$

此外，如果不考虑微惯性效应和应变梯度弹性效应的影响 ($\lambda = 0$ 和 $l = 0$)，式 (3.15) 表示的相速度可进一步化简为经典的相速度：

$$C_{\mathrm{p}} = \frac{\omega}{k} = \sqrt{\frac{c}{\rho}} \tag{3.16}$$

3.2.2 挠曲电效应、微惯性效应和应变梯度弹性效应的影响

本小节计算并分析考虑挠曲电效应、微惯性效应和应变梯度弹性效应时钛酸钡中弹性纵波传播的色散曲线。钛酸钡的材料参数：$b=6.77\times10^{-6}\mathrm{N}\cdot\mathrm{m}^4\cdot\mathrm{C}^{-2}$，$c=162\mathrm{GPa}$，$\rho=4500\mathrm{kg}\cdot\mathrm{m}^{-3}$，$a+\varepsilon_0^{-1}=1.26\times10^{11}\mathrm{N}\cdot\mathrm{m}^2\cdot\mathrm{C}^{-2}$，$h=-1.03\times10^3\mathrm{N}\cdot\mathrm{m}\cdot\mathrm{C}^{-1}$，材料的特征长度 $l=1\mathrm{nm}$，$\lambda=0.39\ \mathrm{nm}$(立方晶胞的晶格参数)[5-7]。

图 3.4 为考虑挠曲电效应、微惯性效应和应变梯度弹性效应的各种组合下，半无限弹性电介质中纵波传播的频散曲线，图中的纵坐标是频率 ω 由经典相速度 $\sqrt{c/\rho}$ 归一化的值。图 3.5 为考虑挠曲电效应、微惯性效应和应变梯度弹性效应时弹性电介质中的归一化相速度随 lg$k$ 的变化曲线，图中的纵坐标是相速度 C_{p} 由经典相速度 $C_{\mathrm{p}}^{\mathrm{c}}=\sqrt{c/\rho}$ 归一化的值。由于预测的相速度是有界的，所以考虑微惯性效应 ($\lambda=0.39\mathrm{nm}, l=0, h=0$) 时，波速在物理上是存在的，而仅仅考虑应变梯度弹性效应 ($\lambda=0, l=1\mathrm{nm}, h=0$) 时，计算得到的波速在物理上不合理，这是因为当波数非常大时，应变梯度弹性理论预测的相速度将趋于无穷大。对于只考虑挠曲电效应的情况，本理论预测的波速小于经典理论预测的值。然而，同时考虑挠曲电效应、微惯性效应和应变梯度弹性效应 ($\lambda=0.39\mathrm{nm}, l=1\mathrm{nm}, h=-10^3\mathrm{N}\cdot\mathrm{m}\cdot\mathrm{C}^{-1}$)

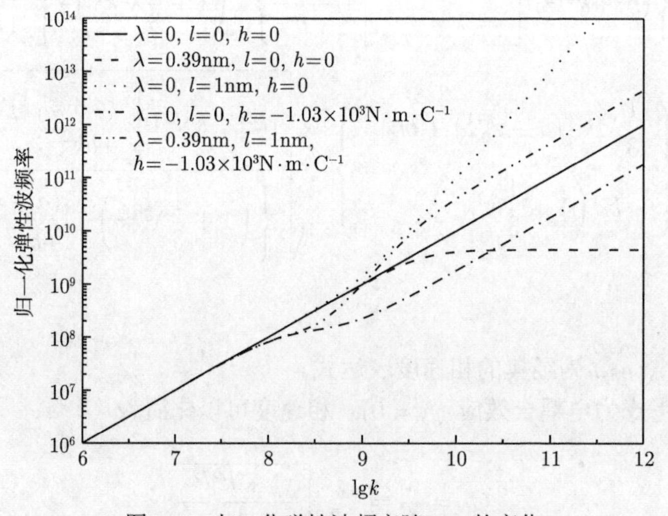

图 3.4 归一化弹性波频率随 lg$k$ 的变化

时，弹性电介质中的相速度变得更加复杂。数值结果表明，当相速度小于经典理论结果时，挠曲电效应和微惯性效应的影响占主导地位，但随着波数增加，相速度大于经典理论预测的值，此时应变梯度弹性效应变得更加重要。从本节的理论计算结果可以观察到，经典弹性理论中不存在的色散曲线，为了获得物理上更合理的结果，需要考虑微惯性效应和挠曲电效应的影响。当忽略挠曲电效应、微惯性效应和应变梯度弹性效应时，相速度可以化简为经典值 $C_{\mathrm{p}}^{\mathrm{c}}=\sqrt{c/\rho}$，这与经典理论预测的结果一致。

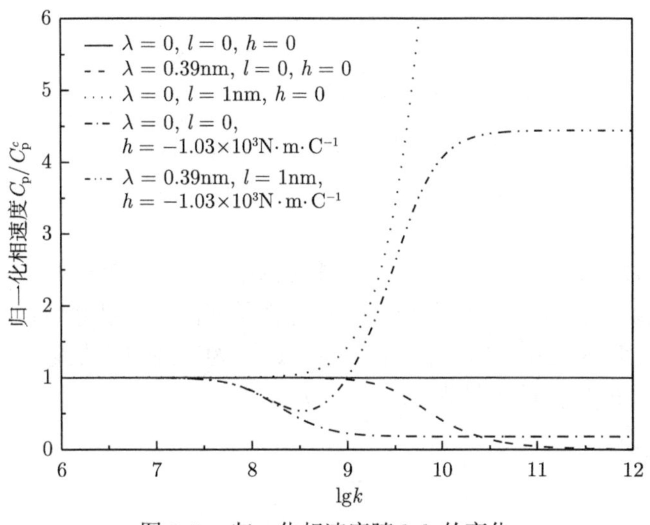

图 3.5 归一化相速度随 lg$k$ 的变化

3.3 压电及挠曲电层状结构中的 Love 波

3.3.1 层状结构中的 Love 波

本小节分析层状挠曲电结构中传播的 Love 波，建立如图 3.6 所示的笛卡儿

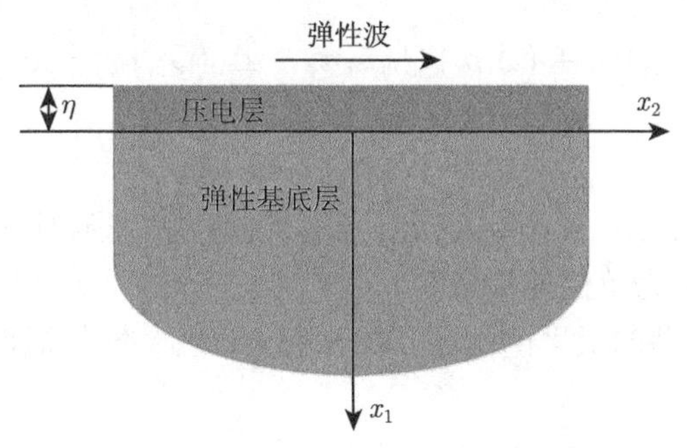

图 3.6 层状结构和笛卡儿坐标系示意图

坐标系，其中 x_1 轴垂直于基底表面，x_2 轴沿着 Love 波的传播方向，x_3 轴的正方向与机械位移的方向相同 (x_3 方向由右手准则确定，垂直于 x_1 和 x_2 沿面外方向)。由于待分析的问题是二维的，所有物理变量依赖于 x_1 和 x_2 坐标。导波层是压电材料，其厚度为 η，基底是各向同性弹性材料，占据了 $x_1>0$ 的半空间，导波层与基底在界面 $x_1=0$ 理想连接。不同于已有的研究，在处理压电导波层时，本节将考虑挠曲电效应的影响。

对于考虑挠曲电效应的压电材料，本构方程可以表示为 [8]

$$
\begin{cases}
\sigma_{ij}=c_{ijkl}\varepsilon_{kl}-d_{ijkl}V_{kl}-e_{ijk}E_k \\
\tau_{ijm}=-f_{ijkl}E_k \\
D_i=a_{ij}E_j+e_{jki}\varepsilon_{jk}+f_{ijkl}w_{jkl} \\
Q_{ij}=d_{klij}\varepsilon_{kl}
\end{cases}
\tag{3.17}
$$

式中，a_{ij}、c_{ijkl}、d_{ijkl}、e_{ijk} 和 f_{ijkl} 为材料性质张量；ε_{kl} 为应变张量；E_k 为电场向量。特别地，a_{ij} 和 c_{ijkl} 分别为二阶介电张量和四阶弹性张量；三阶压电张量 e_{ijk} 在具有反演对称性的电介质中等于零；d_{ijkl} 为逆挠曲电张量；f_{ijkl} 为正挠曲电张量。d_{ijkl} 和 f_{ijkl} 的关系为 $d_{klij}=-f_{ijkl}$。

控制方程为

$$
\begin{cases}
\left(\sigma_{ij}-\tau_{ijm,m}\right)_{,j}=\rho\ddot{u}_i \\
\left(D_i-Q_{ij,j}\right)_{,i}=0
\end{cases}
\tag{3.18}
$$

式中，ρ 是质量密度。

边界条件为

$$
\begin{cases}
\left(\sigma_{ij}-\tau_{ijm,m}\right)n_j+\left(\varDelta_l n_l\right)\tau_{ijm}n_m n_j-\varDelta_j\left(\tau_{ijm}n_m\right)=0 \\
\tau_{ijm}n_m n_j=0 \\
\left(D_i-Q_{ij,j}\right)n_i+\left(\varDelta_l n_l\right)Q_{ij}n_i n_j-\varDelta_i\left(Q_{ij}n_j\right)=0 \\
Q_{ij}n_i n_j=0
\end{cases}
\tag{3.19}
$$

式中，算子 $\varDelta_j\equiv\left(\delta_{jk}-n_j n_k\right)\partial_k$，$\varDelta\equiv n_k\partial_k$，$\partial_k$ 表示对 x_k 的偏导数；n_i 和 n_j 为 $\boldsymbol{n}$ 的分量，$\boldsymbol{n}$ 为单位外法向量。

Love 波属于典型的反平面问题。Love 波沿着 x_2 轴传播，其机械位移和电势可以描述为 [9-11]

$$
u_1=u_2=0,\ u_3=u_3\left(x_1,x_2,t\right),\ \varphi=\varphi\left(x_1,x_2,t\right)
\tag{3.20}
$$

在该问题中，所有物理量对 x_3 坐标的导数等于零。控制方程式 (3.19) 可以简化成更加简单的形式：

$$\begin{cases} \dfrac{\partial}{\partial x_1}\left(\sigma_{31}-\dfrac{\partial \tau_{311}}{\partial x_1}-\dfrac{\partial \tau_{312}}{\partial x_2}\right)+\dfrac{\partial}{\partial x_2}\left(\sigma_{32}-\dfrac{\partial \tau_{321}}{\partial x_1}-\dfrac{\partial \tau_{322}}{\partial x_2}\right)=\rho\dfrac{\partial^2 u_3}{\partial t^2} \\ \dfrac{\partial}{\partial x_1}\left(D_1-\dfrac{\partial Q_{11}}{\partial x_1}-\dfrac{\partial Q_{12}}{\partial x_2}\right)+\dfrac{\partial}{\partial x_2}\left(D_2-\dfrac{\partial Q_{21}}{\partial x_1}-\dfrac{\partial Q_{22}}{\partial x_2}\right)=0 \end{cases} \tag{3.21}$$

根据式 (3.21)，非零的物理变量包括两个剪应变分量、四个剪应变梯度分量、两个电场分量和四个电场梯度分量，如下所示：

$$\varepsilon_{23}=\frac{1}{2}\frac{\partial u_3}{\partial x_2},\ \varepsilon_{31}=\frac{1}{2}\frac{\partial u_3}{\partial x_1} \tag{3.22}$$

$$w_{231}=\frac{1}{2}\frac{\partial^2 u_3}{\partial x_1 \partial x_2},\ w_{232}=\frac{1}{2}\frac{\partial^2 u_3}{\partial x_2^2},\ w_{311}=\frac{1}{2}\frac{\partial^2 u_3}{\partial x_1^2},\ w_{312}=\frac{1}{2}\frac{\partial^2 u_3}{\partial x_1 \partial x_2} \tag{3.23}$$

$$E_1=-\frac{\partial \varphi}{\partial x_1},\ E_2=-\frac{\partial \varphi}{\partial x_2} \tag{3.24}$$

$$V_{11}=-\frac{\partial^2 \varphi}{\partial x_1^2},\ V_{12}=-\frac{\partial^2 \varphi}{\partial x_1 \partial x_2},\ V_{21}=-\frac{\partial^2 \varphi}{\partial x_1 \partial x_2},\ V_{22}=-\frac{\partial^2 \varphi}{\partial x_2^2} \tag{3.25}$$

将式 (3.22) ~ 式 (3.25) 代入本构方程式 (3.17)，可得

$$\begin{cases} \sigma_{31}-\dfrac{\partial \tau_{311}}{\partial x_1}-\dfrac{\partial \tau_{312}}{\partial x_2}=c_{44}\dfrac{\partial u_3}{\partial x_1}+e_{15}\dfrac{\partial \varphi}{\partial x_1} \\ \sigma_{32}-\dfrac{\partial \tau_{321}}{\partial x_1}-\dfrac{\partial \tau_{322}}{\partial x_2}=c_{44}\dfrac{\partial u_3}{\partial x_2}+e_{15}\dfrac{\partial \varphi}{\partial x_2}-h_{41}\dfrac{\partial^2 \varphi}{\partial x_1^2}+h_{41}\dfrac{\partial^2 \varphi}{\partial x_2^2} \\ D_1-\dfrac{\partial Q_{11}}{\partial x_1}-\dfrac{\partial Q_{12}}{\partial x_2}=-a_{11}\dfrac{\partial \varphi}{\partial x_1}+e_{15}\dfrac{\partial u_3}{\partial x_1}+(h_{41}+h_{52})\dfrac{\partial^2 u_3}{\partial x_1 \partial x_2} \\ D_2-\dfrac{\partial Q_{21}}{\partial x_1}-\dfrac{\partial Q_{22}}{\partial x_2}=-a_{11}\dfrac{\partial \varphi}{\partial x_2}+e_{15}\dfrac{\partial u_3}{\partial x_2}-h_{52}\dfrac{\partial^2 u_3}{\partial x_1^2}-h_{41}\dfrac{\partial^2 u_3}{\partial x_2^2} \end{cases} \tag{3.26}$$

式中，$h_{2311}=h_{41}$、$h_{3112}=h_{52}$、$h_{3121}=-h_{52}$ 和 $h_{2322}=-h_{41}$。h_{ijkl} 为材料正逆挠曲电系数确定的性质张量，$h_{ijkl}=f_{ijkl}-d_{klij}$。特别地，引入了 $h_{52}=f_{52}-d_{52}$

和 $h_{41}=f_{41}-d_{41}$。因此，压电层的控制方程可以写为

$$\begin{cases} c_{44}\dfrac{\partial^2 u_3}{\partial x_1^2}+c_{44}\dfrac{\partial^2 u_3}{\partial x_2^2}+e_{15}\dfrac{\partial^2 \varphi}{\partial x_1^2}+e_{15}\dfrac{\partial^2 \varphi}{\partial x_2^2}-h_{41}\dfrac{\partial^3 \varphi}{\partial x_1^2\partial x_2}+h_{41}\dfrac{\partial^3 \varphi}{\partial x_2^3}=\rho\dfrac{\partial^2 u_3}{\partial t^2} \\ -a_{11}\dfrac{\partial^2 \varphi}{\partial x_1^2}-a_{11}\dfrac{\partial^2 \varphi}{\partial x_2^2}+e_{15}\dfrac{\partial^2 u_3}{\partial x_1^2}+e_{15}\dfrac{\partial^2 u_3}{\partial x_2^2}+h_{41}\dfrac{\partial^3 u_3}{\partial x_1^2\partial x_2}-h_{41}\dfrac{\partial^3 u_3}{\partial x_2^3}=0 \end{cases} \tag{3.27}$$

如果忽略挠曲电效应，上述控制方程可以退化成经典压电层的控制方程。

假设压电层内的通解为

$$u_3\left(x_1,x_2,t\right)=W\left(x_1\right)\mathrm{e}^{\mathrm{i}k(x_2-ct)},\ \varphi\left(x_1,x_2,t\right)=\varPhi\left(x_1\right)\mathrm{e}^{\mathrm{i}k(x_2-ct)} \tag{3.28}$$

式中，c 为相速度；k 为波数，$k=2\pi/\lambda$，λ 为波长。

将式 (3.28) 代入式 (3.27) 得到

$$\begin{cases} c_{44}\dfrac{\mathrm{d}^2W}{\mathrm{d}x_1^2}-\left(c_{44}-\rho c^2\right)k^2W+\left(e_{15}-\mathrm{i}kh_{41}\right)\dfrac{\mathrm{d}^2\varPhi}{\mathrm{d}x_1^2}-\left(e_{15}+\mathrm{i}kh_{41}\right)k^2\varPhi=0 \\ -a_{11}\dfrac{\mathrm{d}^2\varPhi}{\mathrm{d}x_1^2}+a_{11}k^2\varPhi+\left(e_{15}+\mathrm{i}kh_{41}\right)\dfrac{\mathrm{d}^2W}{\mathrm{d}x_1^2}-\left(e_{15}-\mathrm{i}kh_{41}\right)k^2W=0 \end{cases} \tag{3.29}$$

借助微分算子法，考虑挠曲电效应后，可以得到如下形式的位移和电势：

$$\begin{cases} W\left(x_1\right)=SB_1\mathrm{e}^{r_1x_1}+SB_2\mathrm{e}^{-r_1x_1}+TB_3\mathrm{e}^{r_2x_1}+TB_4\mathrm{e}^{-r_2x_1} \\ \varPhi\left(x_1\right)=B_1\mathrm{e}^{r_1x_1}+B_2\mathrm{e}^{-r_1x_1}+B_3\mathrm{e}^{r_2x_1}+B_4\mathrm{e}^{-r_2x_1} \end{cases} \tag{3.30}$$

式中，$B_j\,(j=1,2,3,4)$ 为表示波振幅的待定系数；S、T、r_1 和 r_2 为以相速度、波数和材料系数确定的参数，表示如下

$$S=-\frac{e_{15}\left(r_1^2-k^2\right)-\mathrm{i}kh_{41}\left(r_1^2+k^2\right)}{c_{44}\left(r_1^2-k^2\right)+\rho c^2k^2}$$

$$T=-\frac{e_{15}\left(r_2^2-k^2\right)-\mathrm{i}kh_{41}\left(r_2^2+k^2\right)}{c_{44}\left(r_2^2-k^2\right)+\rho c^2k^2}$$

$$r_1=\sqrt{\frac{2a_{11}c_{44}+2e_{15}^2-a_{11}\rho c^2-2h_{41}^2k^2+\sqrt{L}}{2\left(a_{11}c_{44}+e_{15}^2+h_{41}^2k^2\right)}}k$$

$$r_2=\sqrt{\frac{2a_{11}c_{44}+2e_{15}^2-a_{11}\rho c^2-2h_{41}^2k^2-\sqrt{L}}{2\left(a_{11}c_{44}+e_{15}^2+h_{41}^2k^2\right)}}k$$

其中，$L=a_{11}^2\rho^2c^4-16\left(a_{11}c_{44}+e_{15}^2\right)h_{41}^2k^2+8a_{11}\rho c^2h_{41}^2k^2$。

为了简单起见，基底选取各向同性弹性材料，既不考虑压电效应，也不考虑挠曲电效应。于是，基底中力学场与电学场解耦，而且也没有高阶应力和电四极。因此，半无限基底的控制方程可以表示为

$$\begin{cases} c_{44}^{\mathrm{m}}u_{3,11}^{\mathrm{m}}+c_{44}^{\mathrm{m}}u_{3,22}^{\mathrm{m}}=\rho^{\mathrm{m}}\dfrac{\partial^2u_3^{\mathrm{m}}}{\partial t^2} \\ \varphi_{,11}^{\mathrm{m}}+\varphi_{,22}^{\mathrm{m}}=0 \end{cases} \tag{3.31}$$

式中，上标 m 表示基底；c_{44}^{m} 和 ρ^{m} 分别为基底的剪切模量和质量密度。

假设质点位移 u_3^{m} 和电势 φ^{m} 具有如下形式：

$$u_3^{\mathrm{m}}\left(x_1,x_2,t\right)=W^{\mathrm{m}}\left(x_1\right)\mathrm{e}^{\mathrm{i}k(x_2-ct)},\ \varphi^{\mathrm{m}}\left(x_1,x_2,t\right)=\varPhi^{\mathrm{m}}\left(x_1\right)\mathrm{e}^{\mathrm{i}k(x_2-ct)} \tag{3.32}$$

在远离压电层的位置，基底中的位移和电势等于零，即 $x_1\to+\infty$，$u_3^{\mathrm{m}}=0$，$\varphi^{\mathrm{m}}=0$。因此，基底中位移和电势的解为

$$W^{\mathrm{m}}\left(x_1\right)=A^{\mathrm{m}}\mathrm{e}^{-kbx_1},\ \varPhi^{\mathrm{m}}\left(x_1\right)=B^{\mathrm{m}}\mathrm{e}^{-kx_1} \tag{3.33}$$

式中，b 为深度方向上的位移衰减系数，$b=\sqrt{1-c^2/(c_{\mathrm{sh}}^{\mathrm{m}})^2}$，$c_{\mathrm{sh}}^{\mathrm{m}}$ 为基底材料的体剪切波速度，$c_{\mathrm{sh}}^{\mathrm{m}}=\sqrt{c_{44}^{\mathrm{m}}/\rho^{\mathrm{m}}}$。应该强调的是，Love 波的相速度 c 不应该超过基底材料的体剪切波速度 $c_{\mathrm{sh}}^{\mathrm{m}}$。$A^{\mathrm{m}}$ 和 B^{m} 为待定系数，可以由边界条件确定。

空气 $(x_1<-\eta)$ 中的电势 φ^a 由拉普拉斯方程确定：

$$\nabla^2\varphi^a=0 \tag{3.34}$$

式中，∇^2 为二维拉普拉斯算子，$\nabla^2=\partial^2/\partial x_1^2+\partial^2/\partial x_2^2$。在远离压电层的位置，电势 φ^a 变为零，即 $x_1\to-\infty$，$\varphi^a=0$。

按照相似的步骤，在压电层上方，电势的解为

$$\varphi^a\left(x_1,x_2,t\right)=A^a\mathrm{e}^{kx_1}\mathrm{e}^{\mathrm{i}k(x_2-ct)} \tag{3.35}$$

式中，A^a 为待定系数。

待定系数 B_1、B_2、B_3、B_4、A^{m}、B^{m} 和 A^a 可以由界面 $x_1=0$ 的连续条件和自由表面 $x_1=-\eta$ 的边界条件确定。根据式 (3.19) 及特定的单位外法向量 $\boldsymbol{n}$，可以得到修正的电学和力学边界条件。

在自由表面，x_3 方向的表面张力为零：

$$\left.\left[\left(\sigma_{31}-\tau_{311,1}-\tau_{312,2}\right)-\tau_{321,2}\right]\right|_{x_1=-\eta}=0 \tag{3.36}$$

电学开路条件下，压电层与空气界面的电势连续，电荷连续：

$$\varphi|_{x_1=-\eta}=\varphi^a|_{x_1=-\eta},\quad [(D_1-Q_{11,1}-Q_{12,2})-Q_{21,2}]|_{x_1=-\eta}=D_1^a|_{x_1=-\eta} \tag{3.37}$$

电学短路条件下，表面上的电势为零：

$$\varphi|_{x_1=-\eta}=0 \tag{3.38}$$

在界面，压电层和弹性基底的质点位移和电势相等，“等效应力”和“等效法向电位移”连续。

$$u_3|_{x_1=0}=u_3^{\mathrm{m}}|_{x_1=0},\quad [(\sigma_{31}-\tau_{311,1}-\tau_{312,2})-\tau_{321,2}]|_{x_1=0}=\sigma_{31}^{\mathrm{m}}|_{x_1=0} \tag{3.39}$$

$$\varphi|_{x_1=0}=\varphi^{\mathrm{m}}|_{x_1=0},\quad [(D_1-Q_{11,1}-Q_{12,2})-Q_{21,2}]|_{x_1=0}=D_1^{\mathrm{m}}|_{x_1=0} \tag{3.40}$$

注意，为了简化计算，本工作省略了偶应力和电四极边界条件，所采用的边界条件是近似的。利用上述边界条件，消去 A^{m}、B^{m} 和 A^a，得到如下关于待定系数 B_1、B_2、B_3 和 B_4 的代数方程：

$$\begin{aligned}&(Sc_{44}+e_{15}-\mathrm{i}kh_{41}/2)\,r_1\mathrm{e}^{-r_1\eta}B_1-(Sc_{44}+e_{15}-\mathrm{i}kh_{41}/2)\,r_1\mathrm{e}^{r_1\eta}B_2\\&+(Tc_{44}+e_{15}-\mathrm{i}kh_{41}/2)\,r_2\mathrm{e}^{-r_2\eta}B_3-(Tc_{44}+e_{15}-\mathrm{i}kh_{41}/2)\,r_2\mathrm{e}^{r_2\eta}B_4=0\end{aligned} \tag{3.41}$$

$$\begin{aligned}&\{[-a_{11}+Se_{15}+\mathrm{i}kS\,(h_{52}/2+h_{41})]\,r_1+ka_0\}\,\mathrm{e}^{-r_1\eta}B_1\\&+\{[a_{11}-Se_{15}-\mathrm{i}kS\,(h_{52}/2+h_{41})]\,r_1+ka_0\}\,\mathrm{e}^{r_1\eta}B_2\\&+\{[-a_{11}+Te_{15}+\mathrm{i}kT\,(h_{52}/2+h_{41})]\,r_2+ka_0\}\,\mathrm{e}^{-r_2\eta}B_3\\&+\{[a_{11}-Te_{15}-\mathrm{i}kT\,(h_{52}/2+h_{41})]\,r_2+ka_0\}\,\mathrm{e}^{r_2\eta}B_4=0\end{aligned} \tag{3.42}$$

$$\begin{aligned}&[(Sc_{44}+e_{15}-\mathrm{i}kh_{41}/2)\,r_1+Sc_{44}^{\mathrm{m}}kb]\,B_1\\&-[(Sc_{44}+e_{15}-\mathrm{i}kh_{41}/2)\,r_1-Sc_{44}^{\mathrm{m}}kb]\,B_2\\&+[(Tc_{44}+e_{15}-\mathrm{i}kh_{41}/2)\,r_2+Tc_{44}^{\mathrm{m}}kb]\,B_3\\&-[(Tc_{44}+e_{15}-\mathrm{i}kh_{41}/2)\,r_2-Tc_{44}^{\mathrm{m}}kb]\,B_4=0\end{aligned} \tag{3.43}$$

$$\begin{aligned}&\{[-a_{11}+Se_{15}+\mathrm{i}kS\,(h_{52}/2+h_{41})]\,r_1-ka_{11}^{\mathrm{m}}\}\,B_1\\&+\{[a_{11}-Se_{15}-\mathrm{i}kS\,(h_{52}/2+h_{41})]\,r_1-ka_{11}^{\mathrm{m}}\}\,B_2\end{aligned}$$

$$+\left\{\left[-a_{11}+Te_{15}+\mathrm{i}kT\left(h_{52}/2+h_{41}\right)\right]r_2-ka_{11}^{\mathrm{m}}\right\}B_3$$

$$+\left\{\left[a_{11}-Te_{15}-\mathrm{i}kT\left(h_{52}/2+h_{41}\right)\right]r_2-ka_{11}^{\mathrm{m}}\right\}B_4=0 \tag{3.44}$$

为了使待定系数 B_1、B_2、B_3 和 B_4 具有非零解，线性代数方程式 (3.41)~式 (3.44) 的系数矩阵行列式必须等于零。因此，可以得到电学开路条件下的色散方程。

运用上述方法，也可以得到电学短路条件下关于待定系数 B_1、B_2、B_3 和 B_4 的代数方程。与电学开路条件下的线性代数方程组不同，式 (3.42) 应改为

$$\mathrm{e}^{-r_1\eta}B_1+\mathrm{e}^{r_1\eta}B_2+\mathrm{e}^{-r_2\eta}B_3+\mathrm{e}^{r_2\eta}B_4=0 \tag{3.45}$$

联立式 (3.41)、式 (3.43)、式 (3.44) 和式 (3.45)，并使其系数矩阵的行列式等于零，从而可得电学短路条件下的色散方程。

色散方程确定了相速度 c 和波数 k 之间的关系，显然，当压电导波层考虑挠曲电效应后，色散方程变得更加复杂了，本节将采用 Muller 法对色散方程进行求解。当压电导波层不考虑挠曲电效应时，得到的色散方程便可以退化为经典压电 Love 波的色散方程。本工作中，压电导波层考虑挠曲电效应后，Love 波发生了衰减。为了满足基于挠曲电效应的色散方程，相速度 c 和波数 k 不能同时为实数。通常情况下，可以用两种不同的方法描述波衰减的特性。一种方法是将波数设为复数 ($k=k_0+\mathrm{i}\alpha$)，将相速度设为实数，波数实部 k_0 和相速度满足关系 $k_0=\omega/c$，ω 为圆频率；波数虚部 α 为传播方向上单位长度内的波衰减；另一种方法是将相速度设为复数 ($c=c_0+\mathrm{i}\beta$)，将波数设为实数。相速度的实部和虚部分别表示真实波速和波衰减。

3.3.2 挠曲电效应对 $LiNbO_3$/Si 中 Love 波的影响

本小节介绍考虑挠曲电效应时关于 Love 波相速度色散关系的数值结果，讨论挠曲电系数和导波层厚度变化时，电学开路和短路条件下挠曲电效应对相速度色散关系的影响。作为示例，层合结构由 $LiNbO_3$ 薄层沉积在 Si 基底表面形成。$LiNbO_3$、压电陶瓷和石英常用于支持水平剪切偏振波模态。另外，$LiNbO_3$ 是三方晶系 3m 点群中的一种反常晶体，由于电势和位移在 x_2 方向的抵消效应，c_{14} 和 e_{22} 可以设为零。因此，在本算例中，压电导波层的材料性质：$c_{44}=60\mathrm{GPa}$、$e_{15}=3.7\mathrm{C\cdot m^{-2}}$、$a_{11}=3.89\times10^{-12}\ \mathrm{F\cdot m^{-1}}$ 和 $\rho=4600\ \mathrm{kg\cdot m^{-3}}$[12]。为了简单起见，假设挠曲电系数 h_{41} 和 h_{52} 相等，他们的值在 $\left[2\times10^{-10}\mathrm{C\cdot m^{-1}},2\times10^{-6}\mathrm{C\cdot m^{-1}}\right]$ 变化。如果忽略挠曲电效应，压电导波层中体剪切波速度为 $c_{\mathrm{sh}}=\sqrt{\left(c_{44}+e_{15}^2/a_{11}\right)/\rho}=4529.4\mathrm{m\cdot s^{-1}}$。压电导波层的厚度 η 为纳米尺度。弹性基底的材料性质：$c_{44}^{\mathrm{m}}=$

79.4GPa、$a_{11}^{\mathrm{m}}=1.035\times10^{-13}\ \mathrm{F\cdot m^{-1}}$ 和 $\rho^{\mathrm{m}}=2328\mathrm{kg\cdot m^{-3}}$ [13]。基底中体剪切波速度 $c_{\mathrm{sh}}^{\mathrm{m}}=\sqrt{c_{44}^{\mathrm{m}}/\rho^{\mathrm{m}}}=5840.1\mathrm{m\cdot s^{-1}}$。空气的介电常数 $a_0=8.854\times10^{-12}\mathrm{F\cdot m^{-1}}$。

尽管 Love 波具有多个模态，但基本模态在很多实际应用中起重要作用，因此本工作关注基本模态的性质。另外，用复数相速度和实数波数描述波衰减的特性。假设复数相速度 $c=c_0+\mathrm{i}\beta$，可得 $\mathrm{e}^{-\mathrm{i}kct}=\mathrm{e}^{-\mathrm{i}kc_0t}\mathrm{e}^{k\beta t}$，如果 β 为正数，意味着波的振幅随时间增长；相反，如果 β 是负数，波的振幅将随时间衰减。在后续分析中，为了描述简洁，用 real(c) 和 imag(c) 分别表示相速度的实部和虚部。

1. 电学开路条件

首先，研究电学开路条件下，当挠曲电系数变化时挠曲电效应对复数相速度的影响。此时，导波层的厚度固定为 20nm。图 3.7 和图 3.8 分别为表示挠曲电系数的量级从 10^{-10} 变化到 10^{-6} 时，real(c) 和 imag(c) 随波数的变化。图 3.7(a) 和图 3.8(a) 表明，当导波层不考虑挠曲电效应时，相速度为实数，其虚部等于零，

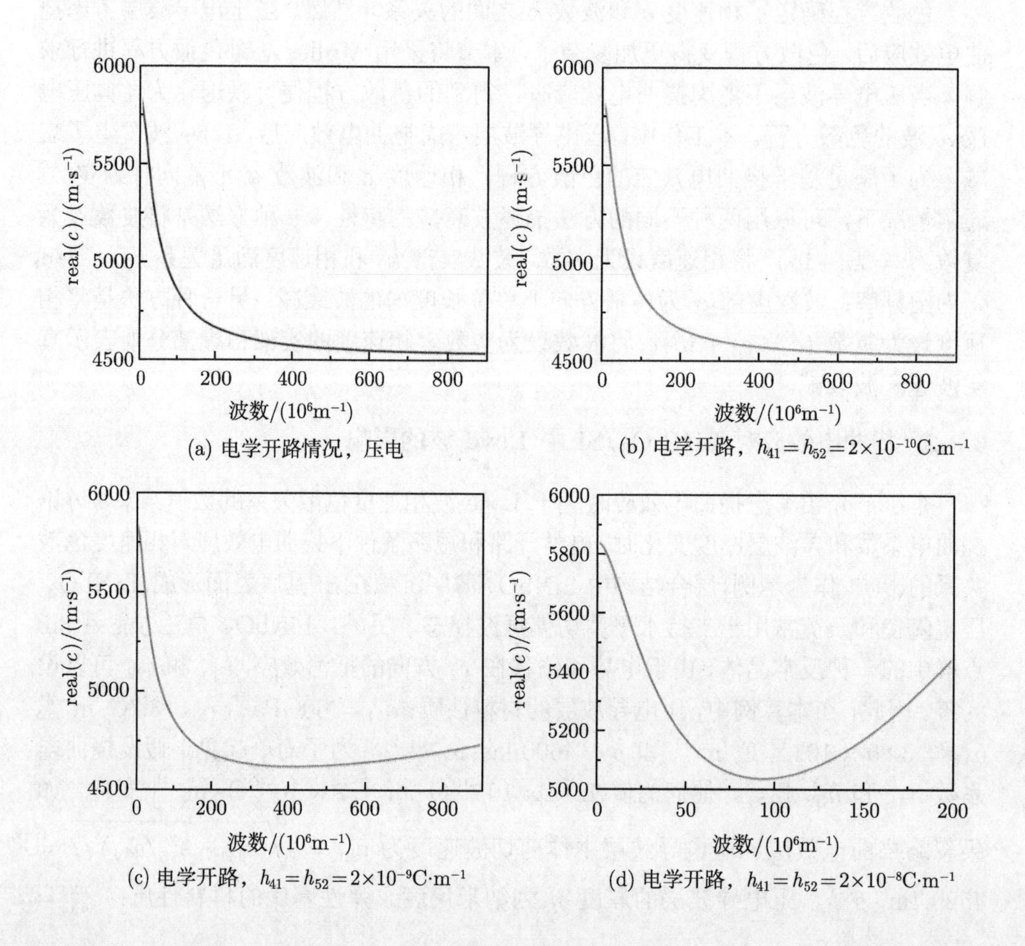

(a) 电学开路情况，压电　(b) 电学开路，$h_{41}=h_{52}=2\times10^{-10}\mathrm{C\cdot m^{-1}}$

(c) 电学开路，$h_{41}=h_{52}=2\times10^{-9}\mathrm{C\cdot m^{-1}}$　(d) 电学开路，$h_{41}=h_{52}=2\times10^{-8}\mathrm{C\cdot m^{-1}}$

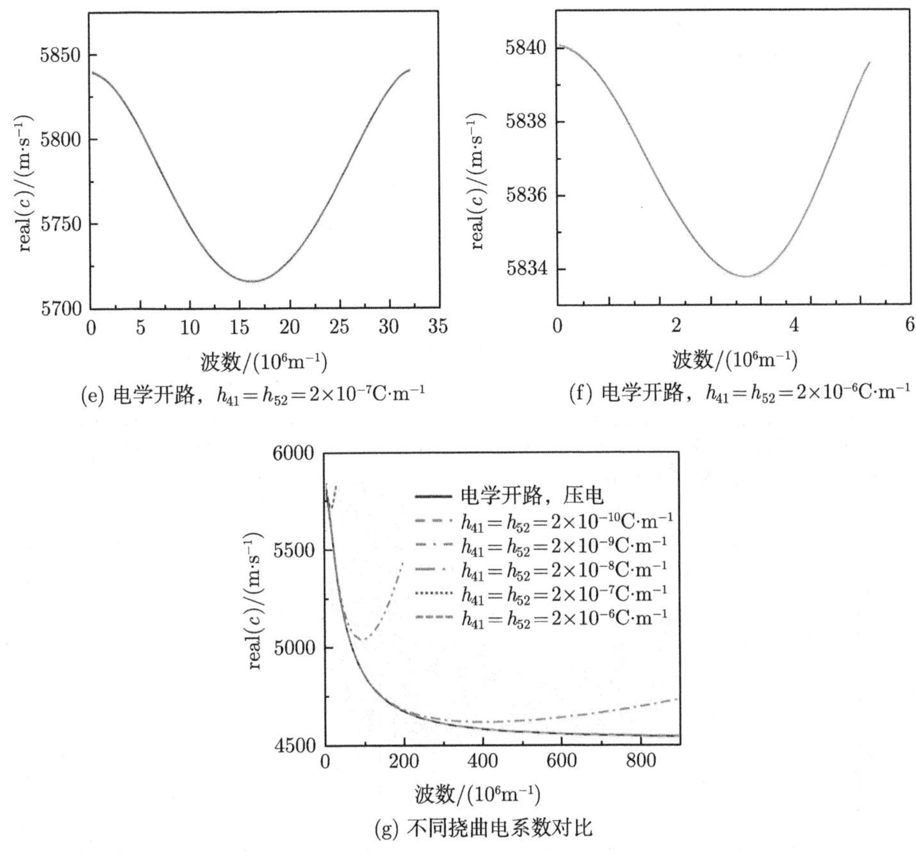

(e) 电学开路，$h_{41}=h_{52}=2\times10^{-7}\mathrm{C\cdot m^{-1}}$

(f) 电学开路，$h_{41}=h_{52}=2\times10^{-6}\mathrm{C\cdot m^{-1}}$

(g) 不同挠曲电系数对比

图 3.7 不同挠曲电系数时 real(c) 随波数的变化

这意味着波不会发生衰减。随着波数增加，相速度从 $c_{\mathrm{sh}}^{\mathrm{m}}$ 减小到 c_{sh}，即从基底中的体剪切波速度减小到导波层中的体剪切波速度。然而，当导波层考虑挠曲电效应时，相速度虽然保持色散，但是变成复数。当挠曲电系数为 $2\times10^{-10}\mathrm{C\cdot m^{-1}}$ 时，real(c) 的色散曲线与基于压电效应的色散曲线几乎重合，见图 3.7(g)。图 3.8(b) 表明，随着波数增加，imag(c) 先迅速减小，然后缓慢增加，此外，imag(c) 为负，表示波的振幅发生衰减。因此，在长波和短波之间，在某个特定的波数 k，存在最大的波衰减，对于高频下的超短波 ($k\to\infty$)，衰减再次变小。由于挠曲电系数为 $2\times10^{-10}\mathrm{C\cdot m^{-1}}$ 时，imag(c) 非常小，所以挠曲电效应对波衰减的影响几乎可以忽略。当挠曲电系数为 $2\times10^{-9}\mathrm{C\cdot m^{-1}}$ 时，real(c) 的色散曲线呈现出一些不同的性质。随着波数增加，real(c) 先从 $c_{\mathrm{sh}}^{\mathrm{m}}$ 减小，然后增加，尽管在此过程中存在最小波速，最小波速却不再等于 c_{sh}。考虑挠曲电效应后，导波层中的体剪切波速度与波数和挠曲电系数有关，不是一个常值。另外，imag(c) 与挠曲电系数为

$2\times10^{-10}\mathrm{C}\cdot\mathrm{m}^{-1}$ 时的趋势相同，但是最小 imag(c) 的绝对值几乎增加了一个数量级，说明此时挠曲电效应对复数相速度的影响变得更加显著。

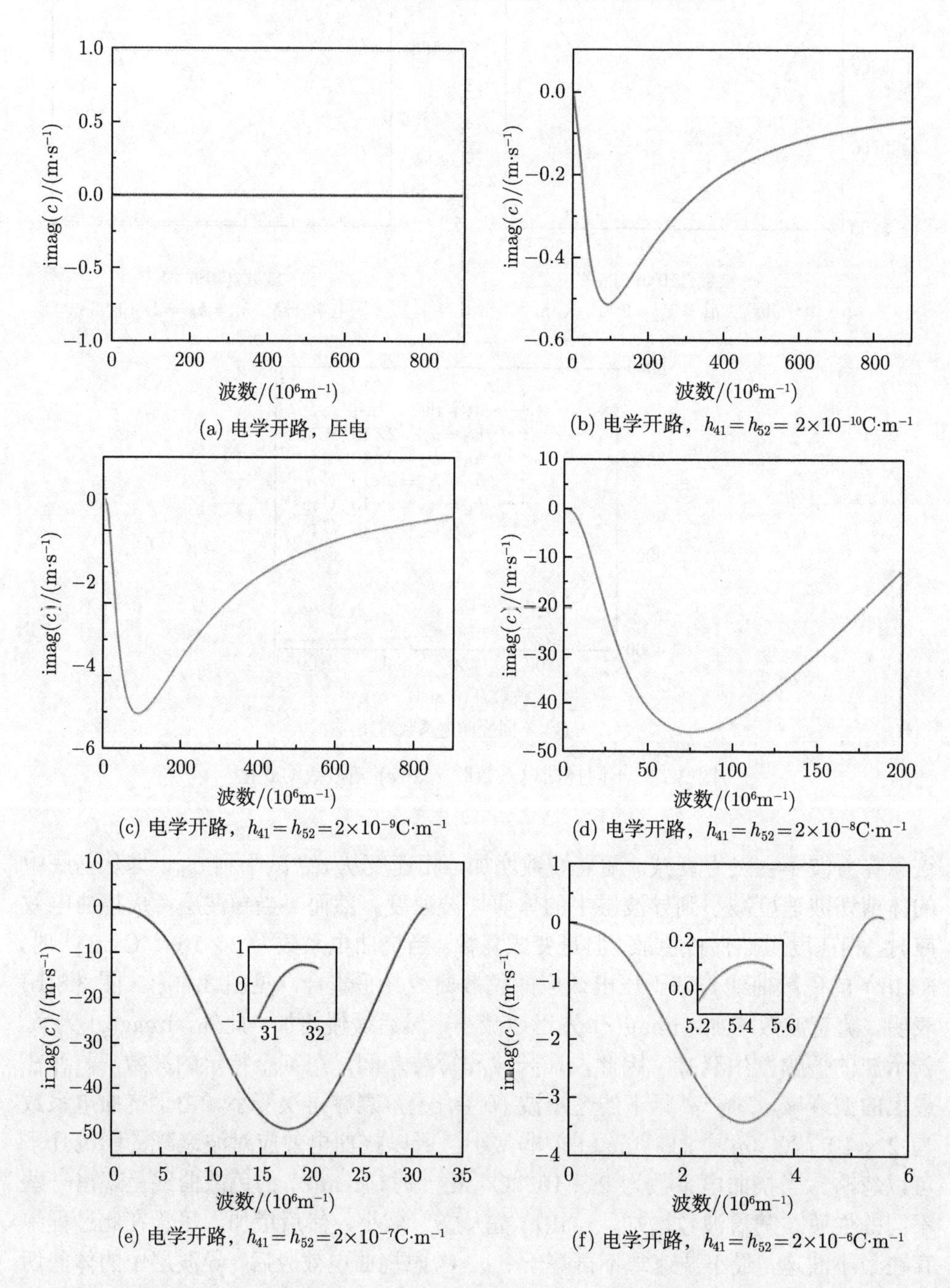

(a) 电学开路，压电　(b) 电学开路，$h_{41}=h_{52}=2\times10^{-10}\mathrm{C}\cdot\mathrm{m}^{-1}$

(c) 电学开路，$h_{41}=h_{52}=2\times10^{-9}\mathrm{C}\cdot\mathrm{m}^{-1}$　(d) 电学开路，$h_{41}=h_{52}=2\times10^{-8}\mathrm{C}\cdot\mathrm{m}^{-1}$

(e) 电学开路，$h_{41}=h_{52}=2\times10^{-7}\mathrm{C}\cdot\mathrm{m}^{-1}$　(f) 电学开路，$h_{41}=h_{52}=2\times10^{-6}\mathrm{C}\cdot\mathrm{m}^{-1}$

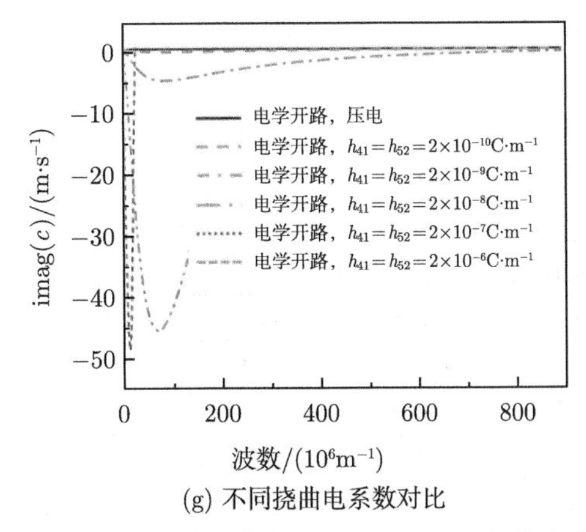

(g) 不同挠曲电系数对比

图 3.8 不同挠曲电系数时 imag(c) 随波数的变化

当挠曲电系数从 $2\times10^{-8}\mathrm{C}\cdot\mathrm{m}^{-1}$ 增大到 $2\times10^{-6}\mathrm{C}\cdot\mathrm{m}^{-1}$ 时，在色散曲线的后半段，real(c) 和 imag(c) 的增长速度相对变得更大。当 real(c) 增加并将超过 $c_{\mathrm{sh}}^{\mathrm{m}}$ 时，相应的波数可以定义为“截止波数”，这是经典压电 Love 波中没有出现过的现象。因为 real(c) 应该小于 $c_{\mathrm{sh}}^{\mathrm{m}}$(基底中的体剪切波速度)，所以当波数小于“截止波数”时，基本 Love 模态才存在。当挠曲电系数为 $2\times10^{-7}\mathrm{C}\cdot\mathrm{m}^{-1}$ 时，“截止波数”为 $32.0599\mu\mathrm{m}^{-1}$；当挠曲电系数为 $2\times10^{-6}\mathrm{C}\cdot\mathrm{m}^{-1}$ 时，“截止波数”为 $5.5495\mu\mathrm{m}^{-1}$。如图 3.8(e) 和 (f) 所示，在“截止波数”附近，imag(c) 稍大于零。因此，当波数增加时，波的振幅先随时间衰减后随时间增长。值得注意的是，只有当波数接近“截止波数”时，波的振幅才随时间增长。

综上所述，当挠曲电系数从 $2\times10^{-10}\mathrm{C}\cdot\mathrm{m}^{-1}$ 增大到 $2\times10^{-6}\mathrm{C}\cdot\mathrm{m}^{-1}$ 时，real(c) 的最小值显著增大，“截止波数”显著减小，imag(c) 的最小值先减小后增加，见图 3.7(g) 和图 3.8(g)。由于负 imag(c) 的绝对值越大表示波衰减也越大，所以当挠曲电系数从 $2\times10^{-7}\mathrm{C}\cdot\mathrm{m}^{-1}$ 增大到 $2\times10^{-6}\mathrm{C}\cdot\mathrm{m}^{-1}$ 时，波衰减反而变小。此外，图 3.7(g) 说明无论挠曲电系数是多少，色散曲线中 real(c) 减小的部分与经典压电 Love 波的色散曲线吻合得很好。也就是说，当波数非常小，挠曲电效应对 real(c) 的影响可以忽略。考虑挠曲电效应后，real(c) 和 imag(c) 具有相同的变化趋势，即先减小后增加。在大部分情况下，imag(c) 为负，表示波振幅发生衰减。然而，在色散曲线的末端、“截止波数”附近，imag(c) 可能为正，表示波振幅随时间增强。值得注意的是，挠曲电效应对相速度的影响包括两部分，即挠曲电效应对 real(c) 和 imag(c) 的影响。综合来看，挠曲电系数越大，挠曲电效应对复数相速度的影响越显著。

接下来，研究电学开路条件下导波层厚度对复数相速度的影响，此时挠曲电系数设置为 $2\times10^{-8}\mathrm{C}\cdot\mathrm{m}^{-1}$。当导波层厚度 η 取不同值时，图 3.9 和图 3.10 分别为 real(c) 和 imag(c) 随波数的变化。经典压电 Love 波 real(c) 的最小值为 c_{sh}(压电导波层中的体剪切波速度)，imag(c) 为零，所以 real(c) 的最小值越大、imag(c) 的最小值越小表明挠曲电效应的影响越显著。随着导波层厚度减小，real(c) 的最小值增加，imag(c) 的最小值减小，由于 imag(c) 为负，imag(c) 减小表明其绝对值增加，进一步表明波衰减增加。因此，当导波层厚度变小时，挠曲电效应对复数相速度的影响变得更加显著。当导波层厚度变大时，real(c) 和 imag(c) 色散曲线分别逐渐靠近。可以推测，当导波层厚度足够大，挠曲电效应的影响可以忽略。

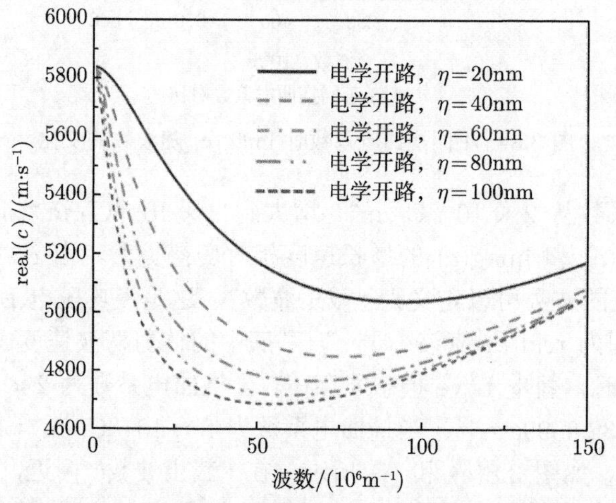

图 3.9 导波层厚度不同时 real(c) 与波数之间的关系

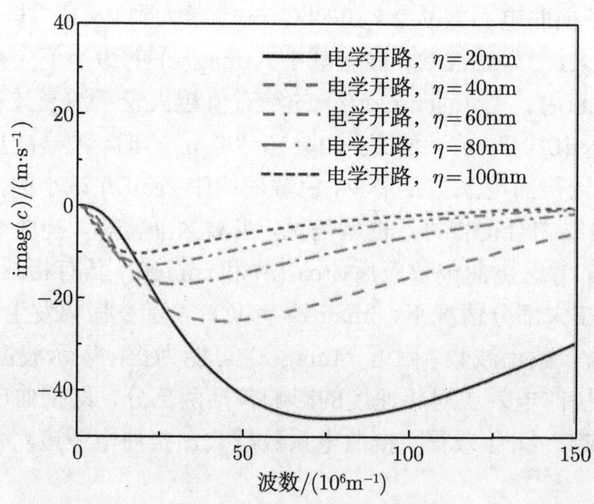

图 3.10 导波层厚度不同时 imag(c) 与波数之间的关系

此外，根据图 3.10，当波数比较小，不同导波层厚度对应的 imag(c) 很接近；当波数相对较大，imag(c) 色散曲线之间的差异增加。因此，对于高频短波 (大波数)，波衰减对导波层厚度的变化更加敏感。

2. 电学短路条件下

Qian 和 Hirose[14] 解析地研究了横观各向同性压电陶瓷导波层和各向同性金属或电介质基底组成的层合结构中的横向表面波色散行为，证明了当 $c_{\rm sh}^{\rm m} > c_{\rm sh} > c_{\rm BG}$ ($c_{\rm BG}$ 表示 B-G 波的速度) 时，电学开路条件下，Love 波的相速度满足 $c_{\rm sh}^{\rm m} > c > c_{\rm sh}$；而电学短路条件下，Love 波的相速度满足 $c_{\rm sh}^{\rm m} > c > c_{\rm BG}$。具体地，随着波数增加，高阶模态的相速度从 $c_{\rm sh}^{\rm m}$ 单调地减小到 $c_{\rm sh}$，而基本模态的相速度最终趋于 $c_{\rm BG}$。电学短路条件下，基本模态的相速度最终小于导波层中的体剪切波速度 $c_{\rm sh}$，这实际上是压电效应造成的，他违反了 Love 波存在的常规条件 $c_{\rm sh}^{\rm m} > c > c_{\rm sh}$，因此这些波被称为加强 Love 波 (stiffened Love wave)，后续描述中简称为 Love 波。

为了说明电学短路条件下挠曲电效应对复数相速度的影响，图 3.11 和图 3.12

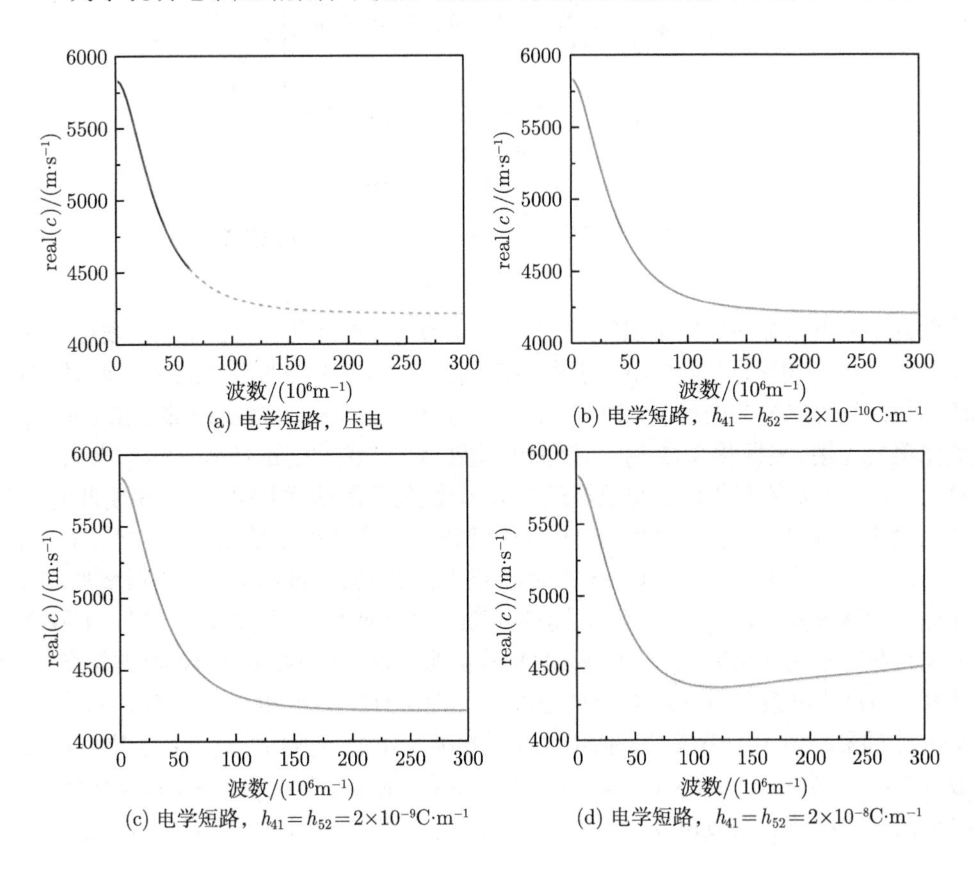

(a) 电学短路，压电

(b) 电学短路，$h_{41}=h_{52}=2\times10^{-10}$C·m^{-1}

(c) 电学短路，$h_{41}=h_{52}=2\times10^{-9}$C·m^{-1}

(d) 电学短路，$h_{41}=h_{52}=2\times10^{-8}$C·m^{-1}

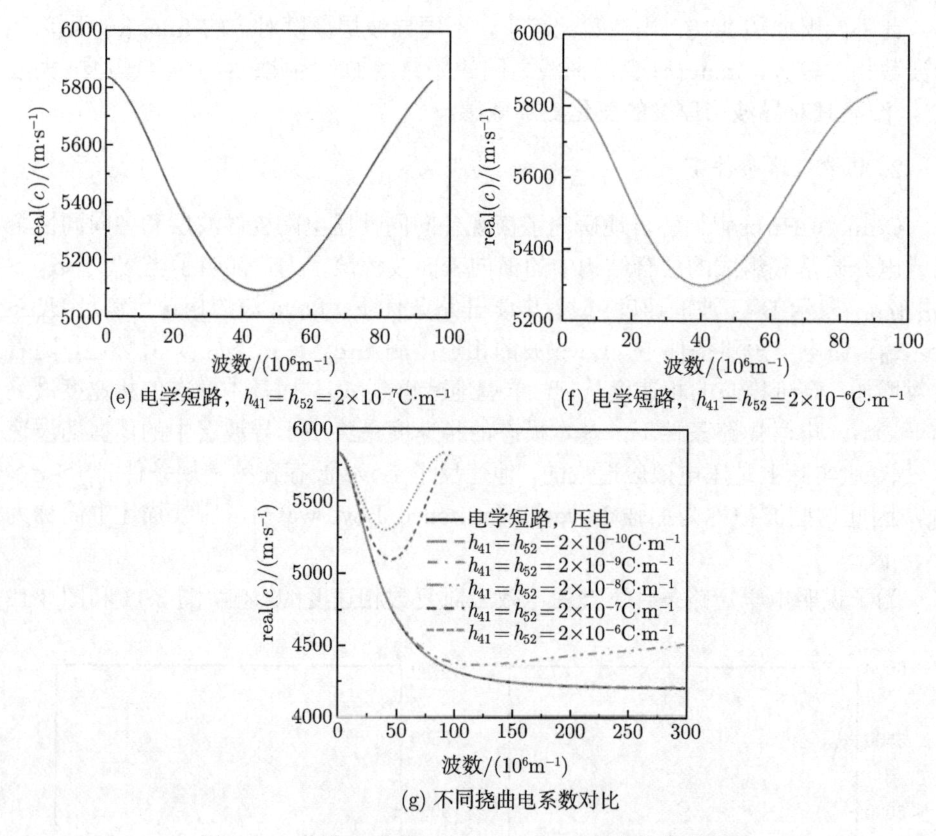

(e) 电学短路，$h_{41}=h_{52}=2\times10^{-7}$C·m^{-1}

(f) 电学短路，$h_{41}=h_{52}=2\times10^{-6}$C·m^{-1}

(g) 不同挠曲电系数对比

图 3.11 挠曲电系数不同时 real(c) 与波数之间的关系

分别为挠曲电系数不同时 real(c) 和 imag(c) 随波数的变化。同样地，导波层厚度设置为 20nm。根据图 3.11(a)，电学短路条件下，不考虑挠曲电效应时，基本模态的色散曲线可以分为两部分，即 $c_{\rm sh}^{\rm m}>c>c_{\rm sh}$ 和 $c_{\rm sh}>c>c_{\rm BG}$，两部分在 $c=c_{\rm sh}$ 处完美地连接。根据图 3.11(g)，当挠曲电系数为 2×10^{-10}C·m^{-1} 和 2×10^{-9}C·m^{-1} 时，real(c) 随 k 的变化曲线与经典压电 Love 波的色散曲线几乎重合，说明此时挠曲电效应对 real(c) 的影响极其微弱，可以忽略。当挠曲电系数为 2×10^{-8}C·m^{-1}、2×10^{-7}C·m^{-1} 和 2×10^{-6}C·m^{-1} 时，随着波数增加，real(c) 先减小后增加，因此电学短路条件下，Love 波基本模态也存在“截止波数”。当波数很小时，不同挠曲电系数对应的 real(c) 近似相等，意味着挠曲电效应对 real(c) 的影响非常微小。此外，当挠曲电系数为 2×10^{-10}C·m^{-1}、2×10^{-9}C·m^{-1} 和 2×10^{-8}C·m^{-1} 时，real(c) 的最小值小于不考虑挠曲电效应时导波层中的体剪切波速度；当挠曲电系数为 2×10^{-7}C·m^{-1} 和 2×10^{-6}C·m^{-1} 时，real(c) 的最小值大于不考虑挠曲电效应时导波层中的体剪切波速度。整体上，当挠曲电系数从 2×10^{-10}C·m^{-1} 增加到 2×

$10^{-6}\mathrm{C}\cdot\mathrm{m}^{-1}$ 时，real(c) 的最小值增加，表示挠曲电效应对 real(c) 的影响变得越来越显著。

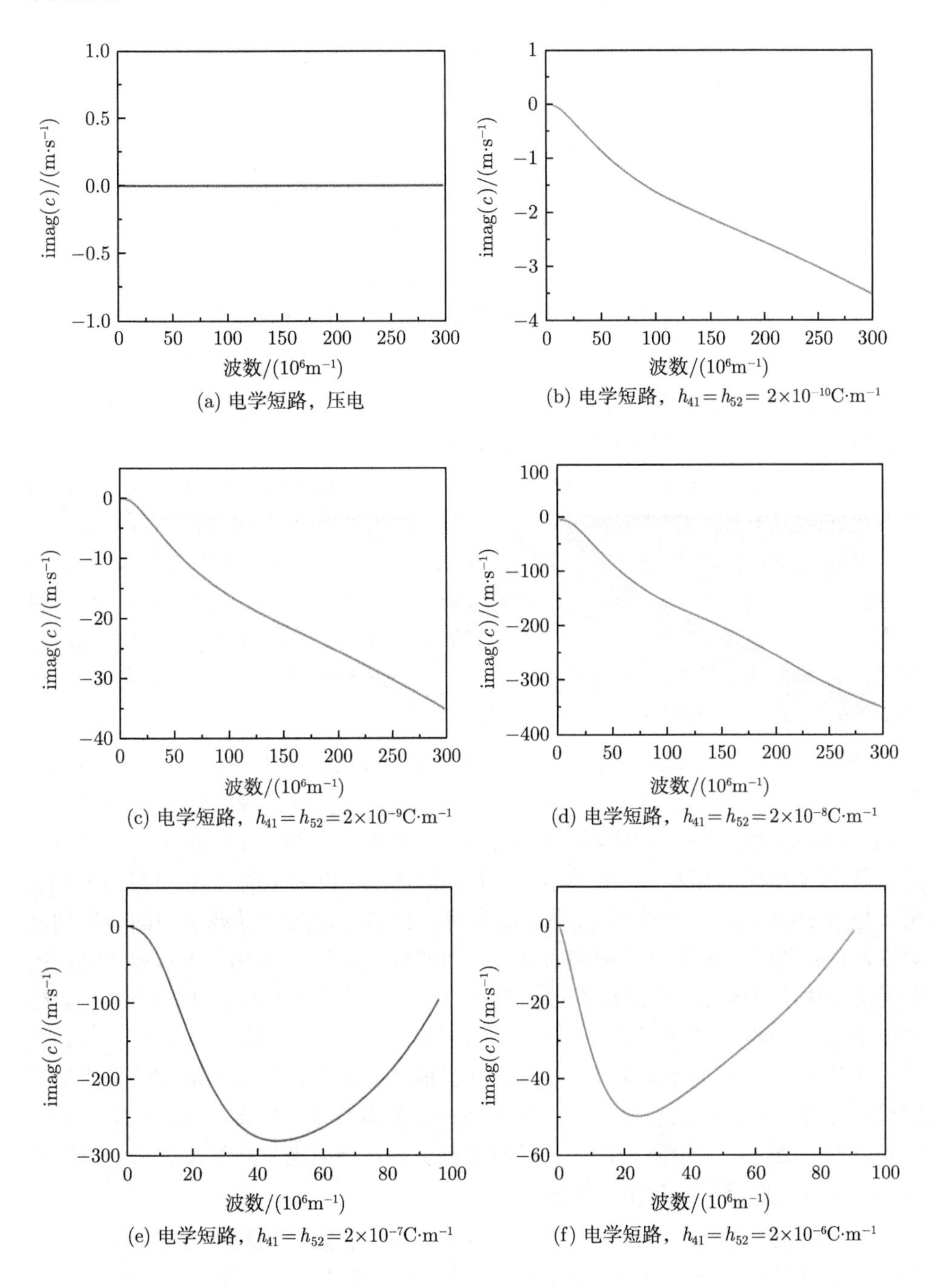

(a) 电学短路，压电

(b) 电学短路，$h_{41}=h_{52}=2\times10^{-10}\mathrm{C}\cdot\mathrm{m}^{-1}$

(c) 电学短路，$h_{41}=h_{52}=2\times10^{-9}\mathrm{C}\cdot\mathrm{m}^{-1}$

(d) 电学短路，$h_{41}=h_{52}=2\times10^{-8}\mathrm{C}\cdot\mathrm{m}^{-1}$

(e) 电学短路，$h_{41}=h_{52}=2\times10^{-7}\mathrm{C}\cdot\mathrm{m}^{-1}$

(f) 电学短路，$h_{41}=h_{52}=2\times10^{-6}\mathrm{C}\cdot\mathrm{m}^{-1}$

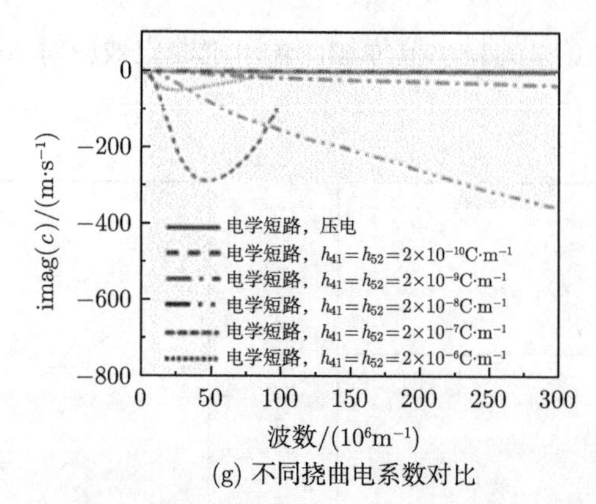

(g) 不同挠曲电系数对比

图 3.12　挠曲电系数不同时 imag(c) 与波数之间的关系

根据图 3.12(g)，当挠曲电系数在区间 $\left[2\times10^{-10}\mathrm{C}\cdot\mathrm{m}^{-1}, 2\times10^{-8}\mathrm{C}\cdot\mathrm{m}^{-1}\right]$ 中增加时，imag(c) 的最小值减小；当挠曲电系数在区间 $\left[2\times10^{-8}\mathrm{C}\cdot\mathrm{m}^{-1}, 2\times10^{-6}\mathrm{C}\cdot\mathrm{m}^{-1}\right]$ 中增加时，imag(c) 的最小值增加。因为 imag(c) 为负，所以最大的波衰减发生在挠曲电系数为 $2\times10^{-8}\mathrm{C}\cdot\mathrm{m}^{-1}$ 时，同时也揭示了大的挠曲电系数不一定导致强的波衰减。当挠曲电系数的量级为 10^{-8}、10^{-9} 和 10^{-10} 时，在给定的波数区间 ($k\leqslant10^{8}\mathrm{m}^{-1}$)，imag($c$) 随着波数增加而单调减小。当挠曲电系数的量级为 10^{-7} 和 10^{-6} 时，imag(c) 与电学开路条件下 imag(c) 的变化趋势相同，即先减小后增加。但是不同于电学开路条件，电学短路条件下得到的 imag(c) 始终为负，没有随着波数接近 "截止波数" 而变正。

最后，研究电学短路条件下导波层厚度对复数相速度的影响，挠曲电系数设置为 $2\times10^{-8}\mathrm{C}\cdot\mathrm{m}^{-1}$。图 3.13 和图 3.14 分别为不同导波层厚度 η 时 real(c) 和 imag(c) 随波数的变化。对比图 3.9、图 3.10、图 3.13 和图 3.14，电学开路和电学短路条件下的复数相速度色散关系，既有相似之处，也有不同之处。根据图 3.13，每条色散曲线 real(c) 的最小值小于没有考虑挠曲电效应时导波层中的体剪切波速度，而且随着导波层厚度增加而减小。当波数变大时，real(c) 色散曲线之间的差异逐渐缩小。因此，当波数相对较小时，导波层厚度对 real(c) 起重要作用。根据图 3.14，imag(c) 的绝对值相当大，这意味着当挠曲电系数为 $2\times10^{-8}\mathrm{C}\cdot\mathrm{m}^{-1}$ 时，挠曲电效应导致的波衰减会很大。在当前计算区间，波衰减随着波数增加而增加。此外，不同导波层厚度对应的 imag(c) 基本相等。综合图 3.13 和图 3.14，应该强调的是，电学短路条件下，当波数较小时，挠曲电效应对复数相速度的影响比对导波层厚度的变化更加敏感。

综上所述，电学短路条件下挠曲电效应对波速和波衰减的影响与挠曲电系数和波数密切相关，而 Love 波的相速度色散关系也依赖于压电导波层的厚度。

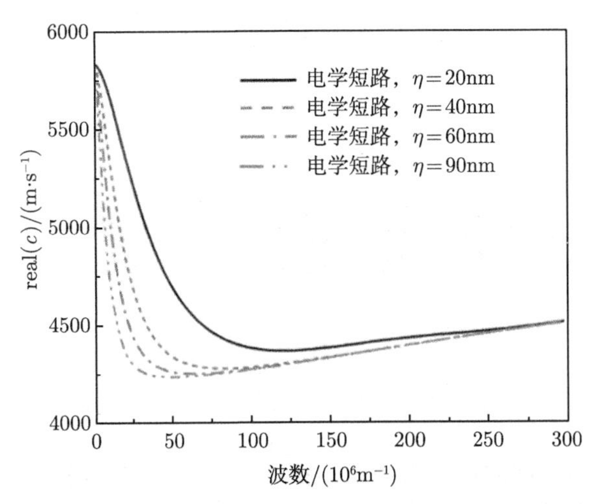

图 3.13 导波层厚度不同时 real(c) 与波数之间的关系

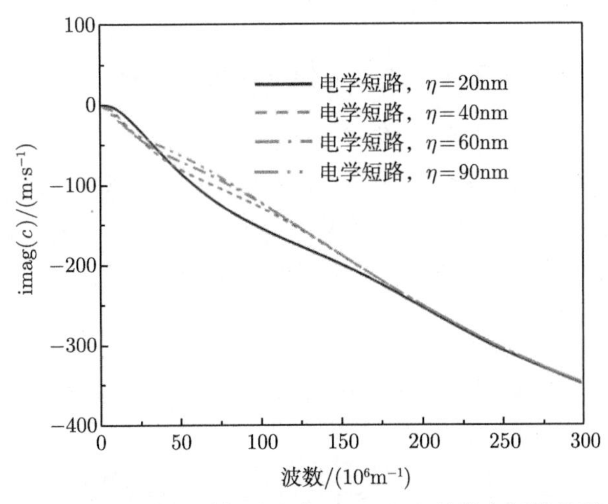

图 3.14 导波层厚度不同时 imag(c) 与波数之间的关系

3.4 压电及挠曲电板中的 Lamb 波

3.4.1 压电和挠曲电板中 Lamb 波的传播理论

本节推导并求解考虑挠曲电效应和应变梯度弹性效应时 Lamb 波传播的控制方程。图 3.15 为横观各向同性无限大板和直角坐标系，x_1 轴沿着 Lamb 波的传播方向，x_3 轴沿着厚度方向，x_1-x_3 平面位于未变形板的中性面。压电板在 x_1 和

x_2 方向是无限的 (x_2 由 x_1 和 x_3 按右手法则确定，沿面内方向)，具有纳米厚度 η。当前问题是二维的，所有物理变量依赖于坐标 x_1 和 x_3。

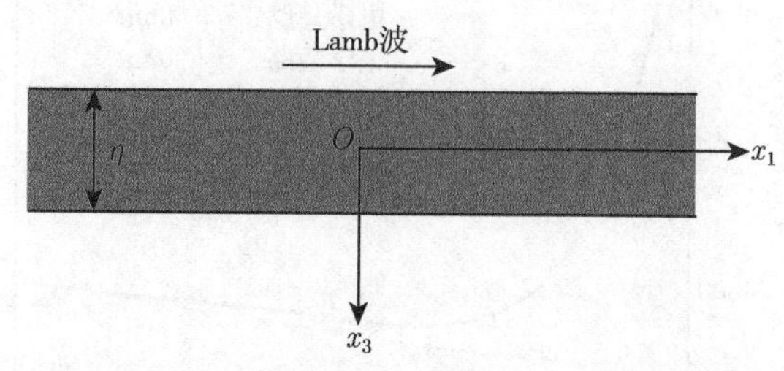

图 3.15　横观各向同性无限大板和直角坐标系

为了简化该声学问题，没有考虑逆挠曲电效应。对于考虑正挠曲电效应和应变梯度弹性效应的压电材料，本构方程如下

$$\sigma_{ij} = c_{ijkl}\varepsilon_{kl} - e_{ijk}E_k \tag{3.46}$$

$$\tau_{ijm} = -f_{ijkm}E_k + g_{ijmknl}w_{knl} \tag{3.47}$$

$$D_i = a_{ij}E_j + e_{jki}\varepsilon_{jk} + f_{jkil}w_{jkl} \tag{3.48}$$

式中，g_{ijmknl} 为高阶弹性张量，表示应变梯度之间的耦合。对于各向异性材料，g_{ijmknl} 的矩阵形式相当复杂，在研究中，常用 $g_{ijmknl} = l^2 c_{ijkn}\delta_{ml}$ 来近似表示，其中 l 为具有长度量纲的梯度系数，称为特征长度。几何关系和控制方程如 3.3 节所述。相应的边界条件为

$$\left(\sigma_{ij} - \tau_{ijm,m}\right)n_j + \left(\Delta_l n_l\right)\tau_{ijm}n_m n_j - \Delta_j\left(\tau_{ijm}n_m\right) = 0 \tag{3.49}$$

$$\tau_{ijm}n_m n_j = 0 \tag{3.50}$$

$$D_i n_i = 0 \tag{3.51}$$

式中，n_i、n_j、n_l 为 $\boldsymbol{n}$ 的分量，$\boldsymbol{n}$ 是表面的单位外法向量。式 (3.49)~ 式 (3.51) 分别是力边界条件、高阶力边界条件及电位移边界条件。

子波法可用于获取控制方程的通解。对于平面应变问题，位移分量在 x_2 方向没有变化，而且 x_2 方向的位移分量等于零。在 Lamb 波沿着 x_1 轴传播的假设下，位移和电势可以表示为

$$u_1\left(x_1, x_3, t\right) = B_1 \mathrm{e}^{\mathrm{i}kbx_3}\mathrm{e}^{\mathrm{i}k(x_1 - ct)} \tag{3.52}$$

$$u_3\left(x_1, x_3, t\right) = B_2 \mathrm{e}^{\mathrm{i}kbx_3}\mathrm{e}^{\mathrm{i}k(x_1 - ct)} \tag{3.53}$$

$$\varphi\left(x_1, x_3, t\right) = B_3 \mathrm{e}^{\mathrm{i}kbx_3} \mathrm{e}^{\mathrm{i}k(x_1 - ct)} \tag{3.54}$$

式中，B_1、B_2 和 B_3 为表示波振幅的待定常数；b 为未知参数；k 为波数；c 为相速度，ω 为圆频率，$\omega = kc$。在该声学问题中，一些物理量为零，所有物理量对坐标 x_2 的导数等于零。那么，控制方程可以简化为

$$\left(\sigma_{11} - \tau_{111,1} - \tau_{113,3}\right)_{,1} + \left(\sigma_{13} - \tau_{131,1} - \tau_{133,3}\right)_{,3} = \rho \ddot{u}_1 \tag{3.55}$$

$$\left(\sigma_{31} - \tau_{311,1} - \tau_{313,3}\right)_{,1} + \left(\sigma_{33} - \tau_{331,1} - \tau_{333,3}\right)_{,3} = \rho \ddot{u}_3 \tag{3.56}$$

$$D_{1,1} + D_{3,3} = 0 \tag{3.57}$$

根据几何方程，应变、应变梯度和电场的非零分量为

$$\varepsilon_{11} = u_{1,1},\ \varepsilon_{33} = u_{3,3},\ \varepsilon_{31} = \frac{1}{2}\left(u_{1,3} + u_{3,1}\right) \tag{3.58}$$

$$w_{111} = \varepsilon_{11,1},\ w_{113} = \varepsilon_{11,3},\ w_{331} = \varepsilon_{33,1},\ w_{333} = \varepsilon_{33,3},\ w_{311} = \varepsilon_{31,1},\ w_{313} = \varepsilon_{31,3} \tag{3.59}$$

$$E_1 = -\varphi_{,1},\ E_3 = -\varphi_{,3} \tag{3.60}$$

假设横观各向同性压电板在 x_1-x_2 平面内是各向同性的，将式 (3.58) ~ 式 (3.60) 代入本构方程式 (3.46) ~ 式 (3.48)，得到

$$\sigma_{11} - \tau_{111,1} - \tau_{113,3} = \begin{bmatrix} \left(\mathrm{i}kc_{11} + \mathrm{i}k^3 l^2 c_{11} + \mathrm{i}k^3 b^2 l^2 c_{11}\right) B_1 \\ + \left(\mathrm{i}kbc_{13} + \mathrm{i}k^3 b l^2 c_{13} + \mathrm{i}k^3 b^3 l^2 c_{13}\right) B_2 \\ + \left(\mathrm{i}kbe_{31} + k^2 f_{11} + k^2 b^2 f_{14}\right) B_3 \end{bmatrix} \mathrm{e}^{\mathrm{i}kbx_3} \mathrm{e}^{\mathrm{i}k(x_1 - ct)} \tag{3.61}$$

$$\sigma_{13} - \tau_{131,1} - \tau_{133,3} = \begin{bmatrix} \left(\mathrm{i}kbc_{44} + \mathrm{i}k^3 b l^2 c_{44} + \mathrm{i}k^3 b^3 l^2 c_{44}\right) B_1 \\ + \left(\mathrm{i}kc_{44} + \mathrm{i}k^3 l^2 c_{44} + \mathrm{i}k^3 b^2 l^2 c_{44}\right) B_2 \\ + \left(\mathrm{i}ke_{15} + 2k^2 b f_{111}\right) B_3 \end{bmatrix} \mathrm{e}^{\mathrm{i}kbx_3} \mathrm{e}^{\mathrm{i}k(x_1 - ct)} \tag{3.62}$$

$$\sigma_{31} - \tau_{311,1} - \tau_{313,3} = \begin{bmatrix} \left(\mathrm{i}kbc_{44} + \mathrm{i}k^3 b l^2 c_{44} + \mathrm{i}k^3 b^3 l^2 c_{44}\right) B_1 \\ + \left(\mathrm{i}kc_{44} + \mathrm{i}k^3 l^2 c_{44} + \mathrm{i}k^3 b^2 l^2 c_{44}\right) B_2 \\ + \left(\mathrm{i}ke_{15} + 2k^2 b f_{111}\right) B_3 \end{bmatrix} \mathrm{e}^{\mathrm{i}kbx_3} \mathrm{e}^{\mathrm{i}k(x_1 - ct)} \tag{3.63}$$

$$\sigma_{33} - \tau_{331,1} - \tau_{333,3} = \begin{bmatrix} \left(\mathrm{i}kc_{13} + \mathrm{i}k^3 l^2 c_{13} + \mathrm{i}k^3 b^2 l^2 c_{13}\right) B_1 \\ + \left(\mathrm{i}kbc_{33} + \mathrm{i}k^3 b l^2 c_{33} + \mathrm{i}k^3 b^3 l^2 c_{33}\right) B_2 \\ + \left(\mathrm{i}kbe_{33} + k^2 f_{14} + k^2 b^2 f_{11}\right) B_3 \end{bmatrix} \mathrm{e}^{\mathrm{i}kbx_3} \mathrm{e}^{\mathrm{i}k(x_1 - ct)} \tag{3.64}$$

$$D_1 = \left[\begin{array}{l} \left(\mathrm{i}kbe_{15} - k^2 f_{11} - k^2 b^2 f_{111}\right) B_1 \\ + \left(\mathrm{i}ke_{15} - k^2 b f_{14} - k^2 b f_{111}\right) B_2 - \mathrm{i}k a_{11} B_3 \end{array} \right] \mathrm{e}^{\mathrm{i}kbx_3} \mathrm{e}^{\mathrm{i}k(x_1 - ct)} \tag{3.65}$$

$$D_3 = \left[\begin{array}{l} \left(\mathrm{i}ke_{31} - k^2 b f_{14} - k^2 b f_{111}\right) B_1 \\ + \left(\mathrm{i}kbe_{33} - k^2 b^2 f_{11} - k^2 f_{111}\right) B_2 - \mathrm{i}kba_{33} B_3 \end{array} \right] \mathrm{e}^{\mathrm{i}kbx_3} \mathrm{e}^{\mathrm{i}k(x_1 - ct)} \tag{3.66}$$

将式 (3.61) ~ 式 (3.66) 代入控制方程式 (3.55) ~ 式 (3.57)，可以得到关于 B_1、B_2 和 B_3 的力学和电学控制方程，可以更简洁地写为以下矩阵形式：

$$\boldsymbol{M}\boldsymbol{B} = \boldsymbol{0} \tag{3.67}$$

式中，$\boldsymbol{M}$ 为 3 阶系数方阵；$\boldsymbol{B} = \{B_1, B_2, B_3\}^{\mathrm{T}}$。$\boldsymbol{M}$ 的元素为

$$\left\{ \begin{array}{l} M_{11} = c_{11} + b^2 c_{44} - \rho c^2 + k^2 l^2 c_{11} + k^2 b^2 l^2 \left(c_{11} + c_{44}\right) + k^2 b^4 l^2 c_{44} \\ M_{12} = b\left(c_{13} + c_{44}\right) + k^2 b l^2 \left(c_{13} + c_{44}\right) + k^2 b^3 l^2 \left(c_{13} + c_{44}\right) \\ M_{13} = b\left(e_{31} + e_{15}\right) - \mathrm{i}k f_{11} - \mathrm{i}k b^2 \left(f_{14} + 2f_{111}\right) \\ M_{21} = b\left(c_{44} + c_{13}\right) + k^2 b l^2 \left(c_{44} + c_{13}\right) + k^2 b^3 l^2 \left(c_{44} + c_{13}\right) \\ M_{22} = c_{44} + b^2 c_{33} - \rho c^2 + k^2 l^2 c_{44} + k^2 b^2 l^2 \left(c_{44} + c_{33}\right) + k^2 b^4 l^2 c_{33} \\ M_{23} = e_{15} + b^2 e_{33} - \mathrm{i}k b^3 f_{11} - \mathrm{i}k b \left(f_{14} + 2f_{111}\right) \\ M_{31} = b\left(e_{15} + e_{31}\right) + \mathrm{i}k f_{11} + \mathrm{i}k b^2 \left(f_{14} + 2f_{111}\right) \\ M_{32} = e_{15} + b^2 e_{33} + \mathrm{i}k b^3 f_{11} + \mathrm{i}k b \left(f_{14} + 2f_{111}\right) \\ M_{33} = -\left(a_{11} + b^2 a_{33}\right) \end{array} \right. \tag{3.68}$$

式 (3.68) 表明，压电效应相关的项与波数 k 无关，挠曲电效应相关的项取决于 k，应变梯度弹性效应相关的项取决于 k^2。根据式 (3.67) 的前两个控制方程，由 Cramer 法则可以确定振幅比：

$$F_1 = \frac{B_1}{B_3} = \frac{M_{12} M_{23} - M_{13} M_{22}}{M_{11} M_{22} - M_{12} M_{21}} \tag{3.69}$$

$$F_2 = \frac{B_2}{B_3} = \frac{M_{13} M_{21} - M_{11} M_{23}}{M_{11} M_{22} - M_{12} M_{21}} \tag{3.70}$$

为了得到非零解，要求 $\boldsymbol{M}$ 的行列式必须等于零，该条件产生一个关于 b 的十阶多项式特征方程，其中 k 和 c 可看作未知参数。值得注意的是，b^{10} 的系数由应变梯度弹性效应贡献。与经典压电 Lamb 波理论不同，b 不仅与相速度 c 相关，还与

波数 k 相关。对于给定的 k 和 c，存在 10 个 b，即 $b_m\,(m=1\sim 10)$。由于每一个 b 代表一个独立的解，需要十个解进行线性叠加。相应地，存在十组 B_1、B_2 和 B_3，即 $B_{1m}\,(m=1\sim 10)$、$B_{2m}\,(m=1\sim 10)$ 和 $B_{3m}\,(m=1\sim 10)$。将 $B_m\,(m=1\sim 10)$ 代入式 (3.69) 和式 (3.70) 得到幅值比 $F_{1m}\,(m=1\sim 10)$ 和 $F_{2m}\,(m=1\sim 10)$。如果不考虑挠曲电效应和应变梯度弹性效应，控制方程式 (3.67) 可以退化为经典压电板的情形，同时，非零解的存在条件将产生一个关于 b 的 6 阶多项式特征方程，其中 c 是唯一的未知参数。最后，包含了所有波分量的位移和电势可以表示为

$$u_1\left(x_1,x_3,t\right)=\sum_{m=1}^{10}F_{1m}B_{em}\mathrm{e}^{\mathrm{i}kb_mx_3}\mathrm{e}^{\mathrm{i}k(x_1-ct)} \tag{3.71}$$

$$u_3\left(x_1,x_3,t\right)=\sum_{m=1}^{10}F_{2m}B_{3m}\mathrm{e}^{\mathrm{i}kb_mx_3}\mathrm{e}^{\mathrm{i}k(x_1-ct)} \tag{3.72}$$

$$\varphi\left(x_1,x_3,t\right)=\sum_{m=1}^{10}B_{3m}\mathrm{e}^{\mathrm{i}kb_mx_3}\mathrm{e}^{\mathrm{i}k(x_1-ct)} \tag{3.73}$$

空气中的电势 φ_0 满足拉普拉斯方程：

$$\nabla^2\varphi_0=0 \tag{3.74}$$

式中，∇^2 为二维拉普拉斯算子 $\nabla^2=\partial^2/\partial x_1^2+\partial^2/\partial x_3^2$。

在远离压电板的位置，电势 φ_0 为零，即

$$x_3\to\pm\infty,\ \varphi_0=0 \tag{3.75}$$

因此，空气中电势的解为

$$\varphi_0\left(x_1,x_3,t\right)=\begin{cases}B_4\mathrm{e}^{-kx_3}\mathrm{e}^{\mathrm{i}k(x_1-ct)}, & x_3\geqslant\eta/2\\ B_5\mathrm{e}^{kx_3}\mathrm{e}^{\mathrm{i}k(x_1-ct)}, & x_3\leqslant-\eta/2\end{cases} \tag{3.76}$$

式中，B_4 和 B_5 为待定常数。于是，空气中的电位移可以表示为

$$D_{30}=\begin{cases}ka_0B_4\mathrm{e}^{-kx_3}\mathrm{e}^{\mathrm{i}k(x_1-ct)}, & x_3\geqslant\eta/2\\ -ka_0B_5\mathrm{e}^{kx_3}\mathrm{e}^{\mathrm{i}k(x_1-ct)}, & x_3\leqslant-\eta/2\end{cases} \tag{3.77}$$

式中，a_0 为空气的介电常数。通常，当压电材料的介电常数远大于空气的介电常数时，空气中的电场被认为是可以忽略的。为了进行严格的理论推导以及未来将该理论模型应用到低介电常数的压电材料，本工作考虑了空气中的电场。

3.4.2 挠曲电板中 Lamb 波的色散关系

待定常数可以由上表面和下表面的边界条件决定。力学边界条件是自由表面上的力分量和高阶力分量等于零，电学开路边界条件是表面和空气的电势连续、法向电位移连续，电学短路边界条件是表面上的电势等于零。根据式 (3.49) ~ 式 (3.51) 以及特定的单位外法向量 $\boldsymbol{n}$，可以得到以下修正的力学和电学边界条件：

(1) 力边界条件：

$$\left[(\sigma_{13}-\tau_{131,1}-\tau_{133,3})-\tau_{113,3}\right]\big|_{x_3=\pm\frac{\eta}{2}}=0 \tag{3.78}$$

$$\left[(\sigma_{33}-\tau_{331,1}-\tau_{333,3})-\tau_{313,3}\right]\big|_{x_3=\pm\frac{\eta}{2}}=0 \tag{3.79}$$

(2) 高阶力边界条件：

$$\tau_{133}\big|_{x_3=\pm\frac{\eta}{2}}=0 \tag{3.80}$$

$$\tau_{333}\big|_{x_3=\pm\frac{\eta}{2}}=0 \tag{3.81}$$

(3) 电学开路边界条件：

$$\varphi\big|_{x_3=\pm\frac{\eta}{2}}=\varphi_0\big|_{x_3=\pm\frac{\eta}{2}} \tag{3.82}$$

$$D_3\big|_{x_3=\pm\frac{\eta}{2}}=D_{30}\big|_{x_3=\pm\frac{\eta}{2}} \tag{3.83}$$

(4) 电学短路边界条件：

$$\varphi\big|_{x_3=\pm\frac{\eta}{2}}=0 \tag{3.84}$$

基于力学和电学边界条件式 (3.78) ~ 式 (3.83)，可以得到电学开路条件下关于待定常数 $B_{3m}(m=1,2,\cdots,10)$、B_4 和 B_5 的 12 个齐次线性方程。消去 B_4 和 B_5，然后约去每个方程两边的公因式，可以得到关于待定常数 $B_{3m}(m=1,2,\cdots,10)$ 的 10 个方程：

$$\boldsymbol{N}\boldsymbol{B}_3=0 \tag{3.85}$$

式中，$\boldsymbol{B}_3=\{B_{31},B_{32},\cdots,B_{310}\}^{\mathrm{T}}$；$\boldsymbol{N}$ 为十阶方阵，其元素为

$$N_{1m}=\left\{\begin{array}{l}\left[\mathrm{i}b_mc_{44}+\mathrm{i}k^2b_ml^2\left(c_{44}+c_{11}\right)+\mathrm{i}k^2b_m^3l^2c_{44}\right]F_{1m}\\+\left[\mathrm{i}c_{44}+\mathrm{i}k^2l^2c_{44}+\mathrm{i}k^2b_m^2l^2\left(c_{44}+c_{13}\right)\right]F_{2m}\\+\left[\mathrm{i}e_{15}+kb_m\left(f_{14}+2f_{111}\right)\right]\end{array}\right\}\mathrm{e}^{\mathrm{i}kb_m\frac{\eta}{2}} \tag{3.86}$$

$$N_{2m}=\left\{\begin{array}{l}\left[\mathrm{i}b_mc_{44}+\mathrm{i}k^2b_ml^2\left(c_{44}+c_{11}\right)+\mathrm{i}k^2b_m^3l^2c_{44}\right]F_{1m}\\+\left[\mathrm{i}c_{44}+\mathrm{i}k^2l^2c_{44}+\mathrm{i}k^2b_m^2l^2\left(c_{44}+c_{13}\right)\right]F_{2m}\\+\left[\mathrm{i}e_{15}+kb_m\left(f_{14}+2f_{111}\right)\right]\end{array}\right\}\mathrm{e}^{-\mathrm{i}kb_m\frac{\eta}{2}} \tag{3.87}$$

$$N_{3m} = \left\{ \begin{array}{l} \left[\mathrm{i}c_{13} + \mathrm{i}k^2 l^2 c_{13} + \mathrm{i}k^2 b_m^2 l^2 \left(c_{13} + c_{44}\right)\right] F_{1m} \\ + \left[\mathrm{i}b_m c_{33} + \mathrm{i}k^2 b_m l^2 \left(c_{33} + c_{44}\right) + \mathrm{i}k^2 b_m^3 l^2 c_{33}\right] F_{2m} \\ + \left[\mathrm{i}b_m e_{33} + k\left(f_{14} + f_{111}\right) + k b_m^2 f_{11}\right] \end{array} \right\} \mathrm{e}^{\mathrm{i}kb_m \frac{\eta}{2}} \tag{3.88}$$

$$N_{4m} = \left\{ \begin{array}{l} \left[\mathrm{i}c_{13} + \mathrm{i}k^2 l^2 c_{13} + \mathrm{i}k^2 b_m^2 l^2 \left(c_{13} + c_{44}\right)\right] F_{1m} \\ + \left[\mathrm{i}b_m c_{33} + \mathrm{i}k^2 b_m l^2 \left(c_{33} + c_{44}\right) + \mathrm{i}k^2 b_m^3 l^2 c_{33}\right] F_{2m} \\ + \left[\mathrm{i}b_m e_{33} + k\left(f_{14} + f_{111}\right) + k b_m^2 f_{11}\right] \end{array} \right\} \mathrm{e}^{-\mathrm{i}kb_m \frac{\eta}{2}} \tag{3.89}$$

$$N_{5m} = \left(-l^2 c_{44} k b_m^2 F_{1m} - l^2 c_{44} k b_m F_{2m} + \mathrm{i} f_{111}\right) \mathrm{e}^{\mathrm{i}kb_m \frac{\eta}{2}} \tag{3.90}$$

$$N_{6m} = \left(-l^2 c_{44} k b_m^2 F_{1m} - l^2 c_{44} k b_m F_{2m} + \mathrm{i} f_{111}\right) \mathrm{e}^{-\mathrm{i}kb_m \frac{\eta}{2}} \tag{3.91}$$

$$N_{7m} = \left(-l^2 c_{13} k b_m F_{1m} - l^2 c_{33} k b_m^2 F_{2m} + \mathrm{i} b_m f_{11}\right) \mathrm{e}^{\mathrm{i}kb_m \frac{\eta}{2}} \tag{3.92}$$

$$N_{8m} = \left(-l^2 c_{13} k b_m F_{1m} - l^2 c_{33} k b_m^2 F_{2m} + \mathrm{i} b_m f_{11}\right) \mathrm{e}^{-\mathrm{i}kb_m \frac{\eta}{2}} \tag{3.93}$$

$$N_{9m} = \left[\begin{array}{l} \left(\mathrm{i}e_{31} - k b_m f_{14} - k b_m f_{111}\right) F_{1m} \\ + \left(\mathrm{i}b_m e_{33} - k b_m^2 f_{11} - k f_{111}\right) F_{2m} - \mathrm{i} b_m a_{33} - a_0 \end{array} \right] \mathrm{e}^{\mathrm{i}kb_m \frac{\eta}{2}} \tag{3.94}$$

$$N_{10m} = \left[\begin{array}{l} \left(\mathrm{i}e_{31} - k b_m f_{14} - k b_m f_{111}\right) F_{1m} \\ + \left(\mathrm{i}b_m e_{33} - k b_m^2 f_{11} - k f_{111}\right) F_{2m} - \mathrm{i} b_m a_{33} + a_0 \end{array} \right] \mathrm{e}^{-\mathrm{i}kb_m \frac{\eta}{2}} \tag{3.95}$$

基于力学和电学边界条件式 (3.78) ~ 式 (3.82) 和式 (3.84)，可以得到电学短路条件下关于待定常数 $B_{3m}\,(m = 1, 2, \cdots, 10)$ 的 10 个齐次线性方程，然后对其进行化简。不同于电学开路条件，式 (3.94) 和式 (3.95) 被以下方程替代：

$$N_{9m} = \mathrm{e}^{\mathrm{i}kb_m \frac{\eta}{2}} \tag{3.96}$$

$$N_{10m} = \mathrm{e}^{-\mathrm{i}kb_m \frac{\eta}{2}} \tag{3.97}$$

为了得到待定常数 $B_{3m}\,(m = 1, 2, \cdots, 10)$ 的非零解，式 (3.85) 中系数方阵 $\boldsymbol{N}$ 的行列式必须等于零。因此，色散方程为

$$|\boldsymbol{N}| = 0 \tag{3.98}$$

色散方程确定了相速度 c 和波数 k 之间的关系。显然，由于挠曲电效应和应变梯度弹性效应同时修正了控制方程和边界条件，色散方程变得更加复杂了。

3.4.3 挠曲电效应对 PZT-5H 板中 Lamb 波的影响

本小节分析同时考虑挠曲电效应和应变梯度弹性效应时 Lamb 波色散关系的数值结果。无限大压电纳米板的材料选择 PZT-5H 陶瓷。相关的材料性质：$c_{11} = 121\text{GPa}$、$c_{13} = 84.1\text{GPa}$、$c_{33} = 117\ \text{GPa}$、$c_{44} = 23\text{GPa}$、$e_{15} = 17\text{C}\cdot\text{m}^{-2}$、$e_{31} = -6.5\text{C}\cdot\text{m}^{-2}$、$e_{33} = 23.3\text{C}\cdot\text{m}^{-2}$、$a_{11} = 1.5\times10^{-8}\text{F}\cdot\text{m}^{-1}$、$a_{33} = 1.3\times10^{-8}\text{F}\cdot\text{m}^{-1}$、$\rho = 7500\text{kg}\cdot\text{m}^{-3}$ [15,16]。为了简单起见，假设三个挠曲电系数 f_{11}、f_{14} 和 f_{111} 相等，都等于 f。材料特征长度 l 的值取决于材料的微观结构，该声学问题中，其值是估计的。压电纳米板的厚度 η 为纳米尺度。空气的介电常数 $a_0 = 8.854\,\text{pF}\cdot\text{m}^{-1}$。如果忽略挠曲电效应和应变梯度弹性效应，压电半空间中的 Rayleigh 波速度在电学开路条件下为 $2006.14\text{m}\cdot\text{s}^{-1}$，在电学短路条件下为 $1955.27\text{m}\cdot\text{s}^{-1}$。

虽然理论与实验已经证实 Lamb 波具有多种模态，但是实践中应用最广泛的是最低阶对称模态和反对称模态，最低阶反对称模态尤其敏感，而且响应速度快。本工作只关注最低阶模态的性质，其本质上对应经典压电 Lamb 波的最低阶反对称模态。由于是首次研究同时考虑挠曲电效应和应变梯度弹性效应的 Lamb 波传播，需关注直接求解色散方程得到的波数和相速度的实际值。因此，不对色散曲线进行归一化，尽管归一化的圆频率、归一化的相速度及归一化的波数常常被用于描述声波色散曲线的特性。为了使描述简洁，在后续图例中，PE、FE 和 SGE 分别表示压电效应、挠曲电效应和应变梯度弹性效应。此外，定义基于压电效应的 Lamb 波为经典压电 Lamb 波，定义基于压电效应和应变梯度弹性效应的 Lamb 波为应变梯度弹性 Lamb 波。

1. 应变梯度弹性效应对 Lamb 波传播特性的影响

本小节介绍只考虑应变梯度弹性效应而不考虑挠曲电效应的压电 Lamb 波的色散关系，压电纳米板的厚度固定为 50nm。当特征长度取不同值时，图 3.16(a) 和图 3.17(a) 分别为电学开路和电学短路条件下相速度随波数的变化。同时，考虑应变梯度弹性效应的压电 Lamb 波与经典压电 Lamb 波的相速度之差随波数的变化如图 3.16(b) 和图 3.17(b) 所示。

首先，分析电学开路条件下的色散曲线。在经典压电理论中，Rayleigh 波非色散，Rayleigh 波在半空间中以恒定的速度传播。对于经典压电 Lamb 波，当波数变大时，波长变短，最低阶模态的相速度逐渐靠近 Rayleigh 波速度。然而，考虑应变梯度弹性效应后，Rayleigh 波发生色散，不同波长的 Rayleigh 波以不同的速度传播。图 3.16(a) 表明，考虑应变梯度弹性效应后，最低阶 Lamb 模态的相速度没有趋近某个极限值，但是可以推断，当波数达到一定值后，最低阶 Lamb 模态的色散曲线将与 Rayleigh 波的色散曲线重合。

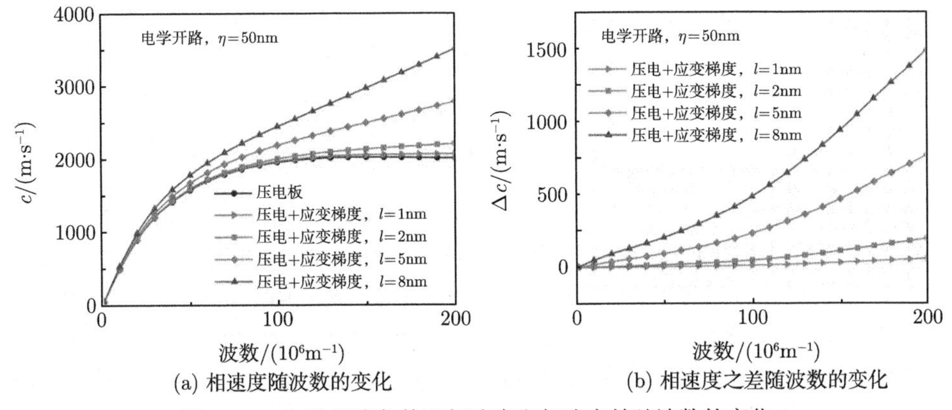

(a) 相速度随波数的变化　　(b) 相速度之差随波数的变化

图 3.16　电学开路条件下相速度和相速度差随波数的变化

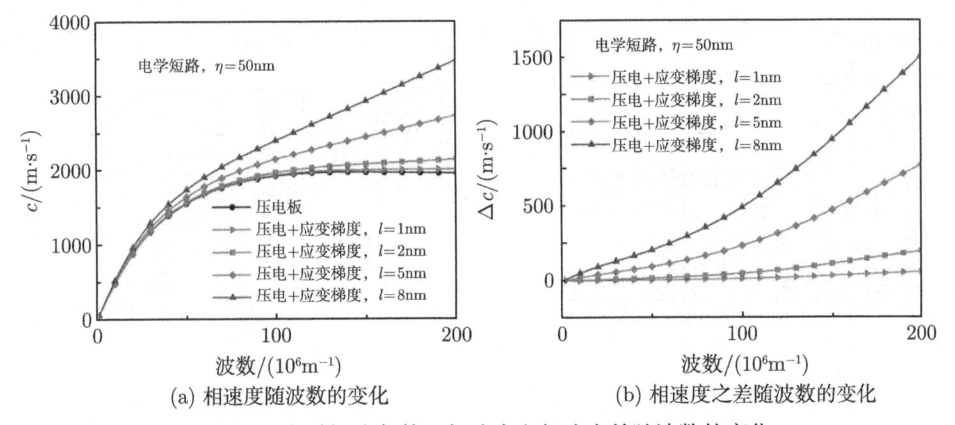

(a) 相速度随波数的变化　　(b) 相速度之差随波数的变化

图 3.17　电学短路条件下相速度和相速度差随波数的变化

图 3.16 还表明应变梯度弹性效应预测的相速度比经典压电 Lamb 波的相速度大，而且特征长度越大，应变梯度弹性效应的影响越显著。当特征长度 $l = 1\mathrm{nm}$ 时，考虑应变梯度弹性效应的色散曲线与基于压电效应的色散曲线非常接近，此时，应变梯度弹性理论与经典压电理论预测的相速度之差可以忽略。但是当特征长度变大，如 $l = 2\mathrm{nm}$、5nm 或 8nm，相速度之差也变得越来越明显。经典压电解是 $l = 0$ 时应变梯度弹性解的特殊情形，如果 $l \neq 0$，应变梯度弹性效应 (用 l 来衡量) 的影响可以是巨大的。因此，对于拥有显著微观结构的材料，经典压电解是不准确的。

根据图 3.16(a)，当波数非常小，不同特征长度对应的相速度相当接近，当波数相对较大，色散曲线之间的差异明显增加。因此，应变梯度弹性效应对相速度的影响在波数非常小时十分微弱，在波数较大时比较明显。这是因为应变梯度与波数成正比，波数越大，应变梯度弹性效应的影响越明显。

对于电学短路条件下的色散曲线，也可以得到相同的结论。综上所述，应变梯度弹性效应对相速度的影响与特征长度和波数密切相关，分析厚度为纳米量级的压电板中传播的 Lamb 波时，考虑应变梯度弹性效应的影响是十分必要的。

2. 挠曲电效应及应变梯度弹性效应对 Lamb 波传播特性的影响

本小节介绍压电纳米板中同时考虑挠曲电效应和应变梯度弹性效应时 Lamb 波的色散关系，固定应变梯度弹性效应的特征长度 $l = 1\text{nm}$，然后改变挠曲电系数。PZT 陶瓷的挠曲电系数不太大，在室温下，当 PZT 陶瓷中产生小幅度的应变梯度时，测得其挠曲电系数 f_{12} 为 $0.5\mu\text{C}\cdot\text{m}^{-1}$ [17] 和 $1.4\mu\text{C}\cdot\text{m}^{-1}$ [18]。因此，假设 f 取以下合理的值：$0.1\mu\text{C}\cdot\text{m}^{-1}$、$0.5\mu\text{C}\cdot\text{m}^{-1}$、$1.0\mu\text{C}\cdot\text{m}^{-1}$ 和 $1.5\mu\text{C}\cdot\text{m}^{-1}$。压电纳米板的厚度也设置为 50nm。当挠曲电系数取不同值时，图 3.18(a) 和图 3.19(a) 分别为电学开路和电学短路条件下相速度随波数的变化。同时，考虑挠曲电效应时 Lamb 波的相速度和不考虑挠曲电效应时 Lamb 波的相速度之差随波数的变化分别如图 3.18(b) 和图 3.19(b) 所示。

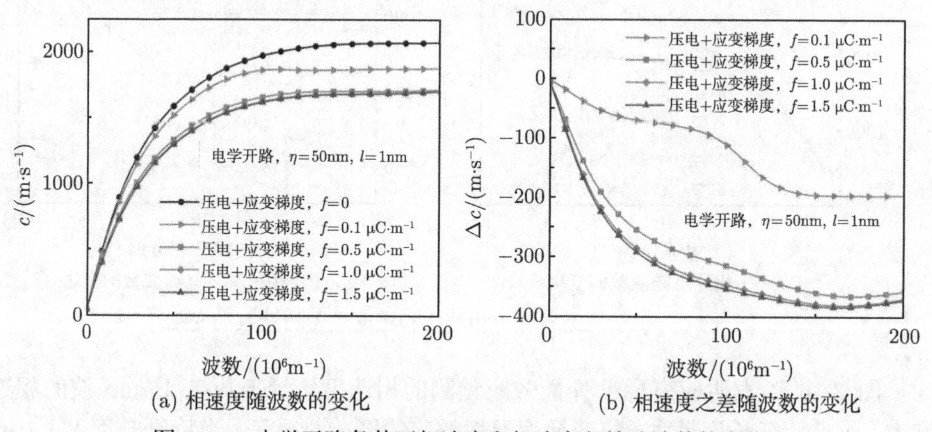

(a) 相速度随波数的变化　　(b) 相速度之差随波数的变化

图 3.18　电学开路条件下相速度和相速度之差随波数的变化

图 3.18 和图 3.19 表明，考虑挠曲电效应使应变梯度弹性 Lamb 波的相速度减小。根据图 3.16 和图 3.17，当特征长度 $l = 1\text{nm}$ 时，应变梯度弹性效应的影响较小，应变梯度弹性 Lamb 波的色散曲线与经典压电 Lamb 波的色散曲线十分接近，因此可以进一步推测挠曲电效应将减小经典压电 Lamb 波的相速度。此外，当挠曲电系数取更大值时，挠曲电效应对应变梯度弹性 Lamb 波相速度的影响更加突出。当挠曲电系数从 0 增加到 $0.5\mu\text{C}\cdot\text{m}^{-1}$ 时，色散关系对挠曲电系数十分敏感，即使非常小的挠曲电系数也能使相速度发生明显的变化。然而，当挠曲电系数为 $0.5\mu\text{C}\cdot\text{m}^{-1}$、$1.0\mu\text{C}\cdot\text{m}^{-1}$ 和 $1.5\mu\text{C}\cdot\text{m}^{-1}$ 时，相速度之间的差异不显著，意味着挠曲电系数在区间 $\left[0.5\mu\text{C}\cdot\text{m}^{-1}, 1.5\mu\text{C}\cdot\text{m}^{-1}\right]$ 时，色散关系对挠曲电

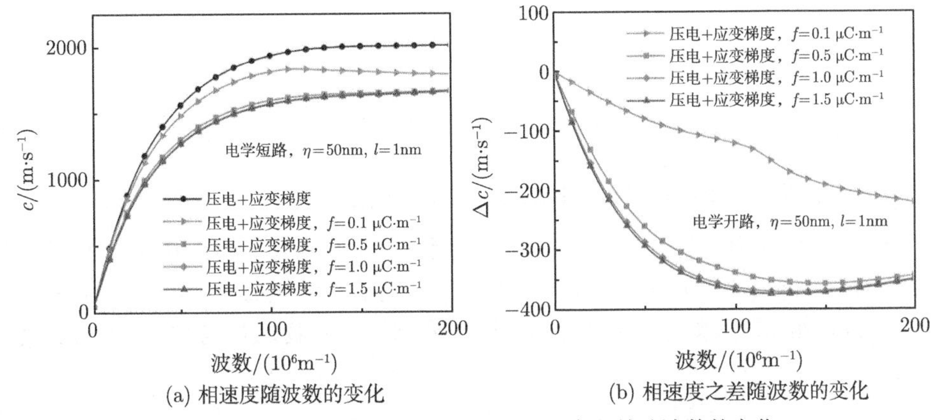

(a) 相速度随波数的变化　　(b) 相速度之差随波数的变化

图 3.19　电学短路条件下相速度和相速度之差随波数的变化

系数的变化不敏感。

图 3.18 和图 3.19 还表明，挠曲电效应对应变梯度弹性 Lamb 波相速度的影响与波数密切相关。如果挠曲电系数分别为 $0.5\mu\mathrm{C\cdot m^{-1}}$、$1.0\mu\mathrm{C\cdot m^{-1}}$ 和 $1.5\mu\mathrm{C\cdot m^{-1}}$，相速度之差为负，并且先单调减小，然后随着波数增加时变化不大。然而，如果挠曲电系数为 $0.1\mu\mathrm{C\cdot m^{-1}}$，当波数大约为 $10^8\mathrm{m^{-1}}$ 时，相速度之差随波数变化的曲线有明显地转变。从式 (3.72) 和式 (3.73) 可以看出，挠曲电效应和应变梯度弹性效应相互耦合，挠曲电效应对相速度的影响也与应变梯度弹性效应的特征长度相关，由于形式复杂，不便于提供色散关系的显式表达式。因此，只能根据图 3.18(b) 和图 3.19(b) 中挠曲电系数为 $0.1\mu\mathrm{C\cdot m^{-1}}$ 时曲线的转折，做出以下推论：挠曲电效应对应变梯度弹性 Lamb 波相速度的影响可以定性地分为两部分，一部分由挠曲电效应和应变梯度弹性效应之间的耦合决定；另一部分仅由挠曲电效应决定。这两部分对相速度产生相反的作用，即前者可以增加相速度，而后者可以减小相速度。由于整个区间内，考虑挠曲电效应后相速度减小，所以后者在修正相速度中发挥主导作用。另外，波数及挠曲电系数越小，前者的作用越强。因此，当波数相对较小以及挠曲电系数为 $0.1\mu\mathrm{C\cdot m^{-1}}$ 时，与仅由挠曲电效应所决定的部分相比，由挠曲电效应和应变梯度弹性效应之间的耦合所决定的部分变得突出，从而导致挠曲电系数为 $0.1\mu\mathrm{C\cdot m^{-1}}$ 时相速度之差随波数变化的曲线出现转折。

结合图 3.16 ~ 图 3.19，挠曲电效应和应变梯度弹性效应都能使经典压电 Lamb 波的相速度发生变化。具体地，挠曲电效应使相速度减小，应变梯度弹性效应使相速度增加。同时考虑挠曲电效应和应变梯度弹性效应时，该综合模型预测的相速度是大于还是小于经典压电模型预测的相速度，取决于哪种效应占据主导地位。上述结果说明，分析 Lamb 波的色散关系时考虑挠曲电效应和应变梯度弹性效应的重要性，当压电板的厚度为纳米量级时，两种效应的影响极其可观，纯压电分析可能产生显著误差。此外，上述结果还强调了精确测量相关材料参数的重要性。

3.5 半无限大挠曲电介质中的 Rayleigh 波

3.5.1 半无限大挠曲电介质中 Rayleigh 波传播理论

假设半空间由均匀的中心对称电介质组成，如图 3.20 所示，Rayleigh 波沿着 x_1 轴的正方向传播，x_1-x_2 平面与未变形半空间的平滑表面一致，x_3 轴沿深度方向。Rayleigh 波问题是一种典型的平面应变问题，其物理量只与 x_1 和 x_3 坐标有关。

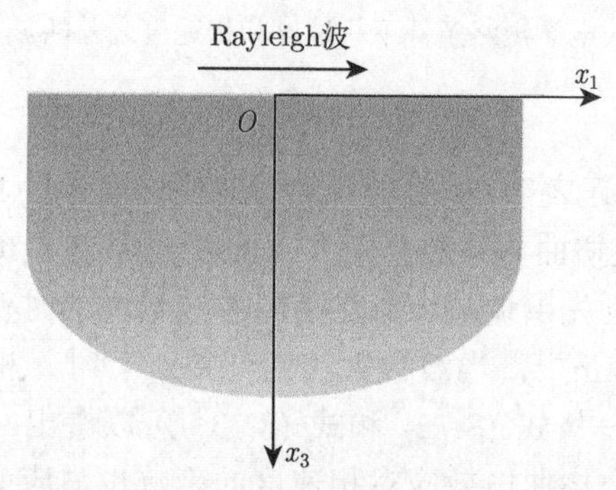

图 3.20 半空间和直角坐标系示意图

Rayleigh 波的位移和电势沿深度方向呈指数衰减，其表达式为

$$u_1(x_1,x_3,t)=B_1\mathrm{e}^{\mathrm{i}kbx_3}\mathrm{e}^{\mathrm{i}k(x_1-ct)} \tag{3.99}$$

$$u_3(x_1,x_3,t)=B_2\mathrm{e}^{\mathrm{i}kbx_3}\mathrm{e}^{\mathrm{i}k(x_1-ct)} \tag{3.100}$$

$$\varphi(x_1,x_3,t)=B_3\mathrm{e}^{ikbx_3}\mathrm{e}^{ik(x_1-ct)} \tag{3.101}$$

式中，B_1、B_2 和 B_3 为表示波振幅的待定常数；b 为待确定的未知参数。

由于所有物理量对 x_2 坐标的导数等于零，控制方程式 (3.18) 可以改写为更加简单的形式：

$$\left(\sigma_{11}-\tau_{111,1}-\tau_{113,3}+\frac{1}{3}\rho l_2^2\ddot{u}_{1,1}\right)_{,1}+\left(\sigma_{13}-\tau_{131,1}-\tau_{133,3}+\frac{1}{3}\rho l_2^2\ddot{u}_{1,3}\right)_{,3}=\rho\ddot{u}_1 \tag{3.102}$$

$$\left(\sigma_{31}-\tau_{311,1}-\tau_{313,3}+\frac{1}{3}\rho l_2^2\ddot{u}_{3,1}\right)_{,1}+\left(\sigma_{33}-\tau_{331,1}-\tau_{333,3}+\frac{1}{3}\rho l_2^2\ddot{u}_{3,3}\right)_{,3}=\rho\ddot{u}_3 \tag{3.103}$$

$$D_{1,1}+D_{3,3}=0 \tag{3.104}$$

将式 (3.99) ~ 式 (3.101) 代入式 (3.102) ~ 式 (3.104)，得到一个关于 B_1、B_2 和 B_3 的齐次线性方程组，该方程组可以更加简洁地表示为如式 (3.67) 的矩阵形式。系数矩阵 $\boldsymbol{M}$ 的元素如下

$$\left\{\begin{aligned}
&M_{11}=\left(c_{11}+c_{44}b^2\right)+\left(c_{11}+c_{44}b^2\right)\left(1+b^2\right)l_1^2k^2-\frac{1}{3}\rho c^2l_2^2k^2\left(1+b^2\right)-\rho c^2\\
&M_{12}=\left(c_{12}+c_{44}\right)b+\left(c_{12}+c_{44}\right)b\left(1+b^2\right)l_1^2k^2\\
&M_{13}=-\left[f_{11}\mathrm{i}k+\left(f_{14}+2f_{111}\right)\mathrm{i}kb^2\right]\\
&M_{21}=\left(c_{44}+c_{12}\right)b+\left(c_{44}+c_{12}\right)b\left(1+b^2\right)l_1^2k^2\\
&M_{22}=\left(c_{44}+c_{11}b^2\right)+\left(c_{44}+c_{11}b^2\right)\left(1+b^2\right)l_1^2k^2-\frac{1}{3}\rho c^2l_2^2k^2\left(1+b^2\right)-\rho c^2\\
&M_{23}=-\left[f_{11}\mathrm{i}kb^3+\left(f_{14}+2f_{111}\right)\mathrm{i}kb\right]\\
&M_{31}=f_{11}\mathrm{i}k+\left(f_{14}+2f_{111}\right)\mathrm{i}kb^2\\
&M_{32}=f_{11}\mathrm{i}kb^3+\left(f_{14}+2f_{111}\right)\mathrm{i}kb\\
&M_{33}=-a_{11}\left(1+b^2\right)
\end{aligned}\right. \tag{3.105}$$

式 (3.105) 表明，与挠曲电效应有关的项是 k 的函数，与微惯性效应和应变梯度弹性效应有关的项是 k^2 的函数。此外，中心对称材料中的力电耦合是通过挠曲电效应实现的。同时，微惯性效应提高了材料的等效惯性，应变梯度弹性效应提高了材料的等效弹性，特征长度的存在使包含材料微结构特征成为可能。

同样地，与式 (3.69) 和式 (3.70) 相同，可以得到振幅比。系数矩阵 $\boldsymbol{M}$ 的行列式等于零是方程具有非零解的充分必要条件，因此可以得到一个关于 b 的十阶多项式方程，其中 c 和 k 可看作参数。那么，如果给定 c 和 k，就可以求得 b 的 10 个根。由于固体存在于 $x_3\geqslant 0$ 的半空间，Rayleigh 波的衰减性质要求：只有在 $x_3\to\infty$ 时振幅等于零的波分量才存在。因此，选择虚部为正数的 5 个根，即 $b_m\,(m=1,2,\cdots,5)$。相应地，存在五组 $B_{1m}\,(m=1,2,\cdots,5)$、$B_{2m}\,(m=1,2,\cdots,5)$、$B_{3m}\,(m=1,2,\cdots,5)$、$F_{1m}\,(m=1,2,\cdots,5)$ 和 $F_{2m}(m=1,2,\cdots,5)$。由于每一个 b 代表一个独立的波分量，所以需要 5 个波分量进行线性叠加。

位移和电势可以表示为

$$u_1\left(x_1,x_3,t\right)=\sum_{m=1}^{5}F_{1m}B_{3m}\mathrm{e}^{\mathrm{i}kb_mx_3}\mathrm{e}^{\mathrm{i}k(x_1-ct)} \tag{3.106}$$

$$u_3\left(x_1, x_3, t\right)=\sum_{m=1}^{5} F_{2m} B_{3m} \mathrm{e}^{\mathrm{i}kb_m x_3} \mathrm{e}^{\mathrm{i}k\left(x_1-ct\right)} \tag{3.107}$$

$$\varphi\left(x_1, x_3, t\right)=\sum_{m=1}^{5} B_{3m} \mathrm{e}^{\mathrm{i}kb_m x_3} \mathrm{e}^{\mathrm{i}k\left(x_1-ct\right)} \tag{3.108}$$

通过联立边界条件可以得到待定常数 $B_{3m}\,(m=1,2,\cdots,5)$。值得注意的是，表面效应对控制方程没有影响，仅影响边界条件。本工作采用了表面弹性模型，没有考虑表面挠曲电效应和表面应变梯度弹性效应，原因有两点，首先，关于这两种效应的文献非常少；其次，忽略由这两种效应引起的表面高阶应力可以大大简化推导过程。

在自由表面，单位外法向量 $\boldsymbol{n}$ 是已知的，非经典边界条件可以简化为

$$\left.\left\{\sigma_{11,1}^{\mathrm{s}}+\left[\left(\sigma_{13}-\tau_{131,1}-\tau_{133,3}+\frac{1}{3}\rho l_2^2 \ddot{u}_{1,3}\right)-\tau_{113,1}\right]\right\}\right|_{x_3=0}=0 \tag{3.109}$$

$$\left.\left\{\sigma_{11}^{0} u_{3,11}+\left[\left(\sigma_{33}-\tau_{331,1}-\tau_{333,3}+\frac{1}{3}\rho l_2^2 \ddot{u}_{3,3}\right)-\tau_{313,1}\right]\right\}\right|_{x_3=0}=0 \tag{3.110}$$

$$\left.\tau_{133}\right|_{x_3=0}=0 \tag{3.111}$$

$$\left.\tau_{333}\right|_{x_3=0}=0 \tag{3.112}$$

$$\left.\left(D_{1,1}^{\mathrm{s}}+D_3\right)\right|_{x_3=0}=0 \tag{3.113}$$

进一步推导之后，式 (3.109) ~ 式 (3.113) 可以表示成关于 $B_{3m}(m=1,2,\cdots,5)$ 的 5 个齐次线性方程：

$$\boldsymbol{N}\boldsymbol{B}_3=0 \tag{3.114}$$

式中，$\boldsymbol{B}_3=\left\{B_{31}, B_{32}, B_{33}, B_{34}, B_{35}\right\}^{\mathrm{T}}$。系数矩阵 $\boldsymbol{N}$ 的元素如下

$$\begin{aligned} N_{1m}= & \left[c_{44}\mathrm{i}b_m-c_{11}^{\mathrm{s}}k+l_1^2\left(c_{44}+c_{44}b_m^2+c_{11}\right)\mathrm{i}k^2 b_m-\frac{1}{3}\rho l_2^2 \mathrm{i}k^2 b_m c^2\right] F_{1m} \\ & +\left[c_{44}\mathrm{i}+l_1^2\left(c_{44}+c_{44}b_m^2+c_{12}b_m^2\right)\mathrm{i}k^2\right] F_{2m}+\left(f_{14}+2f_{111}\right) k b_m \end{aligned} \tag{3.115}$$

$$\begin{aligned} N_{2m}= & \left[c_{12}\mathrm{i}+l_1^2\left(c_{12}+c_{12}b_m^2+c_{44}b_m^2\right)\mathrm{i}k^2\right] F_{1m} \\ & +\left[c_{11}\mathrm{i}b_m-\sigma_{11}^{0}k+l_1^2\left(c_{11}+c_{11}b_m^2+c_{44}\right)\mathrm{i}k^2 b_m-\frac{1}{3}\rho l_2^2 \mathrm{i}k^2 b_m c^2\right] F_{2m} \\ & +\left(f_{14}+f_{111}+f_{11}b_m^2\right) k \end{aligned} \tag{3.116}$$

$$N_{3m} = l_1^2 c_{44} k b_m^2 F_{1m} + l_1^2 c_{44} k b_m F_{2m} - \mathrm{i} f_{111} \tag{3.117}$$

$$N_{4m} = l_1^2 c_{12} k b_m F_{1m} + l_1^2 c_{11} k b_m^2 F_{2m} - \mathrm{i} f_{11} b_m \tag{3.118}$$

$$N_{5m} = (f_{14} + f_{111}) k b_m F_{1m} + \left(f_{11} b_m^2 + f_{111}\right) k F_{2m} + (\mathrm{i} a_{11} b_m - a_{11}^{\mathrm{s}} k) \tag{3.119}$$

为了使 $B_{3m}\,(m = 1, 2, \cdots, 5)$ 的非零解存在，$\boldsymbol{N}$ 的行列式必须等于零。因此：

$$|\boldsymbol{N}| = 0 \tag{3.120}$$

式 (3.120) 就是半无限大电介质中考虑挠曲电效应、应变梯度弹性效应、微惯性效应和表面效应时 Rayleigh 波的色散方程。

3.5.2 数值计算

本小节给出一些数值结果，以揭示挠曲电效应、应变梯度弹性效应、微惯性效应和表面效应对 Rayleigh 波相速度色散关系的影响。半空间由顺电相的 $BaTiO_3$ 单晶组成，其材料性质为：$c_{11} = 173\mathrm{GPa}$、$c_{12} = 82\mathrm{GPa}$、$c_{44} = 108\mathrm{GPa}$[19] 和 $\rho = 5915\mathrm{kg \cdot m^{-3}}$[20]。Ma 和 Cross[21] 动态地测量了较小应变梯度水平下 $BaTiO_3$ 的横向挠曲电系数 f_{12}。根据其实验数据，$BaTiO_3$ 的介电常数和挠曲电系数是温度的函数。在室温下，f_{12} 约为 $10^{-5}\mathrm{C \cdot m^{-1}}$，在四方相和立方相的相变点附近，$f_{12}$ 达到峰值，约为 $5 \times 10^{-5}\mathrm{C \cdot m^{-1}}$，然后 f_{12} 随着温度上升而逐渐减小。根据冲击波实验得到 $BaTiO_3$ 的纵向挠曲电系数 $f_{11} = 1.733 \times 10^{-5}\mathrm{C \cdot m^{-1}}$ [20]。$BaTiO_3$ 的剪切挠曲电系数 f_{44} 尚未通过实验测量。计算过程中，相对介电常数 $a_{11}/a_0 = 6000$，其中 a_0 为真空介电常数，挠曲电系数 f_{11}、f_{14} 和 f_{111} 分别在 $\left[1.0 \times 10^{-5}\mathrm{C \cdot m^{-1}}, 5.0 \times 10^{-5}\mathrm{C \cdot m^{-1}}\right]$ 变化。非局部特征长度 l_1 和微惯性特征长度 l_2 与材料的底层微观结构有关，计算过程中，l_1 可以限定在几纳米。一些文献中，l_2 的值设置为晶格常数，对于立方相的 $BaTiO_3$，其晶格常数为 0.39nm，计算过程中，假设 l_2 的值从一倍晶格常数变化到几倍晶格常数。至于表面效应，假设每一个表面材料参数通过一个特征长度与相应的体材料参数联系起来，也就是 $c_{11}^{\mathrm{s}} = c_{11} l_{\mathrm{c}}$ 和 $a_{11}^{\mathrm{s}} = a_{11} l_a$，其中 l_{c} 和 l_{a} 为纳米量级，l_{c} 和 l_{a} 表示表面材料性质相对于体材料性质的强度。残余表面应力通常为 $\left[1\mathrm{N \cdot m^{-1}}, 10\mathrm{N \cdot m^{-1}}\right]$，既可能为负，也可能为正，取决于晶体结构。值得注意的是，可以通过实验或原子模拟确定表面参数的精确值。如果挠曲电效应、应变梯度弹性效应、微惯性效应和表面效应都被忽略，Rayleigh 波非色散，根据经典弹性理论计算的相速度 $c = 3198.83\mathrm{m \cdot s^{-1}}$。

1. 挠曲电效应、应变梯度弹性效应和微惯性效应的影响

首先，基于不考虑表面效应的理论模型，分析挠曲电效应、应变梯度弹性效应和微惯性效应对 Rayleigh 波相速度色散关系的影响。每一幅图中，只改变待

分析的材料参数，其他材料参数保持不变。除非特别说明，否则材料参数默认设置为 $f_{11}=10\mu C\cdot m^{-1}$、$f_{14}=10\mu C\cdot m^{-1}$、$f_{111}=10\mu C\cdot m^{-1}$、$l_1=1nm$ 和 $l_2=0.39$ nm。计算过程中，最小的波数设置为 1.0×10^6 m^{-1}，所以最大的波长为 $2\pi\times10^6 m^{-1}$。

图 3.21、图 3.22 和图 3.23 分别为纵向挠曲电系数、横向挠曲电系数和剪切挠曲电系数取不同值时的相速度色散曲线。随着波数增加，相速度先迅速增加，然后相对缓慢地增加。当波数非常小时，可以推断目前的理论模型计算的相速度趋近经典弹性理论计算的 Rayleigh 波速度，即 $c=3198.83m\cdot s^{-1}$。

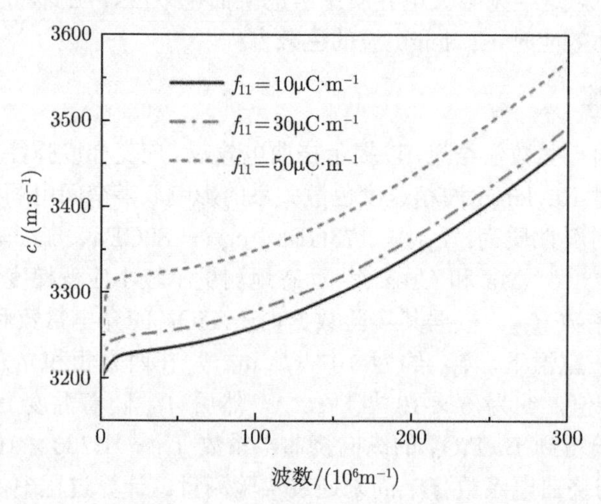

图 3.21　纵向挠曲电系数取不同值时的相速度色散曲线

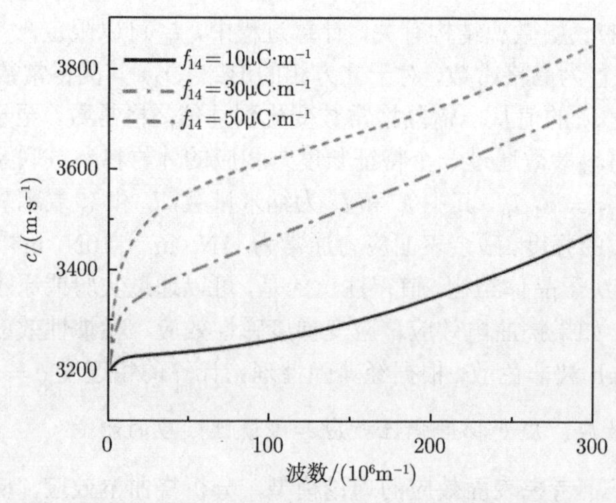

图 3.22　横向挠曲电系数取不同值时的相速度色散曲线

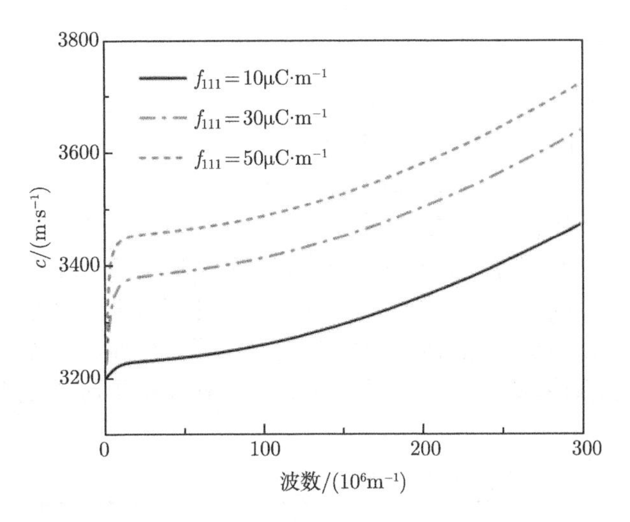

图 3.23 剪切挠曲电系数取不同值时的相速度色散曲线

图 3.24 为 $k=10^8\text{m}^{-1}$ 时相速度随挠曲电系数的变化。可以发现，相速度随纵向挠曲电系数的增加先减小后增加，但是随横向挠曲电系数和剪切挠曲电系数的增加单调增加。因此，挠曲电效应对相速度的影响与挠曲电系数密切相关。此外，从相速度变化幅度来看，横向挠曲电系数和剪切挠曲电系数对相速度的影响比纵向挠曲电系数更大。图 3.21 ~ 图 3.24 共同说明，考虑挠曲电效应的影响对波长在微米尺度和纳米尺度的 Rayleigh 波极其重要。

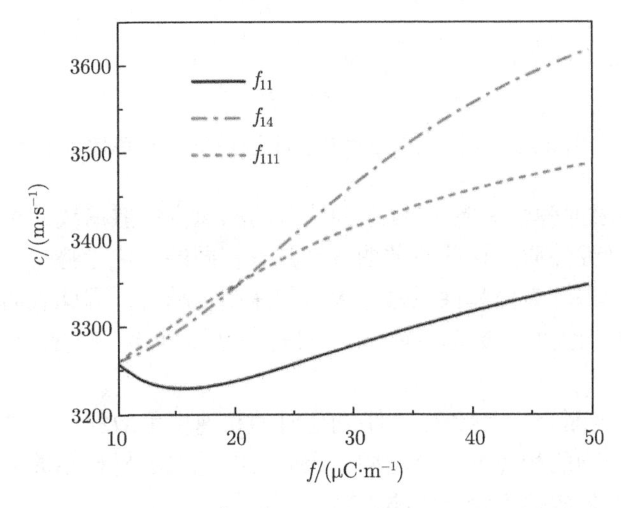

图 3.24 $k=10^8\text{m}^{-1}$ 时相速度随挠曲电系数的变化

2. 表面效应对半无限大空间中 Rayleigh 波传播特性的影响

根据考虑挠曲电效应、应变梯度弹性效应、微惯性效应和表面效应的综合模型，本小节分析表面效应对 Rayleigh 波相速度色散曲线的影响。除了前面默认设置的体材料参数，表面材料参数默认设置为 $\sigma_0 = 1\text{N}\cdot\text{m}^{-1}$、$l_{\text{c}} = 1\text{nm}$ 和 $l_{\text{a}} = 1\text{nm}$。图 3.25 为残余表面应力 σ_0 取不同值时的相速度色散曲线。可以发现，考虑残余表面应力的相速度稍微偏离不考虑残余表面应力的相速度，其中，负残余表面应力使相速度减小，而正残余表面应力使相速度增大。此外，残余表面应力的影响在波数和残余表面应力取较大值时更加明显。然而，与挠曲电效应、应变梯度弹性效应和微惯性效应相比，残余表面应力在修正相速度时具有微不足道的作用。

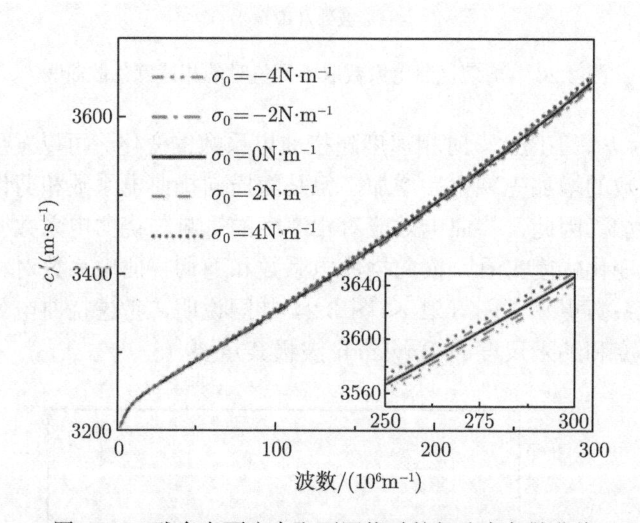

图 3.25　残余表面应力取不同值时的相速度色散曲线

图 3.26 为表面弹性系数 l_{c} 取不同值时的相速度色散曲线。可以发现，无论是否考虑表面弹性性质，这些色散曲线都具有相同的变化趋势，即相速度随波数增大而增大。此外，表面弹性系数越大，相速度也越大，因此表面弹性性质使相速度增大。在相当大的波数范围内，表面弹性性质对相速度的影响是至关重要的，不可以被忽略。

图 3.27 为表面介电系数 l_{a} 取不同值时的相速度色散曲线。显然，根据不同表面介电系数得到的相速度完全相同。因此，在选取的材料参数范围内，表面介电性质对相速度色散关系没有影响。

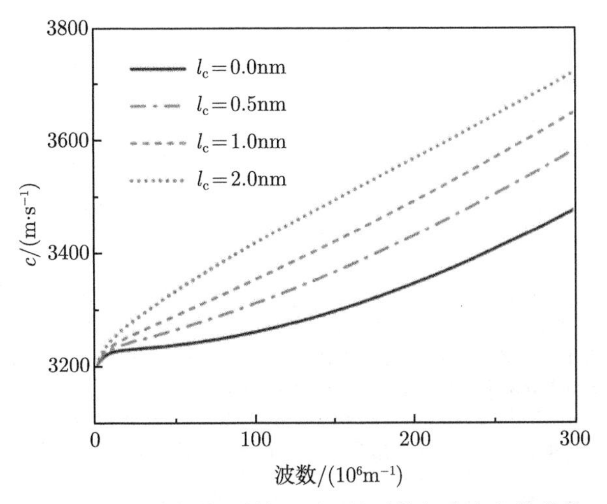

图 3.26 表面弹性系数取不同值时的相速度色散曲线

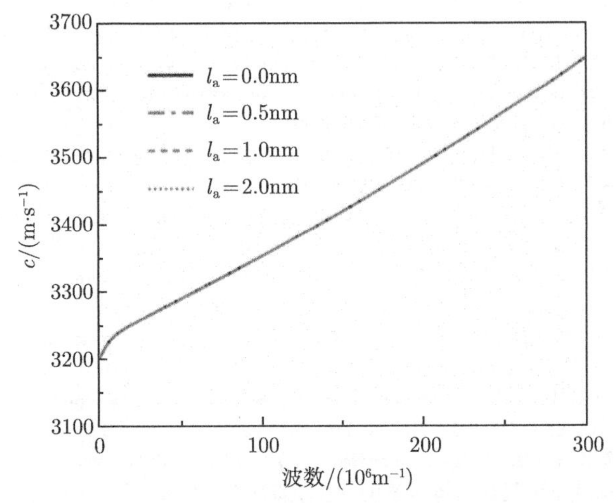

图 3.27 表面介电系数取不同值时的相速度色散曲线

综上所述，对于波长在微米量级和纳米量级的 Rayleigh 波，挠曲电效应、应变梯度弹性效应、微惯性效应和表面效应导致相速度的变化非常明显，基于经典弹性理论分析可能带来显著的误差，因此有必要采用考虑挠曲电效应等多种效应的综合理论模型。

3.6 本章小结

本章建立了半无限大各向同性电介质中弹性波的传播模型，考虑挠曲电效应、应变梯度和微惯性效应得到了弹性波相速度和群速度的色散方程；研究了压电及挠曲电层状结构中传播的 Love 波，压电及挠曲电板中的 Lamb 波，以及半无限大挠曲电介质中传播的 Rayleigh 波，讨论了挠曲电效应对基本模态相速度色散关系的影响；通过这几种典型结构中的弹性波，揭示了挠曲电效应对高频短波长弹性波传播特性的影响，有望为高频微声波器件的设计提供理论基础。

参 考 文 献

[1] MEEGAN G D, HAMILTON M F, II'INSKII Y A, et al. Nonlinear stoneley and scholte waves[J]. The Journal of the Acoustical Society of America, 1999, 106(4): 1712-1723.

[2] BARNETT D M, LOTHE J, GAVAZZA S D, et al. Considerations of the existence of interfacial (Stoneley) waves in bonded anisotropic elastic half-spaces[J]. Proceedings of the Royal Society of London. A. Mathematical and Physical Sciences, 1985, 402(1822): 153-166.

[3] LAMB H. On waves in an elastic plate[J]. Proceedings of the Royal Society of London. Series A, 1917, 93(648): 114-128.

[4] HU T T, YANG W J, LIANG X, et al. Wave propagation in flexoelectric microstructured solids[J]. Journal of Elasticity, 2018, 130(2): 197-210.

[5] MAJDOUB M S, SHARMA P, CAĞN T. Dramatic enhancement in energy harvesting for a narrow range of dimensions in piezoelectric nanostructures[J]. Physical Review B, 2008, 78: 121407.

[6] MAJDOUB M S, SHARMA P, CAĞN T. Erratum: Dramatic enhancement in energy harvesting for a narrow range of dimensions in piezoelectric nanostructures [Physical Review B 78, 121407 (R)(2008)][J]. Physical Review B, 2009, 79: 159901.

[7] SHARMA N D, LANDIS C M, SHARMA P. Piezoelectric thin-film superlattices without using piezoelectric materials[J]. Journal of Applied Physics, 2010, 108: 024304.

[8] YANG W J, LIANG X, SHEN S P. Love waves in layered flexoelectric structures[J]. Philosophical Magazine, 2017, 97(33): 3186-3209.

[9] LI X Y, WANG Z K, HUANG S H. Love waves in functionally graded piezoelectric materials[J]. International Journal of Solids and Structures, 2004, 41(26): 7309-7328.

[10] LIU H, WANG Z K, WANG T J. Effect of initial stress on the propagation behavior of Love waves in a layered piezoelectric structure[J]. International Journal of Solids and Structures, 2001, 38(1): 37-51.

[11] WANG Q, QUEK S T, VARADAN V K. Love waves in piezoelectric coupled solid media[J]. Smart Materials and Structures, 2001, 10(2): 380-388.

[12] LIU H, KUANG Z B, CAI Z M. Propagation of Bleustein-Gulyaev waves in a prestressed layered piezoelectric structure[J]. Ultrasonics, 2003, 41(5): 397-405.

[13] SU J, KUANG Z B, LIU H. Love wave in $ZnO/SiO_2/Si$ structure with initial stresses[J]. Journal of Sound and Vibration, 2005, 286(4-5): 981-999.

[14] QIAN Z H, HIROSE S. Theoretical validation on the existence of two transverse surface waves in piezoelectric/elastic layered structures[J]. Ultrasonics, 2012, 52(3): 442-446.

[15] LIU H, WANG T J, WANG Z K, et al. Effect of a biasing electric field on the propagation of symmetric Lamb waves in piezoelectric plates[J]. International Journal of Solids and Structures, 2002, 39(7): 2031-2049.

[16] LIU H, WANG T J, WANG Z K, et al. Effect of a biasing electric field on the propagation of antisymmetric Lamb waves in piezoelectric plates[J]. International Journal of Solids and Structures, 2002, 39(7): 1777-1790.

[17] MA W H, CROSS L E. Strain-gradient-induced electric polarization in lead zirconate titanate ceramics[J]. Applied Physics Letters, 2003, 82(19): 3293-3295.

[18] MA W H, CROSS LE. Flexoelectric effect in ceramic lead zirconate titanate[J]. Applied Physics Letters, 2005, 86: 072905.

[19] NARVAEZ J, SAREMI S, HONG J W, et al. Large flexoelectric anisotropy in paraelectric barium titanate[J]. Physical Review Letters, 2015, 115: 037601.

[20] HU T T, DENG Q, LIANG X, et al. Measuring the flexoelectric coefficient of bulk barium titanate from a shock wave experiment[J]. Journal of Applied Physics, 2017, 122: 055106.

[21] MA W H, CROSS L E. Flexoelectricity of barium titanate[J]. Applied Physics Letters, 2006, 88: 232902.

第 4 章　挠曲电效应的测试与表征

宏观固体中的挠曲电效应可以直接从实验上评估，即通过样品的力电耦合响应来表征。宏观尺寸固体中挠曲电效应的表征包括体静态挠曲电和表面压电的贡献，通常采用两种实验方法来表征材料的挠曲电效应：第一种方法是通过悬臂梁结构的动态弯曲产生应变梯度，通过记录金属电极板间流动的位移电流来测量电极化，从而表征材料中的挠曲电效应；第二种方法是通过单轴压缩梯台样品产生应变梯度，然后通过位移电流与单轴应变梯度的关系获得材料的挠曲电系数。根据理论预测，宏观固体中的挠曲电效应通常非常微弱，挠曲电系数仅为 $10^{-10}\text{C}\cdot\text{m}^{-1}$ 量级。2001 年，Ma 和 Cross[1] 首次在铌酸铅镁 (PMN) 陶瓷中观察到大的挠曲电极化，并通过悬臂梁试样动态弯曲实验测得铌酸铅镁弛豫陶瓷的挠曲电系数为 $5\times10^{-6}\text{C}\cdot\text{m}^{-1}$，比晶格动力学理论预测值大 5 万倍。随后，Cross 及其合作者测量了钛酸钡 (BT)、钛酸锶钡 (BST) 和锆钛酸铅 (PZT) 等一系列铁电陶瓷的挠曲电系数，这些里程碑式的工作为此后材料挠曲电效应的研究提供了方向和基础 [2-5]。Li 和 Shu 等测量了铁电复合材料的挠曲电系数 [6-11]。Kwon 等 [12] 测量了铁电薄膜的挠曲电系数，证实了该类材料的挠曲电系数在纳米尺度和宏观尺度具有相同量级。Baskaran 等 [13-15] 在 α 相聚偏氟乙烯 (α-PVDF) 薄膜中观察到巨挠曲电效应，其测得 α 相聚偏氟乙烯的挠曲电系数高达 $(81.5\pm10)\times10^{-6}\text{C}\cdot\text{m}^{-1}$；同时，在非晶聚偏氟乙烯材料中观察到巨挠曲电系数，实验发现非晶聚偏氟乙烯材料的挠曲电系数为 $-79.19\times10^{-6}\text{C}\cdot\text{m}^{-1}$。采用悬臂梁弯曲实验，Chu 和 Salem[16] 测得 PVDF 块体材料的横向挠曲电系数仅为 $(13\pm1)\times10^{-8}\text{C}\cdot\text{m}^{-1}$。Poddar 和 Ducharme[17] 通过悬臂梁弯曲实验测量了聚偏氟乙烯铁电薄膜及豫铁电薄膜的挠曲电系数，实验结果表明，铁电聚合物薄膜的挠曲电系数为 $(197\pm17)\times10^{-8}$ $\text{C}\cdot\text{m}^{-1}$。Poddar 和 Ducharme[18] 进一步研究了温度和尺度对铁电薄膜和弛豫铁电薄膜挠曲电效应的影响。Zhang 等 [19-22] 测量了转动梯度引起的电极化，并基于该实验设计了扭矩传感器。然而，目前的实验数据存在巨大偏差，其测量结果的稳定性和准确性还有待进一步研究。本章讨论材料挠曲电效应实验研究中的几何形状效应，并提出一种利用冲击波产生应变梯度，从而测量材料挠曲电系数的方法。

4.1 纵向挠曲电效应的准静态测试方法

为了准确地描述非均匀几何试件在单轴压缩作用下的变形，首先采用有限元软件分析梯台和圆台样品中的应力、应变分布特点，进而提出了一种更为合理的测量材料纵向挠曲电效应或材料纵向挠曲电系数的准静态测试方法。

4.1.1 梯台和圆台挠曲电试件的单轴压缩

材料纵向挠曲电效应可以通过单轴压缩梯台或圆台试件的方法测量。由于试件横截面积随高度发生变化，单轴压缩作用下试件上、下表面的应变不相等，从而产生沿试件厚度方向的应变梯度，通过测量试样表面电极上积累的电荷或流经上、下电极电路中的电流，可以获得极化电荷和表面位移的实验数据，建立极化电荷和应变梯度之间的线性关系，从而获得材料的纵向挠曲电系数。

图 4.1 为材料纵向挠曲电效应实验测量示意图。通过材料测试系统 (materials testing systems, MTS) 在宏观块体试件上施加单轴压缩力，圆台试件中应变梯度引起的电极化表示了材料纵向挠曲电效应，由于宏观介电材料通常具有微弱的压电性，通过圆柱试件作为对照组可以消除此压电性的影响。Fu 等 [23] 提出了利用梯台试件测量材料纵向挠曲电系数的方法。为了更准确地描述这种变截面结构中的应力、应变分布，本小节首先建立了梯台和圆台试件的有限元模型，分析应力和应变的分布。有限元模拟中建立高为 35mm，下表面边长为 14mm 和上表面边长为 7mm 的梯台试件的有限元模型，选取各向同性材料参数计算了梯台试件中应力和应变的分布。

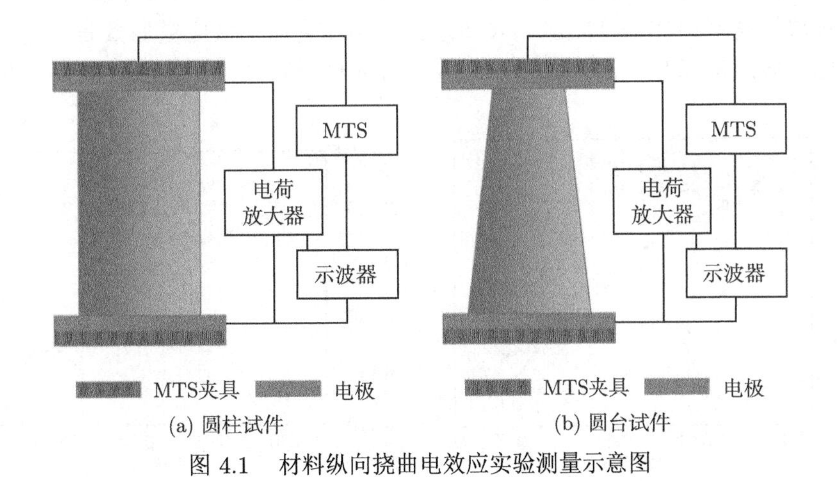

(a) 圆柱试件 (b) 圆台试件

图 4.1 材料纵向挠曲电效应实验测量示意图

从图 4.2(a) 中可以看出，在单轴压缩力作用下应力和应变均沿梯台试件高度变化，靠近上表面和下表面的侧棱附近出现了明显的应力集中。计算高度为 35mm，下底边半径为 8mm，上底边半径为 4mm 的圆台试件在单轴压缩力作用下的应力和应变作为对比。从图 4.2(b) 中可以看出，圆台试件中应力和应变沿高度连续变化，且无明显地应力集中现象，说明圆台试件比梯台试件能更准确地描述单轴应变的变化，并能消除应力集中位置大的应变梯度。

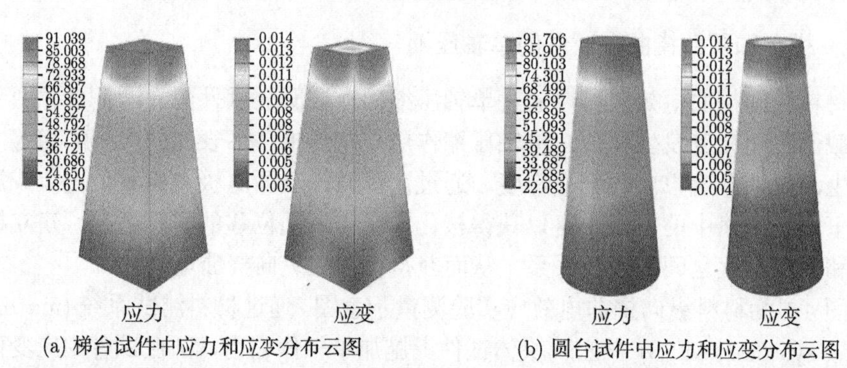

(a) 梯台试件中应力和应变分布云图 (b) 圆台试件中应力和应变分布云图

图 4.2 梯台和圆台试件受单轴压缩力作用下应力和应变的分布云图 (见彩图)

为了进一步定量描述应力和应变沿试件高度的变化，提取边界处应力沿试件高度方向的变化。图 4.3(a) 和 (b) 分别为梯台和圆台试件中应力和应变沿高度的变化。从图中可以看出，侧面中线处的应变和侧棱处的应变在下底部偏差约为 42%，表现出明显的不均匀分布，而圆台在单轴压缩力作用下应力和应变沿高度均匀变化，实验中采用圆台而非梯台试件，能够显著降低应力集中引起的大应变梯度。

基于上述分析，首先推导圆台试件在单轴压缩力作用下的应力和应变分布，由于宏观块体材料中非局部效应、表面效应等相比挠曲电效应更加微弱，这里仅考虑挠曲电效应的影响。同时，为了消除宏观块体材料中由微小极性区等引起的残

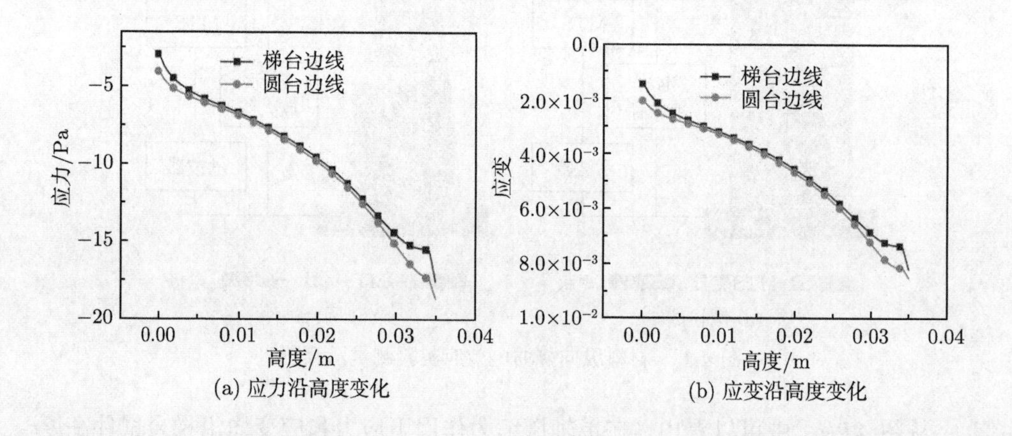

(a) 应力沿高度变化 (b) 应变沿高度变化

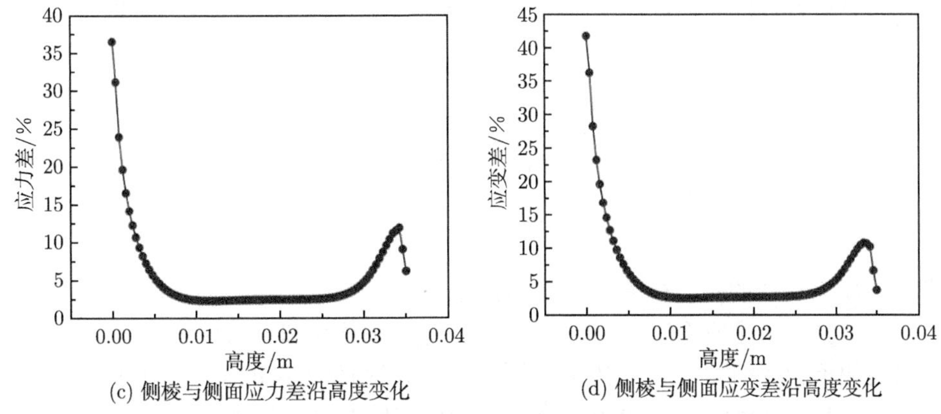

(c) 侧棱与侧面应力差沿高度变化

(d) 侧棱与侧面应变差沿高度变化

图 4.3 梯台和圆台试件中应力和应变沿高度的变化

余压电性，采用圆柱试件作为对照组。假设圆台和圆柱试件的下表面半径为 R，高度为 h，圆台上表面半径为 r，如图 4.4 所示。圆台的横截面半径沿高度 h 线性变化，建立如图 4.4 所示的直角坐标系，高度为 z 时横截面面积 $A(z) = \pi\left[R+(r-R)z/h\right]^2$，下底面 $(z=0)$ 面积 $A(0)=\pi R^2$，上底面 $(z=h)$ 的面积 $A(h)=\pi r^2$。

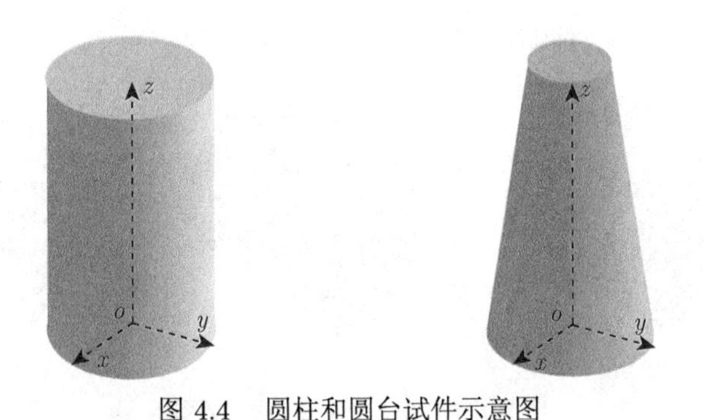

图 4.4 圆柱和圆台试件示意图

当试件上下表面受压缩力 F 作用时，试件中应力分量和外载荷之间的关系为 [24]

$$\left\{\begin{matrix}\sigma_{11}\\ \sigma_{22}\\ \sigma_{33}\end{matrix}\right\}=\left\{\begin{matrix}0\\ 0\\ -\dfrac{F}{A(z)}\end{matrix}\right\} \tag{4.1}$$

式中，σ_{11}、σ_{22} 和 σ_{33} 分别为沿坐标轴方向的应力分量。

假设材料为各向同性，根据线弹性本构方程，材料中的应变分量为

$$\left\{\begin{array}{c}\varepsilon_{11}\\ \varepsilon_{22}\\ \varepsilon_{33}\end{array}\right\}=\left\{\begin{array}{c}-\dfrac{v}{E}\sigma_{33}\\ -\dfrac{v}{E}\sigma_{33}\\ \dfrac{1}{E}\sigma_{33}\end{array}\right\}=\left\{\begin{array}{c}\nu\\ \nu\\ -1\end{array}\right\}\frac{F}{EA(z)} \tag{4.2}$$

式中，E 为材料的杨氏模量；ν 为泊松比。

为了验证上述理论假设的准确性，分别建立圆柱和圆台试件的有限元模型，上表面施加单轴压缩力 $F=250\text{N}$，限制下表面沿高度方向的位移。材料弹性模量 $E=2.1\text{GPa}$，泊松比 $\nu=0.38$，有限元计算结果如图 4.5 所示。

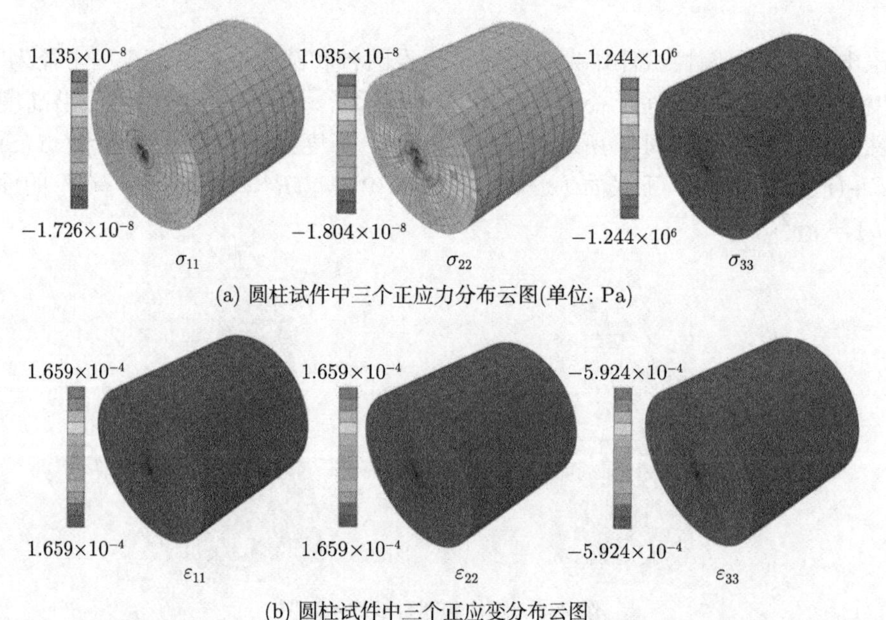

(a) 圆柱试件中三个正应力分布云图(单位: Pa)

(b) 圆柱试件中三个正应变分布云图

图 4.5　圆柱试件中三个正应力和三个正应变分布云图 (见彩图)

图 4.5 为圆柱试件中三个正应力 σ_{11}、σ_{22} 和 σ_{33}，以及三个正应变 ε_{11}、ε_{22} 和 ε_{33} 的分布云图。从图中可以看出，σ_{11} 和 σ_{22} 远小于 σ_{33}，几乎可以忽略不计；ε_{11}、ε_{22} 和 ε_{33} 具有相同的量级，不可忽略，这与理论假设的结果吻合。为了更直观地表示理论假设的准确性，表 4.1 给出了圆柱试件应力、应变的数值解和理论解对比。由表可以发现，数值解与理论解非常吻合，σ_{33} 和 ε_{33} 的相对误差分别为 $\left(\sigma_{33}^{\text{Theo}}-\sigma_{33}^{\text{FEM}}\right)/\sigma_{33}^{\text{Theo}}$ 和 $\left(\varepsilon_{33}^{\text{Theo}}-\varepsilon_{33}^{\text{FEM}}\right)/\varepsilon_{33}^{\text{Theo}}$，均约为 0.02%，说明上述单轴应力假设比 Cross[4] 的单轴应变假设更能准确地描述试件中应力和应变的分布。

表 4.1 圆柱试件应力、应变数值解和理论解对比

参数	符号	数值解	理论解
应力/Pa	σ_{11}	1.135×10^{-8}	0
	σ_{22}	1.035×10^{-8}	0
	σ_{33}	-1.244×10^{6}	-1.244×10^{6}
应变/10^{-4}	ε_{11}	1.659	1.659
	ε_{22}	1.659	1.659
	ε_{33}	−5.924	−5.924

同样地，分析圆台试件在单轴压缩力作用下应力和应变的分布，有限元计算结果如图 4.6 所示。

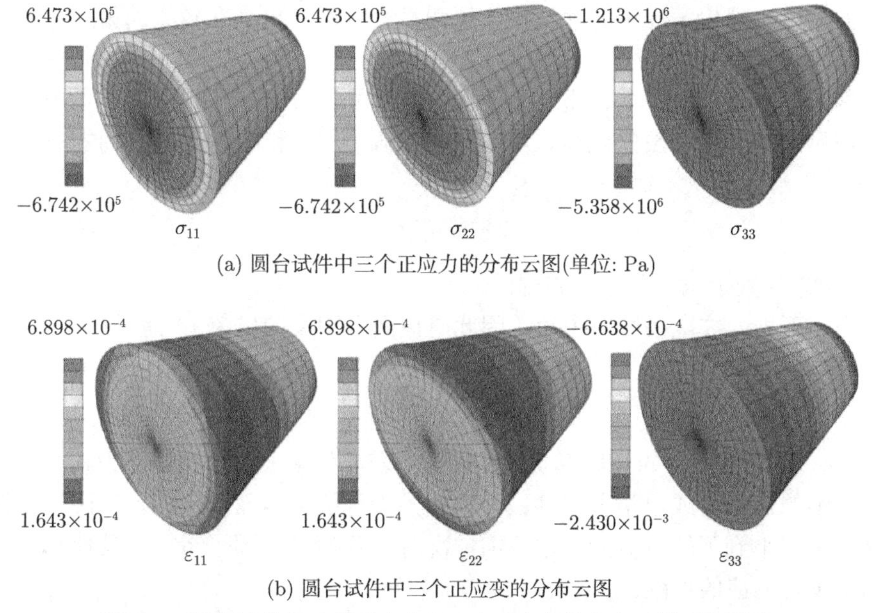

(a) 圆台试件中三个正应力的分布云图(单位: Pa)

(b) 圆台试件中三个正应变的分布云图

图 4.6 圆台试件中三个正应力和三个正应变的分布云图 (见彩图)

从图 4.6 中可知，由于这种不规则形状 (几何对称性被破坏)，轴向应力与圆台试件相比明显不同。此时，σ_{11} 和 σ_{22} 与 σ_{33} 相比不可忽略，单轴应力分布的理论假设不准确。同样地，圆台试件上表面应力和应变的相对误差为 $\left(\sigma_{33}^{\text{Theo}}-\sigma_{33}^{\text{FEM}}\right)/\sigma_{33}^{\text{Theo}}$，约为 2.5%，而 $\left(\varepsilon_{33}^{\text{Theo}}-\varepsilon_{33}^{\text{FEM}}\right)/\varepsilon_{33}^{\text{Theo}}$ 约为 12%，说明当模型变为圆台时，理论解和数值解存在较大的差异，如表 4.2 所示。为了准确地描述这种由于几何形状不对称引起的力电耦合测量误差，引入“几何修正因子”的概念 [25]。

表 4.2　圆台试件应力、应变数值解和理论解对比

参数	符号	数值解	理论解
应力/Pa	σ_{11}	6.473×10^5	0
	σ_{22}	6.473×10^5	0
	σ_{33}	1.213×10^6	-1.244×10^6
应变/10^{-4}	ε_{11}	1.643	1.659
	ε_{22}	1.643	1.659
	ε_{33}	-6.638	-5.924

根据 Guo 等 [25] 对压电材料性能的测量结果，通过等效压电试件的理论解和数值解的差异给出因形状变化而引起的力电耦合系数的差异。等效压电试件的计算结果表明，圆柱试件的几何修正因子约为 2.5%，说明理想条件下理论解和数值解的误差较小，可以忽略。圆台试件的几何修正因子约为 44.2%，表明由于几何形状非对称，理想条件下的理论数值解和真实测量结果存在较大的偏差，需要考虑几何形状的影响。

基于以上分析，在单轴压缩力作用下，圆柱试件上、下表面会产生由残余压电效应引起的符号相反的电荷，相应的极化强度 P_3 和应力 σ_{33} 之间的关系可以表示为

$$P_3 = d_{33}^{\mathrm{re}}\sigma_{33} \tag{4.3}$$

式中，d_{33}^{re} 为残余压电效应的强弱。

上、下表面被电极面所覆盖，因此电极面上积累的电荷 Q 为

$$Q = \alpha_1 d_{33}^{\mathrm{re}} F \tag{4.4}$$

式中，α_1 为圆柱试件的几何形状修正因子，表征力学上圆柱试件受力状态等效为单轴压缩的近似，或电学上圆柱试件等效为平行板电容器的近似。当圆柱试件的高度逐渐减小到不能近似为单轴压缩情况时，几何修正因子考虑了其他应力分量对力电耦合响应的贡献。

对于圆台试件，在单轴压缩力作用下极化电荷由残余压电效应和挠曲电效应引起，极化强度与应力和应力梯度的关系为

$$P_3 = d_{33}^{\mathrm{re}}\sigma_{33} + m_{11}\frac{\partial \sigma_{33}}{\partial z} \tag{4.5}$$

式中，m_{11} 为挠曲电系数，表征了由应力梯度引起的电极化。结合式 (4.1)，圆台试件表面电极上总电荷为

$$Q = \left[\alpha_2 d_{33}^{\mathrm{re}} + \frac{2m_{11}}{h}\left(1-\frac{r}{R}\right)\right]F \tag{4.6}$$

由式 (4.4) 和式 (4.6) 可得

$$m_{11} = \frac{\alpha_1 d_{33}^{\mathrm{re}} - \alpha_2 d_{33}^{\mathrm{re}}}{2\left(1 - r/R\right)} h \tag{4.7}$$

通过测量圆柱和圆台试件在相同单轴压缩力作用下电极面上的电荷，可以计算获得材料的挠曲电应力梯度耦合系数。进一步，材料挠曲电应变梯度耦合系数可通过挠曲电应力梯度耦合系数得到。由式 (4.2) 可知，圆柱试件中应变沿高度变化为常数，不存在应变梯度；而圆台试样中横截面半径沿高度线性变化，其任意高度的应变梯度为

$$\left\{\begin{array}{c} \dfrac{\partial \varepsilon_{11}}{\partial z} \\ \dfrac{\partial \varepsilon_{22}}{\partial z} \\ \dfrac{\partial \varepsilon_{33}}{\partial z} \end{array}\right\} = -\left\{\begin{array}{c} -\nu \\ -\nu \\ 1 \end{array}\right\} \frac{2F\left(r-R\right)/h}{E\pi\left[R + \left(r-R\right)z/h\right]^3} \tag{4.8}$$

圆台试件在单轴压缩力作用下任意位置的极化强度为

$$\begin{aligned} P_3 &= d_{33}^{\mathrm{re}}\sigma_{33} + \mu_{12}\frac{\partial \varepsilon_{11}}{\partial z} + \mu_{12}\frac{\partial \varepsilon_{22}}{\partial z} + \mu_{11}\frac{\partial \varepsilon_{33}}{\partial z} \\ &= d_{33}^{\mathrm{re}}\sigma_{33} + \left(\mu_{11} - 2\nu\mu_{12}\right)\frac{\partial \varepsilon_{33}}{\partial z} \end{aligned} \tag{4.9}$$

式中，μ_{11} 和 μ_{12} 为材料的挠曲电系数。

将式 (4.9) 沿电极面积分，则电极面上电荷与外力的关系为

$$Q = d_{33}^{\mathrm{eff}} F \tag{4.10}$$

式中，d_{33}^{eff} 为圆台试件的等效压电常数。

根据式 (4.10)，等效压电常数可表示为

$$d_{33}^{\mathrm{eff}} = \alpha_2 d_{33}^{\mathrm{re}} + \left(1 - \frac{r}{R}\right)\frac{2\left(\mu_{11} - 2\nu\mu_{12}\right)}{Eh} \tag{4.11}$$

联立式 (4.6) 和式 (4.10)，并借助式 (4.11)，可得到有效挠曲电系数 μ_{11}^{eff} 的表达式为

$$\mu_{11}^{\mathrm{eff}} = \left(\mu_{11} - 2\nu\mu_{12}\right) = Em_{11} \tag{4.12}$$

从式 (4.12) 可以看出，通过圆台试件的单轴压缩作用不能直接得到材料的挠曲电系数 μ_{11}，只能获得材料的等效挠曲电系数 μ_{11}^{eff}。材料的等效挠曲电系数 μ_{11}^{eff}

由两个挠曲电系数 μ_{11} 和 μ_{12} 构成，只有当忽略材料的泊松效应时，等效挠曲电系数 μ_{11}^{eff} 才等于 μ_{11}。由于圆台试件的几何特征，单轴应力作用下应变不能用单轴应变等效，因此只考虑沿高度方向的应变梯度将引起较大的误差。通过上述方法，本小节改进了以往材料挠曲电系数的实验测量方法，建立了应变梯度和极化电荷之间的关系，与之前的实验方法相比具有更高的精度。

4.1.2 聚偏氟乙烯纵向挠曲电系数的测量

本小节通过 4.1.1 小节提出的材料挠曲电系数的测量方法，测量聚合物聚偏氟乙烯 (polyvinylidene fluoride, PVDF) 材料的挠曲电系数。聚偏氟乙烯是由 —CH_2—CF_2—分子结构组成的链状聚合物，由晶体和非晶体两种相组成的混合结构，其晶体结构分为四种相，即 α 相、β 相、γ 相和 δ 相，其中 β-PVDF 经延展极化处理可以表现出强极性，具有明显的压电性。α-PVDF 材料无极性，是 PVDF 材料常见的结晶形式。为了系统描述材料的力电耦合行为，还需要获得材料介电性和弹性相关的参数。

首先采用 X 射线衍射仪 (XRD)(D8 Advance) 确定 PVDF 材料的晶体结构，采用铜靶产生波长为 0.15406nm 的 X 射线, 以每分钟 6° 的扫描速率扫描 PVDF 试样表面，扫描角度为 10°~30°，步长为 0.01°。图 4.7 为 PVDF 试样的 XRD 实验结果，将试样 XRD 结果与 α-PVDF 粉末的衍射结果对照，在 (110)、(020) 和 (110) 三个晶向 PVDF 试样均出现明显的衍射峰，这与 α-PVDF 粉末的 XRD 衍射结果一致，说明实验中所采用的试样晶体结构为 α 相。此外，PVDF 试样的 XRD 衍射峰在 (020) 晶向的峰值比标准 α-PVDF 粉末宽，说明实验所用试样的

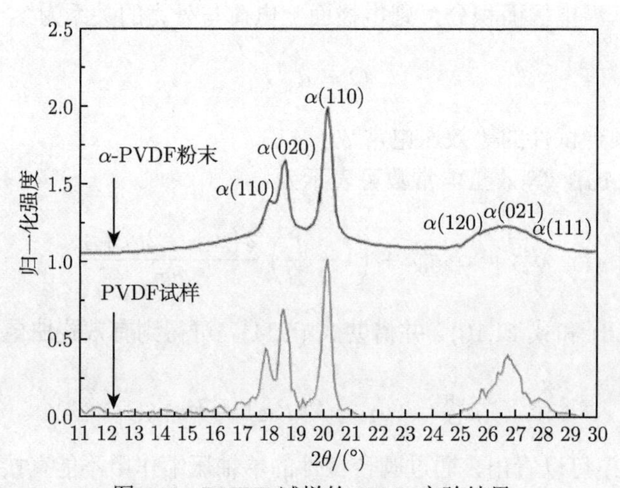

图 4.7 PVDF 试样的 XRD 实验结果

结晶度略低。此外，纳米极性区域、缺陷和非晶区对挠曲电效应的贡献也不能忽略，这里通过对照组的残余压电性消除上述因素的影响。

PVDF 试样的相对介电常数和介电损耗使用 Concept 80 宽带介电谱测量，结果如图 4.8 所示。图 4.8 给出频率为 200Hz 时，PVDF 试样的相对介电常数和介电损耗随温度的变化，可以看出 PVDF 材料的相对介电常数在 0~40℃ 温度范围内相对稳定，这与铁电陶瓷的介电常数随温度变化的趋势完全不同。由于实验中加载频率极低，从而在试件中产生的交流电的频率也较低，可以认为相对介电常数与介电谱中低频测量的结果一致。室温 (20℃) 时 PVDF 试样的相对介电常数为 9.4，介电损耗为 0.02，如图 4.8 所示。此外，利用 MTS858 Mini Bionix 试验机对 PVDF 材料进行力学性能测试，实验结果给出 PVDF 试样的杨氏模量为 2.11GPa。

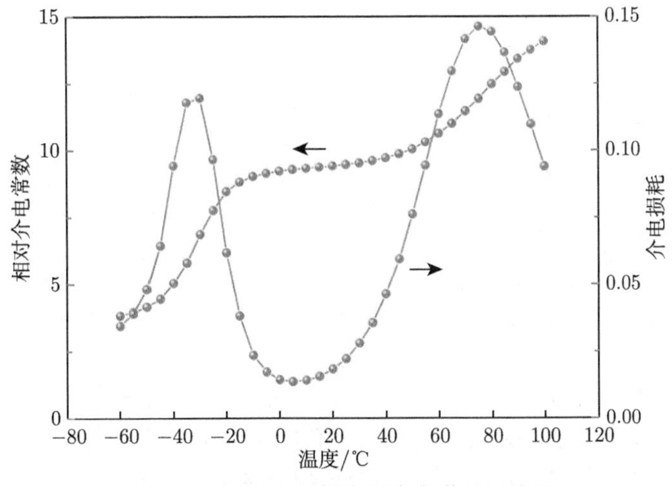

图 4.8 PVDF 试样宽带介电谱测量结果

PVDF 纵向挠曲电系数的测量实验中，采用直径为 16mm、高为 35mm 的圆柱试样作为参照，采用上表面直径为 8mm、下表面直径为 16mm、高为 35mm 的圆台试样测量材料的挠曲电系数。实验中通过 MTS858 Mini Bionix 对试样施加载荷，通过电荷放大器 B&K-2962 采集电极面上积累的电荷，并通过示波器 Tektronix THS-3410 采集数据，实验结果如图 4.9 所示。

分别在圆柱试件和圆台试件上施加频率为 0.5Hz、1.0Hz、1.5Hz、2.0Hz 和 2.5Hz 的正弦压缩力，图 4.9(a) 和 (b) 为圆柱试件和圆台试件施加力和输出电荷随时间的变化，从图中可以得到输出电荷和施加力曲线的峰–峰值，图 4.9(c) 和 (d) 为输出电荷随施加力变化，根据前文分析圆柱试件中应力均匀分布，不存在应变梯度，输出电荷与施加力曲线的斜率与材料的残余压电常数相关；而圆台试

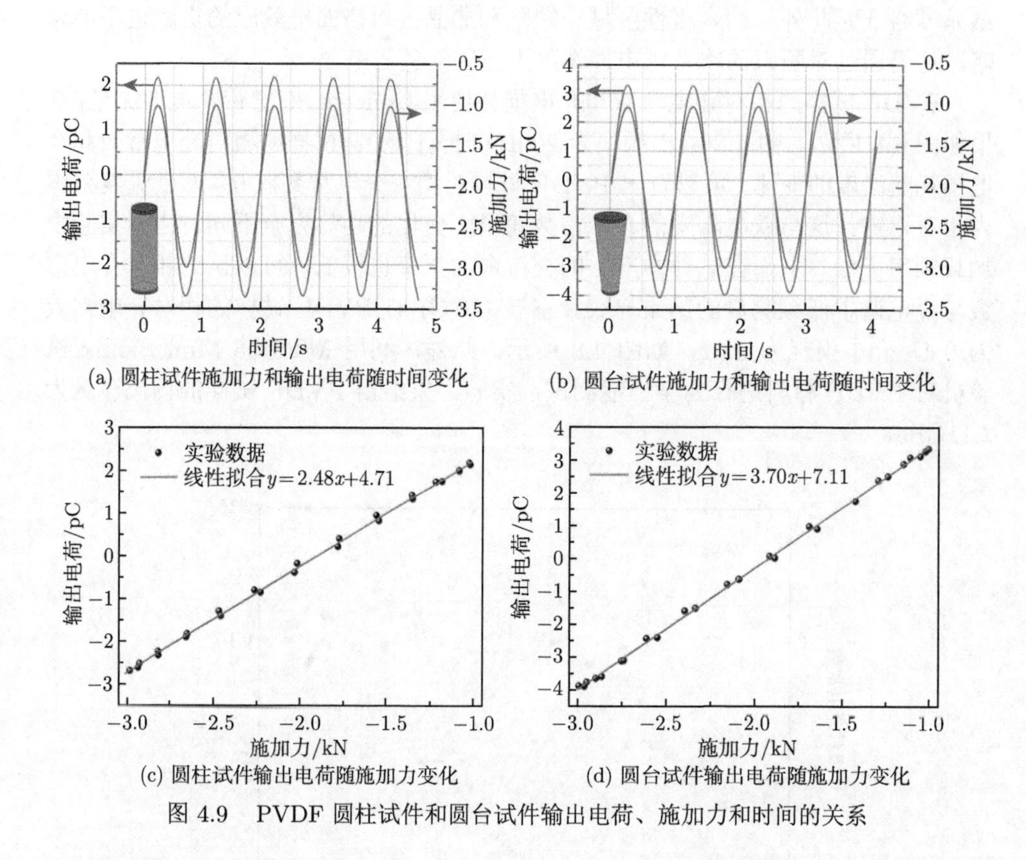

(a) 圆柱试件施加力和输出电荷随时间变化　(b) 圆台试件施加力和输出电荷随时间变化

(c) 圆柱试件输出电荷随施加力变化　(d) 圆台试件输出电荷随施加力变化

图 4.9　PVDF 圆柱试件和圆台试件输出电荷、施加力和时间的关系

件在外力作用下应力分布不均匀，存在应变梯度，输出电荷和施加力曲线的斜率不仅与材料的残余压电常数有关，还与材料的挠曲电系数有关。

根据式 (4.10) 和式 (4.11) 可得残余压电常数 $d_{33}^{\mathrm{re}} = 2.53 \times 10^{-3}\mathrm{pC \cdot N^{-1}}$，该残余压电常数远小于经极化处理过的 PVDF 材料的压电常数 ($d_{33} \approx 20\mathrm{pC \cdot N^{-1}}$)。然而，在宏观尺寸 PVDF 材料的挠曲电效应也非常微弱，残余压电效应对挠曲电效应的干扰不可忽略，因此需要利用圆柱试件作为对照组，以消除残余压电效应的影响。根据圆台试件的电荷与施加力关系，可得非极性 PVDF 材料的等效挠曲电系数 $\mu_{11}^{\mathrm{eff}} = \mu_{11} - 2\nu\mu_{12} = 9.0 \times 10^{-8}\mathrm{C \cdot m^{-1}}$。Chu 和 Salem[16] 通过悬臂梁弯曲实验测量了非极性 PVDF 材料的横向挠曲电系数 $\mu_{12} = 1.3 \times 10^{-8}\mathrm{C \cdot m^{-1}}$，因此可以得到非极性 PVDF 材料的纵向挠曲电系数 $\mu_{11} = 9.7 \times 10^{-8}\mathrm{C \cdot m^{-1}}$(泊松比 $\nu = 0.28$)。

本节通过圆柱试件和圆台试件，准确地测量了 PVDF 材料的挠曲电系数，$\mu_{11} = 1.3 \times 10^{-8}\mathrm{C \cdot m^{-1}}$。需要注意的是，由于 PVDF 材料内部部分结晶，非晶区域对挠曲电效应是否有贡献，以及如何影响此类材料的挠曲电行为等方面的信息尚不明确。本节在宏观尺度测量了材料的挠曲电系数，通过圆柱试件消除了残余压电效应的影响。

4.2 PVDF 纵向挠曲电效应的温度依赖性

众所周知，温度对材料性能有显著影响，当压电陶瓷材料的温度高于居里温度时，材料内部的晶体发生相变，导致压电性逐渐消失。例如，对于“软”PZT 压电陶瓷，当温度超过 250℃ 时压电常数急剧降低，然而其介电常数在温度约为 350℃ 时达到峰值。根据 Tagantsev 的理论，晶体材料的挠曲电系数与其介电常数密切相关，高介电常数 (High-K) 材料通常表现出较强的挠曲电效应 [26-28]。Ma 和 Cross[1-3,5] 的实验证实了具有高介电常数的铁电材料具有较大的挠曲电系数，且铁电陶瓷材料的挠曲电系数随温度的变化而变化，在铁电–顺电相变温度附近达到峰值。本节通过实验研究温度对非极性 PVDF 块体材料挠曲电效应的影响。

首先，采用 Concept 80 宽带介电谱测量了非极性 PVDF 材料的相对介电常数和介电损耗随温度的变化。图 4.10 为频率为 200Hz 时，非极性 PVDF 材料相对介电常数和介电损耗随温度的变化。可以发现，非极性 PVDF 材料的相对介电常数和介电损耗随温度的升高而增大，且介电损耗变化曲线在 75℃ 左右达到峰值，说明能量耗散随温度的升高而增大。此外，采用 MTS858 Mini Bionix 试验机

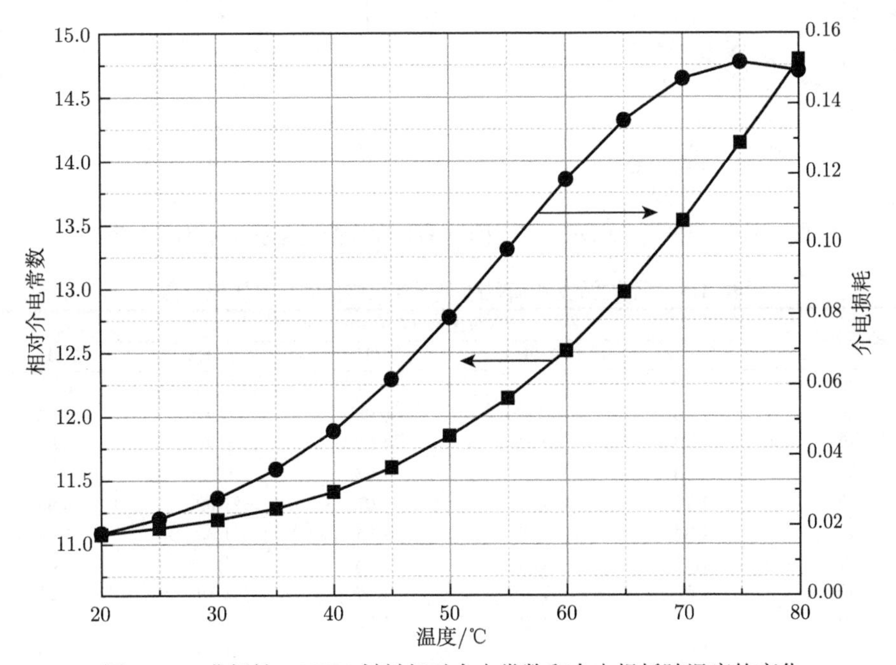

图 4.10 非极性 PVDF 材料相对介电常数和介电损耗随温度的变化

测量了 PVDF 块体材料的弹性常数，测得 PVDF 材料的杨氏模量 $E = 2.07\text{GPa}$。为了获得不同温度和不同加载频率对非极性 PVDF 材料挠曲电效应的影响，采用 Planar-Biaxial MTS 试验机，在温箱内进行加载实验。为了避免由施加周期载荷引起的热波动，实验中采用低频加载，加载频率分别为 0.5Hz、1.0Hz、1.5Hz、2.0Hz 和 2.5Hz；温度变化范围为 20~70℃。

为确保温度的稳定并消除温度波动引起的误差，加载前预热 15min，在 20℃ 时加载并测量非极性 PVDF 材料的挠曲电系数；随后以 $1℃\cdot\text{min}^{-1}$ 速率升温，每 5℃ 作为一个步长，待温度稳定后测量非极性 PVDF 材料的挠曲电系数和挠曲耦合系数，实验结果如图 4.11 所示。采用圆柱试样作为对照组，圆台试样作为实验组测量材料的挠曲电系数，不同温度和加载频率下残余压电常数和等效压电常数分别如表 4.3 和表 4.4 所示。从表 4.3 中可以发现，相同加载频率下，圆柱试件的残余压电常数随温度升高而增大，当温度升高到 70℃ 时其残余压电常数约为 20℃ 时的 2 倍。此外，相同温度下，等效压电系数随加载频率的增加而缓慢减小。

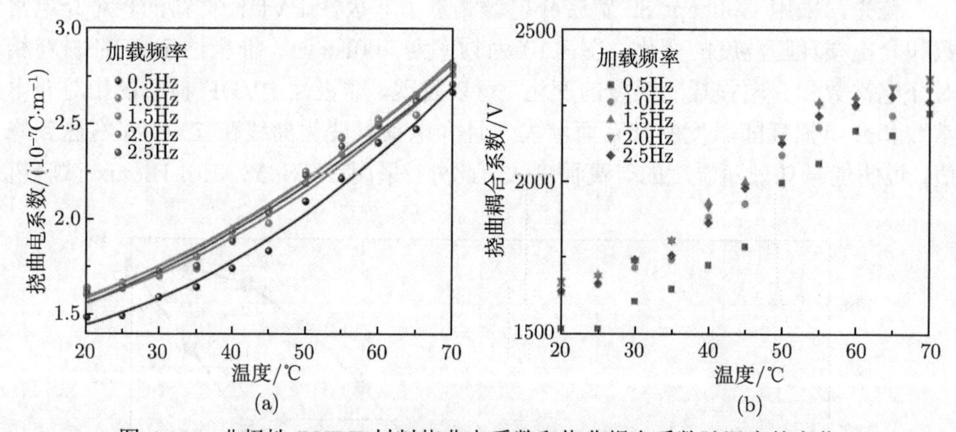

图 4.11　非极性 PVDF 材料挠曲电系数和挠曲耦合系数随温度的变化

表 4.3　不同温度和加载频率下圆柱试件的残余压电常数

温度/℃	残余压电常数/(10^{-3} pC·N^{-1})				
	0.5Hz	1.0Hz	1.5Hz	2.0Hz	2.5Hz
20	1.10	1.02	0.97	0.92	0.86
25	1.10	0.99	0.95	0.91	0.85
30	1.16	1.05	1.00	0.95	0.88
35	1.20	1.11	1.03	0.98	0.92
40	1.26	1.13	1.07	1.02	0.96
45	1.34	1.23	1.14	1.09	1.02
50	1.44	1.33	1.26	1.19	1.09
55	1.57	1.45	1.36	1.29	1.21
60	1.74	1.65	1.56	1.48	1.38
65	1.95	1.86	1.77	1.66	1.55
70	2.17	2.04	1.96	1.85	1.73

表 4.4 不同温度和加载频率下圆台试件的等效压电常数

温度/°C	等效压电常数/(10^{-3} pC·N^{-1})				
	0.5Hz	1.0 Hz	1.5 Hz	2.0 Hz	2.5 Hz
20	3.65	3.65	3.62	3.56	3.43
25	3.62	3.67	3.64	3.58	3.46
30	3.84	3.83	3.79	3.72	3.62
35	3.97	3.97	3.94	3.87	3.73
40	4.19	4.22	4.20	4.11	3.95
45	4.43	4.47	4.44	4.35	4.24
50	4.93	4.90	4.86	4.78	4.61
55	5.28	5.28	5.27	5.16	4.99
60	5.78	5.77	5.69	5.56	5.39
65	6.18	6.15	6.13	6.01	5.80
70	6.76	6.70	6.63	6.49	6.20

根据 4.1.1 小节的理论，计算得到非极性 PVDF 材料的纵向挠曲电系数随温度的变化曲线，如图 4.11(a) 所示。当温度从 20 ℃ 升高到 70 ℃ 时，非极性 PVDF 材料的纵向挠曲电系数从约 $1.6\times10^{-7}\mathrm{C\cdot m^{-1}}$ 增大到约 $2.7\times10^{-7}\mathrm{C\cdot m^{-1}}$，温度升高导致纵向挠曲电系数增加了 69%。作为对比，当温度从 20 ℃ 升高到 70 ℃ 时，铁电陶瓷材料 $\mathrm{Ba_{0.67}Sr_{0.33}TiO_3}$ 的挠曲电系数从约 $1\times10^{-8}\mathrm{C\cdot m^{-1}}$ 减小为约 $6\times10^{-6}\mathrm{C\cdot m^{-1}}$，降幅约为 90%。对于其他材料，如 $\mathrm{BaTiO_3}$，当温度从 20 ℃ 升高到 70℃ 时，挠曲电系数的变化幅值较小。需要注意的是 $\mathrm{BaTiO_3}$ 陶瓷的居里温度约为 120℃，20~70℃ 的温度变化对于陶瓷材料是一个较窄的温度变化范围，但对于聚合物材料却是一个较宽的温度变化范围。

挠曲电效应也可以通过材料中应变梯度产生的内电场表征，挠曲电诱导的内电场定义为 $E_k^f=f_{ijkl}\partial\varepsilon_{ij}/\partial x_l$，其中 f_{ijkl} 为挠曲耦合系数。根据理论，一维情况下挠曲耦合系数与挠曲电系数的关系为 $f=\mu/a=\mu/(\varepsilon_0\varepsilon_r)$，其中 ε_r 为材料的相对介电常数。

图 4.11(b) 为挠曲耦合系数随温度的变化，非极性 PVDF 材料的挠曲耦合系数的量级为 10^3V，大于铁电陶瓷材料的挠曲耦合系数 ($\mathrm{BaTiO_3}$ 为 500V)，而理论预测的晶体材料的挠曲耦合系数为 1~10V。尽管非极性 PVDF 材料的挠曲电系数小于铁电陶瓷材料的挠曲电系数，但是由于 PVDF 材料的介电常数通常也远小于铁电材料的介电常数，从而 PVDF 材料的挠曲耦合系数大于铁电陶瓷材料，而基于挠曲电效应的器件性能通常由弹性、介电和挠曲电系数共同决定，即挠曲电耦合系数能够反映挠曲电器件的性能，这些结论表明 PVDF 材料在基于挠曲电效应的传感、俘能等方面具有潜在应用价值 [29]。

4.3　挠曲电效应的冲击波压缩实验

近年来,材料挠曲电系数的实验测量取得了极大进展,而陶瓷材料挠曲电系数的测量主要采用准静态加载下测量圆台试件中应变梯度产生的挠曲电极化电荷,或准静态加载下测量悬臂梁弯曲产生应变梯度产生的挠曲电极化电荷。这些实验中应变梯度通常非常小 (约 $10^{-2}\mathrm{m}^{-1}$),因此迫切需要一种全新的实验方法,该方法能够产生较大的应变梯度,从而准确测量材料的挠曲电系数。不同于准静态加载模式,固体在冲击波压缩作用下的极化行为在较短时间尺度上刻画了离子电荷的运动。1962 年,Graham[30] 研究了 5~50kbar (1kbar=0.1MPa=100Pa) 应力区域中负面取向合成 α-石英晶体的压电行为,并发现应力诱发的位错运动导致电子被负的高压电场加速到试件的高应力区域。1965 年,Harris[31] 提出了冲击波在波阵面处产生的应力梯度能够局部破坏晶体结构的反演对称,使这个局部区域具有“压电效应”,并用来解释固体材料在冲击波压缩作用下观察到的反常极化行为。Linde 等 [32] 在非压电 NaCl、KI、KCl 和 CsI 材料的冲击波压缩作用下观察到电信号,在 36kbar 冲击压力下,NaCl 和 KCl 材料分别产生 1.1V 和 0.029V 的电压信号。

大量实验结果证实了固体材料在冲击波压缩作用下的异常力电耦合行为,并将该异常力电耦合行为归因为“局部压电”以及位错运动引起的电化学过程。一个不可忽略的事实是冲击波压缩作用下冲击波阵面存在较大的应变梯度,因此上述异常力电耦合行为可能主要由挠曲电效应引起。图 4.12 为冲击波压缩作用下波阵面阳离子扩散导致的正负电荷分离,从而产生极化行为。

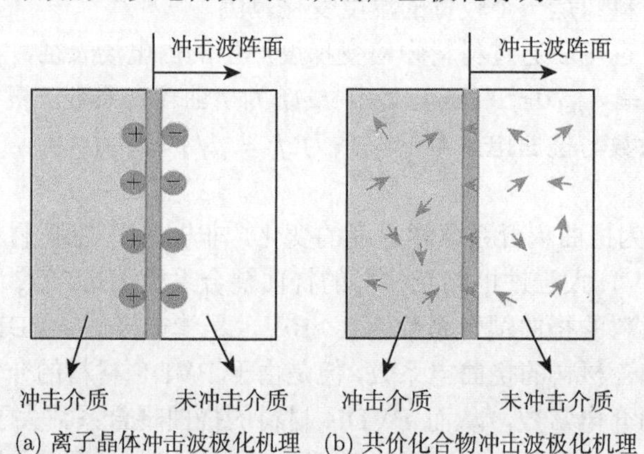

(a) 离子晶体冲击波极化机理　(b) 共价化合物冲击波极化机理

图 4.12　冲击波压缩作用下波阵面阳离子扩散导致的正负电荷分离

本节利用一级轻气炮在非极化钛酸钡 ($BaTiO_3$, BT) 试件中产生冲击波,通过冲击波在样品中传播时产生应变梯度,采集样品两端电极间的电势差,从而在极短时间分辨率下定量描述钛酸钡材料的挠曲电效应。一级轻气炮冲击实验在中国科学院力学研究所非线性力学国家重点实验室进行。不同于其他动态加载实验，一级轻气炮动态加载实验具有以下优点：① 具有较高的应变率加载范围，应变率为 $10^4 \sim 10^6 s^{-1}$；② 可精确控制冲击速度和冲击角度；③ 冲击波时间宽度大；④ 可控性好、重复性好，材料选择范围广。图 4.13 为中国科学院力学研究所非线性力学国家重点实验室双破膜击发轻气炮原理示意图。

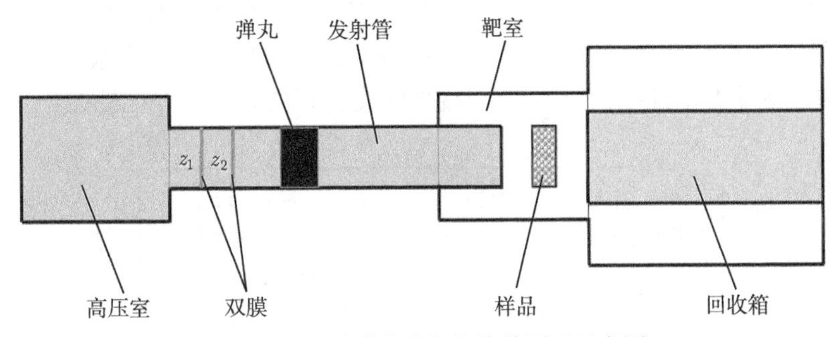

图 4.13 双破膜击发轻气炮的原理示意图

实验时，高压室内充气体到预定的压力值 P_p，为了减轻膜片 z_1 所受的压力，两个膜之间充气体至压力值为 $P_p/2 \sim P_p$。将弹丸置于膜片 z_2 后面，为防止高压气体泄漏，在弹丸边缘安装橡胶密封圈，本实验采用泡沫塑料制备的飞片。同时，为了减小空气对弹丸速度的影响，击发前将发射管和靶室抽成真空。击发时，将双模间高压气体释放，膜片被高压气体冲破，随后高压气体进入发射管，推动膜片 z_2 后面的弹丸加速运动，随后高压气体不断膨胀从而使压力降低，弹丸的加速度不断减小。当弹丸到达炮膛出口时，基本处于匀速状态，高速飞片撞击靶板，利用仪器探测和采集所需数据，并计算出飞片的冲击速度、样品中的冲击波速等物理量。本实验中弹丸的速度范围为 $450 \sim 600 m \cdot s^{-1}$，一级轻气炮的弹丸速度通过电探针法测量，相应的冲击和测试装置示意如图 4.14 所示。

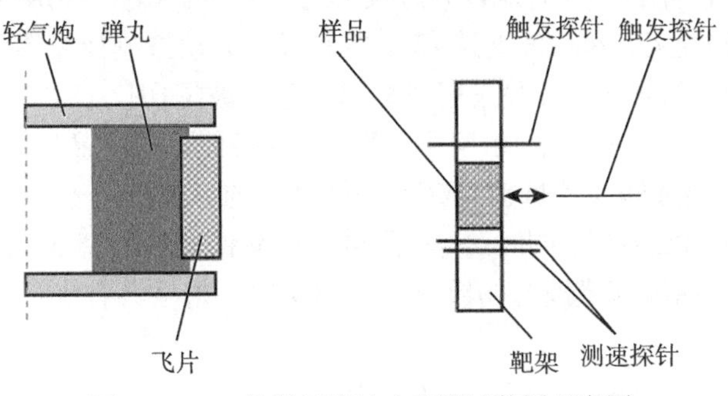

图 4.14 一级轻气炮冲击和测试装置示意图

实验前首先需要测量样品的晶体结构和介电性能，采用德国 BRUKER-AXS 公司的 D8 ADVANCE 型 X 射线衍射仪，采用波长为 0.15406nm 的 Cu Kα1 靶，扫描速度和步长分别为 $6^\circ \cdot \mathrm{min}^{-1}$ 和 0.01°, 扫描角度为 $10^\circ \sim 80^\circ$。

实验中采用未经极化处理的钛酸钡块体材料，该材料是一种多晶铁电材料。图 4.15 为钛酸钡块体和粉末材料的 XRD 实验数据。从图中可以看出，钛酸钡块体的 XRD 衍射峰值与钛酸钡粉末的 XRD 衍射峰值完全匹配，说明实验样品为纯度较高的钛酸钡；同时说明钛酸钡块体的极性与钛酸钡粉末的极性相同，均为非极化铁电材料，没有压电性。为了准确测量钛酸钡材料的挠曲电系数，还需要详细地描述材料的制备工艺，以及系统地测量材料的弹性和介电性能。

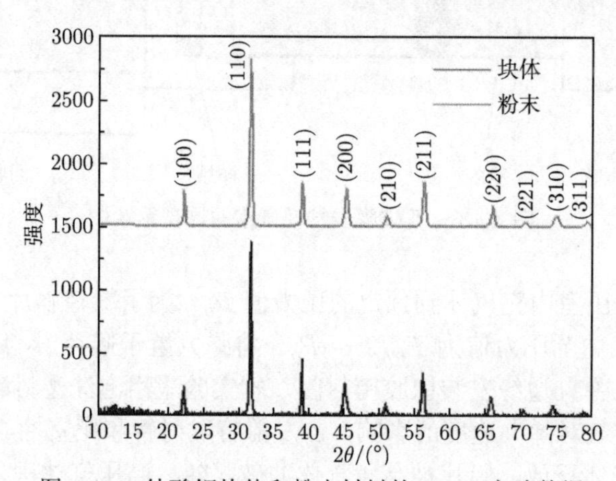

图 4.15　钛酸钡块体和粉末材料的 XRD 实验数据

4.3.1　钛酸钡样品的弹性性能表征

实验样品采用热压烧结法制备。由于陶瓷材料通常机械性能高，耐磨损、耐腐蚀，但存在脆性大、耐冲击能力低和易碎等特点，利用传统的拉压实验测量这类材料的力学性能较为困难，同时难以兼顾其动力学特性。本小节利用超声波测量钛酸钡材料的纵波波速 C_{L} 和横波波速 C_{T}，然后根据波动方程计算得到钛酸钡材料的杨氏模量 E 和泊松比 ν。实验采用奥林巴斯超声波探伤仪 (EPOCH 650) 测试钛酸钡样品的波速，在实验中利用不同频率规格的换能器对样品进行多次测量，从而更准确地获得波速数据。实验测量钛酸钡样品中的纵波波速 $C_{\mathrm{L}} = 4639\mathrm{m \cdot s^{-1}}$，横波波速 $C_{\mathrm{T}} = 2159\mathrm{m \cdot s^{-1}}$。同时，实验测量的钛酸钡样品的密度 $\rho = 4639\mathrm{kg \cdot m^{-3}}$。对于块体材料，纵波和横波与杨氏模量、泊松比、密度具有如下关系：

$$C_{\mathrm{L}} = \sqrt{\frac{E(1-\nu)}{(1+\nu)(1-2\nu)}} \tag{4.13}$$

$$C_{\mathrm{T}}=\sqrt{\frac{E}{2\left(1+\nu\right)\rho}} \tag{4.14}$$

式中，E 为杨氏模量；ν 为泊松比；ρ 为材料的密度。将实验测量的波速数据代入式 (4.13) 和式 (4.14)，可以计算出钛酸钡材料的杨氏模量 $E=75\mathrm{GPa}$，泊松比 $\nu=0.36$。

4.3.2 钛酸钡样品的一维冲击波压缩实验

在一维冲击波压缩实验中，必须消除追赶稀疏波和边侧稀疏波两种稀疏扰动。为了保证冲击波不受飞片自由面反射的追赶稀疏波的影响，要求飞片具有足够的厚度，以保证稀疏波传入样品的时间足够长。此外，为了避免追赶稀疏波对冲击波的影响，通常飞片厚度 h_{f} 与样品厚度 h_{s} 之间应满足 $h_{\mathrm{f}}\geqslant h_{\mathrm{s}}/4$。为了避免横向稀疏波的影响，样品的直径和厚度比应该满足 $D_{\mathrm{s}}/h_{\mathrm{s}}>2$。实验中采用的样品厚度 $h_{\mathrm{s}}=5\mathrm{mm}$，直径 $D_2=20\mathrm{mm}$。飞片的厚度和横截面直径分别为 $h_{\mathrm{f}}=10\mathrm{mm}$ 和 $D_{\mathrm{f}}=40\mathrm{mm}$。实验弹托采用标准弹托，由 $\Phi101\mathrm{mm}$ 泡沫材料制备而成；飞片通过环氧树脂或瞬干胶黏接在弹托上，实验中飞片选用无氧铜材料，其密度 $\rho_{\mathrm{ac}}=8890\mathrm{kg}\cdot\mathrm{m}^{-3}$。一维冲击波实验中的弹托、飞片见图 4.16(a)。为了提高样品撞击面的平整性，在钛酸钡样品背面蒸镀一层金电极，随后用环氧树脂把样品与直径 $D_{\mathrm{ac}}=40\mathrm{mm}$、厚度 $h_{\mathrm{ac}}=10\mathrm{mm}$ 的纯铜环黏接在一起，如图 4.16(b) 所示。

(a) 弹托和飞片实物图

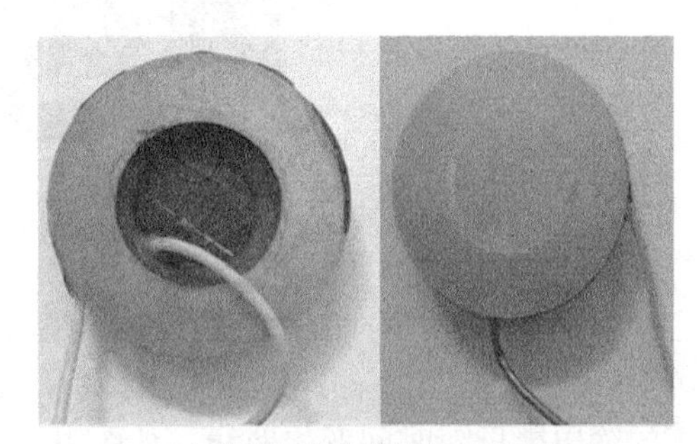

(b) 钛酸钡块体样品背面及撞击面

图 4.16 一维冲击波实验中弹托、飞片及样品

铜环和钛酸钡块体样品的撞击面经过打磨并清洗干净后，在上面蒸镀一层金电极，然后分别使用导电胶将导线、铜环及样品的背面黏接。利用环氧树脂将黏接铜环的钛酸钡样品固定在靶环的中心位置，标准靶环由 $45^{\#}$ 钢制成，表面经过精加工处理，以满足实验要求的平面度和平行度。在环氧树脂固化后，再将触发探针和测速探针按测量要求固定在环氧树脂内，如图 4.17(a) 和 (b) 所示。靶环通过卡扣固定在靶架上，如图 4.17(c) 所示，这样可以保证样品的撞击面和靶环之

间保持平行，从而满足平面性要求，同时可以保证样品的中心在炮管轴线上。根据实验测量要求，使用导线将铜环及样品的背面和电阻 ($R = 50\Omega$) 相连接，将高精度示波器 (Tektronix DPO4104) 与电阻并联，并利用同轴电缆将触发探针和测速探针与计数器相连接。

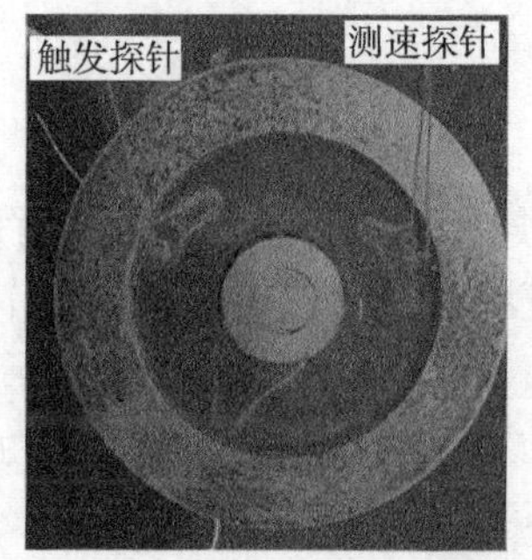

(a) 撞击面以及安置的触发探针、测速探针

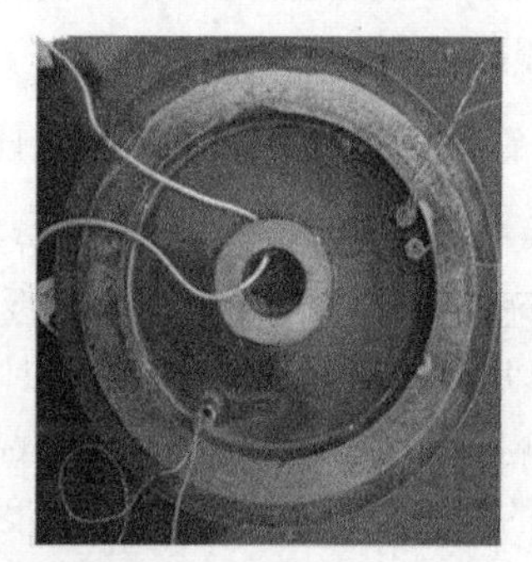

(b) 背面

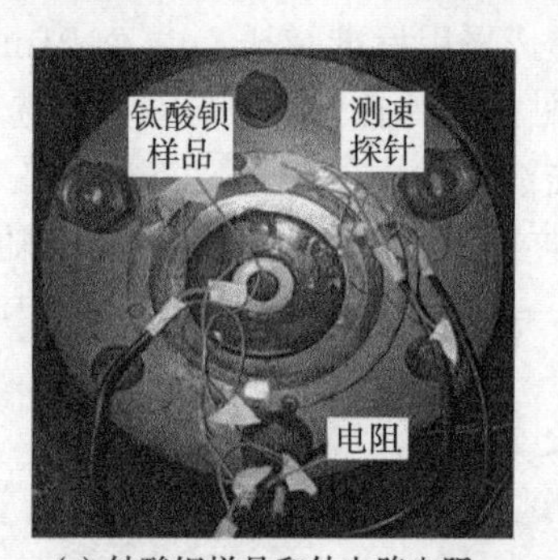

(c) 钛酸钡样品和外电路电阻

图 4.17　固定在标准靶环上的样品和靶环固定装配图

实验中准备了三个非极化钛酸钡样品，通过控制气压使飞片分别以 $550\text{m}\cdot\text{s}^{-1}$、$505\text{m}\cdot\text{s}^{-1}$ 和 $500\text{m}\cdot\text{s}^{-1}$ 的速度冲击样品。图 4.18 为钛酸钡样品在三种不同冲击速度下的输出电压随时间变化曲线，从图中可以看出由冲击波引起的电压信号变化趋势基本相同。样品在 $550\text{m}\cdot\text{s}^{-1}$、$505\text{m}\cdot\text{s}^{-1}$ 和 $500\text{m}\cdot\text{s}^{-1}$ 的冲击速度加载下，冲击波引起的输出电压峰值分别为 1.48V、1.30V 和 0.98V。

4.3.3　一维冲击波压缩理论

接下来，通过一维冲击波压缩理论计算材料的挠曲电系数。样品厚度为 h_{s}，横截面积为 A_{s}，弹性模量和泊松比分别为 E_{s} 和 ν_{s}，密度为 ρ_{s}。样品在飞片撞击前静止，两端自由，假设飞片为刚性体。以样品左端位置为坐标轴 ox 的起点，坐标轴沿样品厚度方向，某一时刻飞片以速度 v 撞击样品右端面，根据波动方程：

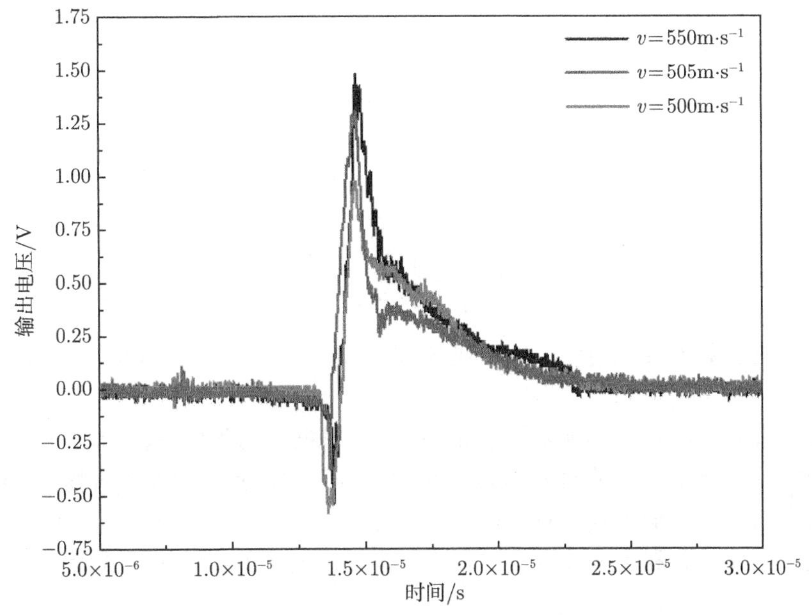

图 4.18 冲击波压缩下钛酸钡样品两端输出电压随时间变化曲线 (见彩图)

$$\frac{\partial^2 u}{\partial t^2}=C^2\frac{\partial^2 u}{\partial x^2} \tag{4.15}$$

式中，u 为样品中 x 截面的位移，$u=u(x,t)$；C 为横波波速。

式 (4.15) 的通解为 $u(x,t)=f_1(Ct+x)+f_2(Ct-x)$，其中 f_1 和 f_2 均为具有二阶连续偏导数的任意函数。对于本实验，飞片刚接触样品的时刻设为初始时刻 ($t=0$)，冲击波传播到样品另一端的时间 $t=h_{\rm s}/C$。因此，冲击过程中冲击波在样品中的传播可以分为三个过程：当飞片刚接触样品的端面时 ($t=0$)，样品静止；当冲击波从样品的接触端传播到另一端面时 ($0<t<h_{\rm s}/C$)，样品中质点振动形成的外形函数只有 $f_1(Ct+x)$ (飞片在右端接触样品，样品中只有左行波)；当波传播到样品的左端面反射回来时 ($h_{\rm s}/C<t<2h_{\rm s}/C$)，样品中质点振动形式变为左行波和右行波的叠加，即 $f_1(Ct+x)+f_2(Ct-x)$。函数 f_1 和 f_2 的具体形式由冲击的边界条件和初始条件确定。从冲击过程分析可以得出，飞片撞击样品后，样品两端 $x=0$ 和 $x=h_{\rm s}$ 的边界条件可以表示为

$$\begin{cases} A_{\rm s}E\dfrac{\partial u(x,t)}{\partial x}\bigg|_{x=0}=0 \\ A_{\rm s}E\dfrac{\partial u(x,t)}{\partial x}\bigg|_{x=h_{\rm s}}=-M\dfrac{\partial^2 u(x,t)}{\partial t^2}\bigg|_{x=h_{\rm s}} \end{cases} \tag{4.16}$$

式中，M 为飞片的质量。在冲击过程中，飞片和样品右端 $x = h_{\rm s}$ 有相同的位移 $u\,(x,t)$、相同的速度和加速度。

将飞片与样品初始接触的时刻设定为初始时刻 $(t = 0)$，样品的初始条件可以表示为

$$\begin{cases} u\,(x,0) = 0, \quad 0 \leqslant x \leqslant h_{\rm s} \\ \left.\dfrac{\partial u\,(x,t)}{\partial t}\right|_{t=0} = \begin{cases} 0, & 0 \leqslant x < h_{\rm s} \\ -v, & x = h_{\rm s} \end{cases} \end{cases} \tag{4.17}$$

冲击波在样品中传播一个来回的过程，即 $0 < t < h_{\rm s}/C$，质点的位移表示为 [33]：

(1) $t = 0$。当飞片刚刚接触样品断面时，根据初始条件 $u\,(x,0) = 0$。

(2) $0 < t < h_{\rm s}/C$。在冲击波从样品的右端面传播到左端面的过程中，样品中质点振动形成的外形函数只有左行波。因此，$u\,(x,t) = f_1\,(Ct + x)$，代入边界条件和初始条件，并利用分离变量法，可以推导出质点的位移表达式为

$$u(x,t) = \frac{Mv}{\rho A_{\rm s} C}\left[{\rm e}^{-\frac{\rho A_{\rm s}}{M}(Ct+x-h_{\rm s})} - 1\right] \tag{4.18}$$

(3) $h_{\rm s}/C < t < 2h_{\rm s}/C$。当冲击波传播到样品的左端面并从样品的左端面反射回来的过程中，样品内质点的位移由左行波和右行波的叠加而成。因此，根据边界条件和初始条件，利用分离变量法，可以得到质点的位移表达式为

$$u(x,t) = \frac{Mv}{\rho A_{\rm s} C}\left[{\rm e}^{-\frac{\rho A_{\rm s}}{M}(Ct-x-h_{\rm s})} + {\rm e}^{-\frac{\rho A_{\rm s}}{M}(Ct+x-h_{\rm s})} - 2\right] \tag{4.19}$$

大量研究表明，当冲击波传播到自由端面时，质点的速度达到最大值，此时冲击波阵面的速度梯度也达到最大值，因此由挠曲电效应引起的两端电极间的电压也将达到最大值，冲击波从样品左端面传递到右端面的理论时间为 $t_0 = h_{\rm s}/C = 1.08 \times 10^{-6}{\rm s}$。从图 4.18 可以看出，两端电极间的最大电压出现在约 $1.13 \times 10^{-6}{\rm s}$，与理论分析的时间基本吻合。

冲击波压缩加载作用下，钛酸钡两端电极间产生电势差，通过外接负载电阻 R 测量回路中的电压信号，根据基尔霍夫电压定律，两端电极间的电势差与外接电路中的电流和负载电阻之间满足：

$$U + IR = 0 \tag{4.20}$$

从而电极间的电势差可以表示为

$$U = -\frac{{\rm d}Q}{{\rm d}t}R = -\frac{{\rm d}P}{{\rm d}t}A_{\rm s}R \tag{4.21}$$

式中，P 为样品电极面上的极化电荷密度，由挠曲电效应引起。代入样品中质点的位移表达式，可以获得最大电压为

$$U_{\max} = \frac{R\mu_{11} v\pi D_{\mathrm{s}}^2}{(2\psi h_{\mathrm{s}})^2}\left(\mathrm{e}^{-\frac{Ct-x-h_{\mathrm{s}}}{\psi h_{\mathrm{s}}}} + \mathrm{e}^{-\frac{Ct+x-h_{\mathrm{s}}}{\psi h_{\mathrm{s}}}}\right) \tag{4.22}$$

实验中采用三个不同速度的飞片冲击样品，产生冲击波压缩，获得的最大电压分别为 1.48V、1.30V 和 0.98V，可计算得样品的挠曲电系数分别为 $19.36\mu\mathrm{C}\cdot\mathrm{m}^{-1}$、$18.52\mu\mathrm{C}\cdot\mathrm{m}^{-1}$ 和 $14.10\mu\mathrm{C}\cdot\mathrm{m}^{-1}$，三个样品挠曲电系数的平均值为 $17.33\mu\mathrm{C}\cdot\mathrm{m}^{-1}$。值得注意的是，到目前为止，尚未见钛酸钡陶瓷材料纵向正挠曲电系数的相关实验报道，Ma 和 Cross[5] 通过悬臂梁弯曲实验测量了钛酸钡陶瓷材料的横向挠曲电系数约为 10μC/m。本实验测量得到的钛酸钡陶瓷纵向挠曲电系数与该实验结果有相同的数量级。同时，本实验提出了通过冲击波压缩产生应变梯度测量材料挠曲电系数的方法，突破了以往测量纵向挠曲电系数要求几何非对称的局限，且易于实现，为材料挠曲电效应的实验研究提供了一条新的途径。

4.4 材料挠曲电效应的分离式霍普金森压杆实验

4.3 节提出了一种利用冲击波压缩产生应变梯度测量材料纵向挠曲电系数的实验方法，然而，一级轻气炮实验设备昂贵，实验操作复杂，成本高，限制了该方法的推广和应用。因此，有必要开发一种既能在宏观尺度产生足够的应变梯度，又相对简单的测量材料挠曲电系数的实验方法，本节介绍霍普金森压杆冲击实验测量材料的挠曲电系数。

4.4.1 分离式霍普金森压杆冲击极化响应

4.3 节提出通过一级轻气炮冲击实验测量钛酸钡陶瓷挠曲电系数的新方法，首次建立了冲击极化和挠曲电效应之间的联系，基本思想是通过应力波产生随时间变化的应变梯度 (波阵面的应变不连续引起)，进而通过挠曲电效应转换成两端电极面上的电荷积累，从而在回路中产生输出电压信号。从原子层面分析，这种由冲击波引起的巨大的应变梯度可以局部破坏材料的晶体对称性，从而产生挠曲电极化。如图 4.19 所示，应变梯度由应力波传播过程中波阵面的应变不连续引起，应变梯度和极化均随时间变化，其大小取决于冲击波的压力。

分离式霍普金森压杆技术是研究高应变率 ($10^2 \sim 10^4\mathrm{s}^{-1}$) 下材料动态力学性能的实验方法，其实验装置结构简单，操作方便，加载波容易控制，测量方法精巧且重复性高。分离式霍普金森压杆技术主要基于两个基本假设：① 一维应力波假设，应力波在均匀弹性杆中传播，当杆径不大时一维应力波假设基本成立。

② 应力、应变沿样品长度均匀分布假设，这样样品中的应变可以直接用样品两端的位移差求得。由于杆是由无穷多个横截面组成，要求每一个横截面均平行。需要注意的是，常规分离式霍普金森压杆系统中产生的加载脉冲波近似为梯形，存在明显的应力台阶和应变梯度，这将在材料中产生挠曲电极化电荷。与准静态试验相比，霍普金森压杆实验产生的应变梯度较大，挠曲电信号也易于准确测量，这将有助于更准确计算材料的挠曲电系数。与轻气炮冲击波压缩实验相比，霍普金森压杆冲击实验的冲击速度较小，这将导致加载脉冲的上升速度较慢，但不影响波速。图 4.20 为霍普金森压杆冲击实验样品中应变的分布示意图。与轻气炮冲击波压缩实验相比，霍普金森压杆冲击的应变梯度更加均匀，从而更容易从理论和实验上测量材料的挠曲电系数。

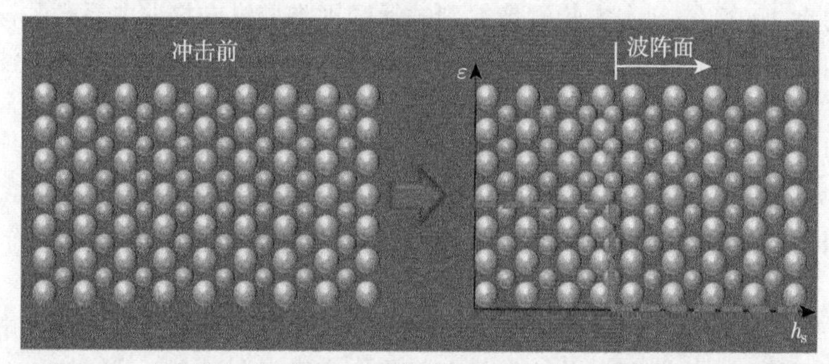

图 4.19　冲击波实验中原子层面挠曲电极化产生的微观机理 (见彩图)

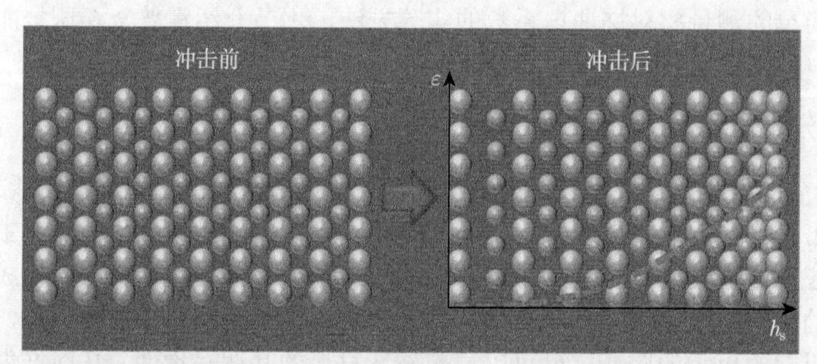

图 4.20　霍普金森压杆冲击实验样品中应变的分布示意图 (见彩图)

传统分离式霍普金森压杆实验的装置如图 4.21 所示。装置主要由撞击杆、入射杆、透射杆等构成。冲击前，样品与入射杆相连的端面为 1，样品与透射杆相连的端面为 2。在实验过程中端面 1、2 上的位移分别假设为 u_1、u_2，根据线弹性波的线性叠加准则，u_1 和 u_2 的表达式为 [33]

$$u_1 = C_0 \int_0^t (\varepsilon_{\mathrm{I}} - \varepsilon_{\mathrm{R}})\,\mathrm{d}\tau \tag{4.23}$$

$$u_2 = C_0 \int_0^\tau \varepsilon_{\mathrm{T}}\mathrm{d}\tau \tag{4.24}$$

式中，C_0 为压杆中的弹性波速；ε_{I}、ε_{R} 和 ε_{T} 分别为入射波、反射波和透射波在压杆中的应变。样品的初始长度为 L_0，横截面积为 A_0，则样品的平均应变为

$$\bar{\varepsilon}(t) = \frac{u_2 - u_1}{L_0} = \frac{C_0}{L_0}\int_0^\tau (\varepsilon_{\mathrm{I}} - \varepsilon_{\mathrm{R}} - \varepsilon_{\mathrm{T}})\,\mathrm{d}\tau \tag{4.25}$$

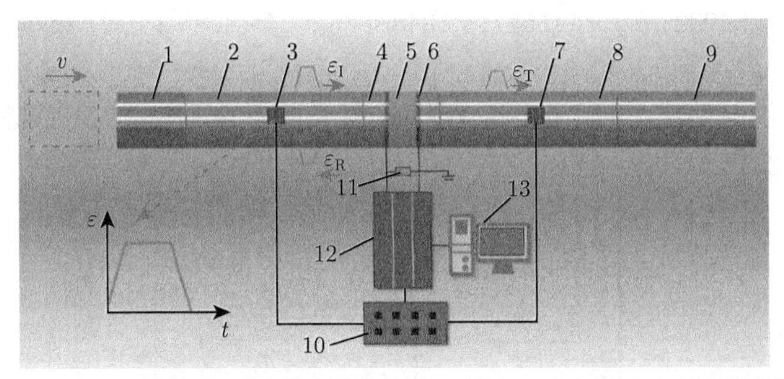

1-撞击杆; 2-入射杆; 3-应变片传感器; 4-铝片; 5-样品; 6-金电极; 7-应变片传感器; 8-透射杆; 9-吸收杆; 10-动态应变仪; 11-电阻; 12-数据采集系统; 13-计算机

图 4.21 霍普金森压杆实验的装置示意图

样品中的平均应变率可以通过式 (4.25) 对时间求导获得：

$$\dot{\varepsilon} = \frac{C_0}{L_0}(\varepsilon_{\mathrm{I}} - \varepsilon_{\mathrm{R}} - \varepsilon_{\mathrm{T}}) \tag{4.26}$$

接下来，建立分离式霍普金森压杆冲击产生的应变梯度与挠曲电效应之间的联系，样品的厚度为 h_{s}，质量密度为 ρ_{s}，横截面面积为 A_{s}，横截面直径为 D_{s}，弹性模量为 E_{s}。

一维冲击波作用下样品中的波动方程为

$$\frac{\partial^2 u}{\partial t^2} = C_{\mathrm{s}}^2 \frac{\partial^2 u}{\partial x^2} \tag{4.27}$$

式中，u 为质点位移，$u = u(x,t)$；C_{s} 为弹性波波速，$C_{\mathrm{s}} = \sqrt{E_{\mathrm{s}}/\rho_{\mathrm{s}}}$。

样品的左端面和入射杆接触，右端面与透射杆接触，由于波传播过程中界面的影响可以忽略，因此边界条件可以表示为

$$\begin{cases} u(0,t) = g(t) = \begin{cases} C_{\mathrm{b}} \int_0^t \varepsilon_{\mathrm{IF}} \mathrm{d}\tau, & 0 \leqslant t < 1.56 \times 10^{-5} \\ 0, & 1.56 \times 10^{-5} \leqslant t \end{cases} \\ u(h_{\mathrm{s}},t) = 0, \quad 0 \leqslant t \end{cases} \tag{4.28}$$

式中，C_{b} 为铝杆中的波速；$\varepsilon_{\mathrm{IF}}$ 为入射杆中由应变片 3 测得的加载波上升沿应变的多项式拟合函数；$g(t)$ 为应变多项式拟合函数的积分，表示为

$$g(t) = B_1 t + B_2 t^2 + B_3 t^3 + B_4 t^4 \tag{4.29}$$

其中，$B_1 = 0.64933$；$B_2 = -151714.35485$；$B_3 = 4.48785 \times 10^{10}$；$B_4 = -1.25902 \times 10^{-15}$。

当入射波到达样品时，即 $t = 0$ 时刻，样品的左端面与入射杆的速度相同，但样品其他部分的运动速度为零。样品的初始条件可以表示为

$$\begin{cases} u(x,0) = 0, \quad 0 \leqslant x \leqslant h_{\mathrm{s}} \\ \dfrac{\partial u(x,0)}{\partial t} = \begin{cases} 0, & 0 < x < h_{\mathrm{s}} \\ v, & x = 0 \end{cases} \end{cases} \tag{4.30}$$

式中，v 为入射杆接触样品时的速度。

由于波动方程式 (4.25)、边界条件式 (4.26) 及初始条件式 (4.28) 组成一组非齐次方程组，首先将边界条件齐次化，引入辅助函数 $w(x,t)$：

$$\begin{cases} w(0,t) = u(0,t) = g(t) \\ w(h_{\mathrm{s}},t) = u(h_{\mathrm{s}},t) = 0 \end{cases} \tag{4.31}$$

引入函数 $v(x,t) = u(x,t) - w(x,t)$，则 $v(x,t)$ 满足齐次边界条件：

$$\begin{cases} v(0,t) = u(0,t) - w(0,t) = 0 \\ v(h_{\mathrm{s}},t) = u(h_{\mathrm{s}},t) - w(h_{\mathrm{s}},t) = 0 \end{cases} \tag{4.32}$$

辅助函数可取如下形式：

$$w(x,t) = g(t) - \frac{x}{h_{\mathrm{s}}} g(t) \tag{4.33}$$

将 $v(x,t)$ 代入波动方程、边界条件和初始条件，得

$$\begin{cases} \dfrac{\partial^2 v}{\partial t^2} - C_{\mathrm{s}}^2 \dfrac{\partial^2 v}{\partial x^2} = -\left(\dfrac{\partial^2 w}{\partial t^2} - C_{\mathrm{s}}^2 \dfrac{\partial^2 w}{\partial x^2}\right) = f(x,t) \quad C_{\mathrm{s}}^2 = E/\rho \\ v(0,t) = 0 \\ v(h_{\mathrm{s}},t) = 0 \\ v(x,0) = -w(x,0) = \varphi_1(x) \\ \dfrac{\partial v(x,0)}{\partial t} = -\dfrac{\partial w(x,0)}{\partial t} = \phi_1(x) \end{cases} \tag{4.34}$$

式 (4.34) 的齐次边界条件的解具有如下形式：

$$v(x,t) = \sum_{n=1}^{\infty} T_n(t) \sin\left(\frac{n\pi}{l}x\right) \tag{4.35}$$

其中，

$$\begin{aligned} T_n(t) = & \left[\varphi_n \cos\left(\frac{n\pi C_{\mathrm{s}}}{h_{\mathrm{s}}}\right) t + \frac{h_{\mathrm{s}}}{n\pi c_{\mathrm{s}}} \phi_n \sin\left(\frac{n\pi C_{\mathrm{s}}}{h_{\mathrm{s}}}\right) t\right] \\ & + \frac{h_{\mathrm{s}}}{n\pi C_{\mathrm{s}}} \int_0^t f_n(\tau) \sin\left(\frac{n\pi C_{\mathrm{s}}}{h_{\mathrm{s}}}\right)(t-\tau)\,\mathrm{d}\tau \end{aligned} \tag{4.36}$$

式中，φ_n、ϕ_n 和 $f_n(\tau)$ 为傅里叶系数，具体形式如下

$$\begin{cases} \varphi_n = \dfrac{2}{h_{\mathrm{s}}} \displaystyle\int_0^{h_{\mathrm{s}}} \varphi_1(\alpha) \sin\frac{n\pi}{h_{\mathrm{s}}}\mathrm{d}\alpha \\ \phi_n = \dfrac{2}{h_{\mathrm{s}}} \displaystyle\int_0^{t} \phi_1(\alpha) \sin\frac{n\pi}{h_{\mathrm{s}}}\alpha\mathrm{d}\alpha \\ f_n(\tau) = \dfrac{2}{h_{\mathrm{s}}} \displaystyle\int_0^{h_{\mathrm{s}}} f(\alpha,\tau)\alpha\mathrm{d}\alpha \end{cases} \tag{4.37}$$

将式 (4.35) 代入式 (4.34)，可以得到 $T_n(t)$ 的具体表达式为

$$\begin{aligned} T_n(t) = & -\frac{2h_{\mathrm{s}}B_1}{C_{\mathrm{s}}(n\pi)^2} \sin\left(\frac{n\pi C_{\mathrm{s}}}{h_{\mathrm{s}}}\right) t - \left(\frac{h_{\mathrm{s}}}{n\pi C_{\mathrm{s}}}\right)^2 \left(\frac{4B_2 + 12B_3 t + 24B_4\tau^2}{n\pi}\right) \\ & - \left(\frac{h_{\mathrm{s}}}{n\pi C_{\mathrm{s}}}\right)^2 \frac{4B_2}{n\pi} \cos\left(\frac{n\pi C_{\mathrm{s}}}{h_{\mathrm{s}}}t\right) - \frac{h_{\mathrm{s}}}{n\pi a}\frac{12B_3}{n\pi}\left(\frac{h_{\mathrm{s}}}{n\pi C_{\mathrm{s}}}\right)^2 \sin\left(\frac{n\pi a}{h_{\mathrm{s}}}t\right) \end{aligned}$$

$$+\frac{h_{\rm s}}{n\pi a}\left(\frac{h_{\rm s}}{n\pi C_{\rm s}}\right)^2\frac{48h_{\rm s}B_4}{C_{\rm s}\left(n\pi\right)^2}\left(1-\cos\frac{n\pi C_{\rm s}}{h_{\rm s}}t\right) \tag{4.38}$$

将式 (4.36) 代入 $u(x,t)=v(x,t)+w(x,t)$，可得位移的最终表达式为

$$\begin{aligned}
u(x,t)=&\sum_{n=1}^{\infty}-\frac{2B_1h_{\rm s}}{(n\pi)^2C_{\rm s}}\sin\frac{n\pi C_{\rm s}}{h_{\rm s}}t\sin\frac{n\pi}{h_{\rm s}}x\\
&-\sum_{n=1}^{\infty}\left(\frac{h_{\rm s}}{n\pi C_{\rm s}}\right)^2\frac{4B_2+12B_3t+24B_4\tau^2}{n\pi}\sin\frac{n\pi}{h_{\rm s}}x\\
&+\sum_{n=1}^{\infty}\left(\frac{h_{\rm s}}{n\pi C_{\rm s}}\right)^2\frac{4B_2}{n\pi}\cos\frac{n\pi C_{\rm s}}{h_{\rm s}}t\sin\frac{n\pi}{h_{\rm s}}x\\
&+\sum_{n=1}^{\infty}\left(\frac{h_{\rm s}}{n\pi C_{\rm s}}\right)^2\frac{4B_2}{n\pi}\frac{12Bh_{\rm s}}{(n\pi)^2C_{\rm s}}\sin\frac{n\pi C_{\rm s}}{h_{\rm s}}t\sin\frac{n\pi}{h_{\rm s}}x\\
&+\sum_{n=1}^{\infty}\left(\frac{h_{\rm s}}{n\pi C_{\rm s}}\right)^2\frac{4B_2}{n\pi}\frac{h_{\rm s}}{(n\pi)^2C_{\rm s}}\left(1-\cos\frac{n\pi C_{\rm s}}{h_{\rm s}}t\right)\sin\frac{n\pi}{h_{\rm s}}x
\end{aligned} \tag{4.39}$$

由加载波上升沿引起的应变梯度可以表示为

$$\begin{aligned}
\frac{\partial^2u(x,t)}{\partial x^2}=&\sum_{n=1}^{\infty}\frac{2B_1}{C_{\rm s}h_{\rm s}}\sin\frac{n\pi C_{\rm s}}{h_{\rm s}}t\sin\frac{n\pi}{h_{\rm s}}x\\
&+\sum_{n=1}^{\infty}\frac{1}{C_{\rm s}^2}\frac{4B_2+12B_3t+24B_4\tau^2}{n\pi}\sin\frac{n\pi}{h_{\rm s}}x\\
&-\sum_{n=1}^{\infty}\frac{1}{C_{\rm s}^2}\frac{4B_2}{n\pi}\cos\frac{n\pi C_{\rm s}}{h_{\rm s}}t\sin\frac{n\pi}{h_{\rm s}}x\\
&-\sum_{n=1}^{\infty}\frac{1}{C_{\rm s}^2}\frac{12B_3h_{\rm s}}{(n\pi)^2C_{\rm s}}\sin\frac{n\pi C_{\rm s}}{h_{\rm s}}t\sin\frac{n\pi}{h_{\rm s}}x\\
&+\sum_{n=1}^{\infty}\frac{1}{C_{\rm s}^2}\frac{h_{\rm s}}{(n\pi)^2C_{\rm s}}\frac{48h_{\rm s}B_4}{n\pi C_{\rm s}}\left(1-\cos\frac{n\pi C_{\rm s}}{h_{\rm s}}t\right)\sin\frac{n\pi}{h_{\rm s}}x
\end{aligned} \tag{4.40}$$

根据挠曲电效应的定义，由加载波上升沿引起的应变梯度产生的电极化强度为

$$P_1=\mu_{11}\frac{\partial^2u(x,t)}{\partial x^2} \tag{4.41}$$

无外电场作用下，电位移与极化之间的关系为

$$D_1 = P_1 = \mu_{11} \frac{\partial^2 u(x,t)}{\partial x^2} \tag{4.42}$$

根据电位移和挠曲电内电场的关系，$D_1 = \chi_{11} E_1^{\text{flexo}}$，其中，$\chi_{11}$ 为材料的介电极化率。从而获得样品两端电势差的表达式：

$$U = \frac{f_{11} h_s K}{\varepsilon_0} \tag{4.43}$$

式中，f_{11} 为材料的挠曲耦合系数，$f_{11} = \mu_{11}/\chi_{11}$。

4.4.2 测量系统及数据分析

样品由热压法烧结制备的钛酸锶钡 ($Ba_{0.67}Sr_{0.33}TiO_3$, BST)，其直径为 20mm，厚度为 5mm。首先，采用奥林巴斯超声波损伤仪 (EPOCH650) 测量钛酸锶钡样品的纵波波速和横波波速。采用不同频率规格的换能器对样品进行多次测量，结果表明，钛酸锶钡样品的平均纵波波速 $C_L = 4117\text{m}\cdot\text{s}^{-1}$，平均横波波速 $C_T = 2492\text{m}\cdot\text{s}^{-1}$。同时，测得钛酸锶钡样品的密度 $\rho = 4559\text{kg}\cdot\text{m}^{-3}$。将实验测量的波速和密度代入式 (4.13)、式 (4.14) 中，可以计算得到样品的杨氏模量 $E = 69\text{GPa}$ 和泊松比 $\nu = 0.21$。

霍普金森压杆冲击实验在西北工业大学航空学院先进结构与材料研究所的 SHPB 实验室进行，部分结构如图 4.21 所示。实验所用霍普金森压杆是密度为 $2700\text{kg}\cdot\text{m}^{-3}$ 的铝杆，由于铝杆的强度较低，在样品的两端分别放置两片铝片 (直径 20mm，厚度 5mm) 以保护铝杆。在入射杆和透射杆的中部分别设置应变片传感器 (图 4.21 中的 3 和 7)，应变片 3 到样品左端面的距离以及应变片 7 到样品右端面的距离分别为 555mm 和 995mm。

为了消除测量过程中的温度漂移，实验中采用惠斯通电桥 (Wheatstone bridge) 测量冲击波引起的信号变化，入射杆和透射杆表面粘贴的两片应变片分别与动态应变仪连接。动态应变仪基于惠斯通电桥原理设计，如图 4.22 所示。

加载前惠斯通电桥处于平衡状态，当冲击加载使某个电阻发生变化时，电桥的输出电压为

$$\Delta U = \frac{U_0 \Delta R}{2(2R + \Delta R)} \tag{4.44}$$

当实验中仅有一个臂工作时，即 $\Delta R \ll R$，式 (4.44) 可以近似表示为

$$\Delta U = \frac{U_0 \Delta R}{4R} \tag{4.45}$$

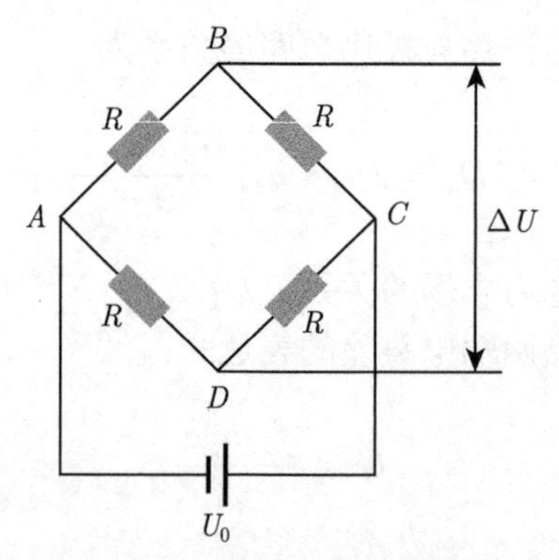

图 4.22　动态应变仪测量电路

当实验中有两个臂工作时，式 (4.44) 可以近似表示为

$$\Delta U = \frac{U_0 \Delta R}{2R} \tag{4.46}$$

在分离式霍普金森压杆实验中，惠斯通电桥的四个桥臂分别外接电阻应变片和标准电阻，采用对桥臂工作方式。实验中将一组应变片对称地粘贴在压杆同一横截面的两侧，这样既保证了两者测量的信号同步，又可以消除由横向应变产生的干扰。

采用 OdysseyXE 数据采集系统记录实验中产生的波信号，使用 OD-200 数据采集卡，其具有四通道模拟信号输入，最大采样速率为 10MS·s^{-1}。实验中通过气压控制压杆以 17m·s^{-1} 的速度撞击入射杆的自由端。压杆在相同气压下冲击入射杆产生的应变和有样品后入射杆中的应变可通过计算获得。安置在入射杆和透射杆上应变片测量的应变信号如图 4.23 所示。

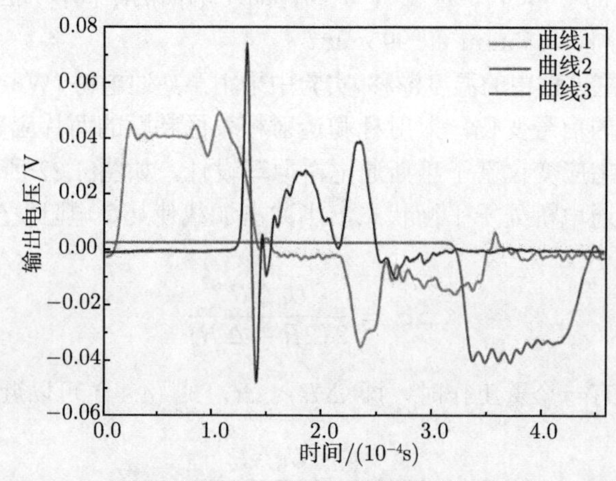

图 4.23　入射杆和透射杆上的应变片测量的应变信号 (见彩图)

实验中主要关注加载波上升沿随时间的变化，图 4.24 为加载波上升沿随时间的变化曲线。加载波上升沿的时间为 15.6μs；此外，加载波上升过程中的某个时刻，应变梯度达到最大值。

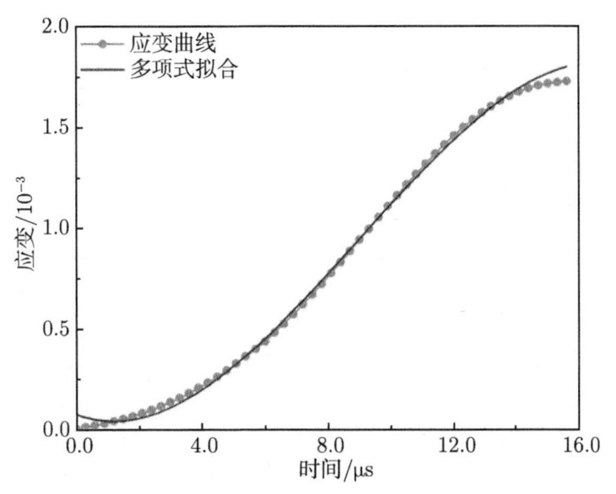

图 4.24 加载波上升沿随时间的变化曲线

在相同的加载条件下测量三个样品中冲击波引起的电信号，图 4.25 为实验中测量得到的输出电压随时间的变化曲线。从图中可以看出，三个 BST 样品中由挠曲电效应产生的输出电压变化趋势相似，纵波在样品中传播 0.1μs 后，输出电压达到最大值。三个样品在冲击波加载下产生的最大电压分别为 0.0749V、0.0713V 和 0.0602V。输出电压信号经过 5μs 后衰减为零。由于电路的阻尼振荡，随着时间的推移，输出电压变为负值。

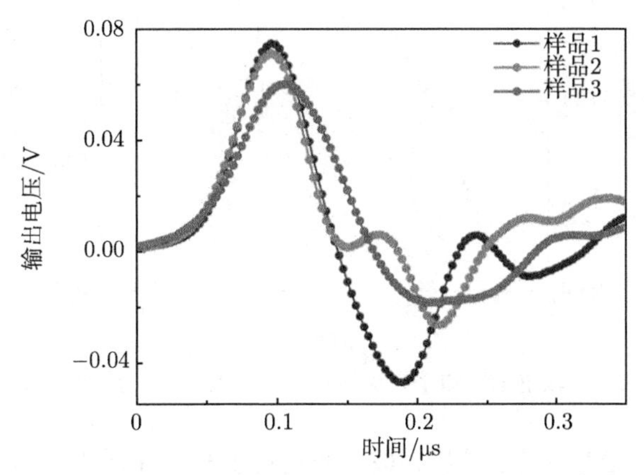

图 4.25 冲击波在三个 BST 样品中引起的输出电压随时间的变化曲线 (见彩图)

将样品的材料参数代入式 (4.38) 可以获得应变梯度随位置 x 和时间 t 的函数。首先给定不同加载波的传播时间 t，从而可以求解得出沿样品厚度的应变梯度分布情况。图 4.26 为加载波上升时间分别为 4.86μs、9.72μs 和 14.6μs 时样品中应变梯度的分布。

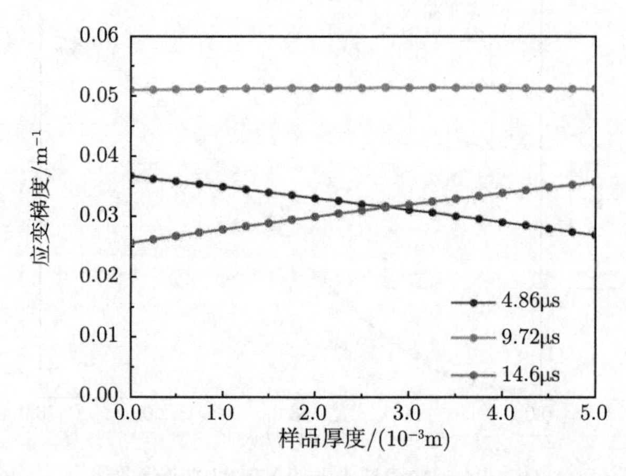

图 4.26 不同加载波上升时间下样品中的应变梯度分布 (见彩图)

为了计算挠曲电系数，用沿厚度方向的平均应变梯度表示样品中的应变梯度。图 4.27 为输出电压和平均应变梯度随时间的变化曲线。从图中可以看出，加载波上升沿传播 9.72μs 之后样品内的平均应变梯度达到最大值，即 $0.0512\mathrm{m}^{-1}$。

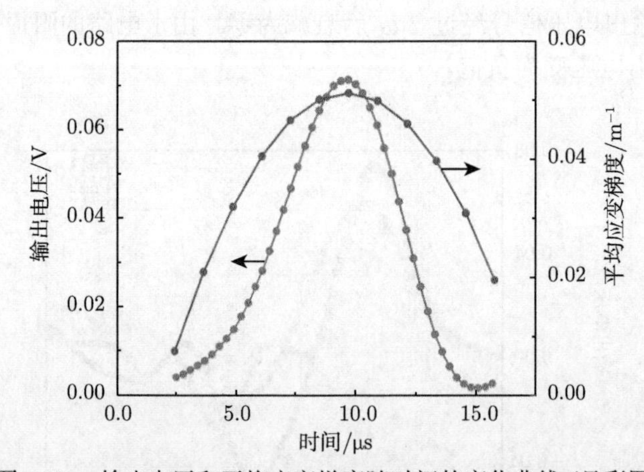

图 4.27 输出电压和平均应变梯度随时间的变化曲线 (见彩图)

此外，从图 4.27 中可以看出，最大平均应变梯度出现的时间和实验中测得的最大输出电压出现的时间基本一致。

最后，把实验测量得到的最大输出电压 0.0749V、0.0713V 和 0.0602V 分别代入式 (4.40)，计算得到 BST 块体材料的纵向挠曲电系数分别为 51.78μC · m^{-1}、49.30μC · m^{-1} 和 41.62μC · m^{-1}，所以 BST 样品纵向挠曲电系数的平均值为 47.57μC · m^{-1}。Ma 和 Cross[34] 通过压缩梯台 BST 陶瓷样品，测量得到其纵向挠曲电系数为 115μC · m^{-1}。Fu 等 [23] 通过向 BST 梯台样品施加电压作用测量其逆挠曲电系数为 120μC · m^{-1}。本实验测量得到的 BST 块体材料的纵向挠曲电系数与已有的测量结果在同一数量级，表明了本实验测量材料纵向挠曲电系数的合理性。与已有的方法相比，本实验不需要通过破坏材料的几何对称产生应变梯度，是一种更简单、更有效的测量材料挠曲电系数的方法。

4.5 本章小结

本章根据挠曲电效应的唯象理论，提出了测量材料纵向挠曲电系数的准静态实验方法和冲击波压缩实验方法。通过压缩圆台试件，测量了聚合物聚偏氟乙烯材料的挠曲电系数，并修正了此前计算圆台 (梯台) 试件挠曲电系数的方法；引入了非规则几何形状引起的几何修正因子，并最终获得了聚合物聚偏氟乙烯更准确的挠曲电系数。采用一级轻气炮冲击和分离式霍普金森压杆冲击实验，分别测量了钛酸钡 (BT) 和钛酸锶钡 (BST) 材料的纵向挠曲电系数，相比于轻气炮冲击实验，分离式霍普金森压杆冲击实验是一种更简单、更有效的测量材料纵向挠曲电系数的实验方法。

参 考 文 献

[1] MA W H, CROSS L E. Large flexoelectric polarization in ceramic lead magnesium niobate[J]. Applied Physics Letters, 2001, 79(26): 4420-4422.

[2] MA W H, CROSS L E. Strain-gradient-induced electric polarization in lead zirconate titanate ceramics[J]. Applied Physics Letters, 2003, 82(19): 3293-3295.

[3] MA W H, CROSS L E. Flexoelectric effect in ceramic lead zirconate titanate[J]. Applied Physics Letters, 2005, 86: 072905.

[4] CROSS L E. Flexoelectric effects: Charge separation in insulating solids subjected to elastic strain gradients[J]. Journal of Materials Science, 2006, 41(1): 53-63.

[5] MA W H, CROSS L E. Flexoelectricity of barium titanate[J]. Applied Physics Letters, 2006, 88: 232902.

[6] LI Y, SHU L L, HUANG W B, et al. Giant flexoelectricity in $Ba_{0.6}Sr_{0.4}TiO_3/Ni_{0.8}Zn_{0.2}Fe_2O_4$ composite[J]. Applied Physics Letters, 2014, 105: 162906.

[7] LI Y, SHU L L, ZHOU Y, et al. Enhanced flexoelectric effect in a non-ferroelectric composite[J]. Applied Physics Letters, 2013, 103: 142909.

[8] SHU L L, HUANG W, KWON S R, et al. Converse flexoelectric coefficient f_{1212} in bulk $Ba_{0.67}Sr_{0.33}$ TiO_3[J]. Applied Physics Letters, 2014, 104: 232902.

[9] SHU L L, WANG Z, LI F et al. Flexoelectric behavior in PIN-PMN-PT single crystals over a wide temperature range[J]. Applied Physics Letters, 2017, 111: 162901.

[10] SHU L L, WAN M Q, WANG Z G, et al. Large flexoelectricity in Al_2O_3-doped $Ba(Ti_{0.85}Sn_{0.15})O_3$ ceramics[J]. Applied Physics Letters, 2017, 110: 192903.
[11] SHU L L, WEI X Y, JIN L, et al. Enhanced direct flexoelectricity in paraelectric phase of $Ba(Ti_{0.87}Sn_{0.13})O_3$ ceramics[J]. Applied Physics Letters, 2013, 102: 152904.
[12] KWON S R, HUANG W, SHU L L, et al. Flexoelectricity in barium strontium titanate thin film[J]. Applied Physics Letters, 2014, 105: 142904.
[13] BASKARAN S, HE Q, QIN C, et al. Experimental studies on the direct flexoelectric effect in α-phase polyvinylidene fluoride films[J]. Applied Physics Letters, 2011, 98(24): 242901.
[14] BASKARAN S, HE X, YU W, et al. Strain gradient induced electric polarization in α-phase polyvinylidene fluoride films under bending conditions[J]. Journal of Applied Physics, 2012, 111: 014109.
[15] BASKARAN S, RAMACHANDRAN N, HE X, et al. Giant flexoelectricity in polyvinylidene fluoride films[J]. Physics Letters A, 2011, 375(20): 2082-2084.
[16] CHU B J, SALEM D. Flexoelectricity in several thermoplastic and thermosetting polymers[J]. Applied Physics Letters, 2012, 101: 103905.
[17] PODDAR S, DUCHARME S. Measurement of the flexoelectric response in ferroelectric and relaxor polymer thin films[J]. Applied Physics Letters, 2013, 103: 202901.
[18] PODDAR S, DUCHARME S. Temperature dependence of flexoelectric response in ferroelectric and relaxor polymer thin films[J]. Journal of Applied Physics, 2014, 116: 114105.
[19] ZHANG S W, LIANG X, XU M L, et al. Shear flexoelectric response along 3121 direction in polyvinylidene fluoride[J]. Applied Physics Letters, 2015, 107: 142902.
[20] ZHANG S W, XU M L, LINAG X, et al. Shear flexoelectric coefficient μ_{1211} in polyvinylidene fluoride[J]. Journal of Applied Physics, 2015, 117: 204102.
[21] ZHANG S W, XU M L, LIU K, et al. A flexoelectricity effect-based sensor for direct torque measurement[J]. Journal of Physics D: Applied Physics, 2015, 48: 485502.
[22] ZHANG S W, XU M L, MA G L, et al. Experimental method research on transverse flexoelectric response of poly (vinylidene fluoride)[J]. Japanese Journal of Applied Physics, 2016, 55: 071601.
[23] FU J Y, ZHU W, LI N, et al. Experimental studies of the converse flexoelectric effect induced by inhomogeneous electric field in a barium strontium titanate composition[J]. Journal of Applied Physics, 2006, 100: 024112.
[24] LU J F, LV J Y, LIANG X, et al. Improved approach to measure the direct flexoelectric coefficient of bulk polyvinylidene fluoride[J]. Journal of Applied Physics, 2016, 119: 094104.
[25] GUO Q, CAO G Z, SHEN I Y. Measurements of piezoelectric coefficient d_{33} of lead zirconate titanate thin films using a mini force hammer[J]. Journal of Vibration and Acoustics, 2013, 135: 011003.
[26] TAGANTSEV A K. Piezoelectricity and flexoelectricity in crystalline dielectrics[J]. Physical Review B, 1986, 34(8): 5883.
[27] YUDIN P V, TAGANTSEV A K. Fundamentals of flexoelectricity in solids[J]. Nanotechnology, 2013, 24: 432001.
[28] ZUBKO P, CATALAN G, TAGANTSEV A K. Flexoelectric effect in solids[J]. Annual Review of Materials Research, 2013, 43: 387-421.
[29] LU J F, LIANG X, YU W, et al. Temperature dependence of flexoelectric coefficient for bulk polymer polyvinylidene fluoride[J]. Journal of Physics D: Applied Physics, 2019, 52: 075302.
[30] GRAHAM R A. Dielectric anomaly in quartz for high transient stress and field[J]. Journal of Applied Physics, 1962, 33(5): 1755-1758.
[31] HARRIS P. Mechanism for the shock polarization of dielectrics[J]. Journal of Applied Physics, 1965, 36(3): 739-741.
[32] LINDE R K, MURRI W J, DORAN D G. Shock-induced electrical polarization of alkali halides[J]. Journal of Applied Physics, 1966, 37(7): 2527-2532.
[33] FOWLES R, WILLIAMS R F. Plane stress wave propagation in solids[J]. Journal of Applied Physics,

1970, 41(1): 360-363.
[34] MA W H, CROSS L E. Flexoelectric polarization of barium strontium titanate in the paraelectric state[J]. Applied Physics Letters, 2002, 81(18): 3440-3442.

第 5 章　挠曲电效应的有限元方法

在科学技术和工程实际中，通常借助微分方程和定解条件分别对物理规律和特定的问题进行描述。在众多力学和物理问题中，常常易于得到他们应该遵循的微分方程和定解条件，但疲于用解析手段求得方程的精确解，只有极少数方程特别简单，且几何形状规则的问题可以求得解析解。对于绝大多数问题，或由于方程的复杂性，或由于几何形状的不规则而无法得到解析的答案。对于这类问题，通常有两条途径处理：一是对方程或者几何形状进行简化和近似处理，但是这种途径只对极少数问题有效，而且过多的简化会使得到的答案误差较大甚至出现错误；另外一种途径则是数值方法，与解析手段相比，数值方法受方程和几何形状的限制要小得多，对于绝大多数问题都可以求解。近几十年，由于电子计算机技术的迅猛发展，数值方法在科学研究和工程实践中扮演着越来越重要的角色，与理论和实验手段一道成为解决具体问题的重要工具。偏微分方程的数值求解是最引人注目的数值计算问题之一，一方面由于绝大多数偏微分方程无法通过解析手段求解，另一方面则由于众多的科学技术和工程实际问题最后都归结为求解偏微分方程。求解偏微分方程的数值方法主要可以分为两大类，一类是以有限差分法为代表，基本思想是直接将微分方程通过节点函数值差分得到，从而将微分方程转化为代数问题 [1]。有限差分法对于解决几何形状规则的问题非常有效，但是对于解决几何形状复杂的问题会使得边界处理非常麻烦，而且在边界上数值精度也会降低。另一类是基于等效积分形式的方法，包括有限元方法、有限体积法、无网格方法，以及近年兴起的等几何分析法都属于这一类 [2]。对于某些特定的问题，不同的方法会有特殊的优势。例如，有限差分法和有限体积法在流体力学领域占据支配地位 [3]；在结构分析、固体力学和电磁学领域，有限元方法则由于其求解精度高、求解速度快、程序通用性强而得到广泛应用 [4]。对于挠曲电效应问题，由于包含应变梯度，要求插值函数的函数值在边界上连续，通常还要求一阶梯度在单元上连续，即满足 C^1 连续性单元。对于一维问题，可用埃尔米特插值函数来构造 C^1 连续型单元，但是对于二维和三维问题，相关的工作还比较有限。目前，已有在有限元方法 [5,6]、无网格方法 [7-9] 和等几何分析法 [10] 等基础上开展挠曲电介质力电耦合问题的研究工作，相比于后两者，有限元方法程序实现简单，而且由于有限元商业软件的普及，使得该方法跟已有的商业软件具有更好的兼容性和更广阔的应用前景。本章从有限元方法的基本理论和概念出发，给出挠曲电效应的虚功原理，构建二维和三维混合单元，验证所提出的挠曲电有限元方法的准确性，并分别研究受内外压力无限大圆管的力电耦合问题，分析挠曲电效应对力电耦合响应的影响。本章提出的有限元方法可进一步用来解决挠曲电介质中复杂的力电耦合问题。

5.1 有限元方法的数学基础

有限元方法是基于等效积分形式求解偏微分方程边值问题的数值方法，在工程技术和数学中都有着广泛应用。其基本思想是将连续的求解域离散为一组边界相互联结的单元，然后将单元内的场函数通过假设的近似函数表示，而近似函数则可以通过每个单元的节点插值得到。即将场函数通过有限元分片函数空间和节点函数值线性表示，然后利用偏微分方程的等效积分形式，将原问题的微分方程化为代数问题。由于单元之间可以有不同的联结方式，单元本身也可以有不同的形状，因此有限元方法对于复杂求解域具有很好的适应性。本节将简单介绍有限元方法的基本概念和求解问题的基本思路。

变分原理是偏微分方程边值问题一种等效描述形式，也是有限元方法的数学基础。以泊松方程为例介绍变分原理和有限元的基本概念。假设有如下边值问题：

$$\begin{cases} -\nabla^2 u = f & \text{in } \varOmega \\ u = g & \text{on } \partial\varOmega \end{cases} \tag{5.1}$$

式中，∇^2 为拉普拉斯算子；$\varOmega$ 和 $\partial\varOmega$ 分别为求解域和其边界。如果 u 是式 (5.1) 的解，w 是任意满足上述方程中边界条件的函数，利用高斯散度定理，则有

$$a(u,w) = \int_{\varOmega} \nabla u \cdot \nabla w \mathrm{d}V = \int_{\varOmega} f w \mathrm{d}V \equiv (f,w) \tag{5.2}$$

定义如下由可积函数构成的空间：

$$W = \left\{ w \in L^2(\varOmega) : a(w,w) < \infty : w = g \text{ on } \partial\varOmega \right\} \tag{5.3}$$

则式 (5.1) 的变分或者等效积分弱形式定义为

$$u \in W \text{ 使得 } a(u,w) = (f,w) \ \forall w \in W \tag{5.4}$$

这样就将原来的偏微分方程转化为在特定的空间中寻找满足条件的函数。

由于 W 是一个无限维函数空间，在求解具体问题时使用起来并不方便，因此通常用 W 的一个有限维子空间 S 替换 W，然后将式 (5.4) 写为

$$u_S \in S \text{ 使得} a(u_S,w) = (f,w) \ \forall w \in S \tag{5.5}$$

式中，S 为一个有限维函数空间，可以写出它的一组基底 $\{\phi_i\}$，然后将 u_S 表示为

$$u_S = \sum U_i \phi_i \tag{5.6}$$

如果定义

$$K_{ij} = a(\phi_i, \phi_j) \tag{5.7}$$

$$F_j = (f, \phi_j) \tag{5.8}$$

则式 (5.5) 等价于求解线性方程组：

$$\boldsymbol{KU} = \boldsymbol{F} \tag{5.9}$$

式中，$\boldsymbol{K}$ 是分量为 K_{ij} 的方阵，称为刚度矩阵；$\boldsymbol{U}$ 和 $\boldsymbol{F}$ 分别表示分量为 U_i 和 F_j 的向量。可以证明，当 $f \in L^2(\Omega)$ 时，式 (5.9) 具有唯一解，可以通过求解线性方程组式 (5.9) 求得偏微分方程边值问题的近似解。这种在有限维子空间 S 中求解偏微分方程近似解的方法称为里兹–迦辽金方法。当选择 S 为分片多项式函数空间时则称为有限元方法。

假设 $P := \{\Omega\}$ 是 Ω 的一个凸多边形划分，$E \in P$ 称为有限单元。定义函数空间 S 如下，对于任意的 $w \in S$ 满足：① w 在单元之间连续；② w 在单元内为多项式函数；③ 在 $\partial\Omega$ 上有 $w = g$。可以证明 S 是 W 的一个子空间，因此可以利用式 (5.5) 求解方程的近似解，并且可以将式 (5.5) 写为

$$\sum a_E(u_S, w) = \sum (f, w)_E \tag{5.10}$$

其中，

$$a_E(u_S, w) := \int_{\Omega_E} \nabla u_S \cdot \nabla w \mathrm{d}V \tag{5.11}$$

$$(f, w)_E = \int_{\Omega_E} f w \mathrm{d}V \tag{5.12}$$

假设 $N := \{N_i | i = 1, 2, \cdots, n\}$ 是由划分 $\boldsymbol{P}$ 产生的所有节点形成的集合, 在每个节点 N_i，$i = 1, 2, \cdots, n$ 上定义一个函数 ϕ_i，使得 $\phi_i(N_i) = \delta_{ij}$，称 ϕ_i 为节点 i 的形函数，可以证明 $\{\phi_i : 1 \leqslant i \leqslant n\}$ 是 S 的一组基函数，因此 u_S 可以表示为

$$u_S = \sum U_i \phi_i \tag{5.13}$$

类似于里兹–迦辽金方法，假设：

$$K_{ij} = \sum a_E(\phi_i, \phi_j) \tag{5.14}$$

$$F_j = \sum (f, \phi_j)_E \tag{5.15}$$

则可以得到与式 (5.5) 等价的线性方程组，然后通过解线性方程组求得节点的函数值，从而得到方程的有限元近似阶。在计算式 (5.14) 和式 (5.15) 时，只有当节点 N_i、N_j 至少同属一个单元时 K_{ij} 才不为零，所以有限元计算中得到的刚度矩阵往往是大型稀疏矩阵，这就使得求解线性方程组的效率可以大幅提高。在实际操作中一般也不直接求解总体刚度矩阵，而是对每一个单元求解单元刚度矩阵和单元向量，然后将单元刚度矩阵和单元向量集成，得到总体刚度矩阵和向量。如果采用迭代法求解线性方程组，则可以直接利用单元刚度矩阵进行迭代求解。

需要指出的是，在定义有限元函数空间时要求函数在单元边界上连续，这是为了满足式 (5.3) 中的能量范数 $a(\cdot)$ 有界的条件。显然，当能量范数中出现二阶导数的时候，形函数不仅要在单元边界上连续，还要求其一阶导数连续。通常把在单元的边界上满足 k 阶连续性条件的单元称为 C^k 连续型单元。$k>0$ 时，构造 C^k 连续型单元往往很复杂，尤其是对于高维单元。为了避免使用高阶连续型的单元，在求解某些问题时，另外一种可以替代的方法是引入新的变量，构造新的变分方程，这种方法称为混合有限元方法。混合有限元方法在板壳问题和不可压缩材料问题中有着广泛应用。

5.2 变分原理及混合有限单元

5.2.1 挠曲电效应的虚功原理

虚功原理在物理上是一种基于能量观点描述问题的方法，在数学上则是对偏微分方程边值问题基于泛函分析和变分原理的描述方法，他跟偏微分方程和定解条件的描述是等价的。对于某些问题，虚功原理可以用来求解偏微分方程边值问题。在数值计算方面则可以直接对虚功原理进行离散，得到有限元方程，因此兼具理论和实际意义。这一小节将讨论挠曲电效应问题的虚功原理。首先给出控制方程的等效积分形式如下

$$\int_{\Omega} \nabla \cdot (\boldsymbol{\sigma} - \nabla \cdot \boldsymbol{\tau}) \cdot \delta \boldsymbol{u} \mathrm{d}V = 0 \tag{5.16}$$

式中，$\boldsymbol{u}$ 为满足位移及位移法向梯度边界条件的任意函数；$\delta \boldsymbol{u}$ 为位移的变分，所以 $\delta \boldsymbol{u}$ 在位移边界 $\partial \Omega_u$ 上为 0，而 $\delta \boldsymbol{u}$ 的法向梯度则在边界 $\partial \Omega_v$ 上为 0。利用高斯散度定理，式 (5.16) 可以写为

$$\int_{\Omega} (\boldsymbol{\sigma} - \nabla \cdot \boldsymbol{\tau}) \cdot \delta \boldsymbol{u} \mathrm{d}V = \int_{\partial \Omega} n \cdot (\boldsymbol{\sigma} - \nabla \cdot \boldsymbol{\tau}) \cdot \delta \boldsymbol{u} \mathrm{d}S - \int_{\Omega} (\boldsymbol{\sigma} - \nabla \cdot \boldsymbol{\tau}) : \nabla (\delta \boldsymbol{u}) \, \mathrm{d}V \tag{5.17}$$

正如前面所说，在 Ω_u 由于位移是确定的，所以位移的变分 $\delta\boldsymbol{u}$ 为 0。式 (5.17) 等号右端第一项可以写为

$$\int_{\partial\Omega}\boldsymbol{n}\cdot(\boldsymbol{\sigma}-\nabla\cdot\boldsymbol{\tau})\cdot\delta\boldsymbol{u}\mathrm{d}S=\int_{\partial\Omega_t}\boldsymbol{n}\cdot(\boldsymbol{\sigma}-\nabla\cdot\boldsymbol{\tau})\cdot\delta\boldsymbol{u}\mathrm{d}S \tag{5.18}$$

对式 (5.17) 等号右端的第二项继续使用高斯散度定理可得

$$\int_{\Omega}(\boldsymbol{\sigma}-\nabla\cdot\boldsymbol{\tau}):\nabla(\delta\boldsymbol{u})\,\mathrm{d}V=\int_{\Omega}\left(\boldsymbol{\sigma}:\delta\boldsymbol{\varepsilon}+\boldsymbol{\tau}\vdots\delta\boldsymbol{\eta}\right)\mathrm{d}V-\int_{\partial\Omega}\boldsymbol{n}\cdot\boldsymbol{\tau}:\nabla(\delta\boldsymbol{u})\,\mathrm{d}S \tag{5.19}$$

式 (5.19) 等号右端第一项表示应力的虚功和高阶应力的虚功。需要指出的是，当边界上的位移确定之后，位移梯度在边界上的切向部分是已知的，所以在边界上位移的变分和位移梯度的变分不是独立的。因此，把式 (5.19) 等号右端第二项进一步写为

$$\int_{\partial\Omega}\boldsymbol{n}\cdot\boldsymbol{\tau}:\nabla(\delta\boldsymbol{u})\,\mathrm{d}S=\int_{\partial\Omega}\boldsymbol{n}\cdot(\boldsymbol{n}\cdot\boldsymbol{\tau})\cdot(\boldsymbol{n}\cdot\nabla\delta\boldsymbol{u})\,\mathrm{d}S+\int_{\partial\Omega}(\boldsymbol{n}\cdot\boldsymbol{\tau}):\left(\nabla^t\delta\boldsymbol{u}\right)\mathrm{d}S \tag{5.20}$$

同时注意到：

$$(\boldsymbol{n}\cdot\boldsymbol{\tau}):\nabla^t\delta\boldsymbol{u}=\nabla^t\cdot[(\boldsymbol{n}\cdot\boldsymbol{\tau})\cdot\delta\boldsymbol{u}]-\nabla^t\cdot(\boldsymbol{n}\cdot\boldsymbol{\tau})\cdot\delta\boldsymbol{u} \tag{5.21}$$

假设 $\boldsymbol{n}\cdot\boldsymbol{n}\cdot\boldsymbol{\tau}$ 在边界上足够光滑，则有

$$\int_{\partial\Omega}\nabla^t\cdot(\boldsymbol{n}\cdot\boldsymbol{\tau})\cdot\delta\boldsymbol{u}\mathrm{d}S=0 \tag{5.22}$$

式中，$\boldsymbol{n}\cdot\nabla\delta\boldsymbol{u}$ 为位移梯度变分的法向分量，因此 $\boldsymbol{n}\cdot\nabla\delta\boldsymbol{u}$ 在 $\partial\Omega_v$ 为 0；式 (5.21) 等号右端第二项中由于在 $\partial\Omega_u$ 上位移是给定的，因此方程 (5.21) 可以写为

$$\int_{\partial\Omega}(\boldsymbol{n}\cdot\boldsymbol{\tau}):\left(\nabla^t\delta\boldsymbol{u}\right)\mathrm{d}S=\int_{\partial\Omega_r}\boldsymbol{n}\cdot(\boldsymbol{n}\cdot\boldsymbol{\tau})\cdot(\boldsymbol{n}\cdot\nabla\delta\boldsymbol{u})\,\mathrm{d}S+\int_{\partial\Omega_t}(\boldsymbol{n}\cdot\boldsymbol{\tau}):\left(\nabla^t\delta\boldsymbol{u}\right)\mathrm{d}S \tag{5.23}$$

将式 (5.18)、式 (5.20) 和式 (5.23) 代入式 (5.19), 得到

$$\begin{aligned}\int_{\Omega}\left(\boldsymbol{\sigma}:\delta\boldsymbol{\varepsilon}+\boldsymbol{\tau}\vdots\delta\boldsymbol{\eta}\right)\mathrm{d}V=&\int_{\partial\Omega_t}\left[\boldsymbol{n}\cdot(\boldsymbol{\sigma}-\nabla\cdot\boldsymbol{\tau})-\nabla^t\cdot(\boldsymbol{n}\cdot\boldsymbol{\tau})\right]\cdot(\delta\boldsymbol{u})\,\mathrm{d}S\\&+\int_{\partial\Omega_r}[\boldsymbol{n}\cdot(\boldsymbol{n}\cdot\boldsymbol{\tau})\cdot(\boldsymbol{n}\cdot\nabla\delta\boldsymbol{u})]\,\mathrm{d}S\end{aligned} \tag{5.24}$$

利用边界条件，式 (5.24) 可以写为

$$\int_{\Omega}\left(\boldsymbol{\sigma}:\delta\boldsymbol{\varepsilon}+\boldsymbol{\tau}\vdots\delta\boldsymbol{\eta}\right)\mathrm{d}V=\int_{\partial\Omega_t}\bar{\boldsymbol{t}}\cdot\delta\boldsymbol{u}\mathrm{d}S+\int_{\partial\Omega_r}\boldsymbol{r}\cdot(\boldsymbol{n}\cdot\nabla\delta\boldsymbol{u})\,\mathrm{d}S \tag{5.25}$$

式 (5.25) 等号左端为应力和高阶应力的虚功，右端则为面力和高阶面力的虚功。式 (5.25) 为与力学平衡方程以及相应的边界条件等价的虚功原理。同理，对于高斯方程：

$$\int_{\Omega}\nabla\cdot\boldsymbol{D}\delta\varphi\mathrm{d}V=0 \tag{5.26}$$

式中，$\delta\varphi$ 为电势的变分。对式 (5.26) 利用高斯散度定理得到

$$\int_{\Omega}\nabla\cdot\boldsymbol{D}\delta\varphi\mathrm{d}V=\int_{\partial\Omega}\boldsymbol{n}\cdot\boldsymbol{D}\delta\varphi\mathrm{d}S-\int_{\Omega}\boldsymbol{D}\cdot\nabla\delta\varphi\mathrm{d}V \tag{5.27}$$

在边界 $\partial\Omega_\varphi$ 上，电势 φ 的变分 $\delta\varphi$ 为 0，因此式 (5.27) 可以写为

$$-\int_{\Omega}\boldsymbol{D}\cdot\nabla\delta\varphi\mathrm{d}V=-\int_{\Omega}\boldsymbol{D}\cdot\delta\boldsymbol{E}\mathrm{d}V=\int_{\partial\Omega_q}\bar{q}\delta\varphi\mathrm{d}S \tag{5.28}$$

式中，$\int_{\Omega}\boldsymbol{D}\cdot\nabla\delta\varphi\mathrm{d}V$ 为电位移的虚功；$\int_{\partial\Omega_q}\bar{q}\delta\varphi\mathrm{d}S$ 为表面电荷的虚功。式 (5.28) 为高斯方程及其相应的边界条件的变分原理。式 (5.25) 和式 (5.28) 共同构成挠曲电效应问题的虚功原理。式 (5.25) 包含了应变梯度对应的虚功，即式 (5.25) 中包含了位移的二阶梯度。例如，基于他用有限元方法进行离散，要求函数空间 S 中的所有函数具有连续的一阶梯度，即对于任意的 $v\in S$ 有 $v\in C^1(\Omega)$。因此，要求插值函数不但函数值在单元的边界上连续，还要求一阶梯度在单元的边界上连续，把这样的单元称为 C^1 连续型单元。对于一维问题，一种方法是可以用埃尔米特插值函数为形函数来构造 C^1 连续型单元，但是对二维和三维问题通常比较麻烦。限于篇幅，这里不讨论这方面的内容，感兴趣的读者可参考相应文献。另外一种避免使用 C^1 连续型单元的方法是混合有限元方法，下面将讨论相关的内容。

5.2.2 约束变分原理

在讨论约束变分原理之前首先给出如下能量泛函：

$$\Pi(\boldsymbol{u},\varphi)=H(\boldsymbol{u},\varphi)-W(\boldsymbol{u},\varphi) \tag{5.29}$$

其中，

$$H(\boldsymbol{u},\varphi)=\int_{\Omega}\left(\frac{1}{2}\boldsymbol{\sigma}:\boldsymbol{\varepsilon}+\boldsymbol{\tau}\vdots\boldsymbol{\eta}-\frac{1}{2}\boldsymbol{D}\cdot\boldsymbol{E}\right)\mathrm{d}V \tag{5.30}$$

$$W(\boldsymbol{u},\varphi)=\int_{\partial\Omega_t}\bar{\boldsymbol{t}}\cdot\delta\boldsymbol{u}\mathrm{d}S+\int_{\partial\Omega_r}\bar{\boldsymbol{r}}\cdot(\boldsymbol{n}\cdot\nabla\delta\boldsymbol{u})\,\mathrm{d}S+\int_{\partial\Omega_q}\bar{q}\delta\varphi\mathrm{d}S \tag{5.31}$$

式中，$H(\boldsymbol{u},\varphi)$ 和 $W(\boldsymbol{u},\varphi)$ 分别为材料中存储的电焓和外力功。泛函 $\Pi(\boldsymbol{u},\varphi)$ 求极值的条件为

$$\delta\Pi=\left(\frac{\partial H}{\partial\boldsymbol{u}}-\frac{\partial W}{\partial\boldsymbol{u}}\right)\delta\boldsymbol{u}+\left(\frac{\partial H}{\partial\varphi}-\frac{\partial W}{\partial\varphi}\right)\delta\varphi=0 \tag{5.32}$$

将式 (5.32) 展开，可以得到式 (5.25) 和式 (5.28)，因此挠曲电效应的虚功原理就是方程泛函式 (5.29) 取极值的条件。挠曲电效应问题的解就是泛函式 (5.29) 取极值时的位移和电势。但是在泛函式 (5.29) 中，应变和应变梯度都是位移的函数，不是独立的，使得求得的虚功原理中出现了位移的二阶梯度。为了避免使用 C^1 连续型单元，这里首先引入位移梯度 $\boldsymbol{\psi}$ 作为独立的变量，使得式 (5.29) 成为以位移 $\boldsymbol{u}$、位移梯度 $\boldsymbol{\psi}$ 和电势 φ 为独立变量的泛函：

$$\Pi(\boldsymbol{u},\boldsymbol{\psi},\varphi)=H(\boldsymbol{u},\boldsymbol{\psi},\varphi)-W(\boldsymbol{u},\boldsymbol{\psi},\varphi) \tag{5.33}$$

式中，高阶应力 $\boldsymbol{\tau}$ 和应变梯度 $\boldsymbol{\eta}$ 为位移梯度的函数，相对于位移是独立的。把位移和位移梯度的关系作为约束方程，有

$$\boldsymbol{C}(\boldsymbol{u},\boldsymbol{\psi})=\boldsymbol{\psi}-\nabla\boldsymbol{u}=0 \tag{5.34}$$

因此，泛函式 (5.29) 的极值问题转化为式 (5.33) 在约束条件式 (5.34) 下的极值问题。可以通过拉格朗日乘子 $\boldsymbol{\lambda}$，将约束方程式 (5.34) 引入到泛函式 (5.33) 中得到修正的泛函：

$$\Pi(\boldsymbol{u},\boldsymbol{\psi},\varphi)=H(\boldsymbol{u},\boldsymbol{\psi},\varphi)-W(\boldsymbol{u},\boldsymbol{\psi},\varphi)+\int_{\Omega}\boldsymbol{\lambda}\cdot(\boldsymbol{\psi}-\nabla\boldsymbol{u})\,\mathrm{d}V \tag{5.35}$$

把约束条件下的极值问题转化为泛函式 (5.35) 的极值问题。在泛函式 (5.35) 中，位移 $\boldsymbol{u}$、位移梯度 $\boldsymbol{\psi}$、电势 φ 和拉格朗日乘子 $\boldsymbol{\lambda}$ 都是独立的场变量。利用泛函式 (5.35) 取极值的条件 $\delta\Pi(\boldsymbol{u},\boldsymbol{\psi},\varphi)=0$，可以得到

$$\frac{\partial\Pi}{\partial\boldsymbol{u}}\delta\boldsymbol{u}=\int_{\Omega}(\boldsymbol{\sigma}:\delta\boldsymbol{\varepsilon})\,\mathrm{d}V-\int_{\Omega}\boldsymbol{\lambda}:\delta\nabla\boldsymbol{u}\mathrm{d}V-\int_{\partial\Omega_t}\bar{t}\cdot\delta\boldsymbol{u}\mathrm{d}S=0 \tag{5.36}$$

$$\frac{\partial\Pi}{\partial\boldsymbol{\psi}}\delta\boldsymbol{\psi}=\int_{\Omega}(\boldsymbol{\tau}:\delta\boldsymbol{\eta})\,\mathrm{d}V+\int_{\Omega}\boldsymbol{\lambda}:\delta\boldsymbol{\psi}\mathrm{d}V-\int_{\partial\Omega_t}\bar{\boldsymbol{r}}\cdot(\boldsymbol{n}\cdot\delta\boldsymbol{\psi})\,\mathrm{d}S=0 \tag{5.37}$$

$$\frac{\partial\Pi}{\partial\varphi}\delta\varphi=-\int_{\Omega}\boldsymbol{D}\cdot\delta\boldsymbol{E}\mathrm{d}V-\int_{\partial\Omega_q}\bar{q}\delta\varphi\mathrm{d}S=0 \tag{5.38}$$

$$\frac{\partial\Pi}{\partial\boldsymbol{\lambda}}\delta\boldsymbol{\lambda}=\int_{\Omega}(\boldsymbol{\psi}-\nabla\boldsymbol{u}):\delta\boldsymbol{\lambda}\mathrm{d}V=0 \tag{5.39}$$

对上述由混合变量构成的变分方程进行离散就可以得到挠曲电效应的混合有限元方程。首先介绍挠曲电效应混合有限元方法中单元刚度矩阵和右端向量的计算，然后分别介绍二维单元和三维单元的构造。

5.2.3 二维混合单元的构造

由约束变分原理得到的变分方程中，独立的变量包括位移 $\boldsymbol{u}$、位移梯度 $\boldsymbol{\psi}$、电势 φ 和拉格朗日乘子 $\boldsymbol{\lambda}$，因此他们都需要作为节点自由度，在单元内场变量则可以通过插值得到。在单元内位移的插值表达式可以写为

$$\boldsymbol{u} = \boldsymbol{N}_u \boldsymbol{u}^e \tag{5.40}$$

在式 (5.40) 中，$\boldsymbol{N}_u$ 为位移的形函数矩阵，可以进一步写为

$$\boldsymbol{N}_u = \left[N_u^{(1)};\ N_u^{(2)};\cdots;N_u^{(n)};\right],\ N_u^i = N_u^{(i)}(\boldsymbol{X})\,\boldsymbol{I} \tag{5.41}$$

式中，$\boldsymbol{I}$ 对于二维和三维情况分别对应二阶和三阶单位矩阵。$N_u^{(i)}(\boldsymbol{X})$ 为节点 i 上位移的插值函数。相应的位移梯度 $\boldsymbol{\psi}$、电势 $\boldsymbol{\varphi}$ 和拉格朗日乘子 $\boldsymbol{\lambda}$ 可以表示为

$$\boldsymbol{\psi} = \boldsymbol{N}_\psi \boldsymbol{\psi}^e,\ \boldsymbol{\varphi} = \boldsymbol{N}_\varphi \boldsymbol{\varphi}^e,\ \boldsymbol{\lambda} = \boldsymbol{N}_\lambda \boldsymbol{\lambda}^e \tag{5.42}$$

式中，$\boldsymbol{N}_\psi$、$\boldsymbol{N}_\varphi$ 和 $\boldsymbol{N}_\lambda$ 分别表示位移梯度 $\boldsymbol{\psi}$、电势 $\boldsymbol{\varphi}$ 和拉格朗日乘子 $\boldsymbol{\lambda}$ 的插值矩阵。

接下来利用位移的插值关系可以得到应变的矩阵形式为

$$\boldsymbol{\varepsilon} = \boldsymbol{B}_u \boldsymbol{u}^e,\ \boldsymbol{B}_u = \left[B_u^{(1)};\ B_u^{(2)};\cdots;B_u^{(n)}\right] \tag{5.43}$$

其中，

$$\boldsymbol{B}_u^i = \begin{bmatrix} \dfrac{\partial N_u^{(i)}(\boldsymbol{X})}{\partial X_1} & 0 \\ 0 & \dfrac{\partial N_u^{(i)}(\boldsymbol{X})}{\partial X_2} \\ \dfrac{\partial N_u^{(i)}(\boldsymbol{X})}{\partial X_2} & \dfrac{\partial N_u^{(i)}(\boldsymbol{X})}{\partial X_{111}} \end{bmatrix} \tag{5.44}$$

而位移的梯度 $\nabla \boldsymbol{u}$ 写成矩阵形式则表示为

$$\nabla \boldsymbol{u} = \boldsymbol{G}_u \boldsymbol{u}^e,\ \boldsymbol{G}_u = \left[G_u^{(1)};\ G_u^{(2)};\cdots;G_u^{(n)}\right] \tag{5.45}$$

其中，

$$\boldsymbol{G}_u^i = \begin{bmatrix} \dfrac{\partial N_u^{(i)}(\boldsymbol{X})}{\partial X_1}\boldsymbol{I}_{2\times 2} \\ \dfrac{\partial N_u^{(i)}(\boldsymbol{X})}{\partial X_2}\boldsymbol{I}_{2\times 2} \end{bmatrix} \tag{5.46}$$

应变梯度 $\boldsymbol{\eta}$ 为位移梯度 $\boldsymbol{\psi}$ 的函数，因此其矩阵形式通过位移梯度插值得到:

$$\boldsymbol{\eta}=\boldsymbol{B}_{\psi}\boldsymbol{\psi}^{e},\ \boldsymbol{B}_{\psi}=\left[B_{\psi}^{(1)};\ B_{\psi}^{(2)};\cdots;B_{\psi}^{(n)}\right] \tag{5.47}$$

其中,

$$\boldsymbol{B}_{\psi}^{i}=\begin{bmatrix}\dfrac{\partial N_{\psi}^{(i)}(\boldsymbol{X})}{\partial X_1}\boldsymbol{J}_{3\times 4}\\ \dfrac{\partial N_{\psi}^{(i)}(\boldsymbol{X})}{\partial X_2}\boldsymbol{J}_{3\times 4}\end{bmatrix},\ \boldsymbol{J}_{3\times 4}=\begin{bmatrix}1&0&0&0\\0&0&0&1\\0&1&1&0\end{bmatrix} \tag{5.48}$$

利用静电势的插值函数，电场强度为

$$\boldsymbol{E}=\boldsymbol{B}_{\varphi}\boldsymbol{\varphi}^{e},\ \boldsymbol{B}_{\varphi}=\left[B_{\varphi}^{(1)};\ B_{\varphi}^{(2)};\cdots;B_{\varphi}^{(n)}\right] \tag{5.49}$$

其中,

$$\boldsymbol{B}_{\varphi}^{i}=\begin{bmatrix}-\dfrac{\partial N_{\varphi}^{(i)}(\boldsymbol{X})}{\partial X_1}\\ -\dfrac{\partial N_{\varphi}^{(i)}(\boldsymbol{X})}{\partial X_2}\end{bmatrix} \tag{5.50}$$

应力、高阶应力和电位移可以通过应变，应变梯度和电场强度求得。

利用本构关系，应力是应变的函数，其矩阵形式可以写为

$$\boldsymbol{\sigma}=\mathbb{C}\boldsymbol{B}_{u}\boldsymbol{u}^{e} \tag{5.51}$$

式中，$\mathbb{C}$ 为四阶弹性张量，对于各向同性材料下的平面应变问题其可以写为

$$\mathbb{C}=\begin{bmatrix}\lambda+2\mu&\lambda&0\\ \lambda&\lambda+2\mu&0\\0&0&2\mu\end{bmatrix} \tag{5.52}$$

在考虑挠曲电效应的本构关系中，高阶应力是电场强度的函数。但是挠曲电效应一般在结构的尺寸跟材料的特征尺寸接近时才会比较显著，这种情况下应变梯度效应往往也很明显。因此，在考虑挠曲电效应的同时一般也需要考虑应变梯度效应，这样高阶应力同时就是电场强度和应变梯度的函数，其矩阵形式表示为

$$\boldsymbol{\tau}=\mathbb{G}\boldsymbol{B}_{\psi}\boldsymbol{\psi}^{e}+\mathbb{F}^{\mathrm{T}}\boldsymbol{B}_{\varphi}\boldsymbol{\varphi}^{e} \tag{5.53}$$

式中，$\mathbb{G}$ 和 $\mathbb{F}$ 分别表示高阶弹性张量和挠曲电系数张量。对各向同性材料，他们的矩阵形式写为

$$\mathbb{G}=l^{2}\begin{bmatrix}\mathbb{C}&0\\0&\mathbb{C}\end{bmatrix} \tag{5.54}$$

$$\mathbb{F}=\begin{bmatrix} f_1+2f_2 & f_1 & 0 & 0 & 0 & 2f_2 \\ 0 & 0 & 2f_2 & f_1 & f_1+2f_2 & 0 \end{bmatrix} \tag{5.55}$$

式中，l 为材料的特征长度；f_1 和 f_2 为两个独立的挠曲电系数。考虑挠曲电效应时，由于应变梯度会产生电极化，电位移为

$$\boldsymbol{D}=\mathbb{k}\boldsymbol{B}_{\varphi}\boldsymbol{\varphi}^{e}+\mathbb{F}\boldsymbol{B}_{\psi}\boldsymbol{\psi}^{e} \tag{5.56}$$

式中，$\mathbb{k}$ 为介电常数张量，其矩阵形式为

$$\mathbb{k}=\kappa\boldsymbol{I} \tag{5.57}$$

利用上述本构关系和插值函数，任意单元的混合变分方程可以表示为

$$\boldsymbol{K}_{u\lambda}\tilde{\boldsymbol{u}}+\boldsymbol{K}_{u\lambda}\tilde{\boldsymbol{\lambda}}=\boldsymbol{F}_{u} \tag{5.58}$$

$$\boldsymbol{K}_{\psi\lambda}\tilde{\boldsymbol{\psi}}+\boldsymbol{K}_{\psi\lambda}\tilde{\boldsymbol{\lambda}}+\boldsymbol{K}_{\varphi\lambda}\tilde{\boldsymbol{\varphi}}=\boldsymbol{F}_{\psi} \tag{5.59}$$

$$\boldsymbol{K}_{u\lambda}^{\mathrm{T}}\tilde{\boldsymbol{u}}+\boldsymbol{K}_{\psi\lambda}\tilde{\boldsymbol{\psi}}=\boldsymbol{0} \tag{5.60}$$

$$\boldsymbol{K}_{\psi\varphi}^{\mathrm{T}}\tilde{\boldsymbol{\psi}}+\boldsymbol{K}_{\varphi\varphi}\tilde{\boldsymbol{\varphi}}=\boldsymbol{F}_{\varphi} \tag{5.61}$$

其中，各个系数矩阵可以为

$$\boldsymbol{K}_{uu}=\int_{\Omega_E}\boldsymbol{B}_u^{\mathrm{T}}\mathbb{C}\boldsymbol{B}_u\mathrm{d}V,\ \boldsymbol{K}_{u\lambda}=-\int_{\Omega_E}\boldsymbol{G}_u^{\mathrm{T}}\boldsymbol{N}_{\lambda}\mathrm{d}V \tag{5.62}$$

$$\boldsymbol{K}_{\psi\psi}=\int_{\Omega_E}\boldsymbol{B}_{\psi}^{\mathrm{T}}\mathbb{G}\boldsymbol{B}_{\psi}\mathrm{d}V,\ \boldsymbol{K}_{\psi\lambda}=-\int_{\Omega_E}\boldsymbol{N}_{\psi}^{\mathrm{T}}\boldsymbol{N}_{\lambda}\mathrm{d}V \tag{5.63}$$

$$\boldsymbol{K}_{\psi\varphi}=\int_{\Omega_E}\boldsymbol{B}_{\psi}^{\mathrm{T}}\mathbb{F}\boldsymbol{B}_{\varphi}\mathrm{d}V,\ \boldsymbol{K}_{\varphi\varphi}=-\int_{\Omega_E}\boldsymbol{B}_{\varphi}^{\mathrm{T}}\mathbb{k}\boldsymbol{B}_{\varphi}\mathrm{d}V \tag{5.64}$$

各个向量可以表示为

$$F_u=\int_{\Omega_E}\boldsymbol{B}_u^{\mathrm{T}}\bar{\boldsymbol{t}}\mathrm{d}V,\ F_{\psi}=\int_{\Omega_E}\bar{\boldsymbol{r}}\mathrm{d}V,\ F_{\varphi}=\int_{\Omega_E}\boldsymbol{B}_{\varphi}^{\mathrm{T}}\bar{q}\mathrm{d}V \tag{5.65}$$

假设定义单元刚度矩阵，单元自由度和单元右端向量

$$\boldsymbol{K}_E\equiv\begin{bmatrix} \boldsymbol{K}_{uu} & 0 & \boldsymbol{K}_{u\lambda} & 0 \\ 0 & \boldsymbol{K}_{\psi\psi} & \boldsymbol{K}_{\psi\lambda} & \boldsymbol{K}_{\psi\varphi} \\ \boldsymbol{K}_{\lambda u} & \boldsymbol{K}_{\lambda\psi} & 0 & 0 \\ 0 & \boldsymbol{K}_{\varphi\psi} & 0 & \boldsymbol{K}_{\varphi\varphi} \end{bmatrix},\ \boldsymbol{F}_E\equiv\begin{bmatrix} \boldsymbol{F}_u \\ \boldsymbol{F}_{\psi} \\ 0 \\ \boldsymbol{F}_{\varphi} \end{bmatrix},\ \boldsymbol{U}_E\equiv\begin{bmatrix} \tilde{\boldsymbol{u}} \\ \tilde{\boldsymbol{\psi}} \\ \tilde{\boldsymbol{\lambda}} \\ \tilde{\boldsymbol{\varphi}} \end{bmatrix} \tag{5.66}$$

则可以将式 (5.58)~ 式 (5.61) 写为

$$\boldsymbol{K}_E\boldsymbol{U}_E=\boldsymbol{F}_E \tag{5.67}$$

对所有单元考虑式 (5.67) 则可以求得系统刚度矩阵和右端向量。将单元刚度矩阵、单元自由度向量和右端向量集成到方程中即可以得到整体线性方程组。下面构造几个具体的二维单元，并测试单元的性能。图 5.1 在三角形单元 T37 和四边形单元 Q47 中，将拉格朗日乘子的自由度放在角节点上。对位移和电势采用二次插值，对拉格朗乘子和位移梯度采用线性插值。在图 5.2 中，将拉格朗日乘子的自由度置于单元的面中心节点，这是由于虚功方程中没有对拉格朗日乘子有连续性要求。相同的，对位移和电势采用二次插值，对位移梯度采用线性插值。

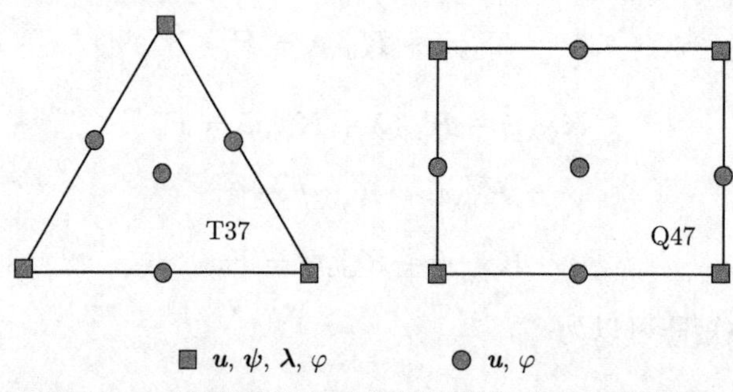

图 5.1　三角形单元 T37 和四边形单元 Q47 示意图

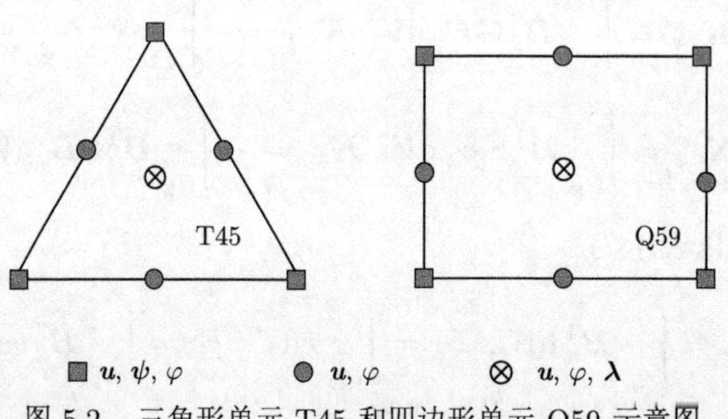

图 5.2　三角形单元 T45 和四边形单元 Q59 示意图

为了验证二维单元的可行性，考虑一个有解析解的二维问题。有一个受内外压力的无限长圆管，将其等效为一个平面应变问题，其截面如图 5.3 所示。假设圆管的内外面之间加一个电压，给内外表面一个固定的位移。利用构造四个二维单元对称圆管进行模拟的结果对比如图 5.4 所示。

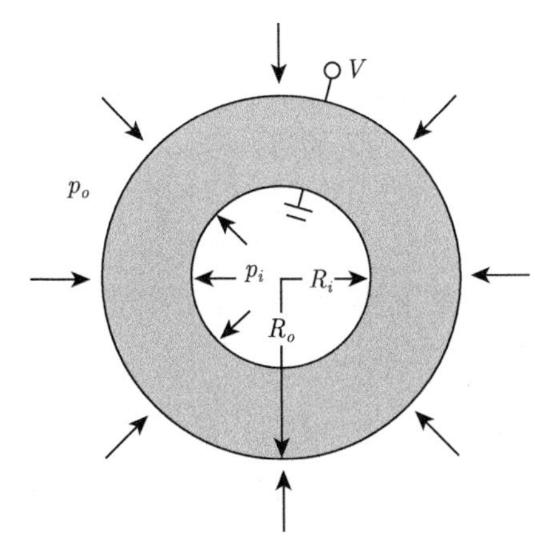

图 5.3 受内外压力的无限长圆管截面示意图

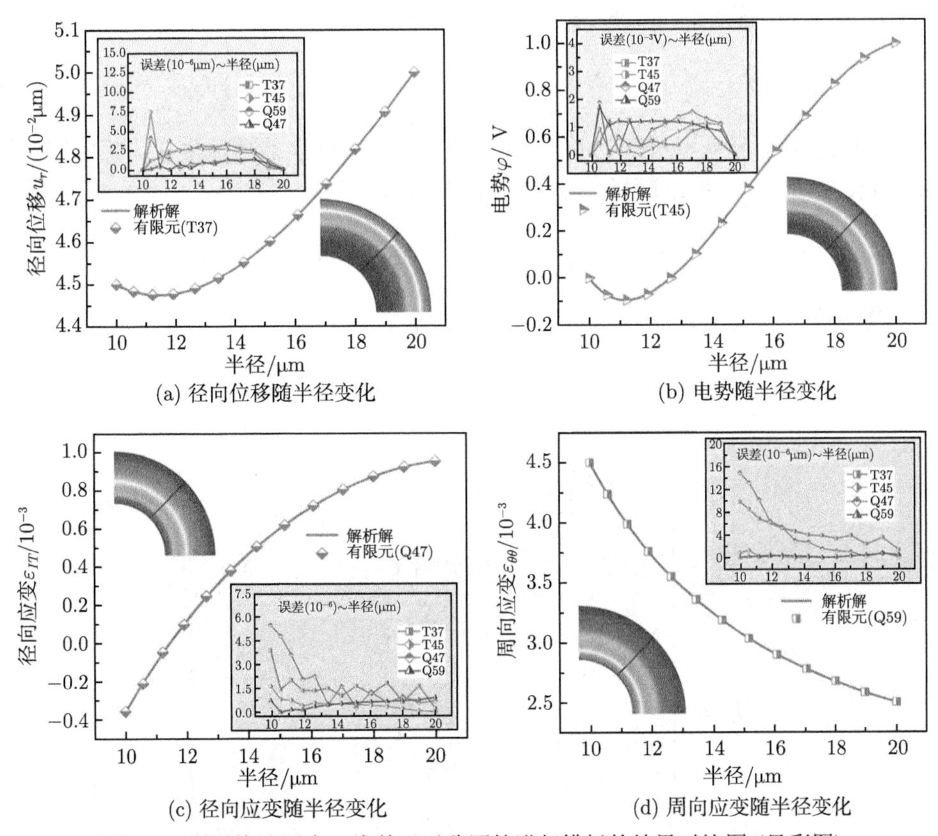

(a) 径向位移随半径变化 (b) 电势随半径变化

(c) 径向应变随半径变化 (d) 周向应变随半径变化

图 5.4 利用构造四个二维单元对称圆管进行模拟的结果对比图 (见彩图)

图 5.4(a) 和 (b) 分别为径向位移和电势随半径的变化，通过将有限元计算结

果和解析解进行对比，可以看到四个混合单元对于径向位移和电势都给出了较高精度的计算结果。图 5.4(c) 和 (d) 分别为径向应变和周向应变随半径的变化。需要指出的是，在构造的混合有限元计算中，由于节点自由度包含了位移梯度，只需要通过代数计算即可以求出节点上的应变。同时，四个单元给出的应变结果可以跟解析很好地吻合。通过不同单元之间的对比可以发现，单元 T45 和单元 Q59 计算出应变的误差比单元 T37 和单元 Q47 要小得多，因此将拉格朗日乘子的自由度作为角节点自由度是个更好的选择。

5.2.4 三维混合单元的构造

类似于二维混合有限单元，对于三维问题，首先利用节点自由度插值得到单元内的场变量。位移插值为

$$\boldsymbol{u} = \boldsymbol{N}_u \boldsymbol{u}^e \tag{5.68}$$

式中，$\boldsymbol{N}_u$ 为位移的形函数矩阵，其可以进一步写为

$$\boldsymbol{N}_u = \left[N_u^{(1)};\ N_u^{(1)}; \cdots ; N_u^{(n)}\right],\ N_u^i = N_u^{(i)}\left(\boldsymbol{X}\right) \boldsymbol{I}_{3\times 3} \tag{5.69}$$

式中，$\boldsymbol{I}_{3\times 3}$ 为 3 阶单位矩阵；$N_u^{(i)}\left(\boldsymbol{X}\right)$ 为节点 i 上位移的插值函数。相应的位移梯度 $\boldsymbol{\psi}$、电势 φ 和拉格朗日乘子 $\boldsymbol{\lambda}$ 可以表示为

$$\boldsymbol{\psi} = \boldsymbol{N}_\psi \boldsymbol{\psi}^e,\ \varphi = \boldsymbol{N}_\varphi \varphi^e,\ \boldsymbol{\lambda} = \boldsymbol{N}_\lambda \boldsymbol{\lambda}^e \tag{5.70}$$

利用位移的插值关系可以得到应变为

$$\boldsymbol{\varepsilon} = \boldsymbol{B}_u \boldsymbol{u}^e,\ \boldsymbol{B}_u = \left[B_u^{(1)};\ B_u^{(1)}; \cdots ; B_u^{(n)}\right] \tag{5.71}$$

其中，

$$\boldsymbol{B}_u^i = \begin{bmatrix} \dfrac{\partial N_u^{(i)}\left(\boldsymbol{X}\right)}{\partial X_1} & 0 & 0 \\ 0 & \dfrac{\partial N_u^{(i)}\left(\boldsymbol{X}\right)}{\partial X_2} & 0 \\ 0 & 0 & \dfrac{\partial N_u^{(i)}\left(\boldsymbol{X}\right)}{\partial X_3} \\ \dfrac{\partial N_u^{(i)}\left(\boldsymbol{X}\right)}{\partial X_2} & \dfrac{\partial N_u^{(i)}\left(\boldsymbol{X}\right)}{\partial X_1} & 0 \\ 0 & \dfrac{\partial N_u^{(i)}\left(\boldsymbol{X}\right)}{\partial X_3} & \dfrac{\partial N_u^{(i)}\left(\boldsymbol{X}\right)}{\partial X_2} \\ \dfrac{\partial N_u^{(i)}\left(\boldsymbol{X}\right)}{\partial X_3} & 0 & \dfrac{\partial N_u^{(i)}\left(\boldsymbol{X}\right)}{\partial X_1} \end{bmatrix} \tag{5.72}$$

位移的梯度表示为

$$\nabla \boldsymbol{u}=\boldsymbol{G}_u \boldsymbol{u}^e,\ \boldsymbol{G}_u=\left[G_u^{(1)};\ G_u^{(1)};\cdots;G_u^{(n)}\right] \tag{5.73}$$

其中,

$$\boldsymbol{G}_u^i=\begin{bmatrix}\dfrac{\partial N_u^{(i)}(\boldsymbol{X})}{\partial X_1}\boldsymbol{I}_{3\times 3}\\ \dfrac{\partial N_u^{(i)}(\boldsymbol{X})}{\partial X_2}\boldsymbol{I}_{3\times 3}\\ \dfrac{\partial N_u^{(i)}(\boldsymbol{X})}{\partial X_3}\boldsymbol{I}_{3\times 3}\end{bmatrix} \tag{5.74}$$

应变梯度 $\boldsymbol{\eta}$ 为位移梯度 $\boldsymbol{\psi}$ 的函数，因此通过位移梯度插值得到

$$\boldsymbol{\eta}=\boldsymbol{B}_\psi \boldsymbol{\psi}^e,\ \boldsymbol{B}_\psi=\left[B_\psi^{(1)};\ B_\psi^{(1)};\cdots;B_\psi^{(n)}\right] \tag{5.75}$$

以及

$$\boldsymbol{B}_\psi^i=\begin{bmatrix}\dfrac{\partial N_\psi^{(i)}(\boldsymbol{X})}{\partial X_1}\boldsymbol{J}_{6\times 9}\\ \dfrac{\partial N_\psi^{(i)}(\boldsymbol{X})}{\partial X_2}\boldsymbol{J}_{6\times 9}\\ \dfrac{\partial N_\psi^{(i)}(\boldsymbol{X})}{\partial X_3}\boldsymbol{J}_{6\times 9}\end{bmatrix},\ \boldsymbol{J}_{6\times 9}=\begin{bmatrix}1&0&0&0&0&0&0&0&0\\0&0&0&0&1&0&0&0&0\\0&0&0&0&0&0&0&0&1\\0&1&0&1&0&0&0&0&0\\0&0&0&0&0&1&1&0&0\\0&0&1&0&0&0&0&1&0\end{bmatrix} \tag{5.76}$$

利用静电势的插值函数，电场强度可以写为

$$\boldsymbol{E}=\boldsymbol{B}_\varphi \boldsymbol{\varphi}^e,\ \boldsymbol{B}_\varphi=\left[B_\varphi^{(1)};\ B_\varphi^{(2)};\cdots;B_\varphi^{(n)}\right] \tag{5.77}$$

其中,

$$\boldsymbol{B}_\varphi^i=\begin{bmatrix}\dfrac{\partial N_\varphi^{(i)}(\boldsymbol{X})}{\partial X_1}\\ \dfrac{\partial N_\varphi^{(i)}(\boldsymbol{X})}{\partial X_2}\\ \dfrac{\partial N_\varphi^{(i)}(\boldsymbol{X})}{\partial X_3}\end{bmatrix} \tag{5.78}$$

利用本构关系，应力、高阶应力和电位移可以表示为

$$\boldsymbol{\sigma}=\mathbb{C}\boldsymbol{B}_u\boldsymbol{u}^e,\ \tau=\mathbb{G}\boldsymbol{B}_\psi\boldsymbol{\psi}^e+\mathbb{F}^{\mathrm{T}}\boldsymbol{B}_\varphi\boldsymbol{\varphi}^e,\ \boldsymbol{D}=\Bbbk\boldsymbol{B}_\varphi\boldsymbol{\varphi}^e+\mathbb{F}\boldsymbol{B}_\psi\boldsymbol{\psi}^e \tag{5.79}$$

式中，$\mathbb{C}$ 和 $\mathbb{G}$ 分别为弹性张量和高阶弹性张量；$\Bbbk$ 和 $\mathbb{F}$ 分别为介电常数张量和挠曲电系数张量。在三维情况下他们的矩阵形式可以表示为

$$\mathbb{C}=\begin{bmatrix}\lambda+2\mu & \lambda & \lambda & 0 & 0 & 0\\ \lambda & \lambda+2\mu & \lambda & 0 & 0 & 0\\ \lambda & \lambda & \lambda+2\mu & 0 & 0 & 0\\ 0 & 0 & 0 & 2\mu & 0 & 0\\ 0 & 0 & 0 & 0 & 2\mu & 0\\ 0 & 0 & 0 & 0 & 0 & 2\mu\end{bmatrix} \tag{5.80}$$

由于三维情况下应力和应变有 6 个独立的分量，弹性张量表示为一个 6 阶方阵。高阶弹性张量的矩阵可以将其表示为一个 18 阶的方阵。

$$\mathbb{G}=l^2\begin{bmatrix}\mathbb{C} & 0 & 0\\ 0 & \mathbb{C} & 0\\ 0 & 0 & \mathbb{C}\end{bmatrix} \tag{5.81}$$

为了书写方便，将挠曲电系数张量的矩阵表示为如下分块矩阵的形式

$$\mathbb{F}=\left[\mathbb{F}^{(1)},\ \mathbb{F}^{(2)},\ \mathbb{F}^{(3)}\right] \tag{5.82}$$

其各个块矩阵分别为

$$\mathbb{F}^{(1)}=\begin{bmatrix}f_1+2f_2 & f_1 & f_1 & 0 & 0 & 0\\ 0 & 0 & 0 & 2f_2 & 0 & 0\\ 0 & 0 & 0 & 0 & 0 & 2f_2\end{bmatrix} \tag{5.83}$$

$$\mathbb{F}^{(2)}=\begin{bmatrix}0 & 0 & 0 & 2f_2 & 0 & 0\\ f_1 & f_1+2f_2 & f_1 & 0 & 0 & 0\\ 0 & 0 & 0 & 0 & 2f_2 & 0\end{bmatrix} \tag{5.84}$$

和

$$\mathbb{F}^{(3)}=\begin{bmatrix}0 & 0 & 0 & 0 & 0 & 2f_2\\ 0 & 0 & 0 & 0 & 2f_2 & 0\\ f_1 & f_1 & f_1+2f_2 & 0 & 0 & 0\end{bmatrix} \tag{5.85}$$

介电常数张量为

$$\mathbb{k}=\begin{bmatrix}\kappa & 0 & 0\\ 0 & \kappa & 0\\ 0 & 0 & \kappa\end{bmatrix} \tag{5.86}$$

单元刚度矩阵的计算与二维矩阵类似，这里不再赘述。利用上述推导得到的有限元方程，这里构造了一个三维混合有限单元。图 5.5 为 27 节点六面体单元 H252 示意图。在单元 H252 中对位移和电势均采用二次插值，对位移梯度采用线性插值。为了得到误差更小的应变结果，对拉格朗日乘子采用线性插值。由于有

限元方程中对拉格朗日乘子没有连续性要求, 因此拉格朗日乘子在单元内保持为常数。

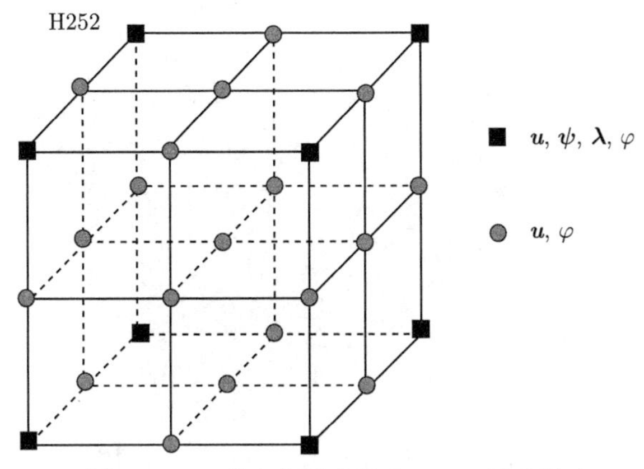

图 5.5 27 节点六面体单元 H252 示意图

需要指出的是，由于不同自由度的插值函数采用了不同阶次的多项式，因此计算单元矩阵对不同子矩阵也采用了不同的积分方案。为了验证单元 H252 的可行性，考虑图 5.6 中受内外压力球壳问题。在球壳的内表面施加一个压力，球壳的外表面则保持自由。对于电学边界则是使内表面电势为 0，外表面则为自由电荷面。同时，利用解析手段和有限元数值方法，本小节对上述的球壳问题进行了计算。在有限元计算中利用了单元 H252 和模型的对称性，采用了八分之一模型进行了计算，计算所用的有限元网格如图 5.7 所示，包含了 6000 个六面体单元。

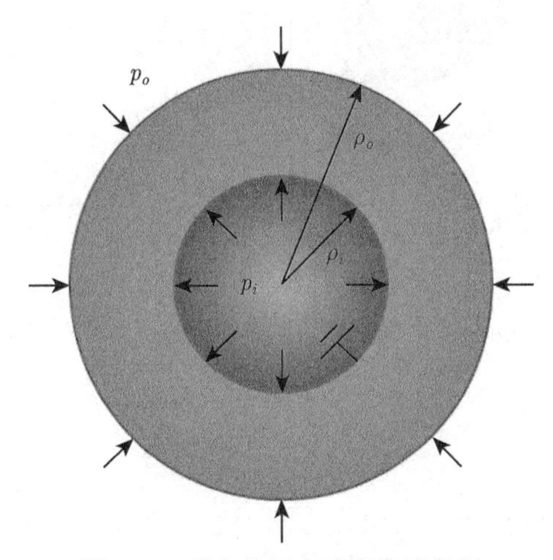

图 5.6 受内外压力球壳的示意图

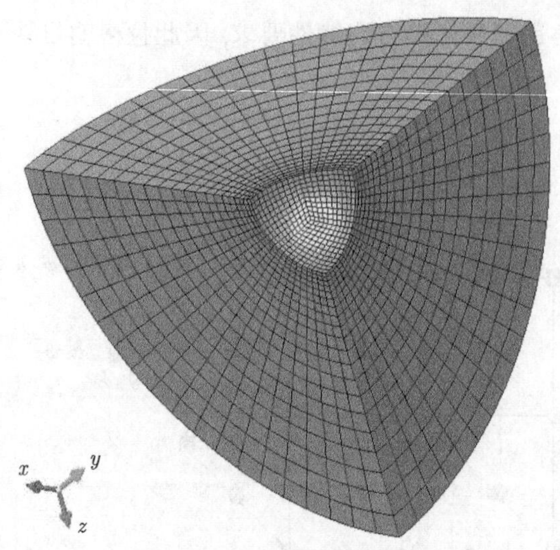

图 5.7　厚壁球壳计算所用的六面体网格

为了验证单元 H252 的计算性能，将有限元计算结果和解析解进行了对比。图 5.8(a) 为径向位移随半径的变化。图 5.8(b) 为电势在球壳中的分布。在有限元模拟时将问题当作了一般三维的问题来处理，但是从图中可以看到应变沿环形是没有变化的，这与该问题为轴对称是相吻合的。同时，图 5.8 中的曲线表示有限元计算结果具有较高的精度。

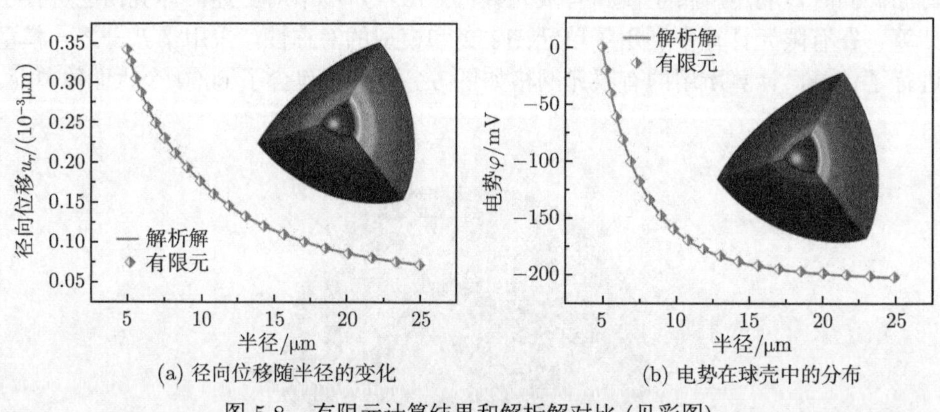

(a) 径向位移随半径的变化　　(b) 电势在球壳中的分布

图 5.8　有限元计算结果和解析解对比 (见彩图)

5.3 本章小结

本章给出了挠曲电介质的有限元方法，通过将位移和位移梯度作为独立的变量，提出了挠曲电介质的受约束变分原理；构造了二维混合单元和三维混合单元，给出了系统线性方程组。对于二维和三维问题，分别通过受内外压力无限大圆管的算例和受内外压力球壳的算例验证了有限元方法的准确性。本章提出的有限元方法可用于求解挠曲电介质力电耦合复杂问题。

参 考 文 献

[1] ZIENKIEWICA O C, TAYLOR R L, ZHU J Z. The Finite Element Method: Its Basis And Fundamentals[M]. 6th Edition. Oxford: Butterworth-Heinemann, 2005.

[2] ANDERSON D F. An efficient finite difference method for parameter sensitivities of continuous time markov chains[J]. SIAM Journal on Numerical Analysis, 2012, 50(5): 2237-2258.

[3] DONEA J, GIULIANI S, HALLEUX J P. An arbitrary Lagrangian-eulerian finite element method for transient dynamic fluid-structure interactions[J]. Computer Methods in Applied Mechanics and Engineering, 1982, 33(1-3): 689-723.

[4] AMANATIDOU E, ARAVAS N. Mixed finite element formulations of strain-gradient elasticity problems[J]. Computer Methods in Applied Mechanics and Engineering, 2002, 191(15-16): 1723-1751.

[5] DENG F, DENG Q, YU W, et al. Mixed finite elements for flexoelectric solids[J]. Journal of Applied Mechanics-ASME, 2017, 84(8): 081004.

[6] DENG F, DENG Q, SHEN S P. A three-dimensional mixed finite element for flexoelectricity[J]. Journal of Applied Mechanics-ASME, 2018, 85(3): 031009.

[7] ABDOLLAHI A, MILLAN D, PECO C, et al. Revisiting pyramid compression to quantify flexoelectricity: A three-dimensional simulation study[J]. Physical Review B, 2015, 91: 104103.

[8] ABDOLLAHI A, PECO C, MILLAN D, et al. Computational evaluation of the flexoelectric effect in dielectric solids[J]. Journal of Applied Physics, 2014, 116: 093502.

[9] RAY M. Mesh free model of nanobeam integrated with a flexoelectric actuator layer[J]. Composite Structures, 2017, 159: 63-71.

[10] GHASEMI H, PARK H S, RABCZUK T. A level-set based IGA formulation for topology optimization of flexoelectric materials[J]. Computer Methods in Applied Mechanics and Engineering, 2017, 313: 239-258.

第 6 章 挠曲电器件设计

由于力电耦合效应，一些材料中的机械能和电能可以相互转换。传统的力电能转换机理有静电式、电磁式和压电式三种，其中利用压电材料实现机械能和电能的相互转换已经被证实是最有效的方法。压电效应的发现已经超过 100 年 (1880 年居里兄弟首次发现压电效应)，随着纳米技术的巨大进步，压电材料有望在下一代电子器件中发挥至关重要的作用。然而，受对称性的限制，压电效应仅存在于不具有反演对称的极性材料中。挠曲电效应能够局部破坏材料的反演对称，在所有电介质中产生极化，挠曲电效应扩展了力电耦合材料的选择范围 [1]，利用挠曲电效应能够制备具有显著压电效应的复合材料 [2]。因此，基于挠曲电效应的传感、驱动等器件的开发和设计势必成为近年来研究的热点。

6.1 冲击速度测量用挠曲电传感器

挠曲电效应能够将力学量信号转换为电学量信号，因此在传感器方面具有潜在的应用前景。由于挠曲电效应由应变梯度引起，如梁、板等结构变形时应变梯度就是该结构的曲率变化，挠曲电效应可以直接建立曲率和电信号的关系，用于制备曲率传感器 [3-5]。此外，挠曲电效应可用于动态行为中的速度检测。轻气炮广泛用于研究动态力学性能，加载速度一般为 30~1500 $\mathrm{m\cdot s^{-1}}$，精确测量弹丸的速度对于冲击实验至关重要。然而，目前轻气炮弹丸速度测量的方法非常复杂，成本偏高。本节提出一种可准确测量弹丸速度的挠曲电传感器，建立冲击速度和电压信号的联系，并分析器件的性能。

6.1.1 冲击速度测量方法简介

目前，国内外测量轻气炮弹丸速度的传感器主要分为四大类：①电探针测速传感器；②磁感应测速传感器；③激光测速传感器；④X 光测速传感器。电探针测速传感器通常使用“刷子”形式的电探针来测量一级轻气炮的弹头速度 [6]，如图 6.1 所示。当弹头以一定速度 v 撞击样品时，弹丸前端面首先与接地探针接触，然后依次接通已知间距 h 的两组探针。当弹丸前端面接触两组探针时，放电回路将产生两个电信号，与探针连接的计时仪器依次记录下两次信号的时间间隔 t，再根据探针间距就可以计算出弹丸的速度。

电探针测速传感器具有成本低、经仔细安装后理论上能达到较高测量精度的

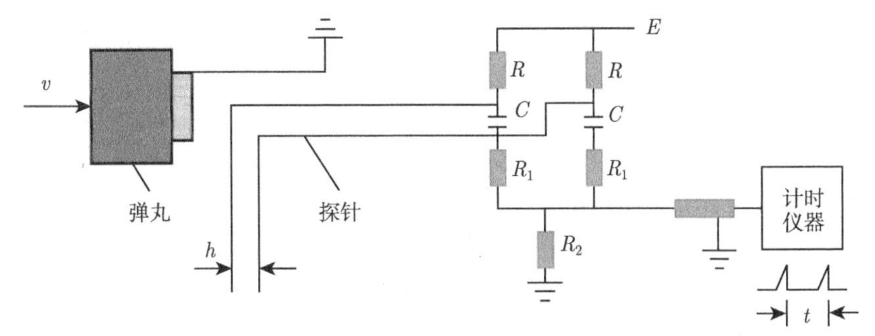

图 6.1 电探针测速传感器原理示意图 [7]

优点，但测量距离短。实际上，弹丸的倾斜会造成较大的系统误差，从而导致其速度测量的稳定性较差。此外，电探针测速传感器无法测量非金属弹丸或者异性弹丸的速度，每次实验前都要重新安装电探针并测量两个探针间的距离，准备工作繁琐，重复性差，实际工作效率低。

磁感应测速传感器是目前国内外使用较多的一种测速传感器，如图 6.2 所示。当弹丸以一定速度通过固定磁体的磁场时，安装在磁体周围线圈中的磁通量发生改变，与线圈输出端相连接的数据采集系统便可采集到一个感应信号。在弹丸飞行路径上放置两个或多个磁体与线圈组件，根据记录得到的各感应信号出现的时间便可以计算出弹丸速度。磁感应测速传感器结构简单、成本低，但弹丸材料必须由金属材料制备，且当弹丸体积过小时，伴随感生电流的磁场不能使原磁场发生明显变化，会导致测量失败 [8]。

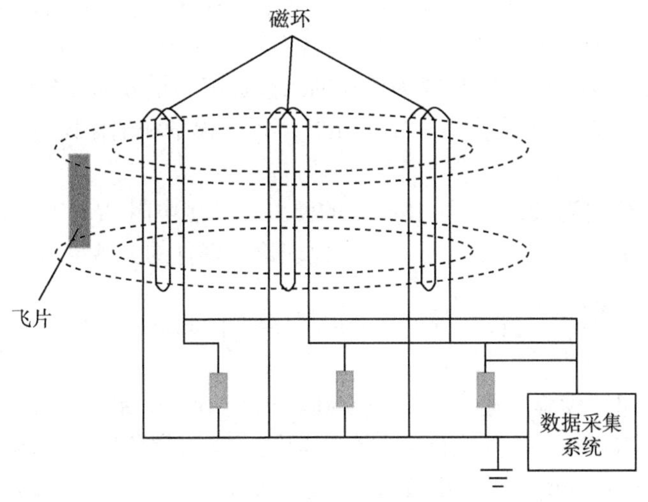

图 6.2 磁感应测速传感器原理示意图

激光测速传感器和 X 光测速传感器也是目前广泛使用的弹丸速度测量传感器 [9,10]。激光测速传感器具有非接触、分辨率高以及适用于恶劣环境条件等优点，但对系统本身精度要求高，成本也较高。X 光测速传感器的基本原理与激光相似，具有直观、精度高等优点，但造价昂贵 [11]。

综上所述，目前弹丸测速传感器相对比较复杂，存在各种缺点，因此设计和开发结构简单、分辨率高且能直接测量弹丸速度的传感器依然十分必要，且有助于冲击动力学的发展。

6.1.2　挠曲电测速传感器原理及性能

弹丸高速冲击电介质材料，将在材料中产生应变梯度从而产生电信号，基于此可以设计一种准确地测量弹丸速度的挠曲电测速传感器。根据 4.3 节的实验，当一维冲击波在电介质样品中传播时，电信号最大值出现在 $t = h_{\mathrm{s}}/C$ 时刻，其中 h_{s} 为样品厚度，C 为样品中传播的冲击波速。当挠曲电传感器两端与外电阻 R 相连，可测得电阻两端的输出电压 U 为

$$U = IR = \frac{\mathrm{d}Q}{\mathrm{d}t}R \tag{6.1}$$

式中，Q 为电荷；I 为电流。当冲击波传播到自由端时，样品产生的电压最大，最大电压 $U_{\max}$ 和弹丸速度之间存在如下关系：

$$U_{\max} = \frac{vR\mu_{11}\pi r^2}{(\psi h_{\mathrm{s}})^2}\left(\mathrm{e}^{-\frac{Ct-x-h_{\mathrm{s}}}{\psi h_{\mathrm{s}}}} + \mathrm{e}^{-\frac{Ct+x-h_{\mathrm{s}}}{\psi h_{\mathrm{s}}}}\right) \tag{6.2}$$

式中，v 为弹丸速度；h_{s} 为样品厚度；μ_{11} 为样品挠曲电系数。式 (6.2) 表明，最大电压值与弹丸的冲击速度成正比。据此可设计挠曲电测速传感器，如图 6.3 所示。材料采用未极化处理的钛酸钡 (BT)，样品的厚度和直径分别为 5mm 和 20mm。根据 4.3 节的实验可知，BT 材料中传播的纵波速度和横波速度分别为 $4639\mathrm{m\cdot s^{-1}}$ 和 $2159\mathrm{m\cdot s^{-1}}$，材料密度为 $5915\mathrm{kg\cdot m^{-3}}$，杨氏模量和泊松比分别为 75GPa 和 0.36。

选择厚度分别为 40mm 和 10mm 的弹丸，外接电阻 $R = 50\Omega$，钛酸钡材料的挠曲电系数 $\mu_{11} = 17.33\mathrm{\mu C\cdot m^{-1}}$，因此理论上器件的灵敏度为

$$S_n = \frac{U_{\max}}{v} = \frac{R\mu_{11}\pi r^2}{(\psi h_{\mathrm{s}})^2}\left(\mathrm{e}^{-\frac{Ct-x-h_{\mathrm{s}}}{\psi h_{\mathrm{s}}}} + \mathrm{e}^{-\frac{Ct+x-h_{\mathrm{s}}}{\psi h_{\mathrm{s}}}}\right) = 2.409\times10^{-3}\ \mathrm{V\cdot s\cdot m^{-1}} \tag{6.3}$$

通过控制气压使弹丸速度分别为 $550\mathrm{m\cdot s^{-1}}$、$505\mathrm{m\cdot s^{-1}}$ 和 $200\mathrm{m\cdot s^{-1}}$。高速 ($550\mathrm{m\cdot s^{-1}}$ 和 $505\mathrm{m\cdot s^{-1}}$) 撞击实验在中国科学院力学研究所非线性力学国家重点实验室的 Φ101 mm 口径的双破膜击发一级轻气炮上进行；低速 ($200\mathrm{m\cdot s^{-1}}$) 撞击实验在中国飞机强度研究所 Φ80 mm 口径的 D80 气炮系统上进行，其主要

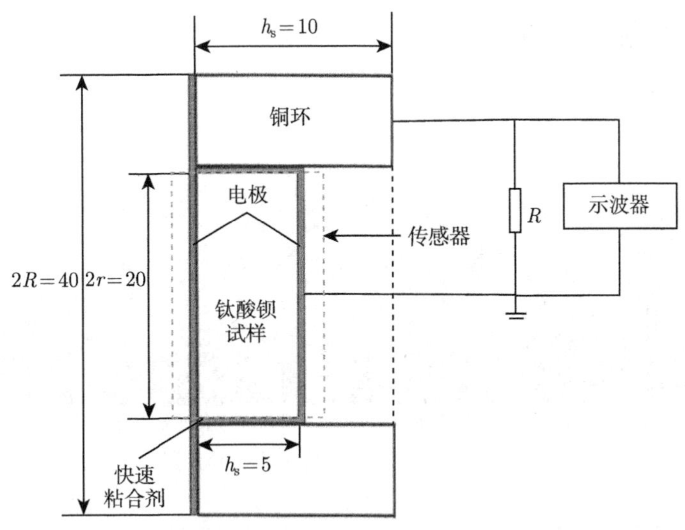

图 6.3 挠曲电测速传感器原理示意图 (单位：mm)

技术指标表 6.1 所示。实验时，控制高压室中的充入气体到所需速度的压力，推动弹丸按照预定的要求加速运动，最后平稳地撞击传感器的表面，如图 6.4 所示。冲击波阵面会在试样两端电极面上产生符号相反的电荷，从而在电阻两端产生电流，通过高精度示波器 (Tektronic DPO4104) 采集系统采集脉冲电压信号。

表 6.1 D80 气炮系统主要技术指标

名称	型号	主要技术指标
D80 气炮系统	自研	炮口高度 1.2m，最大速度 $350\text{m}\cdot\text{s}^{-1}$、精度 ±2%
高速数码摄像机	日本 Photron	最大分辨率 1024×1024，最高拍摄速率 50000fps
照相机	佳能	1300 万像素
瞄准仪	自研	瞄准距离 ⩾10m，激光束直径 ⩽3mm
数据采集系统	Dewetron	并行采集 32 通道, 最大采样率 $10\text{M}\cdot\text{s}^{-1}$，精度 1%

图 6.5(a) 为三种不同速度冲击下挠曲电样品中产生的输出电压随时间的变化，从图中可以看出，电压变化趋势基本相同。大约 1.13×10^{-5}s 后，输出电压达到最大值，分别为 1.48 V、1.30 V 和 0.36 V。图 6.5(b) 为根据测量的输出电压值计算出了传感器的灵敏度，并和理论计算结果进行了比较，图中虚线为不同冲击速度产生的最大输出电压值的拟合曲线，其对应的灵敏度为 $2.58\times10^{-3}\text{V}\cdot\text{s}\cdot\text{m}^{-1}$。从图 6.5(b) 中还可以看出，在弹性范围内最大电压值与弹丸的速度成正比，实验得到的不同弹丸冲击速度产生的最大输出电压值和理论预测结果基本吻合，成正比关系。实验数据和理论预测的灵敏度的误差大约为 7%，实验数据和理论预测之间存在较小的差别。

(a) Φ101mm飞片和弹托示意图

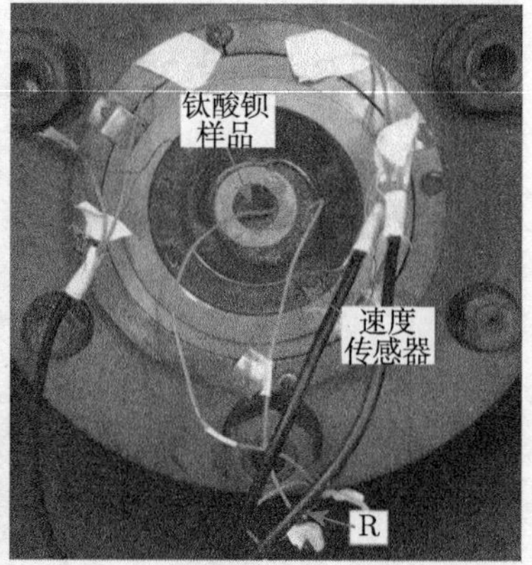

(b) 传感器和电阻固定图

图 6.4　挠曲电测速传感器实验装置

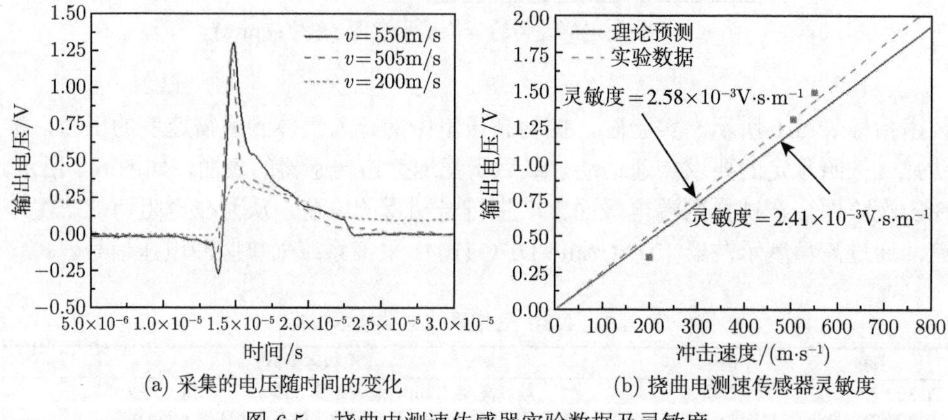

(a) 采集的电压随时间的变化　　(b) 挠曲电测速传感器灵敏度

图 6.5　挠曲电测速传感器实验数据及灵敏度

6.2 挠曲电俘能器

6.2.1 弯曲压电纳米线中的静电势

挠曲电效应具有很强的尺寸效应，在纳米器件中不应忽略。Lu 等 [12] 证明了原子力显微镜 (atomic force microscopy, AFM) 尖端产生的应力梯度能通过力学改变铁电薄膜的极化，可用来极化控制或者其他工程应用。Lin 等 [13]、Wang 等 [14] 及 Wang 和 Song [15] 提出了纳米发电机的概念，通过弯曲氧化锌纳米线 (ZnO nanowire) 将来自生物或环境中的机械能转换为电能。随后人们建立了各种物理数学模型来评估弯曲纳米线中的压电势，Gao 和 Wang[16] 利用摄动理论推导了弯曲纳米线中沿压电势沿横截面分别的解析解。Shao 等 [17] 提出了一个计算弯曲纳米线中压电势的连续介质模型，该模型能够简单并快速地计算弯曲纳米线中的压电势。为了进一步提高俘能效率，Momeni 等 [18] 设计了一种由 ZnO 纳米阵列组成的纳米复合材料并给出了压电势的解析解。然而，对于纳米器件，尺寸效应非常显著。学者们已经在纳米线中的极化分布、电滞行为和居里温度等方面研究了尺寸效应的影响 [19-22]。分析弯曲纳米线中的静电势时有必要考虑挠曲电效应，这是因为经典压电理论不能给出弯曲纳米线中静电势的准确结果，如 Gao 和 Wang[16] 理论上得到的电压为 0.284V，Shao 等 [17] 的理论中得到的电压是 0.271V，而实验结果仅为 10mV[16]，由此可以发现经典压电理论计算的压电势和实验结果存在巨大的差距。本小节给出考虑挠曲电效应的弯曲纳米线中的静电势，尝试弥补理论计算结果与实验数据的差距。

为简化解析解，假设纳米线是一个横截面直径为 $2a$，长为 l 的圆柱，原子力显微镜探针拨动 ZnO 纳米线产生静电势的结构如图 6.6 所示。根据圣维南原理，可以得到圆形横截面梁受自由端集中载荷 f_y 作用时的应力场和应变场 [23]。

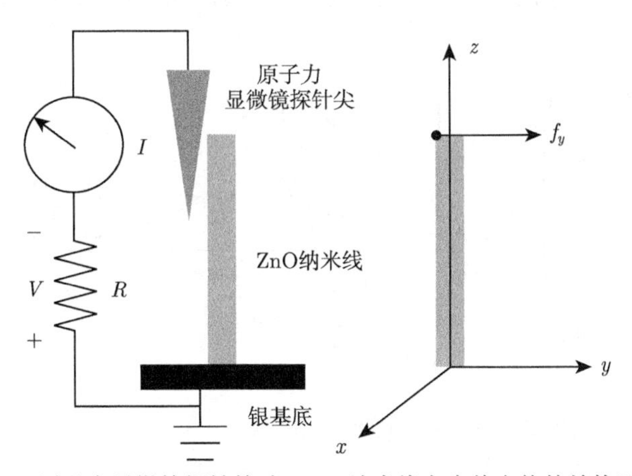

图 6.6 原子力显微镜探针拨动 ZnO 纳米线产生静电势的结构示意图

在纳米发电机的结构中，假设加载力均匀地施加在纳米线的自由端表面上，根据圣维南原理的纯弯曲，应力场为 [24]

$$\begin{pmatrix} \sigma_{xx} \\ \sigma_{yy} \\ \sigma_{zz} \\ \sigma_{yz} \\ \sigma_{xz} \\ \sigma_{zz} \end{pmatrix} = \begin{pmatrix} 0 \\ 0 \\ -\dfrac{f_y}{I} y\,(l-z) \\ \dfrac{f_y\,(3+2\nu)}{8I\,(1+\nu)}\left(a^2 - y^2 - \dfrac{1-2\nu}{3+2\nu}x^2\right) \\ -\dfrac{f_y\,(1+2\nu)}{4I\,(1+\nu)}xy \\ 0 \end{pmatrix} \tag{6.4}$$

式中，I 为横截面惯性矩，$I = \pi a^4/4$。

如 Gao 和 Wang[16] 讨论的一样，氧化锌可以近似为各向同性材料。因此，氧化锌材料的弹性产生可用各向同性材料的杨氏模量 E 和泊松比 ν 表示。根据应力和应变的公式得

$$\begin{pmatrix} \varepsilon_{xx} \\ \varepsilon_{yy} \\ \varepsilon_{zz} \\ \varepsilon_{yz} \\ \varepsilon_{xz} \\ \varepsilon_{xy} \end{pmatrix} = \frac{1}{E}\begin{bmatrix} 1 & -\nu & -\nu & 0 & 0 & 0 \\ -\nu & 1 & -\nu & 0 & 0 & 0 \\ -\nu & -\nu & 1 & 0 & 0 & 0 \\ 0 & 0 & 0 & 2(1+\nu) & 0 & 0 \\ 0 & 0 & 0 & 0 & 2(1+\nu) & 0 \\ 0 & 0 & 0 & 0 & 0 & 2(1+\nu) \end{bmatrix}\begin{pmatrix} \sigma_{xx} \\ \sigma_{yy} \\ \sigma_{zz} \\ \sigma_{yz} \\ \sigma_{xz} \\ \sigma_{xy} \end{pmatrix} \tag{6.5}$$

将应力场式 (6.4) 代入应力应变关系式 (6.5),可得到弯曲纳米线中的应变场为

$$\begin{pmatrix} \varepsilon_{xx} \\ \varepsilon_{yy} \\ \varepsilon_{zz} \\ \varepsilon_{yz} \\ \varepsilon_{xz} \\ \varepsilon_{xy} \end{pmatrix} = \frac{f_y}{EI}\begin{pmatrix} \nu(l-z)y \\ \nu(l-z)y \\ -(l-z)y \\ \dfrac{(3+2\nu)\left(a^2-y^2-\dfrac{1-2\nu}{3+2\nu}x^2\right)}{4} \\ -\dfrac{(1+2\nu)}{2}xy \\ 0 \end{pmatrix} \tag{6.6}$$

根据式 (6.6) 可得非零的应变梯度分量为

$$\begin{cases} w_{112} = \dfrac{\nu f_y}{EI}(l-z),\ w_{113} = -\dfrac{\nu f_y}{EI}y \\ w_{222} = \dfrac{\nu f_y}{EI}(l-z),\ w_{223} = -\dfrac{\nu f_y}{EI}y \\ w_{332} = -\dfrac{f_y}{EI}(l-z),\ w_{333} = \dfrac{f_y}{EI}y \\ w_{231} = -\dfrac{f_y}{EI}\dfrac{(1-2\nu)}{2}x,\ w_{232} = -\dfrac{f_y}{EI}\dfrac{(3+2\nu)}{2}y \\ w_{311} = -\dfrac{f_y}{EI}\dfrac{(1+2\nu)}{2}y,\ w_{312} = -\dfrac{f_y}{EI}\dfrac{(1+2\nu)}{2}x \end{cases} \tag{6.7}$$

考虑挠曲电效应在压电纳米线中的极化可表示为

$$P_i = e_{ijk}\varepsilon_{jk} + \mu_{ijkl}w_{jkl} \tag{6.8}$$

将应变场式 (6.6) 和应变梯度场式 (6.7) 代入式 (6.8) 得

$$
\boldsymbol{P}=\frac{f_y}{EI}\begin{pmatrix} -\left(\dfrac{1}{2}+\nu\right)e_{15}xy \\ \dfrac{3+2\nu}{4}e_{15}\left(a^2-y^2-\dfrac{1-2\nu}{3+2\nu}x^2\right)+F(l-z) \\ (2\nu e_{13}-e_{33})\,y\,(l-z)+y\left[\mu_{11}-2\mu_{111}\,(1+\nu)-2\mu_{14}\nu\right] \end{pmatrix} \tag{6.9}
$$

式中，μ_{11}、μ_{111} 和 μ_{14} 为挠曲电系数，$F=v\mu_{11}+v\mu_{14}-\mu_{14}$。Quang 和 He[25] 分析了四阶挠曲电张量的所有可能旋转对称的数目和类型。Shu 等 [26] 基于挠曲电效应的基本张量关系 (应变梯度引起的极化)，以挠曲电系数的矩阵形式说明其对称性。对于立方晶体，非零挠曲电系数可以表示为如下形式：

$$
\begin{cases} \mu_{1111}=\mu_{2222}=\mu_{3333}=\mu_{11} \\ \mu_{2233}=\mu_{1133}=\mu_{1122}=\mu_{2121}=\mu_{3131}=\mu_{3232}=\mu_{111} \\ \mu_{1221}=\mu_{1331}=\mu_{2112}=\mu_{2332}=\mu_{3113}=\mu_{3223}=\mu_{14} \end{cases} \tag{6.10}
$$

弯曲纳米线中由压电效应和挠曲电效应引起的极化电荷为束缚电荷，而不是自由电荷。忽略体自由电荷密度，电学高斯方程为

$$
\nabla\cdot\boldsymbol{D}=\rho_{\mathrm{s}}=0 \tag{6.11}
$$

式中，$\boldsymbol{D}$ 为电位移矢量，定义如下

$$
\boldsymbol{D}=-\varepsilon\nabla\varphi+\boldsymbol{P} \tag{6.12}
$$

式中，ε 为氧化锌纳米线的介电常数；φ 为压电和挠曲电电荷引起的静电势。

这里引入压电电荷密度为

$$
\rho_p=-\nabla\cdot\boldsymbol{P}=\frac{f_y\left[2\,(1+\nu)\,e_{15}+2\nu e_{31}-e_{33}\right]}{EI}y=Ay \tag{6.13}
$$

式中，$A=f_y\left[2\,(1+\nu)\,e_{15}+2\nu e_{31}-e_{33}\right]/(EI)$。结合电学高斯方程式 (6.11) 和电位移定义式 (6.12)，可得到如下泊松方程：

$$
\nabla^2\varphi=-\frac{\rho_p}{\varepsilon} \tag{6.14}
$$

由于纳米线为圆柱体，这里采用柱坐标系，非齐次微分方程式 (6.14) 改写为

$$
\frac{1}{r}\frac{\partial}{\partial r}\left(r\frac{\partial\varphi}{\partial r}\right)+\frac{1}{r^2}\frac{\partial^2\varphi}{\partial\theta^2}+\frac{\partial^2\varphi}{\partial z^2}=-\frac{\rho_p}{\varepsilon}=-\frac{A}{\varepsilon}r\sin\theta \tag{6.15}
$$

为了得到上述非齐次微分方程的解，首先求解对应的齐次微分方程的通解。假设齐次微分方程的通解可以表示为 $\varphi^{\dagger}=R\,(r,\theta)\,Z\,(z)$，则有

$$
\frac{1}{Rr}\frac{\partial}{\partial r}\left(r\frac{\partial R}{\partial r}\right)+\frac{1}{Rr^2}\frac{\partial^2 R}{\partial\theta^2}+\frac{1}{Z}\frac{\mathrm{d}^2 Z}{\mathrm{d}z^2}=0 \tag{6.16}
$$

式中，等号左边前两项为 r 和 θ 的函数，第三项仅为沿纳米线长度 z 的函数。因此满足上述方程的 R 和 Z 必然满足如下方程：

$$\frac{1}{Rr}\frac{\partial}{\partial r}\left(r\frac{\partial R}{\partial r}\right)+\frac{1}{Rr^2}\frac{\partial^2 R}{\partial\theta^2}=k^2 \tag{6.17}$$

$$-\frac{1}{Z}\frac{\mathrm{d}^2 Z}{\mathrm{d}z^2}=k^2 \tag{6.18}$$

其中，k 为非零常数。

因此，

$$Z(z)=A_1 z+A_2 \tag{6.19}$$

式中，A_1 和 A_2 为待定系数。

式 (6.17) 可通过级数展开法求解，函数 $R(r,\theta)$ 可展开为

$$R(r,\theta)=R_0(r)+\sum_{m=1}^{\infty}\left[R_{m1}(r)\cos(m\theta)+R_{m2}(r)\sin(m\theta)\right] \tag{6.20}$$

因此，可通过确定 $R_0(r)$、$R_{m1}(r)$ 和 $R_{m2}(r)$ 确定函数 $R(r,\theta)$ 的级数表达式。式 (6.20) 对应的级数解可表示为

$$\begin{aligned}R(r,\theta)=&B_1\ln r+B_2+\sum_{m=1}^{\infty}\left(g_{m1}r^m+h_{m1}r^{-m}\right)\cos(m\theta)\\&+\sum_{m=1}^{\infty}\left(g_{m2}r^m+h_{m2}r^{-m}\right)\sin(m\theta)\end{aligned} \tag{6.21}$$

从而，式 (6.16) 对应的齐次微分方程的通解为

$$\begin{aligned}\varphi^{\dagger}&=R(r,\theta)Z(z)\\&=\left[B_1\ln r+B_2+\sum_{m=1}^{\infty}\left(g_{m1}r^m+h_{m1}r^{-m}\right)\cos(m\theta)\right.\\&\quad\left.+\sum_{m=1}^{\infty}\left(g_{m2}r^m+h_{m2}r^{-m}\right)\sin(m\theta)\right](A_1 z+A_2)\end{aligned} \tag{6.22}$$

式 (6.15) 的特解 φ^* 等于如下二阶非齐次微分方程的解：

$$\frac{1}{r}\frac{\partial}{\partial r}\left(r\frac{\partial\varphi^*}{\partial r}\right)+\frac{1}{r^2}\frac{\partial^2\varphi^*}{\partial\theta^2}=-\frac{A}{\varepsilon}r\sin\theta \tag{6.23}$$

式 (6.23) 也可以用适当函数的级数展开来求解：

$$\varphi^*(r,\theta)=\varphi_0(r)+\sum_{m=1}^{\infty}\left[\varphi_{m1}(r)\cos(m\theta)+\varphi_{m2}(r)\sin(m\theta)\right] \tag{6.24}$$

通过确定 $\varphi_0(r)$、$\varphi_{m1}(r)$ 和 $\varphi_{m2}(r)$ 得到特解 $\varphi^*(r,\theta)$ 的表达式。非齐次微分方程式 (6.23) 的特解为

$$\begin{aligned}\varphi^*(r,\theta)=&\varphi_0(r)+\sum_{m=1}^{\infty}\left[\varphi_{m1}(r)\cos(m\theta)+\varphi_{m2}(r)\sin(m\theta)\right]\\=&C_1\ln r+C_2+\left(C_3r+\frac{C_4}{r}-\frac{Ar^3}{8\varepsilon}\right)\sin\theta\\&+\sum_{m=1}^{\infty}\left[C_{m1}r^m+D_{m1}r^{-m}\right]\cos(m\theta)+\sum_{m=2}^{\infty}\left[C_{m2}r^m+D_{m2}r^{-m}\right]\sin(m\theta)\end{aligned} \tag{6.25}$$

最终，根据通解式 (6.22) 和特解式 (6.25) 得压电势的解为

$$\begin{aligned}\varphi=&\varphi^\dagger+\varphi^*\\=&\left\{(B_1+C_1)\ln r+(B_2+C_2)+\sum_{m=1}^{\infty}\left[(g_{m1}+C_{m1})r^m+(h_{m1}+D_{m1})r^{-m}\right]\right.\\&\left.+(C_3+g_{12})r+\frac{C_4+h_{12}}{r}-\frac{Ar^3}{8\varepsilon}+\sum_{m=2}^{\infty}\left[(g_{m2}+C_{m2})r^m+(h_{m2}+D_{m2})r^{-m}\right]\right\}\end{aligned} \tag{6.26}$$

考虑当 $r>a$、$A=0$ 时的边界条件 $\varphi|_{r=0}\neq\infty$ 和 $\varphi|_{r=\infty}=0$，可以得到一个以 $r=a$ 为界的分段函数，即

$$\varphi=\begin{cases}\left[B_2+\sum\limits_{m=1}^{\infty}(g_{m1}r^m)\cos(m\theta)+\sum\limits_{m=1}^{\infty}(g_{m2}r^m)\sin(m\theta)\right]z\\+C_2+\left(C_3r-\dfrac{Ar^3}{8\varepsilon}\right)\sin\theta+\sum\limits_{m=1}^{\infty}(C_{m1}r^m)\cos(m\theta)\\+\sum\limits_{m=2}^{\infty}(C_{m2}r^m)\sin(m\theta),\ r\leqslant a\\\left[\sum\limits_{m=1}^{\infty}\left(h_{m1}r^{-m}\right)\cos(m\theta)+\sum\limits_{m=1}^{\infty}\left(h_{m2}r^{-m}\right)\sin(m\theta)\right]z\\+\dfrac{C_4}{r}\sin\theta+\sum\limits_{m=1}^{\infty}\left(D_{m1}r^{-m}\right)\cos(m\theta)\\+\sum\limits_{m=1}^{\infty}\left(D_{m2}r^{-m}\right)\sin(m\theta),\ r>a\end{cases} \tag{6.27}$$

利用氧化锌纳米线表面 $r=a$ 处电势和电荷的连续性确定待定系数:

$$\varphi|_{r=a^-}=\varphi|_{r=a^+} \tag{6.28}$$

$$(D_in_i)|_{r=a^-}=(D_in_i)|_{r=a^+}=0 \tag{6.29}$$

式中，n_i 为外法线单位矢量分量，$\boldsymbol{n}=(\cos\theta,\sin\theta,0)$。

氧化锌纳米线及其周围环境中分布的静电势的解析解为

$$\varphi=\begin{cases}\dfrac{f_y}{EI}\left[\dfrac{2(1+\nu)e_{15}+2\nu e_{31}-e_{33}}{8\varepsilon}\left(\dfrac{3\varepsilon+\varepsilon_0}{\varepsilon+\varepsilon_0}a^2r-r^3\right)+\dfrac{F(l-z)r}{\varepsilon+\varepsilon_0}\right]\sin\theta,\\ r\leqslant a\\ \dfrac{f_y}{EI(\varepsilon+\varepsilon_0)r}\left[\dfrac{2(1+\nu)e_{15}+2\nu e_{31}-e_{33}}{4}a^4+a^2F(l-z)\right]\sin\theta,\\ r>a\end{cases} \tag{6.30}$$

如前所述，这里 $F=\nu\mu_{11}+\nu\mu_{14}-\mu_{14}$ 为挠曲电效应对静电势分布的影响。从式 (6.30) 中可以看出，当考虑挠曲电效应时，静电势分布不仅随纳米线直径变化，同时依赖于氧化锌纳米线的长度方向坐标。当不考虑挠曲电效应时，$\mu_{11}=\mu_{14}=0$，令式 (6.30) 中 $F=0$，解析解化简为

$$\varphi=\begin{cases}\dfrac{f_y}{EI}\left[\dfrac{2(1+\nu)e_{15}+2\nu e_{31}-e_{33}}{8\varepsilon}\left(\dfrac{3\varepsilon+\varepsilon_0}{\varepsilon+\varepsilon_0}a^2r-r^3\right)\right]\sin\theta, & r\leqslant a\\ \dfrac{f_y}{EI(\varepsilon+\varepsilon_0)r}\left[\dfrac{2(1+\nu)e_{15}+2\nu e_{31}-e_{33}}{4}a^4\right]\sin\theta, & r>a\end{cases} \tag{6.31}$$

这里使用连续介质模型给出了弯曲纳米线周围由于压电效应和挠曲电效应产生的静电势分布。对于氧化锌块体材料，其杨氏模量 $E=129\text{GPa}$，泊松比 $\nu=0.349$，相对介电常数 $\varepsilon/\varepsilon_0=7.77$。氧化锌薄膜测量的压电常数分别为 $e_{31}=-0.51\text{C}\cdot\text{m}^{-2}$、$e_{33}=1.22\text{C}\cdot\text{m}^{-2}$ 和 $e_{15}=-0.45\text{C}\cdot\text{m}^{-2}$。以气–液–固法生长的氧化锌纳米线作为典型代表，假设纳米线是长为 600 nm，直径为 50 nm 的圆柱体。从解析解式 (6.30) 中可以看出对于固定长细比的纳米线，静电势 φ 的分布正比于横线载荷。假设通过原子力显微镜施加在纳米线自由端面上的横向载荷为 80 nN。然而，目前并没有氧化锌材料相关挠曲电系数的可用数据，而且一些材料合理的估计和实验测量结果。Kogan 是第一个关注挠曲电系数大小的学者，其指出对于所有电介质，e/a (约$10^{-9}\text{C}\cdot\text{m}^{-1}$) 是挠曲电系数的一个下限，$e$ 为电子电荷，a 是晶格常数 [12]。挠曲电系数通常被认为与电介质极化率 χ_{ij} 有关，$\mu_{ij}=\gamma\chi_{ij}(e/a)$，$\gamma$ 为修正系数。挠曲电和电介质极化率的关系表明，高介电常数材料可能表现出高

的挠曲电效应。实验上已经在一些具有高介电常数的钙钛矿铁电陶瓷 (如钛酸锶钡 BST、钛酸钡 BT) 中发现较高的挠曲电效应，挠曲电系数高达约 $10^{-6}\text{C}\cdot\text{m}^{-1}$。此外，Hong 等利用第一性原理计算了材料的挠曲电系数 [27-29]。因此，与钙钛矿铁电陶瓷相对介电常数 $10^3 \sim 10^4$ 相比，氧化锌材料的相对介电常数为 7.77，氧化锌材料挠曲电系数量级的合理估计为 $10^{-9}\text{C}\cdot\text{m}^{-2}$。对于各向同性材料四阶挠曲电张量的独立分量个数也有两个，这里假设独立的挠曲电系数为 μ_{11} 和 μ_{14}，且 $\mu_{11}=\mu_{14}=10^{-9}\ \text{C}\cdot\text{m}^{-1}$。

图 6.7(a) 为弯曲氧化锌纳米线 z=300 nm 处静电势沿 y 轴分布。为了直观地了解不同高度位置 z 弯曲氧化锌纳米线中静电势的分布，图 6.7(b) 分别为 $z=100$nm、$z=300$nm 和 $z=500$nm 位置静电势沿 y 轴的分布。从图 6.7(b) 容易发现，不同 z 处静电势沿 y 轴的大小不同，上述静电势依赖 z 方向坐标的结论也可以从式 (6.30) 中得到。图 6.8(a) 和 (b) 分别为经典压电理论预测的弯曲氧化锌纳米线纵向截面上静电势的分布和考虑挠曲电效应的压电理论预测的弯曲氧化锌纳米线纵向截面上静电势的分布。经典压电理论给出的静电势沿氧化锌纳米线中的分布不依赖于纳米线的长度，即 z 方向坐标，如图 6.8(a) 所示。然而，考虑挠曲电效应的压电理论给出的弯曲氧化锌纳米线中的静电势随 z 轴变化，如图 6.8(b) 所示。

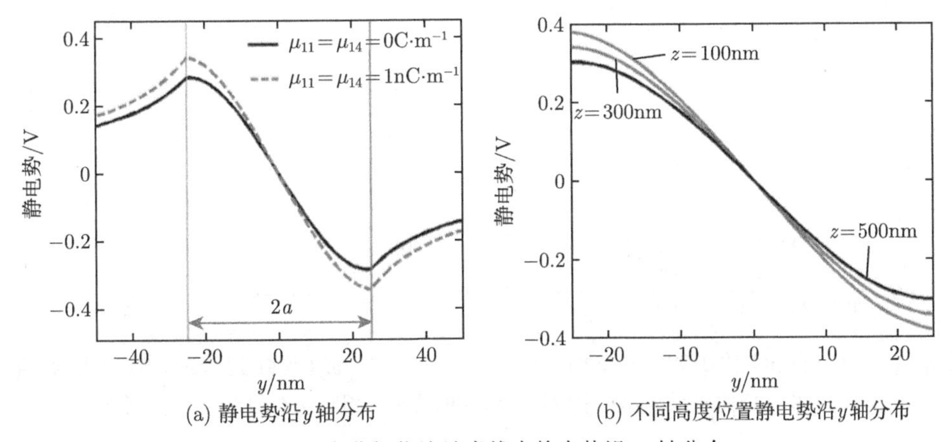

(a) 静电势沿y轴分布　　(b) 不同高度位置静电势沿y轴分布

图 6.7 弯曲氧化锌纳米线中静电势沿 y 轴分布

为了讨论挠曲电效应对静电势分布的影响，选择三组不同挠曲电系数，分别为 $\mu_{11}=\mu_{14}=1\text{nC}\cdot\text{m}^{-1}$、$\mu_{11}=\mu_{14}=-1\text{nC}\cdot\text{m}^{-1}$ 和 $\mu_{11}=\mu_{14}=0\text{C}\cdot\text{m}^{-1}$。图 6.9(a) 表明，挠曲电效应对静电势的影响非常显著，不同挠曲电系数引起静电势的增大或减小取决于挠曲电系数的大小和正负。同时，图 6.9(a) 还给出了独立挠曲电系数取不同值情况下静电势的分布，这里分别取 $\mu_{11}=0.8\text{nC}\cdot\text{m}^{-1}$、

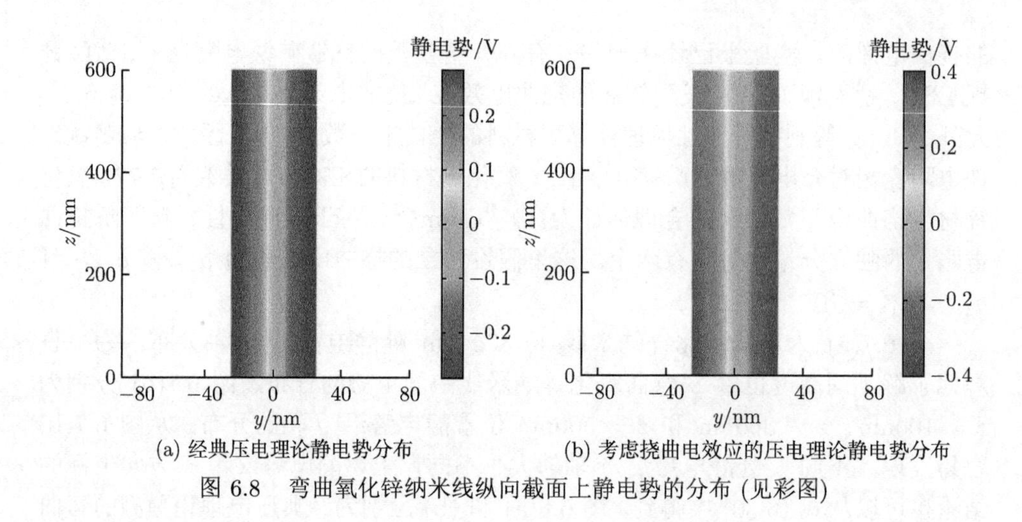

(a) 经典压电理论静电势分布　　(b) 考虑挠曲电效应的压电理论静电势分布

图 6.8　弯曲氧化锌纳米线纵向截面上静电势的分布 (见彩图)

$\mu_{14}=1.2\mathrm{nC\cdot m^{-1}}$；$\mu_{11}=1.2\mathrm{nC\cdot m^{-1}}$、$\mu_{14}=0.8\mathrm{nC\cdot m^{-1}}$ 和 $\mu_{11}=1.5\mathrm{nC\cdot m^{-1}}$、$\mu_{14}=0.5\mathrm{nC\cdot m^{-1}}$ 三组不同的挠曲电系数。从图 6.9(a) 中可以看出挠曲电效应对弯曲纳米线中静电势的分布影响显著，且受挠曲电系数的大小影响。

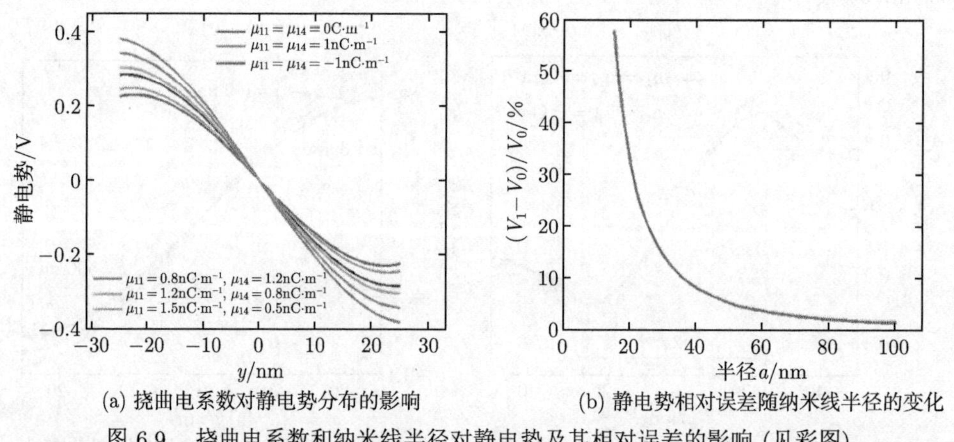

(a) 挠曲电系数对静电势分布的影响　　(b) 静电势相对误差随纳米线半径的变化

图 6.9　挠曲电系数和纳米线半径对静电势及其相对误差的影响 (见彩图)

为了描述挠曲电效应对弯曲纳米线中静电势的影响，同时研究挠曲电效应对静电势的影响随纳米线直径的变化，定义静电势相对误差为 $(V_1-V_0)/V_0$，其中 V_1 为考虑挠曲电效应的模型计算的静电势，V_0 为不考虑挠曲电效应的模型计算的静电势。图 6.9(b) 为 $z=300\mathrm{nm}$ 处弯曲纳米线中，静电势相对误差随纳米线半径的变化曲线，图 6.9(b) 直观地给出了弯曲纳米线中静电势随纳米线半径的变化，显然静电势相对误差随纳米线半径的增大而减小。当纳米线的半径很大时，考虑挠曲电效应的模型计算得到的静电势接近经典压电模型计算的结果。图 6.9(b) 表明，对于弯曲纳米线或非均匀拉伸的纳米线，挠曲电效应的影响不可忽略。

6.2.2 弯曲压电半导体纳米线中的静电势

对于压电半导体材料，除了要考虑压电效应和挠曲电效应外，还需要考虑半导体效应。压电半导体是兼具压电效应和半导体效应的材料，包括 Ⅱ-Ⅵ 族化合物，如 CdS、CdSe、ZnO、ZnS、CdTe、ZnTe 等；以及 Ⅲ-V 族化合物，如 GaAs、GaSb、InAs、InSb、AlN 等。由于压电半导体兼具压电和半导体性能，用该类材料可以研制电子电路和传感器一体的新型压电传感测试系统，大大节约空间和资源。具有半导体性质的压电材料基本上都是以非本征半导体的形式出现，所谓非本征半导体就是需要向其中添加额外电子或空穴的杂质作为载流子；相对地，本征半导体是通过热激发产生自由电子和空穴。对于具有半导体性质的压电材料而言，体自由电荷密度不再为零，高斯方程改写为

$$\nabla \cdot \boldsymbol{D} = ep - en + eN_{\mathrm{d}}^{+} - eN_{\mathrm{a}}^{-} \tag{6.32}$$

式中，$\boldsymbol{D}$ 为电位移矢量；e 为自由电子电荷；p 为空穴浓度；n 为电子浓度；N_{d}^{+} 为电离的施主浓度；N_{a}^{+} 为电离的受主浓度。本小节以 ZnO 材料作为研究对象，ZnO 通常作为 n 型掺杂的非本征半导体材料应用，通过向其添加可以提供电子的施主浓度实现材料的半导体性质，因此这里 $p = N_{\mathrm{a}}^{+} = 0$。如果向其掺杂浓度为 N_{d} 的施主浓度，在低温条件下并非所有施主都电离，记施主中具有能量为 E_{d} 的一个状态找到一个电子的概率为 $f_{\mathrm{d}}(E_{\mathrm{d}})$，在温度 T 条件下被电离的施主浓度为

$$N_{\mathrm{d}}^{+} = N_{\mathrm{d}}\left[1 - f_{\mathrm{d}}(E_{\mathrm{d}})\right] = \frac{N_{\mathrm{d}}}{1 + 2\exp\left[\left(E_{\mathrm{F}} - E_{\mathrm{d}}\right)/(kT)\right]} \tag{6.33}$$

式中，k 为玻尔兹曼常数。

导带中的电子浓度等于状态密度乘以某个状态被占据的概率，即

$$n = N_{\mathrm{c}} F_{1/2}\left(-\frac{E_{\mathrm{c}} - E_{\mathrm{F}}}{kT}\right) \tag{6.34}$$

式中，N_{c} 为导带边等效态密度，$N_{\mathrm{c}} = 2\left(\frac{m_{\mathrm{e}}kT}{\hbar^2}\right)^{\frac{3}{2}}$，是只与温度及电子有效质量 m_{e} 相关的状态量；$\hbar$ 为约化普朗克常数，定义为 $\hbar = h/(2\pi)$，其中 h 为普朗克常数；E_{c} 为导带底边能级，令参数 $\eta = -\left(E_{\mathrm{c}} - E_{\mathrm{F}}\right)/(kT)$，这里 $F_{1/2}(\eta) = \frac{2}{\pi}\int_0^{\infty}\frac{\xi^{1/2}}{1+\exp(\xi-\eta)}\mathrm{d}\xi$ 为费米迪克拉积分。此式可以理解为用导带边 E_{c} 处的等

效态密度 N_{c} 代替导带的所有状态，然后乘以费米迪克拉概率函数得到在导带 E_{c} 的电子浓度，也就是导带的电子浓度。

由于费米迪克拉积分为奇异积分，后续运算非常麻烦，这里用高斯–拉盖尔公式前五项近似该积分 [30]。考虑挠曲电效应的压电半导体材料中的电位移矢量如式 (6.12)，代入电学高斯式 (6.32) 得

$$\frac{\partial D_i}{\partial x_i}=\frac{\partial}{\partial x_i}\left(\kappa_{ik}E_k+e_{ikl}\varepsilon_{kl}+\mu_{ijkl}w_{jkl}\right)=-en+eN_{\mathrm{d}}^{+} \tag{6.35}$$

式中，w_{jkl} 为应变梯度，$w_{jkl}=\varepsilon_{kl,j}$。

令

$$D_k^R=e_{kij}\varepsilon_{ij}+\mu_{klij}w_{lij} \tag{6.36}$$

$\boldsymbol{D}^R$ 为由应变和应变梯度引起的电位移矢量，是由压电电荷和挠曲电电荷引起，因此可以把压电效应和挠曲电效应对应的电荷密度定义为 ρ^R，表示为

$$\rho^R=-\nabla\cdot\boldsymbol{D}^R \tag{6.37}$$

将式 (6.36) 和式 (6.37) 代入式 (6.35)，高斯方程可以改写为

$$\kappa_{ik}\frac{\partial^2\varphi}{\partial x_i\partial x_k}=-\left(\rho^R-en+eN_{\mathrm{d}}^{+}\right) \tag{6.38}$$

式 (6.38) 就是由压电效应和挠曲电效应控制的半导体材料中的静电势的控制方程。同时，还需满足如下边界条件：

$$\left(\sigma_{ij}-\tau_{ijm,m}\right)n_j=t_j \tag{6.39}$$

$$E_{ij}n_j=0 \tag{6.40}$$

$$\left(P_i-\varepsilon_0\left\lfloor\varphi_{,i}\right\rfloor\right)n_i=0 \tag{6.41}$$

需要注意的是，此时的导带边能量 E_{c} 由于应变场和电势的存在不再是定值，而是一个关于坐标的函数，与未变形且无电势存在时的导带边能量 E_{c0} 之间满足：

$$E_{\mathrm{c}}-E_{\mathrm{c0}}=\Delta E=-e\varphi+\Delta E_{\mathrm{c}}^{\mathrm{deform}}=-e\varphi+a_{\mathrm{c}}\frac{\Delta V}{V} \tag{6.42}$$

式中，$\Delta E_{\mathrm{c}}^{\mathrm{deform}}$ 为由变形引起的导带边能量的变化；$a_{\mathrm{c}}\Delta V/V$ 为由于电势的存在引起的导带边能量变化。同时，由于施主能级 $E_{\mathrm{d}}(\boldsymbol{x})$ 与导带边能量间的关系，此时施主能级也变为与坐标有关的函数，即

$$E_{\mathrm{d}}(\boldsymbol{x})=E_{\mathrm{c}}(\boldsymbol{x})-\Delta E_{\mathrm{d}} \tag{6.43}$$

式中，ΔE_{d} 为施主的活化能，为常量。

电子浓度和电离的施主浓度分别表示为

$$n = N_{\mathrm{c}} F_{1/2} \left[-\frac{E_{\mathrm{c}}(\boldsymbol{x}) - E_{\mathrm{F}}}{kT} \right] \tag{6.44}$$

$$N_{\mathrm{d}}^{+} = \frac{N_{\mathrm{d}}}{1 + 2\exp\left\{ \left[E_{\mathrm{F}} - E_{\mathrm{d}}(\boldsymbol{x}) \right] / (kT) \right\}} \tag{6.45}$$

从式 (6.42) 可以看出，E_{c} 是关于电势的函数，同样根据式 (6.43) 可知施主能级 E_{d} 也是关于电势的函数，根据式 (6.44) 也可得到相同的结论。由式 (6.44) 和式 (6.45) 可知，电子浓度和电离的施主浓度均是关于电势场的函数，这样控制方程式 (6.38) 是一个关于电势的非线性偏微分方程，可以简单记为

$$\kappa_{ik} \frac{\partial^2 \varphi}{\partial x_i \partial x_k} = -\rho^R + F(\varphi) \tag{6.46}$$

由式 (6.46) 可知参数 η 不再是常量。类似地，把式 (6.45) 中指数函数的指数部分定义为

$$\eta_{\mathrm{d}} = \frac{E_{\mathrm{F}} - E_{\mathrm{d}}(x)}{kT} = \eta + \frac{\Delta E_{\mathrm{d}}}{kT} \tag{6.47}$$

此外，这里需要引入一个特殊的超高温状态 T_{high} 来维持系统的线性化，后面在讨论温度的影响时会具体分析，T_{high} 并没有实际意义。当 $T = T_{\mathrm{high}}$ 时，由式 (6.47) 可以得到 $\eta \approx \eta_{\mathrm{d}}$，$\eta$ 和 η_{d} 已经不再和位置有关，问题被线性化，式 (6.46) 化简为

$$\kappa_{ik} \frac{\partial^2 \varphi}{\partial x_i \partial x_k} = -\rho^R \tag{6.48}$$

此时关于电势的偏微分方程可以得到解析解，如 6.2.1 小节所述。随着系统从 T_{high} 冷却到室温，方程变得越来越非线性，实际上参量 η 表征了系统退化的程度，当 $\eta > -3$ 时系统就已经高度退化为线性系统了。

这里需要注意的是，半导体物理的相关参量，根据半导体所处的温度不同，从低温到高温的过程，由于本征电离和施主电离程度不同，会先后经历低温弱电离区、中间电离区、强电离区 (饱和电离区)、过渡区 (饱和电离和本征激发的过渡) 及高温本征激发区。在不同的区域，原始导带边能级 E_{c0} 和费米能级 E_{F} 之间以及电离的施主浓度 N_{d} 和导带边等效态密度 N_{c} 之间所满足的关系式是不相同的，其确切数值并不重要，但是知道他们之间的关系对于进一步计算电势必不可少。在饱和电离区，本征激发产生的本征载流子浓度与几乎全部电离的施主浓度相比

可以忽略不计的。饱和电离区的温度范围为 100~450 K，后续会讨论温度的影响，研究所选区的温度最低为 140 K，除理论极高温度外，最高温度取值为 $T=392\text{K}$，实际上都在饱和电离区内。在没有变形的自然状态下，由于本征激发远小于掺杂杂质的电离，根据电中性条件有

$$n_0 = N_{\mathrm{d}}^{+} = N_{\mathrm{d}} \tag{6.49}$$

式中，n_0 为此时的电子浓度。根据电子浓度的表达式 $n_0 = N_{\mathrm{c}} \exp[-(E_{\mathrm{c0}} - E_{\mathrm{F}})/(kT)]$，将其代入式 (6.44)，得

$$E_{\mathrm{F}} = E_{\mathrm{c0}} + kT \ln\left(\frac{N_{\mathrm{d}}}{N_{\mathrm{c}}}\right) \tag{6.50}$$

将费米能级式 (6.50) 和初始导带边能级关系式 (6.43) 代入式 (6.47)，得

$$\eta = -\frac{E_{\mathrm{c0}} - E_{\mathrm{F}}}{kT} + \frac{e\varphi - a_{\mathrm{c}}\Delta V/V}{kT} = \ln\left(\frac{N_{\mathrm{d}}}{N_{\mathrm{c}}}\right) + \frac{e\varphi - a_{\mathrm{c}}\Delta V/V}{kT} \tag{6.51}$$

这样，在给定的施主浓度以及温度和电子有效质量的情况下，η 也是一个与电势 φ 有关的函数。

接下来推导弯曲 ZnO 纳米线中的静电势的分布，如 6.2.1 小节中的模型一样，将纳米线视为一端固支的等截面悬臂梁，在自由端施加垂直于轴向的 y 方向的外力 f_y，对于横截面为圆形的纳米线，根据边界条件式 (6.39)~ 式 (6.41)，电势应满足以下条件：

$$\begin{cases} \varphi|_{r=a^+} = \varphi|_{r=a^-} \\ (D_i n_i)|_{r=a^+} = (D_i n_i)|_{r=a^-} \\ \varphi|_{r=\infty} = 0 \end{cases} \tag{6.52}$$

弯曲纳米线中的应力场、应变场和应变梯度见 6.2.1 小节中的式 (6.4)、式 (6.6) 和式 (6.7)，这里仅简单讨论挠曲电系数张量的性质。对于材料弹性常数、介电常数和压电常数的相关讨论，读者可参考相关文献 [31] ~ [34]。对于具有立方对称性的材料通常有三个独立的挠曲电系数，挠曲电系数可表示为

$$\mu_{ijkl} = (\mu_{11} - \mu_{12} - 2\mu_{44})\,\delta_{ijkl} + \mu_{12}\delta_{ij}\delta_{kl} + \mu_{44}\,(\delta_{ik}\delta_{jl} + \delta_{il}\delta_{jk}) \tag{6.53}$$

这里将 ZnO 视为各向同性材料，对于各向同性材料，挠曲电三个独立的系数满足以下关系：

$$\mu_{11} - \mu_{12} - 2\mu_{44} = 0 \tag{6.54}$$

因此，各向同性材料独立的挠曲电系数将减小为两个。非零的挠曲电系数如下

$$\mu_{1111} = \mu_{2222} = \mu_{3333} = \mu_{11} \tag{6.55}$$

$$\mu_{1122} = \mu_{1133} = \mu_{2211} = \mu_{2233} = \mu_{3311} = \mu_{3322} = \mu_{12} \tag{6.56}$$

$$\mu_{2323} = \mu_{2332} = \mu_{1331} = \mu_{1313} = \mu_{1212} = \mu_{1221} = \mu_{44} \tag{6.57}$$

挠曲电系数的矩阵形式为

$$\begin{bmatrix} \mu_{11} & \mu_{12} & \mu_{12} & 0 & 0 & 0 \\ \mu_{12} & \mu_{11} & \mu_{12} & 0 & 0 & 0 \\ \mu_{12} & \mu_{12} & \mu_{11} & 0 & 0 & 0 \\ 0 & 0 & 0 & \mu_{44} & 0 & 0 \\ 0 & 0 & 0 & 0 & \mu_{44} & 0 \\ 0 & 0 & 0 & 0 & 0 & \mu_{44} \end{bmatrix} \tag{6.58}$$

根据 6.2.1 小节的内容，压电效应和挠曲电效应引起的等效体电荷密度可以表示为

$$\rho^R = \frac{f_y}{EI}\left[2e_{15}(1+\nu)y + 2e_{31}\nu y - e_{33}y\right] \tag{6.59}$$

将式 (6.59) 代入式 (6.48) 即得到关于电势的控制方程，与 6.2.1 中的式 (6.11) 相比，体电荷密度不再为零，且压电效应等效沿纳米线长度无关的体电荷密度分布，符合经典压电理论中将压电体等效为电容器的模型。

这里也给出横截面为矩形的压电半导体纳米线的理论模型，后面会进一步讨论横截面的简化。对于矩形截面悬臂梁，根据弹性力学的基本解，弯曲纳米线中的应力场为

$$\sigma_{ij} = \left\{ \begin{array}{l} 0 \\ 0 \\ -\dfrac{f_y}{I_x} y(l-z) \\ \dfrac{f_y}{2I_x}\left(b^2 - y^2\right) + \dfrac{\nu}{1+\nu}\dfrac{f_y}{I_x}\dfrac{2a^2}{\pi^2}\displaystyle\sum_{n=1}^{\infty}\dfrac{(-1)^n}{n^2}\left(1 - \dfrac{\cosh\dfrac{n\pi y}{a}}{\cosh\dfrac{n\pi b}{a}}\right)\cos\dfrac{n\pi x}{a} \\ \dfrac{f_y}{I_x}\dfrac{\nu}{1+\nu}\dfrac{2a^2}{\pi^2}\displaystyle\sum_{n=1}^{\infty}\dfrac{(-1)^n}{n^2}\dfrac{\sinh\dfrac{n\pi y}{a}}{\sinh\dfrac{n\pi b}{a}}\sin\dfrac{n\pi x}{a} \\ 0 \end{array} \right\} \tag{6.60}$$

式中，I_x 为矩形截面惯性矩，$I_x = ab^3/12$。

根据 6.2.1 节中的应力应变关系式 (6.5)，矩形截面梁中的应变场为

$$\varepsilon_{ij}=\left\{\begin{array}{l}\dfrac{\nu}{E}\dfrac{f_y}{I_x}y\left(l-z\right)\\ \dfrac{\nu}{E}\dfrac{f_y}{I_x}y\left(l-z\right)\\ -\dfrac{1}{E}\dfrac{f_y}{I_x}y\left(l-z\right)\\ \dfrac{1+\nu}{E}\dfrac{f_y}{I_x}\left(b^2-y^2\right)+\dfrac{\nu}{E}\dfrac{f_y}{I_x}\dfrac{4a^2}{\pi^2}\displaystyle\sum_{n=1}^{\infty}\dfrac{(-1)^2}{n^1}\left(1-\dfrac{\cosh\dfrac{n\pi y}{a}}{\cosh\dfrac{n\pi b}{a}}\right)\cos\dfrac{n\pi x}{a}\\ \dfrac{f_y}{I_x}\dfrac{\nu}{E}\dfrac{4a^2}{\pi^2}\displaystyle\sum_{n=1}^{\infty}\dfrac{(-1)^2}{n^1}\dfrac{\sinh\dfrac{n\pi y}{a}}{\sinh\dfrac{n\pi b}{a}}\sin\dfrac{n\pi x}{a}\\ 0\end{array}\right\} \tag{6.61}$$

根据应变场可进一步得到应变梯度场，类似圆截面梁的过程，将应变和应变梯度与电极化的关系代入，可得到控制方程中各项的具体表达式，这里不再一一给出。

由于考虑半导体效应的压电悬臂梁控制方程是关于电势 φ 的非线性方程，难以获得方程的解析解，这里利用有限差分方法求解弯曲压电半导体纳米线中的电势分布，控制方程式 (6.48) 表示为

$$\kappa_{11}\frac{\partial^2\varphi}{\partial x^2}+\kappa_{22}\frac{\partial^2\varphi}{\partial y^2}=-\rho^R\left(x,y\right)+F\left(\varphi\right) \tag{6.62}$$

对于各向同性材料 $\kappa_{11}=\kappa_{22}=\kappa$,两端同除以 κ 并令 $f\left(x,y\right)=-\rho^R\left(x,y\right)/\kappa$,式 (6.62) 可进一步改写为

$$\frac{\partial^2\varphi}{\partial x^2}+\frac{\partial^2\varphi}{\partial y^2}=f\left(x,y\right)+\frac{F\left(\varphi\right)}{\kappa} \tag{6.63}$$

关于泊松方程 $\partial^2\varphi/\partial x^2+\partial^2\varphi/\partial y^2=f\left(x,y\right)$ 的有限差分方法的求解已经比较成熟，这里重点是对于本节中存在的内场和外场之间梯度连续条件的求解。

对于圆形截面梁,选择在极坐标系下的差分格式,用极坐标将式 (6.63) 重写为

$$\frac{\partial^2\varphi}{\partial r^2}+\frac{1}{r}\frac{\partial\varphi}{\partial r}+\frac{1}{r^2}\frac{\partial^2\varphi}{\partial\theta^2}=f\left(r,\theta\right)+\frac{1}{\kappa}F\left(\varphi\right) \tag{6.64}$$

差分格式如下

$$
\begin{aligned}
f\left(r_i,\theta_i\right)+\frac{1}{\kappa}F\left(\varphi\right)=&\frac{1}{h_r^2}\frac{r_{i+1/2}}{r_i}\varphi_{i+1,j}-\frac{1}{h_r^2}\frac{r_{i+1/2}+r_{i-1/2}}{r_i}\varphi_{i,j}+\frac{1}{h_r^2}\frac{r_{i-1/2}}{r_i}\varphi_{i-1,j}\\
&+\frac{1}{h_\theta^2}\frac{1}{r_i^2}\varphi_{i,j+1}-\frac{2}{h_\theta^2}\frac{1}{r_i^2}\varphi_{i,j}+\frac{1}{h_\theta^2}\frac{1}{r_i^2}\varphi_{i,j-1}
\end{aligned}
\tag{6.65}
$$

图 6.10 为极坐标系中有限差分方法边界上的局部网格。对于截面内的点，以及真空中的点都可以用式 (6.65) 给出的差分形式来解决，但是对于图中界面上的点，需要单独给出该点处的差分格式。在 a 区域内和 b 区域内分别有

$$
f^a\left(r_i,\theta_j\right)+\frac{1}{\kappa}F\left(\varphi_{i,j}\right)=A\varphi_{i+1,j}^a+B\varphi_{i,j}+C\varphi_{i-1,j}^a+D\varphi_{i,j+1}+E\varphi_{i,j-1}\tag{6.66}
$$

$$
f^b\left(r_i,\theta_j\right)=A\varphi_{i+1,j}^b+B\varphi_{i,j}+C\varphi_{i-1,j}^b+D\varphi_{i,j+1}+E\varphi_{i,j-1}=0\tag{6.67}
$$

式中，$\varphi_{i+1,j}^a$ 和 $\varphi_{i-1,j}^b$ 为虚拟电势，并不存在，需要将其消除。

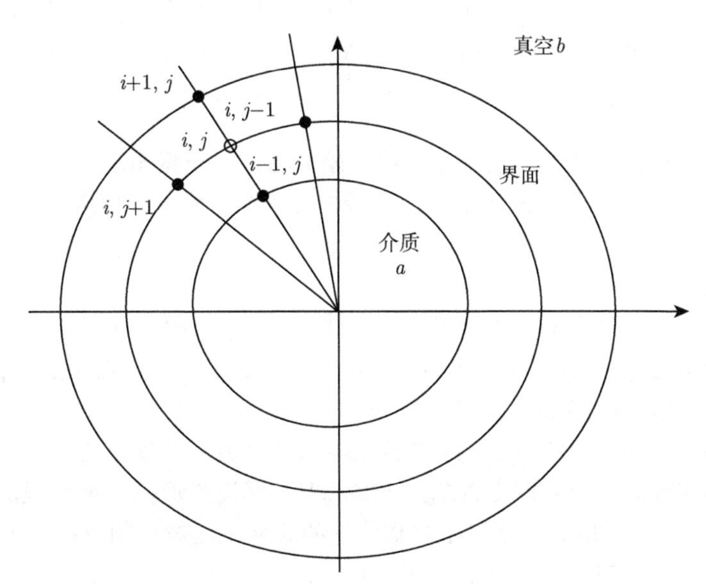

图 6.10　极坐标系中有限差分方法边界上的局部网格

界面上的连续条件为

$$
\left.\left(-\varepsilon\frac{\partial\varphi^a}{\partial n}+D_i^R n_i\right)\right|_{r=a^-}-\left.\left(-\varepsilon\frac{\partial\varphi^b}{\partial n}\right)\right|_{r=a^+}=0\tag{6.68}
$$

用差分形式可以重新表示为

$$\frac{-\varepsilon\left(\varphi_{i+1,j}^{a}-\varphi_{i-1,j}^{a}\right)}{2h_r}+D_i^R n_i\big|_{(r=r_i,\theta=\theta_j)}=\frac{-\varepsilon_0\left(\varphi_{i+1,j}^{b}-\varphi_{i-1}^{b}\right)}{2h_r} \tag{6.69}$$

将式 (6.68) 用 $\varphi_{i+1,j}^{a}$ 表示，并将式 (6.69) 用 $\varphi_{i-1,j}^{b}$ 表示，然后代入式 (6.67) 即可得到界面上点的差分格式。

$$\begin{aligned}
&\left(\frac{B}{A}\varepsilon+\frac{B}{C}\varepsilon_0\right)\phi_{i,j}+\left(\varepsilon+\frac{C}{A}\varepsilon\right)\phi_{i-1,j}^{a}+\left(\varepsilon_0+\frac{A}{C}\varepsilon_0\right)\phi_{i+1.j}^{b}\\
&+\left(\frac{D}{A}\varepsilon+\frac{D}{C}\varepsilon_0\right)\phi_{i,j+1}+\left(\frac{E}{A}\varepsilon+\frac{E}{C}\varepsilon_0\right)\phi_{i,j-1}+2h_r\, D_i^R n_i\big|_{(r=r_i,\theta=\theta_j)}\\
&+\frac{1}{A}\left[\rho^R-eN_C F_{1/2}(\eta)+eN_D\frac{1}{1+2\exp\left(\eta+\dfrac{\Delta E_D}{kT}\right)}\right]_{(r=r_i,\theta=\theta_j)}=0
\end{aligned} \tag{6.70}$$

其中，$A=\frac{1}{h_r^2}\frac{r_{i+1/2}}{r_i}$，$B=-\frac{1}{h_r^2}\frac{\left(r_{i+1/2}+r_{i-1/2}\right)}{r_i}-\frac{1}{h_\theta^2}\frac{1}{r_i^2}$，$C=\frac{1}{h_r^2}\frac{r_{i-1/2}}{r_i}$，$D=E=\frac{1}{h_\theta^2}\frac{1}{r_i^2}$。

对于矩形截面，在直角坐标系中给出差分格式，在直角边上的差分格式有相似的处理方法。对于式 (6.64) 给出的非线性方程组，采用牛顿迭代法，牛顿迭代公式为 $\boldsymbol{x}^{n+1}=\boldsymbol{x}^n-\left[F'\left(\boldsymbol{x}^n\right)\right]^{-1}F\left(\boldsymbol{x}^n\right)$，其中 $\boldsymbol{x}=\left[x_1,x_2,x_3,\cdots,x_n\right]^{\mathrm{T}}$，并设非线性方程组 $F(\boldsymbol{x})=0$。

对于具有圆形截面的压电半导体纳米线，其材料参数与 6.2.1 小节中的一样，挠曲电系数取 $\mu_{12}=\mu_{44}=-0.45\mathrm{nC}\cdot\mathrm{m}^{-1}$。在纳米线自由端施加横向力 $f_y=80\mathrm{nN}$。计算中选择典型施主浓度 $N_{\mathrm{d}}=10^{17}\mathrm{cm}^{-3}$，有效质量 $m_{\mathrm{e}}=0.28m_0$，变形势常量 $a_{\mathrm{c}}=-6.05\mathrm{eV}$。关于施主活化能已经有很多文献讨论过，典型施主活化能为 30~600meV，这里取 $\Delta E_D=35\mathrm{meV}$。假设圆形截面纳米线的截面半径 $a=25\mathrm{nm}$，长 $l=60\mathrm{nm}$。在以上参数给定的条件下，对控制方程式 (6.64) 给出的电势进行数值求解。

图 6.11 为高度 $z=400\mathrm{nm}$，温度 $T=300\mathrm{K}$ 情况下，压电半导体纳米线横截面上电势的分布。从图中可以看出，电势的最大值出现在纳米线拉伸区域的表面，大小为约 0.040 V，同时电势的最小值出现在压缩区域的纳米线表面，大小约为 −0.367 V。两组不同挠曲电系数对应的静电势分布沿 y 轴直径方向上的变化如图 6.12(a) 所示，对应相同的高度 $z=400\mathrm{nm}$。从图 6.12(a) 中可以看出，当考虑挠曲电效应后，电势的最小值改变了约 30 mV (与不考虑挠曲电效应的静电势大小相比改变了约 8.90%)，而静电势的最大值仅改变了约 6 mV(与不考虑挠曲电

效应的静电势大小相比改变了约 17.10%)，挠曲电效应对静电势的影响比较显著。同样地，从图 6.12(b) 中可以看出参量 η 沿 y 方向的坐标变化，并不是常数。当考虑挠曲电效应后，参量 η 的值随 y 坐标位置的变化而变化，在端部 $y = 25\text{nm}$ 处达到最大偏差。挠曲电效应对电子浓度 n 及电离的施主浓度 N_d^+ 分布的影响如图 6.13 所示。从图 6.13(a) 和 (b) 可以得到同样的结论，即考虑挠曲电效应后，电子浓度和电离的施主浓度均沿 y 方向的坐标位置变化。不同的是，挠曲电效应对电子浓度和电离的施主浓度影响最大的位置在端部 $y = 25\text{nm}$ 处。

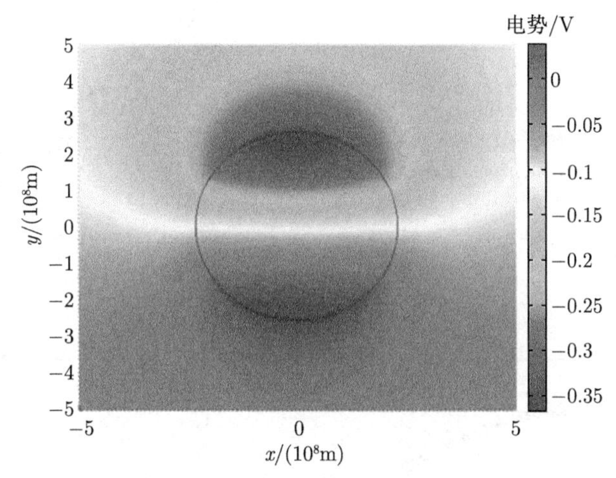

图 6.11 压电半导体纳米线横截面上电势的分布 (见彩图)

最后，讨论挠曲电效应对应的尺寸效应。为了讨论挠曲电效应的影响，这里选取三组不同挠曲电系数进行分析：$\mu_{12} = \mu_{44} = 0$、$\mu_{12} = \mu_{44} = 0.45\text{nC}\cdot\text{m}^{-1}$ 及 $\mu_{12} = \mu_{44} = 0.90\text{nC}\cdot\text{m}^{-1}$。分别选取半径 $a = 15\text{nm}$ 和 50nm 的压电半导体纳米线中静电势 φ、参数 η、电子浓度 n 及电离的施主浓度 N_d^+ 沿横截面 y 轴方向的变化。图 6.14 为半径 $a = 15\text{nm}$ 时不同挠曲电系数下静电势、参数、电子浓度及电离的施主浓度的分布。从图 6.14(a) 中静电势沿 y 方向上的分布可以观察到，此时静电势的值几乎没有为正的情况，并且考虑挠曲电效应后静电势的绝对值大于经典压电半导体理论的结果，这种差异沿直径的分布并不均匀，在端部 $y = a$ 处达到最大值。同样，从图 6.14(b)~(d) 可以观察到挠曲电效应对参数 η、电子浓度 n 及电离的施主浓度 N_d^+ 的影响。

作为对比，图 6.15 为半径 $a = 50\text{nm}$ 时不同挠曲电系数下静电势、参数、电子浓度及电离的施主浓度的分布。显然，当直径为 $a = 50\text{nm}$ 时，不同挠曲电系数下各参量的变化曲线几乎重叠，挠曲电效应对静电势 φ、参数 η、电子浓度 n 及电离的施主浓度 N_d^+ 沿 y 方向分布的影响基本可以忽略不计。

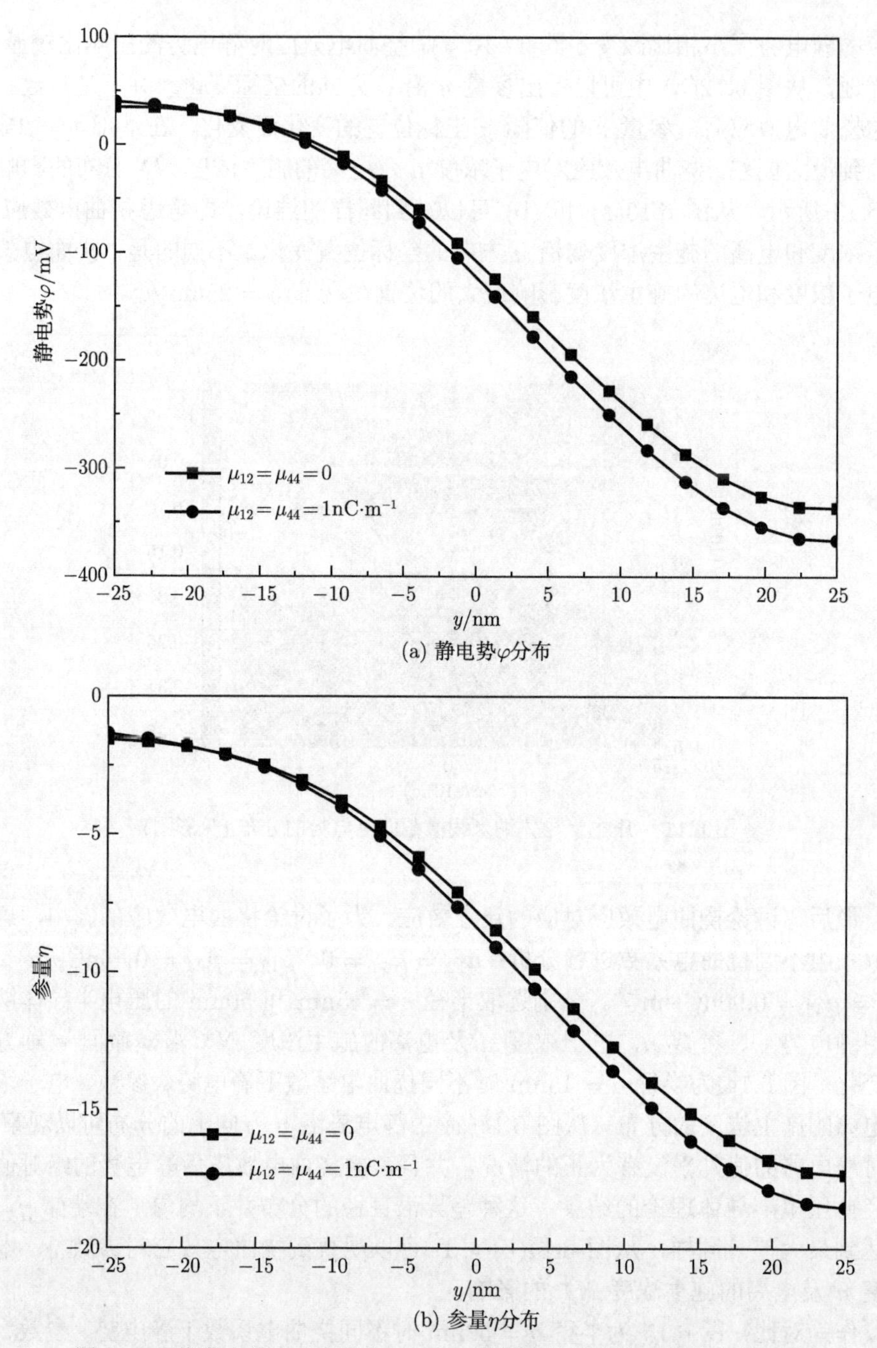

(a) 静电势φ分布

(b) 参量η分布

图 6.12　挠曲电效应对高度为 400 nm 处静电势分布和参量分布的影响

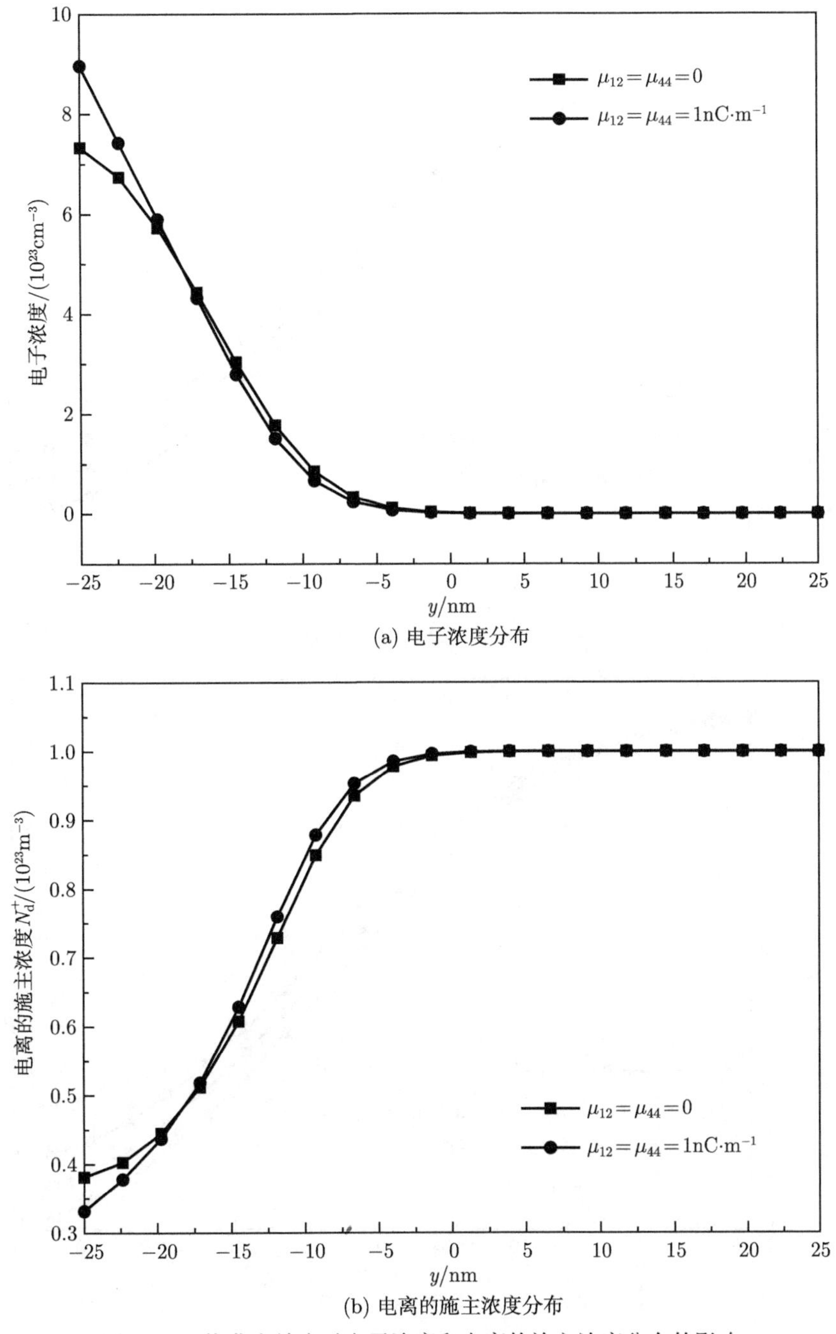

(a) 电子浓度分布

(b) 电离的施主浓度分布

图 6.13 挠曲电效应对电子浓度和电离的施主浓度分布的影响

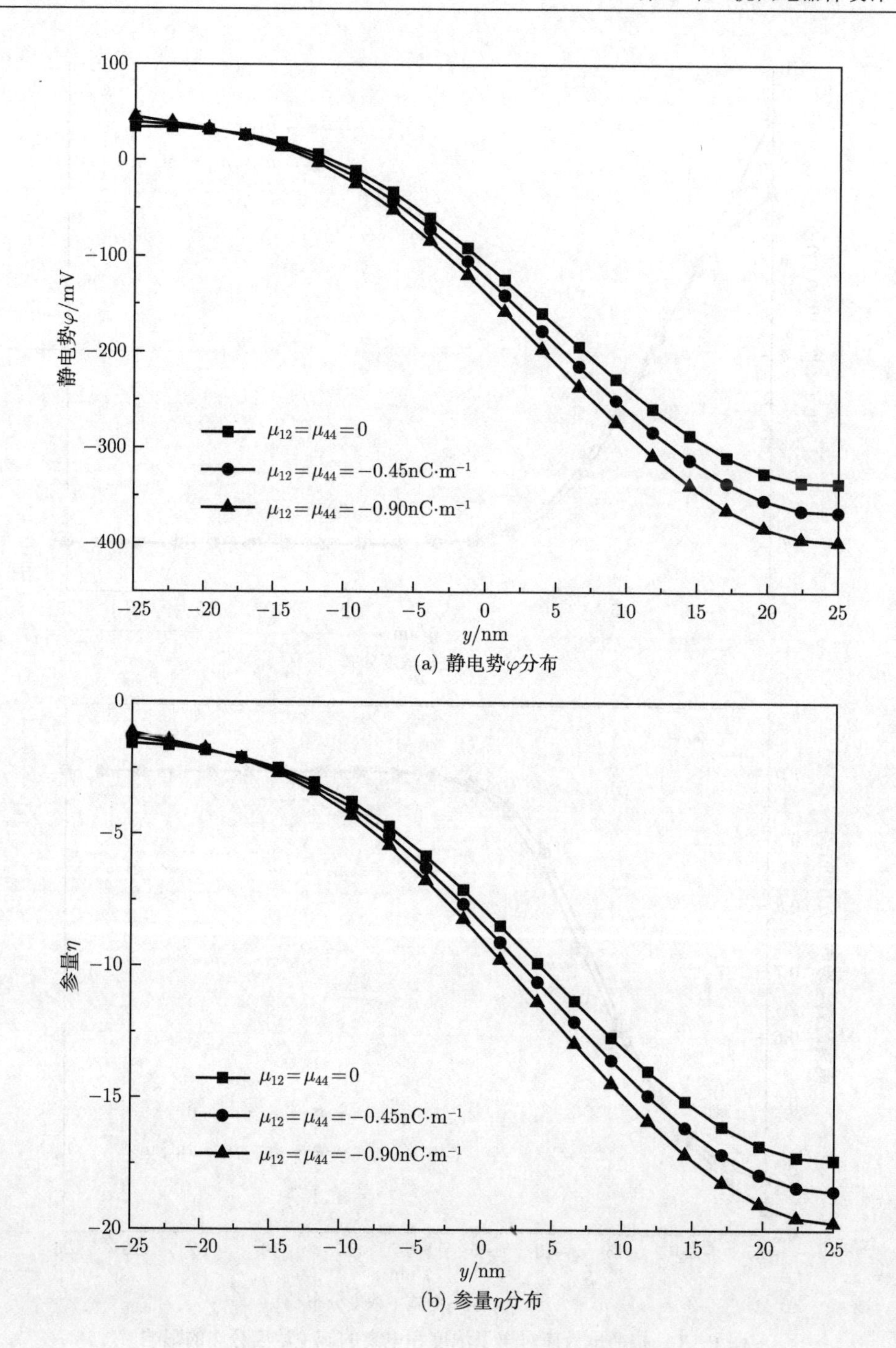

(a) 静电势φ分布

(b) 参量η分布

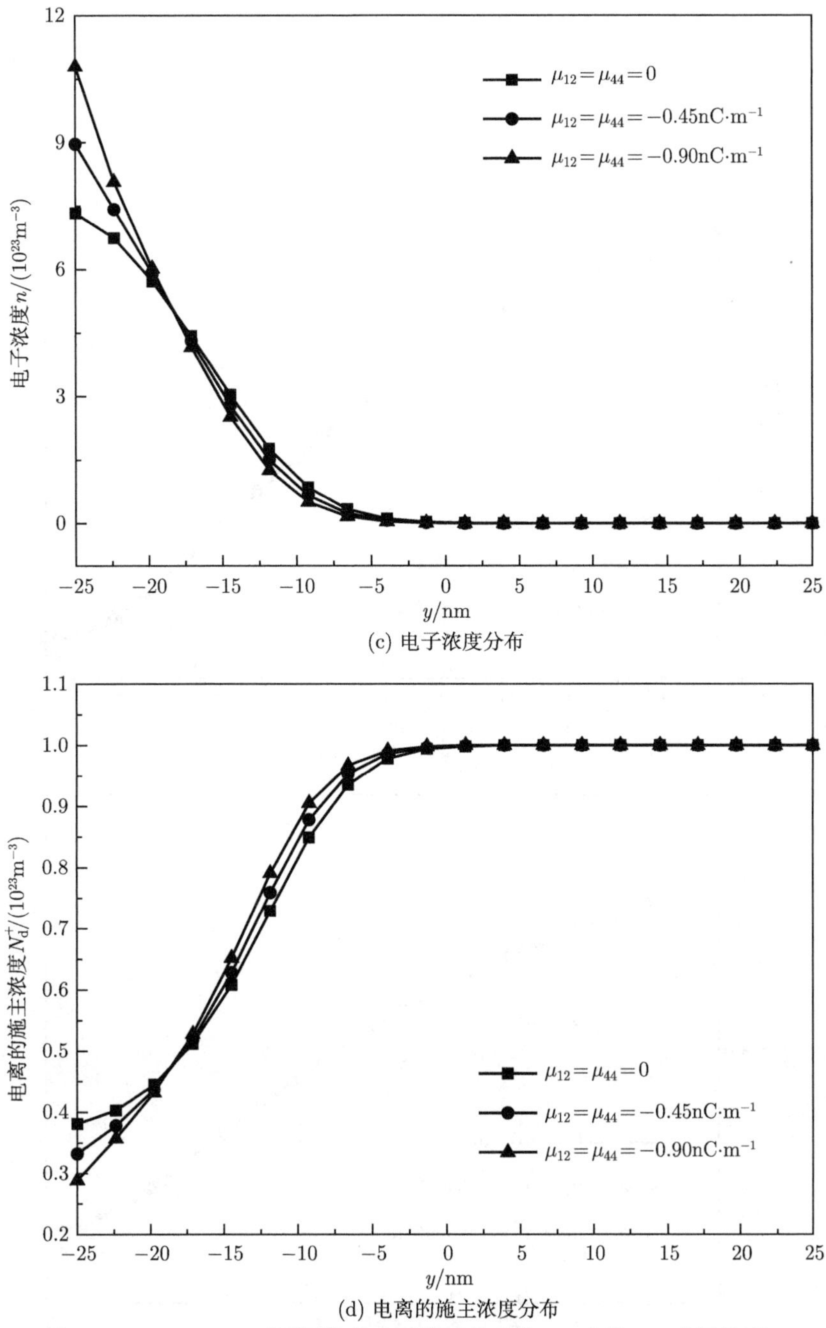

(c) 电子浓度分布

(d) 电离的施主浓度分布

图 6.14　$a = 15\mathrm{nm}$ 时不同挠曲电系数下静电势 φ、参数 η、电子浓度 η 及电离的施主浓度 N_{d}^{+} 的分布

图 6.14 和图 6.15 的结果对比表明，当压电半导体纳米线的直径较小时，挠曲电效应的影响非常显著，而当压电半导体纳米线的直径增大到一定程度的时候，挠曲电效应的影响将变得非常微弱，几乎可以忽略不计。

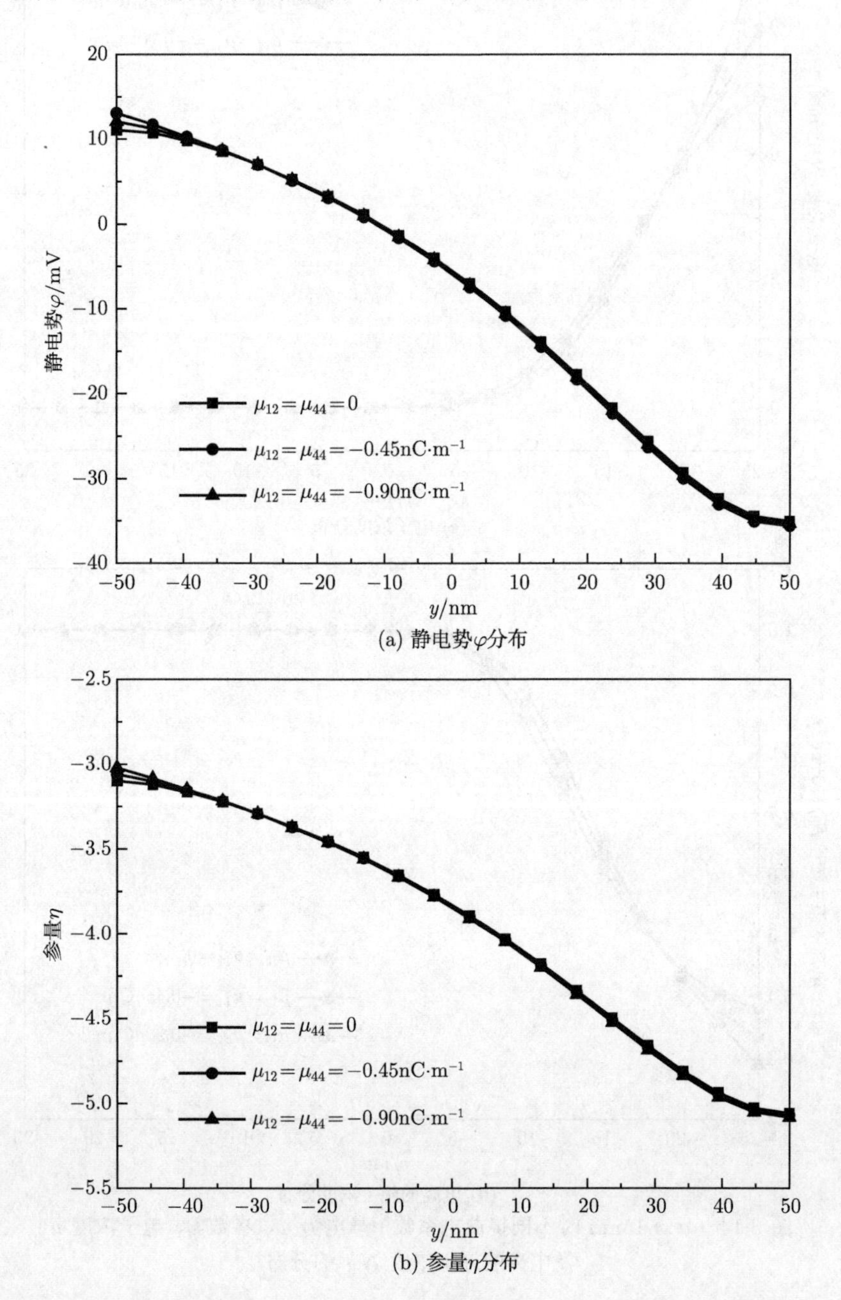

(a) 静电势φ分布

(b) 参量η分布

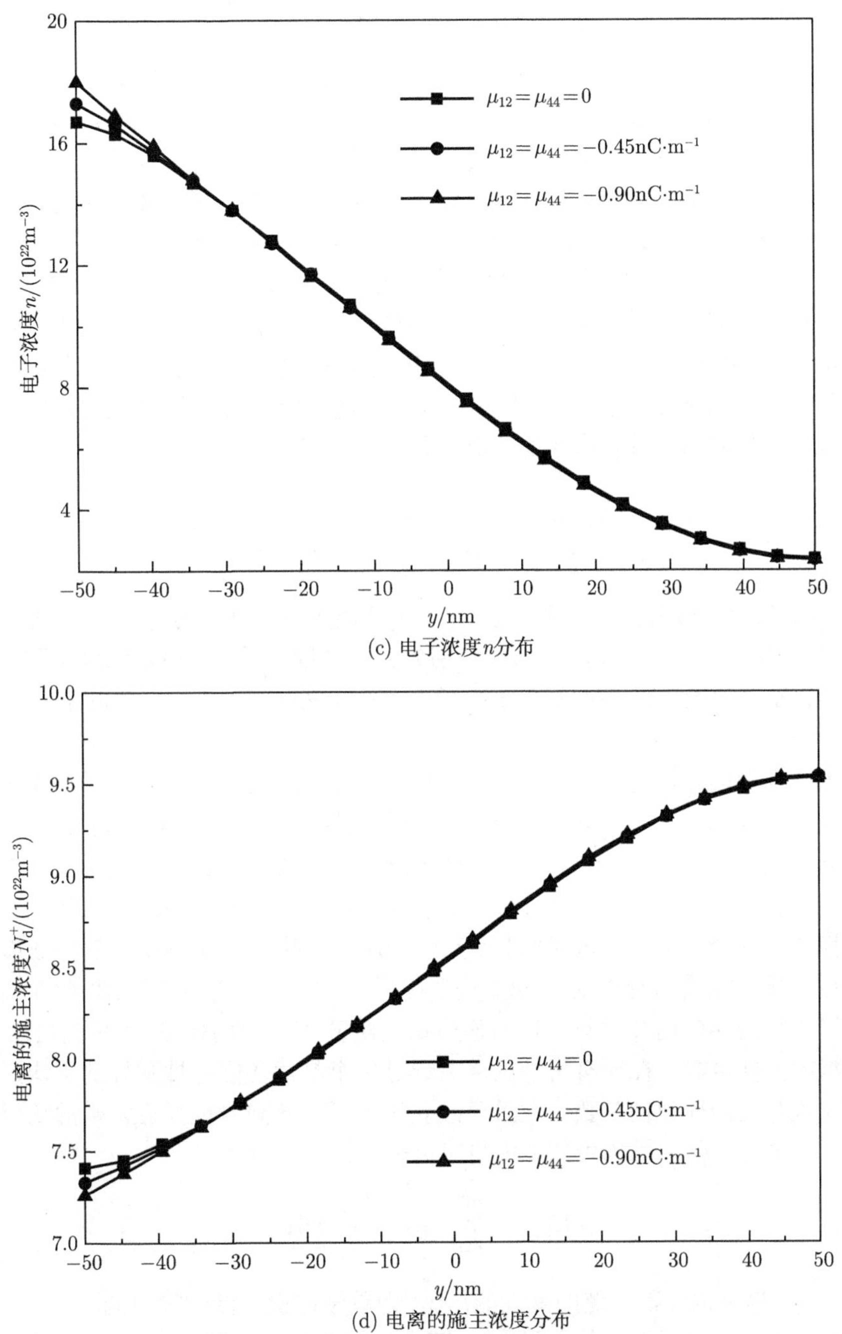

(c) 电子浓度n分布

(d) 电离的施主浓度分布

图 6.15 $a=50$nm 时不同挠曲电系数下静电势 φ、参数 η、电子浓度 n 及电离的施主浓度 N_{d}^{+} 的分布

6.2.3 压电和挠曲电俘能器模型及其性能分析

随着微纳米技术的快速发展和微电子工艺的日益成熟，微纳机电系统极大改变了人们的生活。随着无线网络传感技术的发展，大规模互联网智能传感、人机交互和人工智能等的发展离不开微电子、传感、驱动等硬件的支持。如何给微机电系统供电已经成为制约现代电子、信息等领域发展的瓶颈。本小节讨论基于压电效应和挠曲电效应的俘能器的典型力学模型及其性能分析。

当对一些晶体施加均匀应变时，其上下对应表面会出现等量异号的电荷，这称为正压电效应。从晶体学角度，正压电效应描述晶体中应变引起的电极化，这种效应被严格地限制在具有非中心对称中心的晶体中。局部反演对称的破坏能够在晶体中产生电极化，这种由非均匀应变场引起电极化的现象被称为挠曲电效应。当对电介质材料施加外场作用时，其本构方程为 [35]

$$\begin{cases} \sigma_p = c_{pq}\varepsilon_q - e_{kp}E_k \\ D_k = a_{kl}E_l + e_{kq}\varepsilon_q + \mu_{klq}\kappa_{ql} \end{cases} \tag{6.71}$$

式中，σ_p 为柯西应力；ε_q 为弹性应变；D_k 为电位移；E_k 为电场；κ_{ql} 为应变梯度分量，$\kappa_{ql} = \varepsilon_{q,l}$；$c_{pq}$、$e_{kp}$ 和 a_{kl} 分别为弹性模量分量、压电模量分量和介电张量分量；μ_{klq} 为材料的挠曲电张量分量。p 和 q 从 1 变化到 6，k 和 l 从 1 变化到 3。

为了准确描述材料的力电学性能，对于正交晶系通常需要 6 个弹性模量分量 (c_{11}、c_{12}、c_{13}、c_{33}、c_{44} 和 c_{66})、3 个压电模量分量 (e_{31}、e_{33} 和 e_{15}) 及 2 个介电常量分量 (a_{11} 和 a_{33})。当同时考虑挠曲电效应时，还应包含 8 个挠曲电系数分量 (μ_{111}、μ_{333}、μ_{122}、μ_{133}、μ_{135}、μ_{315}、μ_{215} 和 μ_{236})。实验已经发现 ZnO 纳米线的杨氏模量在直径小于 200nm 时明显增大，考虑应变梯度的影响，能够描述微纳米尺寸材料杨氏模量和弯曲刚度的增强效应 [36]。针对具有较大细长比的纳米结构，材料可以视为各向同性材料，通常使用杨氏模量 E、剪切模量 G 和泊松比 ν 表示材料的弹性常数。在所有可能的晶系通过单个晶体各向异性弹性的平均，可以获得宏观各向同性弹性常数，并且已经获得了正交各向异性弹性常数的沃伊特平均值。变形时存储在结构中的总能量可以表示为 [37]

$$U_{\text{tot}} = \iiint_V (u_M + u_E)\,\mathrm{d}V \tag{6.72}$$

式中，u_M 为单位体积存储的弹性能；u_E 为单位体积存储的静电能。

上下表面电极面上的总电荷 Q_{tot} 可通过如下方程获得：

$$Q_{\text{tot}} = \frac{\partial U_{\text{e}}}{\partial V_y} \tag{6.73}$$

式中，U_{e} 为整个结构中的总静电能，$U_{\mathrm{e}}=\iiint_V u_E \mathrm{d}V$；$V_y$ 为上下电极面之间的电势差。

钙钛矿类铁电纳米线如钛酸钡具有优异的力电耦合性能，通常作为动态随机储存器件、传感、驱动等器件。钛酸钡纳米线通常具有矩形横截面，将钛酸钡纳米线视俘能器模型为具有矩形截面的悬臂梁，其长为 l，宽为 b，高为 h。将笛卡儿坐标系的原点置于未变形梁一端的中心，z 轴沿梁的长度方向，x 和 y 轴分别平行于梁横截面的边线，x、y、z 轴构成右手坐标系，如图 6.16 所示。

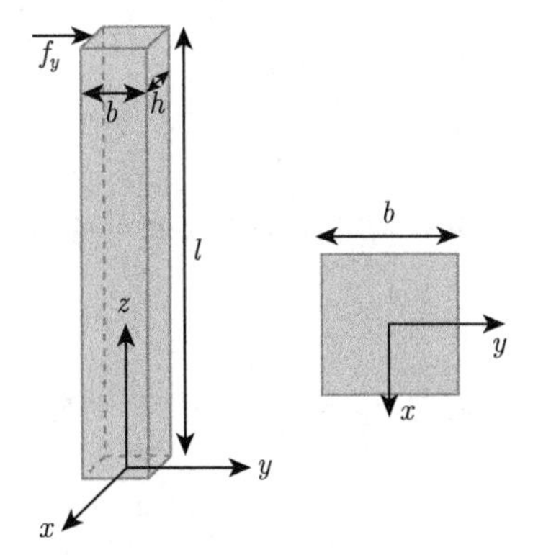

图 6.16 钛酸钡纳米线俘能器模型及其横截面示意图

在纳米线尖端作用力 f_y，下端固定，根据圣维南悬臂梁理论，弯曲时悬臂梁中的应力可以表示为

$$
\begin{cases}
\sigma_1=\sigma_2=\sigma_6=0 \\
\sigma_3=-\dfrac{f_y}{I_{xx}}y(l-z) \\
\sigma_4=\dfrac{f_y}{2I_{xx}}\left(y^2-\dfrac{1}{4}b^2\right)\left[5nx^4+3\left(m-\dfrac{1}{4}h^2n\right)x^2-\dfrac{1}{4}h^2m-1\right] \\
\sigma_5=-\dfrac{f_y}{I_{xx}}y\left[nx^5+\left(m-\dfrac{1}{4}h^2n\right)x^3-\dfrac{1}{4}h^2mx\right]
\end{cases}
\tag{6.74}
$$

式中，I_{xx} 是横截面惯性矩，$I_{xx}=bh^3/12$；m 和 n 分别为与材料属性和横截面几何尺寸相关的参数，$m=-(1335/1042)\left[\nu(1+\nu)\left(1/h^2\right)\right]$，$n=-(2310/3647)\left[\nu(1+\nu)\left(1/h^4\right)\right]$。在外力作用下，沿高度 y 方向的电势差为 V_y，忽略边缘效应情况下纳米线中的电场近似表示为 $E_y=V_y/b$。

应变场和应变梯度可利用 6.2.1 小节中的式 (6.5) 和式 (6.6) 求得，详细内容可参考 6.2.1 小节。根据电介质中极化和应变及应变梯度的关系，将应变和应变

梯度代入可以得到电位移分量为

$$
\left\{\begin{aligned}
D_1 =& -\frac{2(1+\nu)e_{15}f_y}{EI_{xx}}y\left[nx^5+\left(m-\frac{1}{4}h^2n\right)x^3-\frac{1}{4}h^2mx\right]\\
&+\frac{\nu\mu_{122}f_y}{EI_{xx}}(l-z)+\frac{\mu_{133}f_y}{EI_{xx}}y\\
D_2 =& a_{11}E_y+\frac{(1+\nu)\,e_{15}f_y}{2EI_{xx}}\left[5nx^4+3\left(m-\frac{1}{4}h^2n\right)x^2-\frac{1}{4}h^2m-1\right]\\
&+\frac{2(1+\nu)}{E}e_{15}^2E_y+\frac{\nu\mu_{111}f_y}{EI_{xx}}(l-z)+\frac{\mu_{133}f_y}{EI_{xx}}y\\
D_3 =& \frac{(2\nu e_{31}-e_{33})\,f_y}{EI_{xx}}y(l-z)+\frac{\nu\mu_{311}f_y}{EI_{xx}}(l-z)+\frac{\mu_{333}f_y}{EI_{xx}}y\\
&-\frac{2\,(1+\nu)\,\mu_{316}f_y}{EI_{xx}}\left[5nx^4+3\left(m-\frac{1}{4}h^2n\right)x^2-\frac{1}{4}h^2m\right]
\end{aligned}\right. \tag{6.75}
$$

单位体积中储存的弹性能可通过应力和应变分量求得

$$
u_M=\frac{1}{2}\left(\sigma_3\varepsilon_3+\sigma_4\varepsilon_4+\sigma_5\varepsilon_5\right) \tag{6.76}
$$

单位体积中储存的静电能为 $u_E=D_yE_y/2$，则总能量为

$$
\begin{aligned}
U_{\text{tot}}=&\iiint_V\left(u_M+u_E\right)\mathrm{d}V\\
=&\frac{1}{2}\iiint_V\left(\sigma_3\varepsilon_3+\sigma_4\varepsilon_4+\sigma_5\sigma_5+D_2E_2\right)\mathrm{d}V\\
=&\frac{1}{2}\left[a_{11}+\frac{2\,(1+\nu)\,e_{15}^2}{E}\right]lhbE_y^2+\frac{(1+\nu)\,e_{15}f_y}{6EI_{xx}}lhb^3E_y+\frac{\nu\mu_{111}f_y}{4EI_{xx}}l^2hbE_y\\
&+\frac{1}{2E}\iiint_V\left[\sigma_3^2+2\,(1+\nu)\left(\sigma_4^2+\sigma_5^2\right)\right]\mathrm{d}V
\end{aligned} \tag{6.77}
$$

式 (6.77) 给出了弯曲变形钛酸钡纳米线中储存的总能量，其中最后一个等号右端第一项为上下表面电荷引起的静电能，第二项为压电效应产生的静电能，第三项为挠曲电效应产生的静电能，第四项为纯弹性能。对于非压电材料，有压电效应产生的静电能为零，而挠曲电效应引起的静电能依然存在。

对于矩形横截面的纳米线结构，通常采用平行板电容器模型计算有限电极之间的静电能，因此上下表面电极面上积累的电荷可以表示为

$$
\left\{\begin{aligned}
U_{\mathrm{e}}=&\frac{1}{2}\left[a_{11}+\frac{2(1+\nu)}{E}e_{15}^2\right]\frac{lh}{b}V_y^2+\frac{(1+\nu)e_{15}f_ylhb^2}{6EI_{xx}}V_y+\frac{\nu\mu_{111}f_yl^2h}{4EI_{xx}}V_y\\
Q_{\text{tot}}=&\frac{\partial U_e}{\partial V_y}=\left[a_{11}+\frac{2(1+\nu)}{E}e_{15}^2\right]\frac{lh}{b}V_y+\left[\frac{(1+\nu)e_{15}f_ylhb^2}{6EI_{xx}}+\frac{\nu\mu_{111}f_yl^2h}{4EI_{xx}}\right]
\end{aligned}\right. \tag{6.78}
$$

同时，可以通过总电荷计算平行板电容器的电容为

$$C_y = \frac{\partial Q_{\text{tot}}}{\partial V_y} = \left[a_{11} + \frac{2(1+\nu)}{E} e_{15}^2\right] \frac{lh}{b} \tag{6.79}$$

在电学开路情况下，总电荷由外载荷引起，电极面上积累的电荷包含压电效应引起的极化电荷 Q_{p} 和挠曲电效应引起的极化电荷 Q_{f}。总电荷表示为

$$Q_{\text{tot}} = Q_{\text{p}} + Q_{\text{f}} = \frac{(1+\nu)e_{15}f_y lhb^2}{6EI_{xx}} + \frac{\nu\mu_{111}f_y l^2 h}{4EI_{xx}} \tag{6.80}$$

上下电极面的电势差为

$$V_{\text{max,rNW}} = \frac{Q_{\text{p}} + Q_{\text{f}}}{C_y} = \frac{(1+\nu)e_{15}f_y b^3}{6\left[a_{11}E + 2(1+\nu)e_{15}^2\right] I_{xx}} + \frac{\nu\mu_{111}f_y lh}{4\left[a_{11}E + 2(1+\nu)e_{15}^2\right] I_{xx}} \tag{6.81}$$

当不考虑挠曲电效应，总电荷仅由压电效应产生，最大电势差的结果与经典压电理论的计算结果一致。

压电半导体如 ZnO、GaN 等属于闪锌矿，通常具有近似正六边形横截面。将六方 ZnO 纳米线近似为具有圆形横截面的悬臂梁，等效直径为 $\sqrt{3}b$。根据圣维南悬臂梁理论，应力分量可以表示为

$$\begin{cases} \sigma_1 = \sigma_2 = \sigma_6 = 0 \\ \sigma_3 = -\dfrac{f_y}{I_{xx}} y\,(l-z) \\ \sigma_4 = \dfrac{f_y}{I_{xx}} \dfrac{3+2\nu}{8(1+\nu)} \left[\dfrac{b^2}{4} - y^2 - \dfrac{1-2\nu}{3+2\nu} x^2\right] \\ \sigma_5 = -\dfrac{f_y}{I_{xx}} \dfrac{1+2\nu}{4\,(1+\nu)} xy \end{cases} \tag{6.82}$$

式中，$I_{xx} = 9\pi b^4/64$，沿 y 方向电场表示为 $E_y = V_y/\sqrt{3}b$。

应变和应变梯度可根据 6.2.1 小节类似的几何关系求出。同样地，将应变和应变梯度代入可得到电位移分量的表达式，然后代入总能量方程得

$$\begin{aligned} U_{\text{tot}} &= \iiint_V (u_M + u_E)\,\mathrm{d}V \\ &= \left[a_{11} + \frac{2(1+\nu)}{E} e_{15}^2\right] \frac{3\pi b^2 l}{8} E_y^2 + \frac{9(1+\nu)e_{15}f_y \pi b^4 l}{64EI_{xx}} E_y \\ &\quad + \frac{3\nu\mu_{111}f_y\pi b^2 l^2}{16EI_{xx}} E_y + \frac{1}{2E}\iiint_V \left[\sigma_3^2 + 2(1+\nu)\left(\sigma_4^2 + \sigma_5^2\right)\right] \mathrm{d}V \end{aligned} \tag{6.83}$$

总静电能和采集的总电荷为

$$\begin{cases} U_{\mathrm{e}} = \dfrac{1}{2}\left[a_{11} + \dfrac{2(1+\nu)e_{15}^{2}}{E}\right]\dfrac{\pi l}{4}V_y^2 + \dfrac{3\sqrt{3}(1+\nu)e_{15}f_y\pi b^3 l}{64EI_{xx}}V_y \\ \qquad + \dfrac{\sqrt{3}\nu\mu_{111}f_y\pi b l^2}{16EI_{xx}}V_y \\ Q_{\mathrm{tot}} = \dfrac{\partial U_{\mathrm{e}}}{\partial V_y} = \left[a_{11} + \dfrac{2(1+\nu)e_{15}^{2}}{E}\right]\dfrac{\pi l}{4}V_y + \dfrac{3\sqrt{3}(1+\nu)e_{15}f_y\pi b^3 l}{64EI_{xx}} \\ \qquad + \dfrac{\sqrt{3}\nu\mu_{111}f_y\pi b l^2}{16EI_{xx}} \end{cases} \tag{6.84}$$

沿 y 方向的等效电容和最大电势差为

$$\begin{cases} C_{\mathrm{p}} = \dfrac{\partial Q_{\mathrm{e}}}{\partial V_y} = \left[a_{11} + \dfrac{2(1+\nu)e_{15}^{2}}{E}\right]\dfrac{\pi l}{4} \\ V_{\mathrm{max,cNW}} = \dfrac{3\sqrt{3}(1+\nu)e_{15}f_y b^3}{16EI_{xx}\left[a_{11} + 2(1+\nu)e_{15}^{2}/E\right]} \\ \qquad + \dfrac{\sqrt{3}\nu\mu_{111}f_y b l}{4EI_{xx}\left[a_{11} + 2(1+\nu)e_{15}^{2}/E\right]} \end{cases} \tag{6.85}$$

二维纳米薄膜是设计纳米发电机的潜在材料，以 PMN-Pt 制备的纳米薄膜可以用于设计和制备纳米发电机。将二维纳米薄膜近似为二维板，其厚度为 t，远小于宽度 b 和长度 l，其弯曲时应力分量为

$$\begin{cases} \sigma_1 = \sigma_2 = 0 \\ \sigma_3 = -\dfrac{f_y}{I_{xx}}y(l-z) \\ \sigma_4 = \dfrac{1}{1+\nu}\dfrac{f_y}{2I_{xx}}\left(\dfrac{t^2}{4} - y^2\right) \\ \sigma_5 = -\dfrac{\nu}{1+\nu}\dfrac{f_y}{I_{xx}}xy \\ \sigma_6 = 0 \end{cases} \tag{6.86}$$

式中，$I_{xx} = bt^3/12$。

通用地，可通过几何方程得到应变，再求出应变梯度，将应变和应变梯度的表达式代入获得电位移分量的表达式，最后可得到二维纳米薄膜中的总能量方程。总静电能和采集到的总电荷为

$$
\begin{cases}
U_{\mathrm{e}}=\dfrac{1}{2}\left[a_{11}+\dfrac{2\left(1+\nu\right)e_{15}^{2}}{E}\right]\dfrac{bl}{t}V_{y}^{2}+\dfrac{e_{15}f_{y}}{EI_{xx}}\dfrac{t^{2}bl}{6}V_{y}+\dfrac{\nu\mu_{111}f_{y}}{4EI_{xx}}bl^{2}V_{y}\\
Q_{\mathrm{tot}}=\dfrac{\partial U_{\mathrm{e}}}{\partial V_{y}}=\left[a_{11}+\dfrac{2\left(1+\nu\right)e_{15}^{2}}{E}\right]\dfrac{bl}{t}V_{y}+\dfrac{e_{15}f_{y}}{EI_{xx}}\dfrac{t^{2}bl}{6}+\dfrac{\nu\mu_{111}f_{y}}{4EI_{xx}}bl^{2}\\
C_{\mathrm{p}}=\dfrac{\partial Q_{\mathrm{e}}}{\partial V_{y}}=\left[a_{11}+\dfrac{2\left(1+\nu\right)e_{15}^{2}}{E}\right]\dfrac{bl}{t}\\
V_{\max,\mathrm{NF}}=\dfrac{Q_{\mathrm{e}}+Q_{\mathrm{f}}}{C_{\mathrm{p}}}=\dfrac{e_{15}f_{y}t^{3}}{6\left[a_{11}E+2\left(1+\nu\right)e_{15}^{2}\right]I_{xx}}+\dfrac{\nu\mu_{111}f_{y}lt}{4\left[a_{11}E+2\left(1+\nu\right)e_{15}^{2}\right]I_{xx}}
\end{cases}
\tag{6.87}
$$

由压电效应和挠曲电效应引起的静态最大输出电压可通过式 (6.87) 计算获得，实验上已经获得了压电材料的材料参数，然而材料的挠曲电系数并未完全通过实验测量。

高介电常数材料通常具有较大的挠曲耦合系数，实验测量 $BaTiO_3$ 块体材料的挠曲电系数范围为 $\left[5\mu C\cdot m^{-1}, 50\mu C\cdot m^{-1}\right]$，同样 PMN-Pt 材料的挠曲电系数来源于宏观块体材料的实验结果，而 ZnO 纳米线的挠曲电系数来源于原子尺度的计算结果。第一性原理和分子动力学理论计算结果表明 ZnO 材料的挠曲电系数在 10^9 量级。材料参数如表 6.1 所示。

表 6.1 材料参数

材料参数	$BaTiO_3$(BT)	ZnO	0.70PMN-0.30PT(PMN-Pt)
$c_{11}/(10^9\mathrm{N\cdot m^{-2}})$	222	209.7	160.4
$c_{12}/(10^9\mathrm{N\cdot m^{-2}})$	108	121.1	149.6
$c_{13}/(10^9\mathrm{N\cdot m^{-2}})$	111	105.1	75.1
$c_{33}/(10^9\mathrm{N\cdot m^{-2}})$	151	210.9	120
$c_{44}/(10^9\mathrm{N\cdot m^{-2}})$	61	42.47	53.8
$c_{66}/(10^9\mathrm{N\cdot m^{-2}})$	134	44.29	28.7
a_{11}/ε_0	4400	7.7	4963
$e_{15}/(\mathrm{C\cdot m^{-2}})$	34.2	−0.45	31.84
$\mu_{111}/(\mu\mathrm{C\cdot m^{-1}})$	0.5	−0.005	5
$\rho/(\mathrm{kg\cdot m^{-3}})$	6012	5606	8093
R/Ω	$>10^{11}$	3.5×10^8	$>10^{11}$

注：$\varepsilon_0=8.854\times10^{-12}\mathrm{F\cdot m^{-1}}$ 为真空的极化率。

图 6.17 为弯曲 $BaTiO_3$ 纳米线中最大电势差随半径和加载力的变化，图 6.17(a) 为考虑压电效应的理论计算结果，图 6.17(b)~(d) 为同时考虑压电效应和挠曲电效应的理论计算最大电势差的分布。从图 6.17 可以直观地得到 $BaTiO_3$ 纳米线中最大电势差随纳米线长度的增加而增大，也可以从式 (6.81) 得到相同结论。这是由于在相同的加载力作用下，纳米线长度越大则弯曲程度越大，因此纳米线中的应变梯度也越大，从而导致挠曲电效应的影响更加显著。同样地，图 6.18

和图 6.19 分别为 ZnO 纳米线和 PMN-Pt 纳米膜的最大电势差的变化。可以看出，考虑挠曲电效应后最大电势差比考虑压电效应的理论计算的结果大，而且最大电势差随着纳米线半径或纳米膜长度的增加而增大。由于纳米线半径或纳米膜厚度不能无限小，当纳米膜厚度继续减小到 50nm 以下时，表面效应的影响将开始变得显著。另外，当纳米线半径小于 10nm 或纳米膜厚度小于 10nm 时，基于连续介质假设的力电耦合理论是否适用还有待验证。与 6.2.1 小节和 6.2.2 小节的结果相比，本小节计算压电和挠曲电俘能器最大输出电压的结果相对简便，更便于理解和设计压电和挠曲电俘能器，但是需要仔细考虑实际中力学极限情况的限制，如加载力不能过大，当加载力产生的最大应力超过材料的强度极限后器件将发生损坏而失去功能。悬臂梁俘能器的最大输出电压严格受强度的限制，即最大变形不能超过材料的破坏极限。

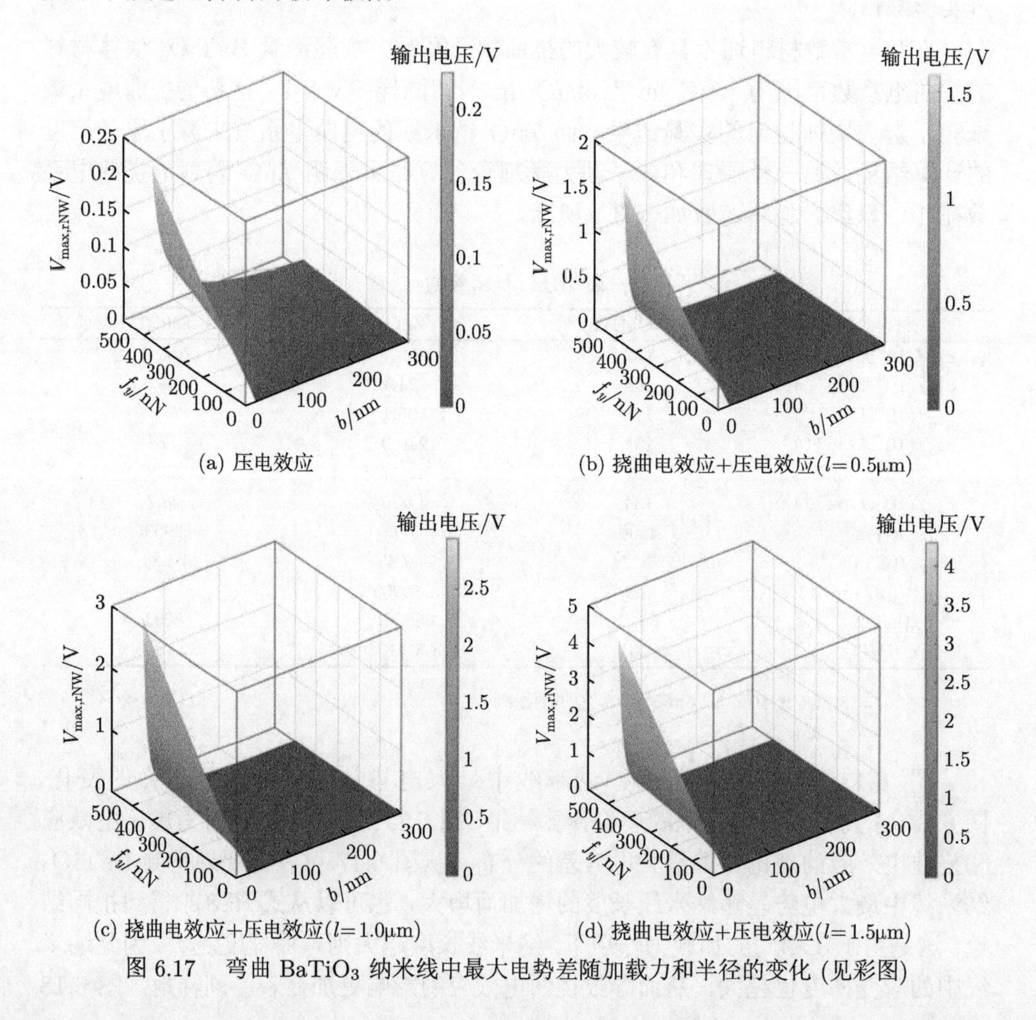

(a) 压电效应　(b) 挠曲电效应+压电效应(l= 0.5μm)

(c) 挠曲电效应+压电效应(l= 1.0μm)　(d) 挠曲电效应+压电效应(l= 1.5μm)

图 6.17　弯曲 $BaTiO_3$ 纳米线中最大电势差随加载力和半径的变化 (见彩图)

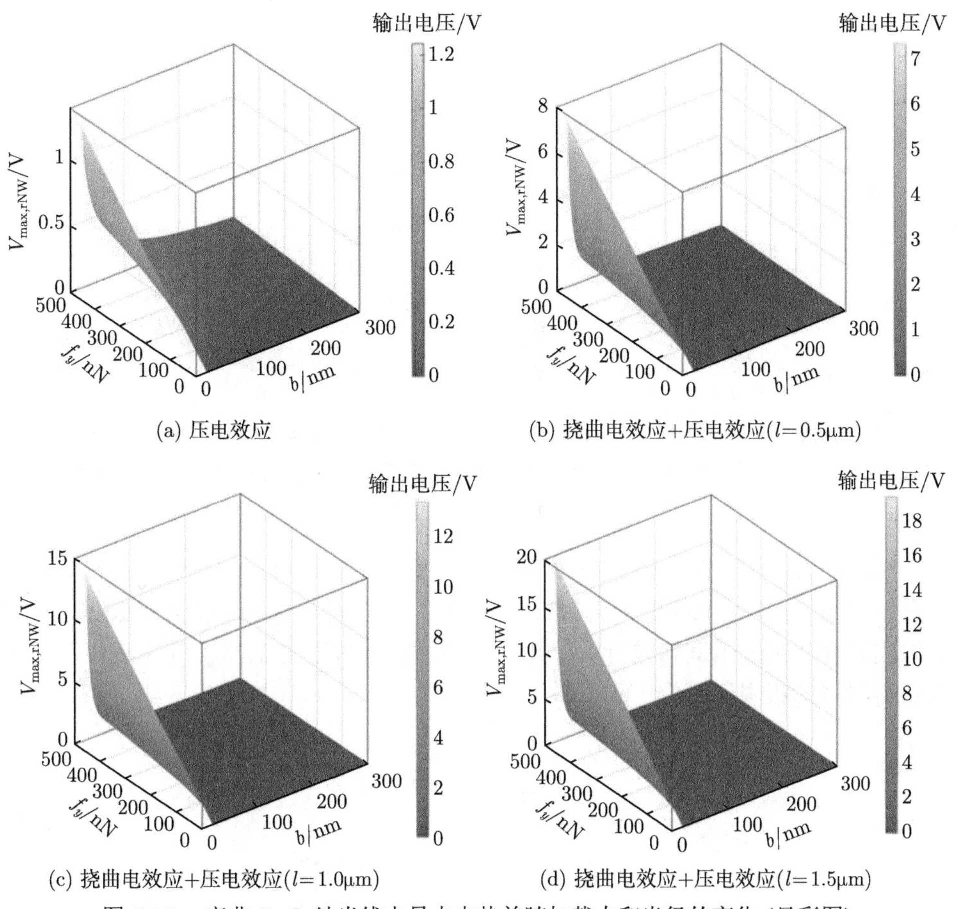

(a) 压电效应　　　　　(b) 挠曲电效应+压电效应(l=0.5μm)

(c) 挠曲电效应+压电效应(l=1.0μm)　　　　　(d) 挠曲电效应+压电效应(l=1.5μm)

图 6.18　弯曲 ZnO 纳米线中最大电势差随加载力和半径的变化 (见彩图)

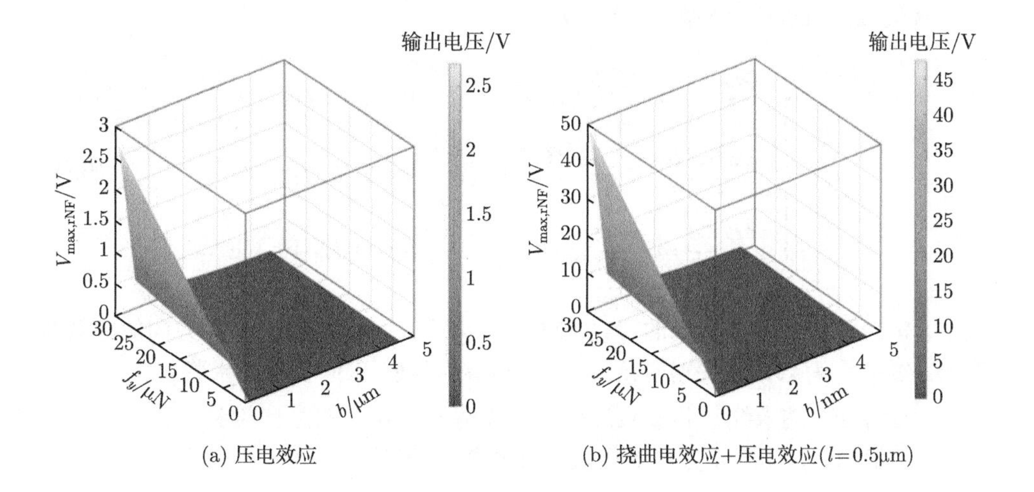

(a) 压电效应　　　　　(b) 挠曲电效应+压电效应(l=0.5μm)

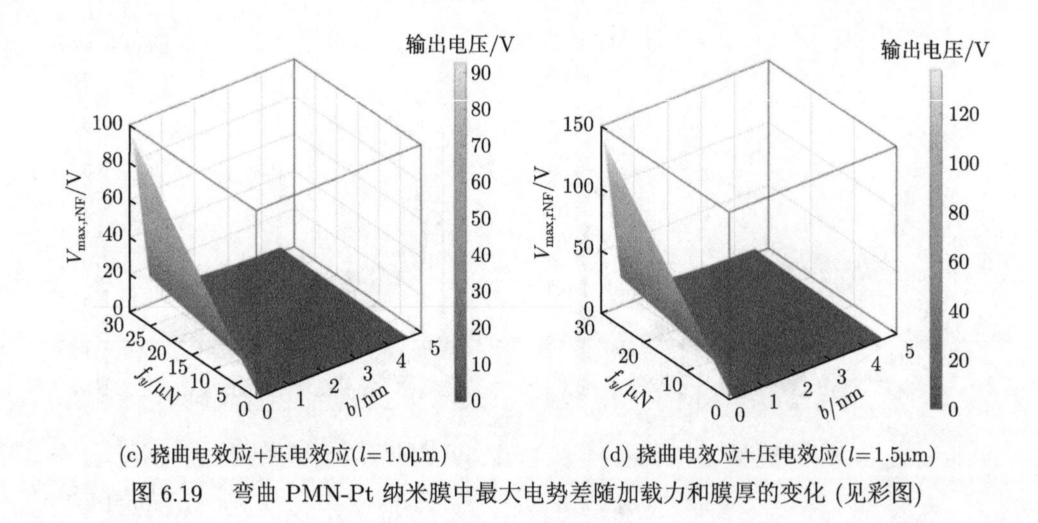

(c) 挠曲电效应+压电效应(l= 1.0μm) (d) 挠曲电效应+压电效应(l= 1.5μm)

图 6.19 弯曲 PMN-Pt 纳米膜中最大电势差随加载力和膜厚的变化 (见彩图)

$BaTiO_3$、ZnO 和 PMN-Pt 均为典型的脆性无机材料，没有明显的塑性变形阶段，其中 ZnO 纳米线的最大弹性应变为 7.7%。假设纳米俘能器在破坏之前均可以用弹性变形表示其弯曲行为，其最大弹性应变极限为 7.7%，在上述情况下可以获得材料的极限应变为

$$\varepsilon_{\max}=\begin{cases}\dfrac{3}{2}\dfrac{b}{l^2}s & \text{for BT NW}\\ \dfrac{3\sqrt{3}}{2}\dfrac{b}{l^2}s & \text{for ZnO NW}\end{cases} \tag{6.88}$$

式中，s 为纳米悬臂梁的尖端挠度；NW 表示纳米线。

极限应力可以通过极限应变计算为

$$\sigma_{\max}=\begin{cases}\dfrac{3E}{2}\dfrac{b}{l}\dfrac{s}{l}=\dfrac{3E}{2}\dfrac{b}{l}\tan\theta & \text{for BT NW}\\ \dfrac{3\sqrt{3}E}{2}\dfrac{b}{l}\dfrac{s}{l}=\dfrac{3\sqrt{3}E}{2}\dfrac{b}{l}\tan\theta & \text{for ZnO NW}\\ \dfrac{3E}{2}\dfrac{t}{l}\dfrac{s}{l}=\dfrac{3Et}{2l}\tan\theta & \text{for PMN-Pt NF}\end{cases} \tag{6.89}$$

式中，b 为 $BaTiO_3$ 纳米线的 y 方向宽度，对于 ZnO 纳米线其 y 方向的等效宽度为 $\sqrt{3}b$；θ 为悬臂梁尖端转角；NW 表示纳米线；NF 表示纳米膜。

对于 ZnO 纳米线，其极限应变为 7%情况下对应的悬臂梁尖端转角大约为 30°，从而可以获得其 y 方向的极限宽度和临界载荷为

$$\begin{cases} b_{\text{critical}} = \dfrac{2l\varepsilon_{\max}}{3\tan 30^\circ} = \dfrac{2l\varepsilon_{\text{fracture}}}{3\tan 30^\circ} & \text{for BT NW} \\ b_{\text{critical}} = \dfrac{2l\varepsilon_{\max}}{3\sqrt{3}\tan 30^\circ} = \dfrac{2l\varepsilon_{\text{fracture}}}{3\sqrt{3}\tan 30^\circ} & \text{for ZnO NW} \\ t_{\text{critical}} = \dfrac{2l\varepsilon_{\max}}{3\tan 30^\circ} = \dfrac{2l\varepsilon_{\text{fracture}}}{3\tan 30^\circ} & \text{for PMN-Pt NF} \\ f_{y,\text{critical}} = \dfrac{3EI_{xx}s}{l^3} = \dfrac{3EI\tan 30^\circ}{l^2} & \end{cases} \tag{6.90}$$

基于上述力学限制，可以计算出纳米悬臂梁俘能器最大电势差。由于尚未有实验测量 $BaTiO_3$ 纳米线和 PMN-Pt 纳米膜的极限应变，这里假设 $BaTiO_3$ 纳米线和 PMN-Pt 纳米膜具有和 ZnO 纳米线相同的极限应变，从而可以计算纳米俘能器的最大输出电压，一旦实验上获得了 $BaTiO_3$ 纳米线和 PMN-Pt 纳米膜的极限弹性应变，可以代入公式修正计算出更接近真实的电压值。

图 6.20 和图 6.21 给出了力学极限弹性应变下，$BaTiO_3$ 和 ZnO 纳米俘能器的最大输出电压。从图 6.20 和图 6.21 可以看出，最大电压随纳米线的厚度增大而增大，随纳米线的长度增大而减小，即最大输出电压随悬臂梁的细长比变化，存在最优细长比使纳米俘能器具有最大的输出电压。定量地，对于厚度为 200nm、长为 3μm 的纳米线，考虑压电效应的理论计算的最大电压为 0.202 V，而同时考虑压电效应和挠曲电效应的理论计算的最大电压为 0.277 V。挠曲电效应使最大电压提高了 37.1%，实验测得 ZnO 纳米线的最大输出电压为 0.268 V，远大于考虑压电效应的理论的预测结果。Majdoub 等 [38-41] 基于简单欧拉–伯努利梁理论计算了纳米挠曲电俘能器的等效力电耦合系数，其计算结果表明，当 $BaTiO_3$ 悬臂梁的厚度为 5nm 时，有效力电转换效率相对于块体 $BaTiO_3$ 材料提高了 500%，PZT 纳米悬臂梁在梁厚度为 21nm 左右时，有效力电转换效率接近 100%。上述结果均表明，挠曲电效应在纳米俘能器方面潜在的应用价值，有望为微纳米机电系统、无线网络传感器及自供电电子器件的开发提供新的途径。

真实的俘能器通常工作在振动环境中，典型的压电俘能器用随基底振动的力学模型描述。考虑基底的振动加速度为 $a(t)$，上述加速度利用达朗贝尔原理等效为惯性力 $f_y = m^* a(t)$，其中 m^* 为悬臂梁的有效振动质量。

利用如下单自由度系统描述俘能器的振动运动：

$$m^* \ddot{y}(t) + D\dot{y}(t) + Ky(t) = m^* a(t) \tag{6.91}$$

式中，K 为系统的抗弯弹性系数，$K = 3EI_{xx}/l^3$；D 为黏性阻尼系数，$D = 2m^*\zeta\omega_n$，$\omega_n = \sqrt{K/m^*}$ 为悬臂梁的固有振动频率，ζ 为阻尼比。注意，式 (6.91) 给出的是

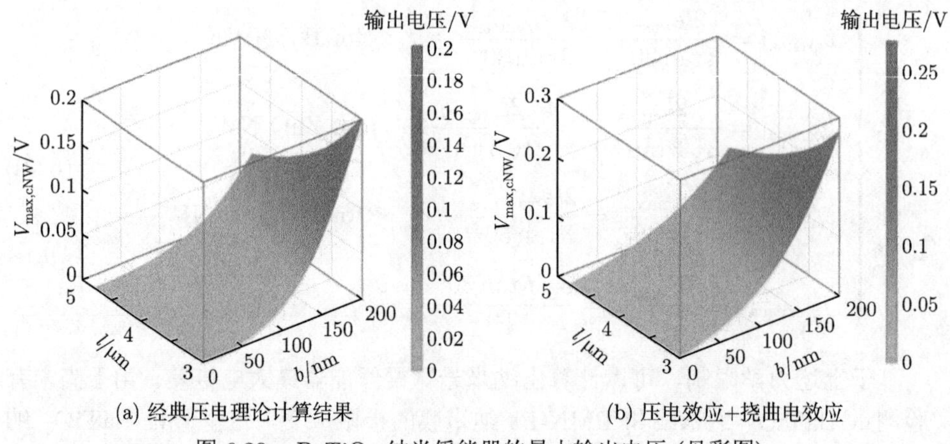

(a) 经典压电理论计算结果　　　　(b) 压电效应+挠曲电效应

图 6.20　$BaTiO_3$ 纳米俘能器的最大输出电压 (见彩图)

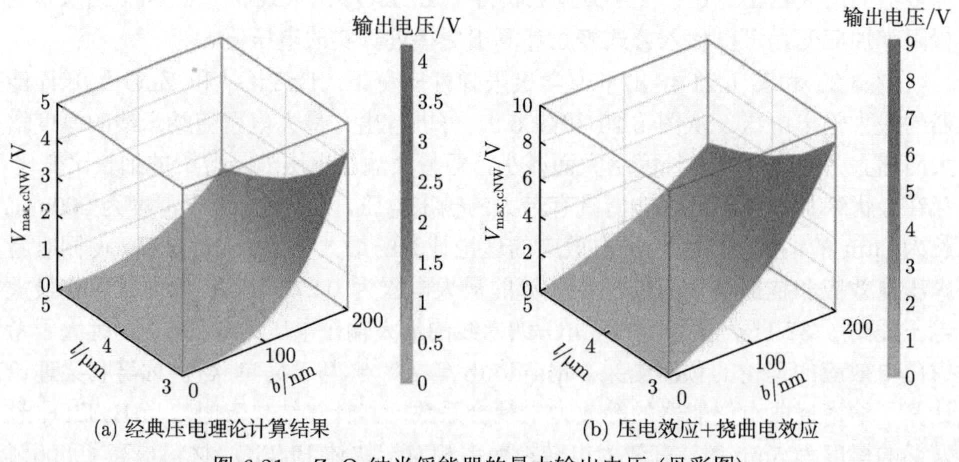

(a) 经典压电理论计算结果　　　　(b) 压电效应+挠曲电效应

图 6.21　ZnO 纳米俘能器的最大输出电压 (见彩图)

一种非耦合的分析方法，悬臂梁的最大振动幅值与外部电学阻抗无关。利用拉普拉斯变换，式 (6.91) 可以表示为

$$m^* s^2 Y + DsY + KY = m^* a\left(s\right) \tag{6.92}$$

式中，$s = \mathrm{j}\omega$ 为拉普拉斯空间的变量。

自由端的挠度可以表示为

$$Y\left(s\right) = \frac{a\left(s\right)}{s^2 + 2\zeta\omega_n S + \omega_n^2} \tag{6.93}$$

从而振动产生的总电荷为

$$Q(s) = (K_{\mathrm{p}} + K_{\mathrm{f}}) \frac{a(s)}{s^2 + 2\zeta\omega_n s + \omega_n^2} \tag{6.94}$$

式中，$K_{\mathrm{p}} + K_{\mathrm{f}}$ 为单位长度产生的电荷量，C/m；K_{p} 为压电电荷 Q_{p} 除以由加载力引起的最大弯曲挠度 $y_{\max}$；K_{f} 为挠曲电电荷 Q_{f} 除以由加载力引起的最大弯曲挠度 $y_{\max}$。通常情况下纳米俘能器可以视为电荷源，其具有等效电容 C_{p} 和漏电电阻 R 虑外电路复阻抗为 $Z_{\mathrm{L}} = 1/(\omega C_{\mathrm{p}})$，开路情况下电学控制方程为

$$i(t) = i_R(t) + i_C(t) = \frac{V_{\mathrm{open}}(t)}{R} + C_{\mathrm{p}} \frac{\mathrm{d}V_{\mathrm{open}}(t)}{\mathrm{d}t} \tag{6.95}$$

电流可通过总电荷计算获得 $\mathrm{d}Q(t)/\mathrm{d}t = i(t)$，因此拉普拉斯空间纳米俘能器的开路电压为

$$V(s) = \frac{m^* a}{K C_{\mathrm{p}}} (K_{\mathrm{p}} + K_{\mathrm{f}}) \frac{\omega_n^2}{\omega_n^2 + 2\zeta\omega_n s + s^2} \frac{\tau s}{\tau s + 1} \tag{6.96}$$

式中，τ 为时间常数，$\tau = C_{\mathrm{p}} R$，是纳米俘能器充放电的周期，通常远小于结构的振动周期。通过拉普拉斯逆变换可以获得纳米俘能器的开路电压为

$$\begin{cases} V_{\mathrm{rNW}} = \dfrac{m^* a}{3I_{xx}\left[Ea_{11} + 2(1+\nu)e_{15}^2\right]} \left[\dfrac{(1+\nu)e_{15}b^3}{2} + \dfrac{3\nu\mu_{111}bl}{4}\right] \\ \qquad \times \dfrac{\omega_n^2}{\omega_n^2 + 2\zeta\omega_n s + s^2} \dfrac{\tau s}{\tau s + 1} \\ V_{\mathrm{cNW}} = \dfrac{4ma^*}{3I_{xx}\left[Ea_{11} + 2(1+\nu)e_{15}^2\right]} \left[\dfrac{9\sqrt{3}(1+\nu)e_{15}b^3}{64} + \dfrac{3\sqrt{3}\nu\mu_{111}bl}{16}\right] \\ \qquad \times \dfrac{\omega_n^2}{\omega_n^2 + 2\zeta\omega_n s + s^2} \dfrac{\tau s}{\tau s + 1} \\ V_{\mathrm{NF}} = \dfrac{m^* a}{3\left[Ea_{11} + 2(1+\nu)e_{15}^2\right] I_{xx}} \left(\dfrac{e_{15}t^3}{2} + \dfrac{3\nu\mu_{111}lt}{4}\right) \\ \qquad \times \dfrac{\omega_n^2}{\omega_n^2 + 2\zeta\omega_n s + s^2} \dfrac{\tau s}{\tau s + 1} \end{cases} \tag{6.97}$$

为了描述纳米俘能器的共振响应特性，基地振动加速度为 $10^7\mathrm{m \cdot s^{-2}}$，对于长度为 5μm、直径为 50nm ZnOn 纳米线的等效纵向力为 0.19 N，远小于临界力。对于长度为 5μm、宽度为 1μm 及厚度为 50nm 的 PMN-Pt 纳米膜，其等效纵向力为 2.7 N。考虑外接电路时，其外电路阻抗 $Z_{\mathrm{L}} = 1/(\omega C_{\mathrm{p}})$，从而纳米俘能器的输出电压为

$$\left\{\begin{aligned}V_{Z,\mathrm{rNW}}=&\frac{m^{*}a}{3I_{xx}\left[Ea_{11}+2(1+\nu)e_{15}^{2}\right]}\left[\frac{(1+\nu)e_{15}b^{3}}{2}+\frac{3\nu\mu_{111}bl}{4}\right]\\&\times\frac{\omega_{n}^{2}}{\omega_{n}^{2}+2\zeta\omega_{n}s+s^{2}}\frac{\tau s}{\omega\tau+\tau s+1}\\V_{Z,\mathrm{cNW}}=&\frac{4ma^{*}}{3I_{xx}\left[Ea_{11}+2\left(1+\nu\right)e_{15}^{2}\right]}\left[\frac{9\sqrt{3}(1+\nu)e_{15}b^{3}}{64}+\frac{3\sqrt{3}\nu\mu_{111}bl}{16}\right]\\&\times\frac{\omega_{n}^{2}}{\omega_{n}^{2}+2\zeta\omega_{n}s+s^{2}}\frac{\tau s}{\omega\tau+\tau s+1}\\V_{Z,\mathrm{NF}}=&\frac{m^{*}a}{3\left[Ea_{11}+2\left(1+\nu\right)e_{15}^{2}\right]I_{xx}}\left(\frac{e_{15}t^{3}}{2}+\frac{3\nu\mu_{111}lt}{4}\right)\\&\times\frac{\omega_{n}^{2}}{\omega_{n}^{2}+2\zeta\omega_{n}s+s^{2}}\frac{\tau s}{\omega\tau+\tau s+1}\end{aligned}\right. \tag{6.98}$$

输出功率可通过 $P=V_Z^2/Z$ 计算：

$$\left\{\begin{aligned}P_{Z,\mathrm{rNW}}=&\frac{m^{*2}a^{2}l}{9I_{xx}^{2}E\left[Ea_{11}+2(1+\nu)e_{15}^{2}\right]}\left[\frac{(1+\nu)e_{15}b^{3}}{2}+\frac{3\nu\mu_{111}bl}{4}\right]^{2}\\&\times\frac{\omega_{n}^{4}}{\left(\omega_{n}^{2}+2\zeta\omega_{n}s+s^{2}\right)^{2}}\frac{\omega\tau^{2}s^{2}}{\left(\omega\tau+\tau s+1\right)^{2}}\\P_{Z,\mathrm{cNW}}=&\frac{16m^{*2}a^{2}}{9I_{xx}^{2}E\left[Ea_{11}+2\left(1+\nu\right)e_{15}^{2}\right]}\left[\frac{9\sqrt{3}(1+\nu)e_{15}b^{3}}{64}+\frac{3\sqrt{3}\nu\mu_{111}bl}{16}\right]^{2}\\&\times\frac{\omega_{n}^{4}}{\left(\omega_{n}^{2}+2\zeta\omega_{n}s+s^{2}\right)^{2}}\frac{\omega\tau^{2}s^{2}}{\left(\omega\tau+\tau s+1\right)^{2}}\\P_{Z,\mathrm{NF}}=&\frac{m^{*2}a^{2}}{9E\left[Ea_{11}+2\left(1+\nu\right)e_{15}^{2}\right]I_{xx}^{2}}\left(\frac{e_{15}t^{3}}{2}+\frac{3\nu\mu_{111}lt}{4}\right)^{2}\\&\times\frac{\omega_{n}^{4}}{\left(\omega_{n}^{2}+2\zeta\omega_{n}s+s^{2}\right)^{2}}\frac{\omega\tau^{2}s^{2}}{\left(\omega\tau+\tau s+1\right)^{2}}\end{aligned}\right. \tag{6.99}$$

图 6.22 为纳米俘能器的开路电压随加载频率的变化，从图 6.22(a) 中可以看出阻尼比对开路电压具有明显的影响。特别地，$BaTiO_3$ 纳米线在共振频率 (加载频率出现峰值处) 为 9.4Hz 的最大开路电压为 0.2mV，而 PMN-Pt 纳米膜在共振频率 6.1MHz 时最大开路电压为 1mV。图 6.22(b) 同时给出了经典压电理论计算的最大开路电压和本节理论计算的最大开路电压，可以看出挠曲电效应能够显著提高纳米俘能器的最大开路输出电压。

图 6.23 为电路阻抗为 $Z_{\mathrm{L}}=1/(\omega C_{\mathrm{p}})$ 时，纳米俘能器的输出电压和输出功率随频率的变化。从图中可以看出，PMN-Pt 纳米膜具有最低的共振频率和最大的开路电压，而 $BaTiO_3$ 纳米线的共振频率最高，输出电压也最小。同时， 图 6.23

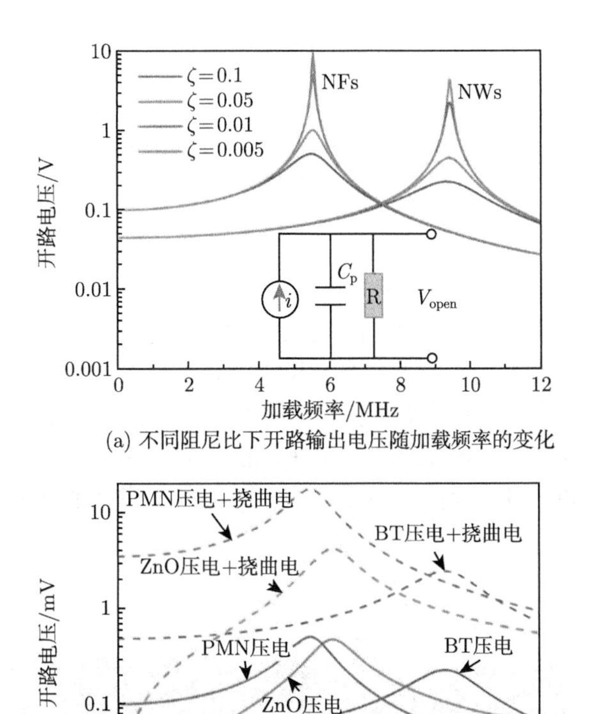

(a) 不同阻尼比下开路输出电压随加载频率的变化

(b) 阻尼比ζ=0.1时开路电压随加载频率的变化

图 6.22　纳米俘能器开路电压随加载频率的变化 (见彩图)

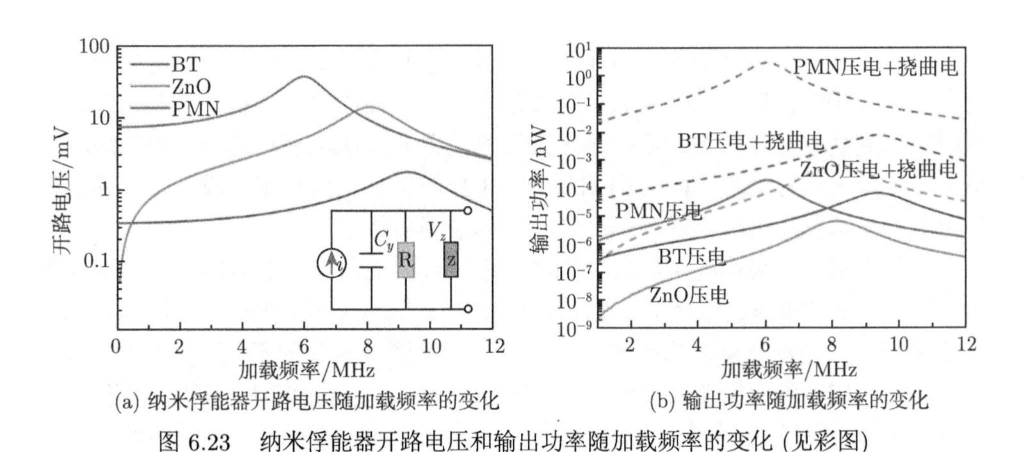

(a) 纳米俘能器开路电压随加载频率的变化　　(b) 输出功率随加载频率的变化

图 6.23　纳米俘能器开路电压和输出功率随加载频率的变化 (见彩图)

还表明挠曲电效应极大提高了纳米俘能器的力电转换效率，考虑挠曲电效应时纳米俘能器的功率远大于经典压电理论的计算结果。

6.3 挠曲电声波器件

6.3.1 声波器件简介

声波器件可以分为体声波器件和表面声波器件，体声波器件是利用体声波传播和处理信号，而表面声波器件是利用表面声波传播和处理信号[42]。1965 年，White 和 Voltmer[43] 提出了叉指换能器的表面声波器件，用于激励和接受表面声波信号，叉指换能器的出现极大促进了表面声波器件的研究和应用。表面声波器件的基本结构如图 6.24 所示，由压电基片、输入叉指换能器和输出叉指换能器组成。

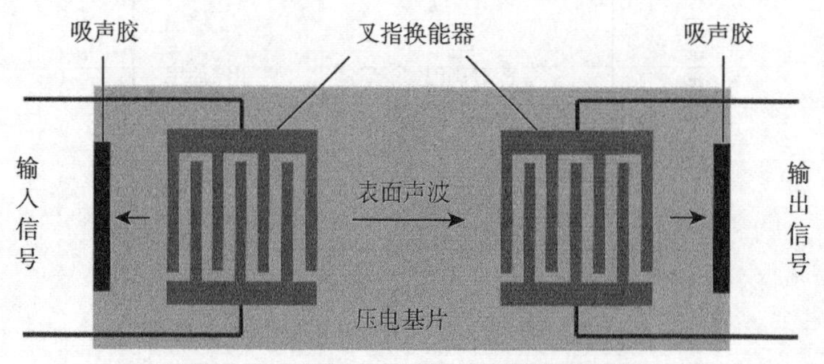

图 6.24 表面声波器件基本结构示意图

当输入电信号时，输入叉指换能器通过压电基片的逆压电效应将电信号转换为声信号 (即产生表面声波)，表面声波沿着基片表面垂直于电极的方向传播，一段时间后到达输出叉指换能器；输出叉指换能器通过压电基片的正压电效应将声信号转换为电信号 (即产生电压) 并输出，电压幅值和相位积累形成了叉指换能器的电学响应，从而可以实现传感、延时和滤波等功能。

叉指电极通常采用光刻制造技术在压电基片表面沉积的金属薄膜上刻蚀出指状图案。叉指换能器制作简单、设计灵活、声电转换效率高，因此被表面声波器件普遍采用。表面声波器件的种类十分丰富，根据测量对象的不同可分为物理 (应力、应变、压力、加速度、温度、流量等) 传感器、化学 (气体、湿度等) 传感器和生物 (酶) 传感器三大类。图 6.25 为 Rayleigh 波传感器和 Love 波传感器。

表征表面声波器件的主要参数包括工作频率、机电耦合系数、灵敏度、品质因子、插入损耗和频率温度系数。一般而言，要求表面声波器件使用的压电材料具有较大的相速度，尽可能高的机电耦合系数，较小的传播损耗以及较小的温度系数。此外，压电材料的表面粗糙度要尽可能小，使得重复性好，成本低。

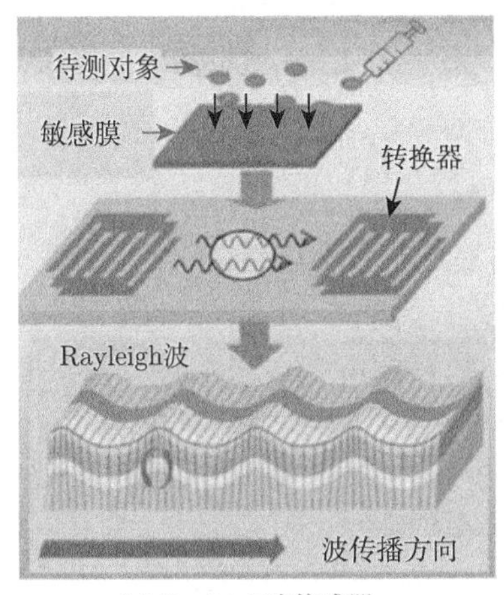

(a) Rayleigh波传感器

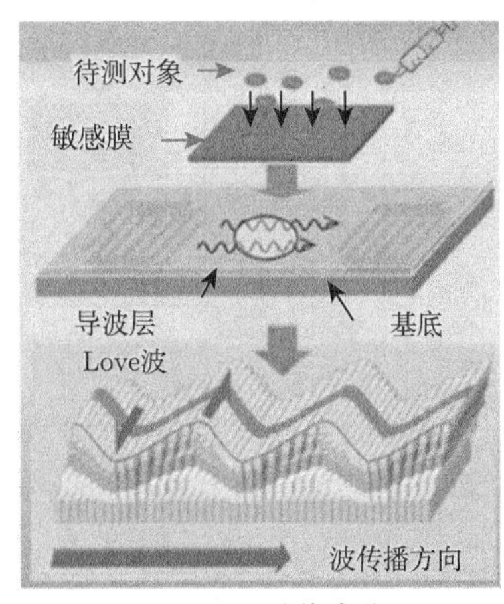

(b) Love波传感器

图 6.25 表面声波传感器示意图

6.3.2 挠曲电表面声波器件性能

随着科学技术的高速发展，对高频及超高频 (3~30 GHz) 表面声波器件的需求与日俱增，上千兆赫兹的高频表面声波器件成为军事和民用领域的迫切需求，更高的频率意味着更快的数据传输速度[44] 和更高的灵敏度[45]。2006 年，Yamanouchi 等[46] 报道了中心频率在 5~10GHz 的表面声波谐振器和低损耗、宽带、零频率温度系数的表面声波滤波器。2011 年，Chen 等 [47] 使用纳米压印光刻技术制备了中心频率在 4.3~8.6GHz 的表面声波滤波器。2012 年，Büyükköse 等 [48] 使用步进纳米压印光刻技术在 ZnO(230nm)/SiO_2(100nm)/Si 基地上制造了高达 16.1GHz 的超高频表面声波器件。2015 年，Chen 等 [44] 报道了谐振频率在 4~12GHz 超高频率范围内的高性能铌酸锂表面声波器件。当表面声波的频率达到千兆赫兹或者更高量级时，表面声波的波长将达到微纳米甚至更小，材料的非连续本质将逐渐影响表面声波的传播，以经典连续介质理论为基础的声波器件设计将面临缺乏材料特征长度的问题而无法准确描述声波的传播特性。在微纳米尺寸，应变梯度较大将引起明显的挠曲电效应，挠曲电效应对表面声波的传播行为会产生影响。

从图 6.26 可以看出，当考虑挠曲电效应后，在波数较小时考虑挠曲电效应和应变梯度效应的机电耦合系数大于经典压电理论的结果，挠曲电效应和应变梯度能够提高器件的机电耦合系数，从而提高表面声波器件的性能。结果说明，在频率高、波长短的弹性波传播时，挠曲电效应的影响不可忽略。

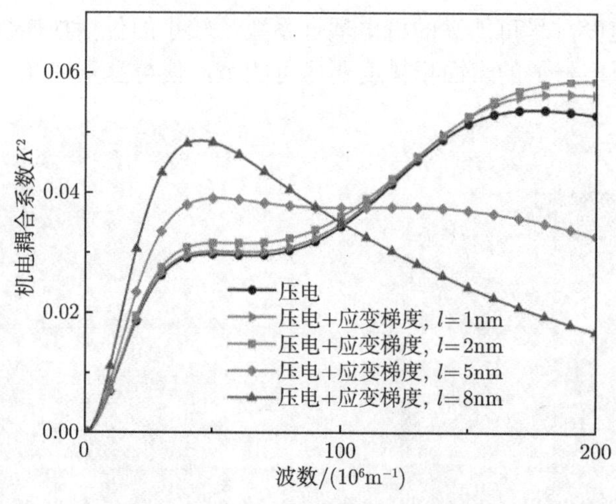

图 6.26 机电耦合系数随波数的变化

6.4 本章小结

挠曲电效应能够将力学量信号转换为电学量信号，在传感器方面具有潜在的应用前景；此外，挠曲电效应在将电学量信号转换为力学量信号同时，在制动器方面也有广阔的应用前景。本章通过挠曲电测速传感器、挠曲电俘能器和挠曲电表面声波器件，建立了挠曲电器件的力电耦合理论模型，预测了挠曲电器件的性能，并部分通过实验验证了理论结果。本章内容为进一步完善挠曲电器件设计提供了原型，也为挠曲电器件性能分析提供了基础。

参考文献

[1] PETROV A G. Electricity and mechanics of biomembrane systems: Flexoelectricity in living membranes[J]. Analytica Chimica Acta, 2006, 568(1-2): 70-83.

[2] KRICHEN S, SHARMA P. Flexoelectricity: A perspective on an unusual electromechanical coupling[J]. Journal of Applied Mechanics, 2016, 83: 030801.

[3] MERUPO V I, GUIFFARD B, SEVENO R, et al. Flexoelectric response in soft polyurethane films and their use for large curvature sensing[J]. Journal of Applied Physics, 2017, 122: 144101.

[4] YAN X, HUANG W, RYUNG K S, et al. A sensor for the direct measurement of curvature based on flexoelectricity[J]. Smart Materials and Structures, 2013, 22: 085016.

[5] KWON S R, HUANG W B, ZHANG S J, et al. Flexoelectric sensing using a multilayered barium strontium titanate structure[J]. Smart Materials and Structures, 2013, 22: 115017.

[6] JIANG D D, FENG Y J, DU J M, et al. Shock-wave-and hydrostatic-pressure-induced depolarization of Pb (Zr, Sn, Ti) O_3 for pulse power applications[J]. High Pressure Research, 2011, 31(3): 436-444.

[7] 王金贵. 气体炮原理及技术[M]. 北京：国防工业出版社, 2001.

[8] HAWKE R S, SUSOEFF A R. GREENWOOD D W. Design considerations for a passive magnetic induction signal generator for sensing hypervelocity projectile passage[J]. IEEE Transactions on Magnetics, 1995, 31(1): 725-728.

[9] 李躜. 测控技术在超高速撞击实验中的研究与应用[D]. 哈尔滨：哈尔滨工业大学, 2007.

[10] 王翔, 王为, 傅秋卫. 用于一级轻气炮的弹速激光测量系统[J]. 高压物理学报, 2003, 17(1): 75-80.

[11] JUSTISS J, LEVINSON S, RUSSEL R. Microwave Doppler measurements of projectile velocity in a single-stage GAS gun[R]. Institute for Advanced Technology, The University of Texas at Austin, 2004.

[12] LU H D, BARK C W, O JOS D E D L, et al. Mechanical writing of ferroelectric polarization[J]. Science, 2012, 336(6077): 59-61.

[13] LIN Y F, SONG J, YONG D, et al. Piezoelectric nanogenerator using CdS nanowires[J]. Applied Physics Letters, 2008, 92: 022105.

[14] WANG X D, SONG J H, LIU J, et al. Direct-current nanogenerator driven by ultrasonic waves[J]. Science, 2007, 316(5821): 102-105.

[15] WANG Z L, SONG J. Piezoelectric nanogenerators based on zinc oxide nanowire arrays[J]. Science, 2006, 312(5771): 242-246.

[16] GAO Y, WANG Z L. Electrostatic potential in a bent piezoelectric nanowire. The fundamental theory of nanogenerator and nanopiezotronics[J]. Nano Letters, 2007, 7(8): 2499-2505.

[17] SHAO Z Z, WEN L Y, WU D M, et al. A continuum model of piezoelectric potential generated in a bent ZnO nanorod[J]. Journal of Physics D: Applied Physics, 2010, 43: 245403.

[18] MOMENI K, ODEGARD G, YASSAR R. Nanocomposite electrical generator based on piezoelectric zinc oxide nanowires[J]. Journal of Applied Physics, 2010, 108: 114303.

[19] SPANIER J E, KOLPAK A M, URBAN J J, et al. Ferroelectric phase transition in individual single-crystalline $BaTiO_3$ nanowires[J]. Nano Letters, 2006, 6(4): 735-739.

[20] HONG J W, FANG D N. Size-dependent ferroelectric behaviors of $BaTiO_3$ nanowires[J]. Applied Physics Letters, 2008, 92: 012906.

[21] HONG J W, FANG D N. Systematic study of the ferroelectric properties of $Pb(Zr_{0.5}Ti_{0.5})O_3$ nanowires[J]. Journal of Applied Physics, 2008, 104: 064118.

[22] ZHANG Y H, HONG J W, LIU B, et al. Molecular dynamics investigations on the size-dependent ferroelectric behavior of $BaTiO_3$ nanowires[J]. Nanotechnology, 2009, 20(40): 405703.

[23] SOUTAS-LITTLE R W. Elasticity[M]. Mineola: Dover Publications, 1999.

[24] LIU C C, HU S L, SHEN S P. Effect of flexoelectricity on electrostatic potential in a bent piezoelectric nanowire[J]. Smart Materials and Structures, 2012, 21: 115024.

[25] QUANG H L, HE Q C. The number and types of all possible rotational symmetries for flexoelectric tensors[J]. Proceedings of the Royal Society A: Mathematical, Physical and Engineering Sciences, 2011, 467(2132): 2369-2386.

[26] SHU L L, WEI X Y, PANG T, et al. Symmetry of flexoelectric coefficients in crystalline medium[J]. Journal of Applied Physics, 2011, 110: 104106.

[27] HONG J W, CATALAN G, SCOTT J F, et al. The flexoelectricity of barium and strontium titanates from first principles[J]. Journal of Physics: Condensed Matter, 2010, 22: 112201.

[28] HONG J W, VANDERBILT D. First-principles theory of frozen-ion flexoelectricity[J]. Physical Review B, 2011, 84: 180101.

[29] HONG J W, VANDERBILT D. First-principles theory and calculation of flexoelectricity[J]. Physical Review B, 2013, 88: 174107.

[30] XU Y, HU S L, SHEN S P. Electrostatic potential in a bent flexoelectric semiconductive nanowire[J]. CMES-Computer Modeling in Engineering and Sciences, 2013, 91(5): 397-408.

[31] YUDIN P V, TAGANTSEV A K. Fundamentals of flexoelectricity in solids[J]. Nanotechnology, 2013, 24(43): 432001.

[32] TAGANTSEV A K, YUDIN P V. Flexoelectricity in Solids: From Theory to Applications[M]. Singapore: World Scientific Publishing Co. Pte. Ltd., 2016.

[33] LU J F, LIANG X, HU S L. Flexoelectricity in solid dielectrics: From theory to applications[J]. Computers Materials and Continua, 2015, 45(3): 145-162.

[34] WANG B, GU Y, ZHANG S, et al. Flexoelectricity in solids: Progress, challenges, and perspectives[J]. Progress in Materials Science, 2019, 106: 100570.

[35] LIANG X, HU S L, SHEN S P. Nanoscale mechanical energy harvesting using piezoelectricity and flexoelectricity[J]. Smart Materials and Structures, 2017, 26: 035050.

[36] AGRAWAL R, ESPINOSA H D. Giant piezoelectric size effects in zinc oxide and gallium nitride nanowires. A first principles investigation[J]. Nano Letters, 2011, 11(2): 786-790.

[37] SUN C L, SHI J, WANG X D. Fundamental study of mechanical energy harvesting using piezoelectric nanostructures[J]. Journal of Applied Physics, 2010, 108: 034309.

[38] MAJDOUB M S, SHARMA P, CAĞIN T. Enhanced size-dependent piezoelectricity and elasticity in nanostructures due to the flexoelectric effect[J]. Physical Review B, 2008, 77: 125424.

[39] MAJDOUB M S, SHARMA P, CAĞIN T. Erratum: Enhanced size-dependent piezoelectricity and elasticity in nanostructures due to the flexoelectric effect [Physical Review B 77, 125424 (2008)][J]. Physical Review B, 2009, 79: 119904.

[40] MAJDOUB M S, SHARMA P, CAĞIN T. Dramatic enhancement in energy harvesting for a narrow range of dimensions in piezoelectric nanostructures[J]. Physical Review B, 2008, 78: 121407.

[41] MAJDOUB M S, SHARMA P, CAĞIN T. Erratum: Dramatic enhancement in energy harvesting for a narrow range of dimensions in piezoelectric nanostructures [Physical Review B 78, 121407 (R)(2008)][J]. Physical Review B, 2009, 79: 159901.

[42] CAMPBELL C, BURGESS J C. Surface acoustic wave devices and their signal processing applications[J]. The Journal of the Acoustical Society of America, 1991, 89(3): 1479-1480.

[43] WHITE R M, VOLTMER F W. Direct piezoelectric coupling to surface elastic waves[J]. Applied Physics Letters, 1965, 7(12): 314-316.

[44] CHEN X, MOHAMMAD M A, JAMES C, et al. High performance lithium niobate surface acoustic wave transducers in the 4–12 GHz super high frequency range[J]. Journal of Vacuum Science and Technology B, Nanotechnology and Microelectronics: Materials, Processing, Measurement, and Phenomena, 2015, 33(6): 06F401.

[45] CAI H L, YANG Y, CHEN X, et al. A third-order mode high frequency biosensor with atomic resolution[J]. Biosensors and Bioelectronics, 2015, 71: 261-268.

[46] YAMANOUCHI K, SATOH Y, ISONO H, et al. 5—10 GHz SAW resonators and low loss wide band resonator filters using zero TCF high electromechanical coupling SAW substrates[J]. IEEE Ultrosonics Symposium, 2005, 4: 2170-2173.

[47] CHEN N H, HUANG J C, WANG C Y, et al. Fabrication of a GHz band surface acoustic wave filter by UV-nanoimprint with an HSQ stamp[J]. Journal of Micromechanics and Microengineering, 2011, 21(4): 045021.

[48] BÜYÜKKÖSE S, VRATZOV B, ATAÇ D, et al. Ultrahigh-frequency surface acoustic wave transducers on $ZnO/SiO_2/Si$ using nanoimprint lithography[J]. Nanotechnology, 2012, 23: 315303.

彩　　图

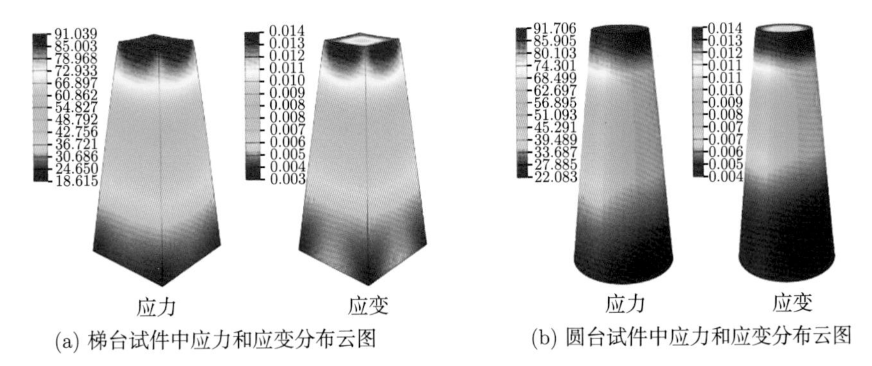

(a) 梯台试件中应力和应变分布云图　　(b) 圆台试件中应力和应变分布云图

图 4.2　梯台和圆台试件受单轴压缩力作用下应力和应变的分布云图

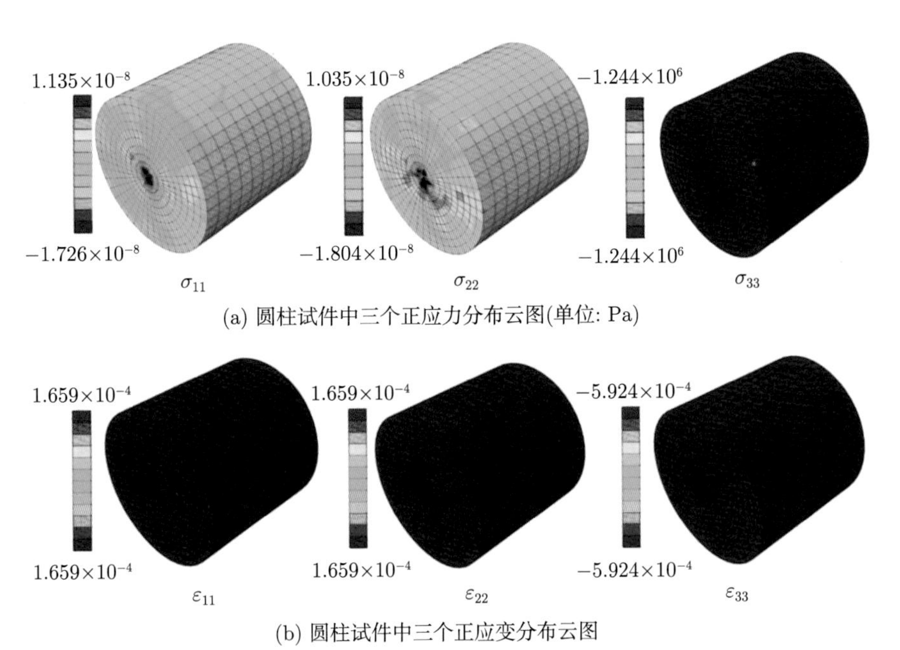

(a) 圆柱试件中三个正应力分布云图(单位: Pa)

(b) 圆柱试件中三个正应变分布云图

图 4.5　圆柱试件中三个正应力和三个正应变分布云图

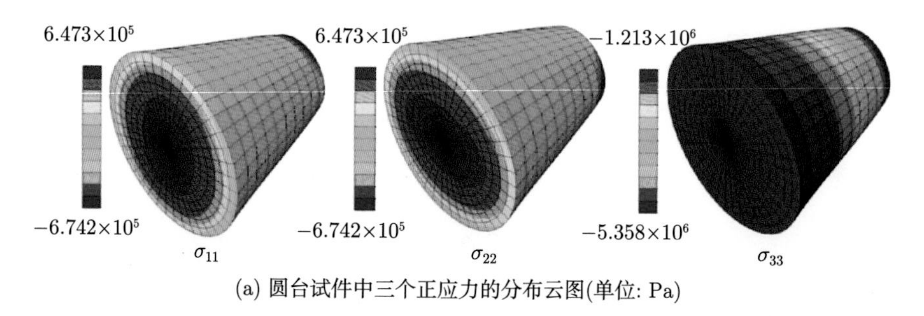

(a) 圆台试件中三个正应力的分布云图(单位: Pa)

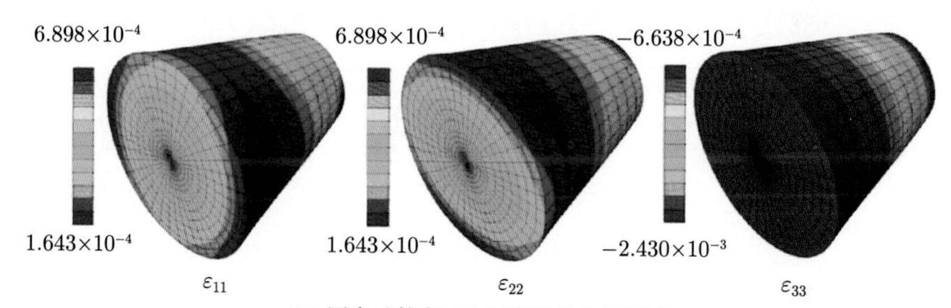

(b) 圆台试件中三个正应变的分布云图

图 4.6　圆台试件中三个正应力和三个正应变的分布云图

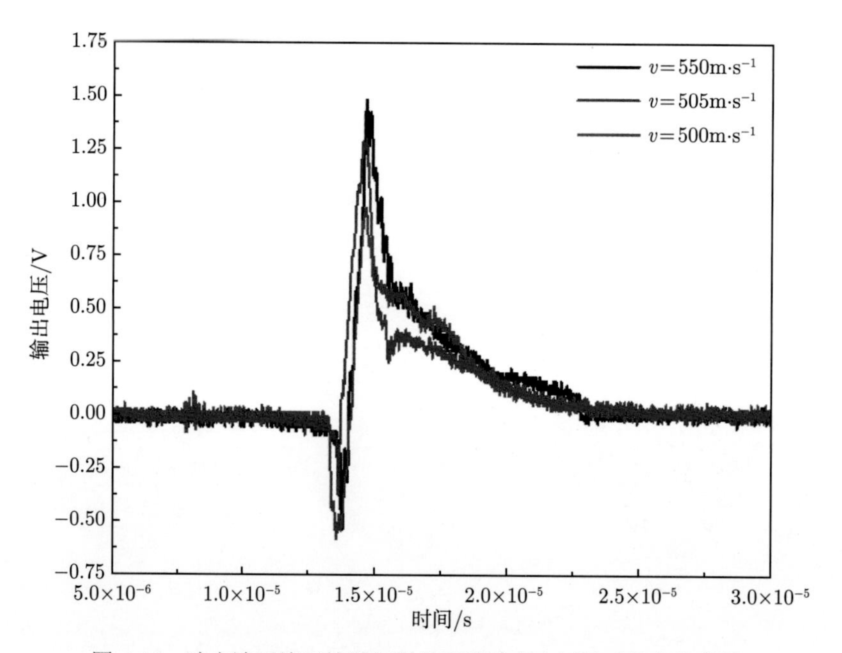

图 4.18　冲击波压缩下钛酸钡样品两端输出电压随时间变化曲线

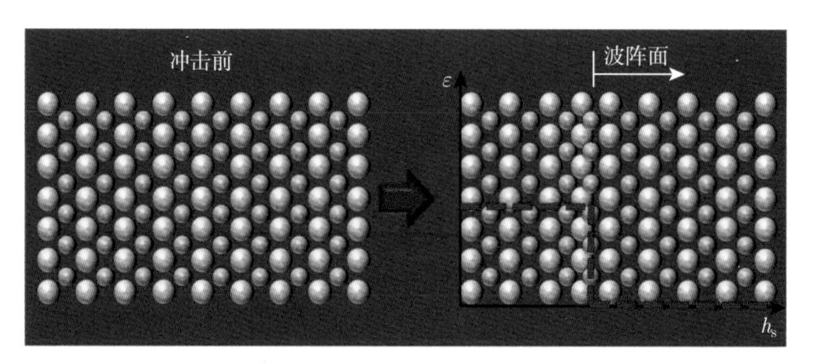

图 4.19　冲击波实验中原子层面挠曲电极化产生的微观机理

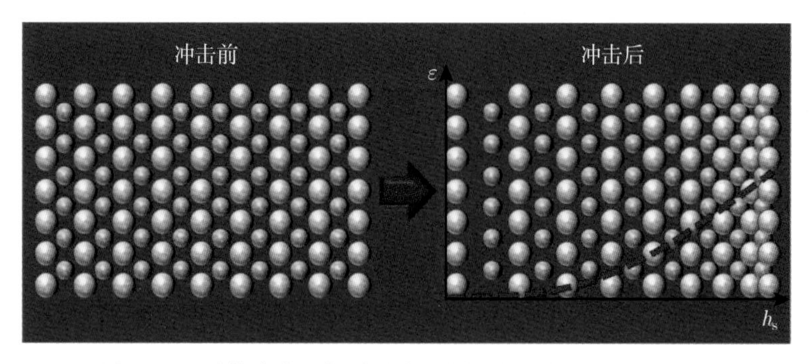

图 4.20　霍普金森压杆冲击实验样品中应变的分布示意图

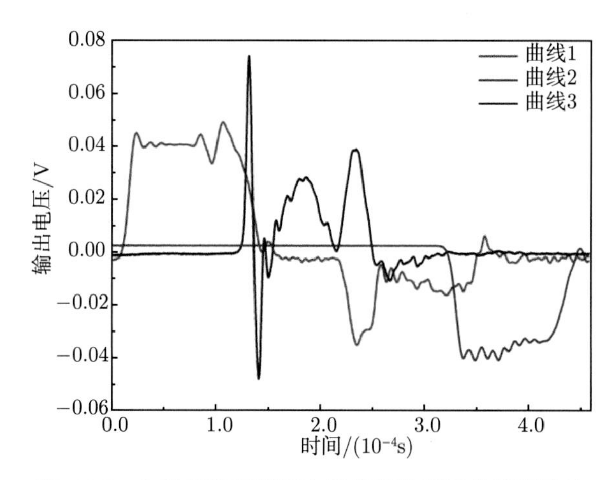

图 4.23　入射杆和透射杆上的应变片测量的应变信号

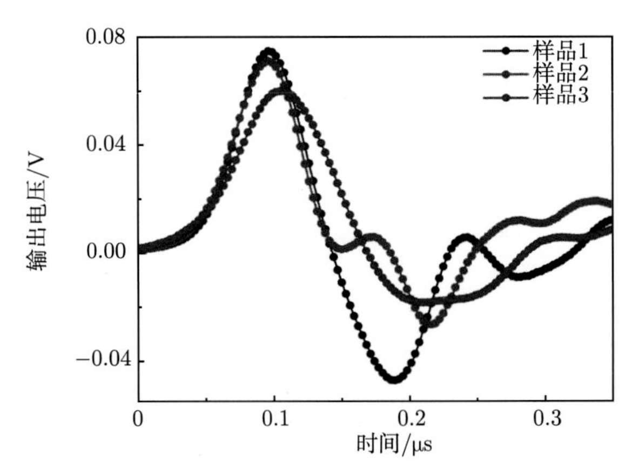

图 4.25 冲击波在三个 BST 样品中引起的输出电压随时间的变化曲线

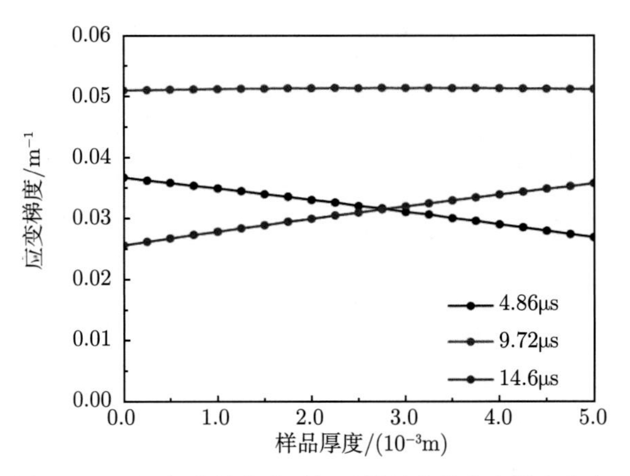

图 4.26 不同加载波上升时间下样品中的应变梯度分布

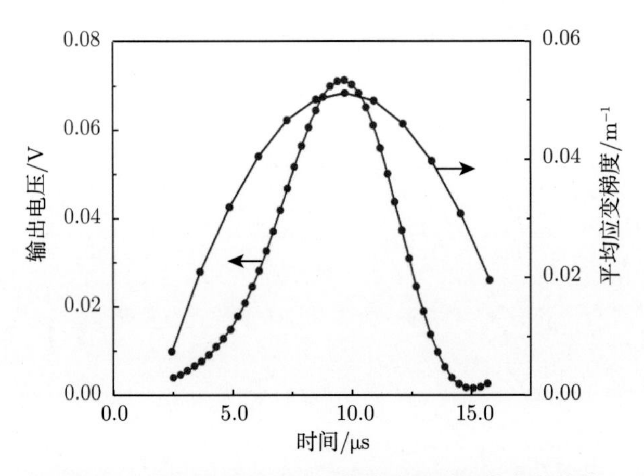

图 4.27 输出电压和平均应变梯度随时间的变化曲线

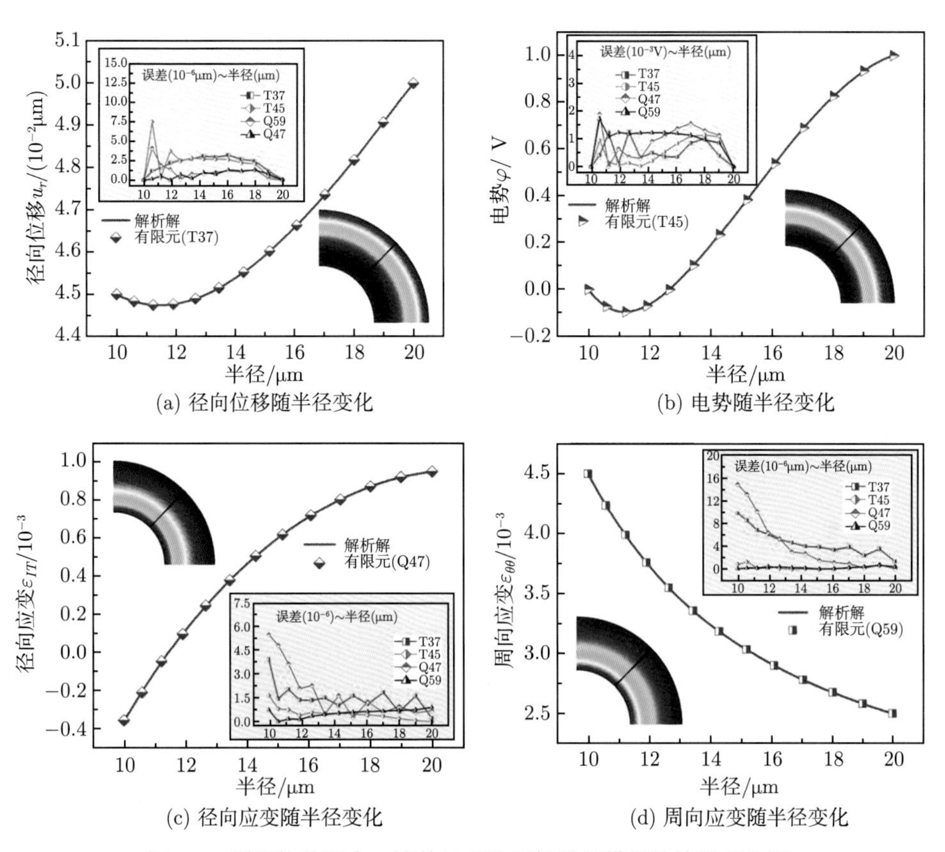

(a) 径向位移随半径变化　(b) 电势随半径变化

(c) 径向应变随半径变化　(d) 周向应变随半径变化

图 5.4　利用构造四个二维单元对称圆管进行模拟的结果对比图

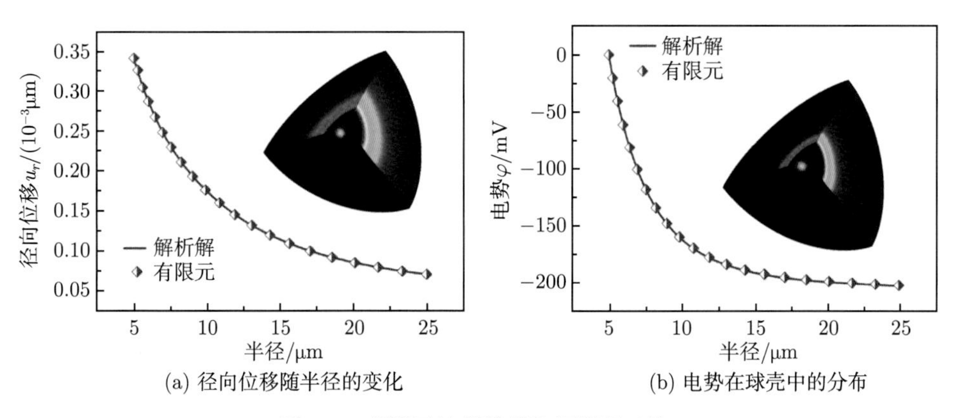

(a) 径向位移随半径的变化　(b) 电势在球壳中的分布

图 5.8　有限元计算结果和解析解对比

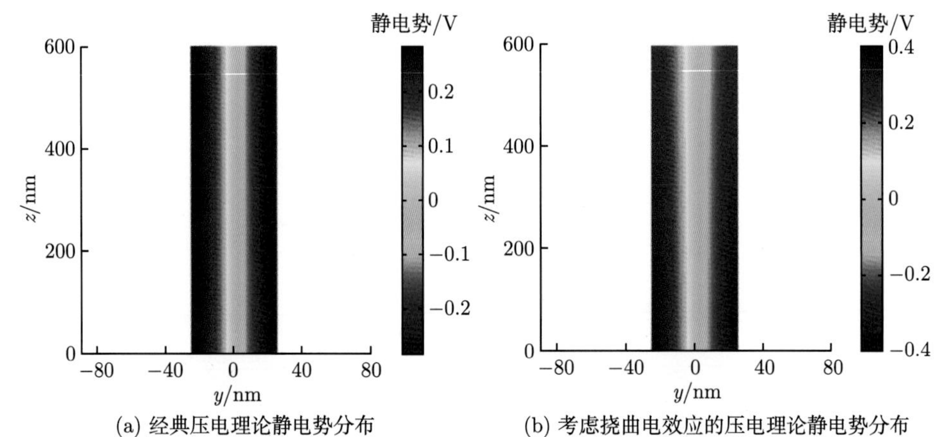

(a) 经典压电理论静电势分布　　(b) 考虑挠曲电效应的压电理论静电势分布

图 6.8　弯曲氧化锌纳米线纵向截面上静电势的分布

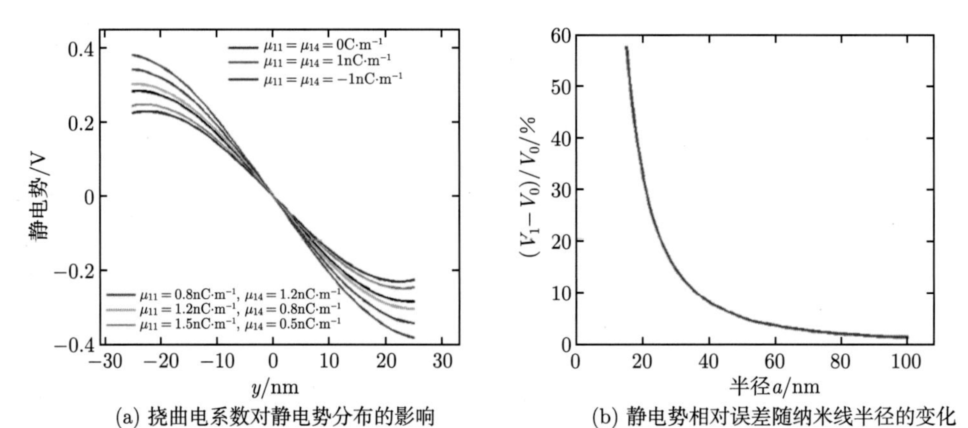

(a) 挠曲电系数对静电势分布的影响　　(b) 静电势相对误差随纳米线半径的变化

图 6.9　挠曲电系数和纳米线半径对静电势及其相对误差的影响

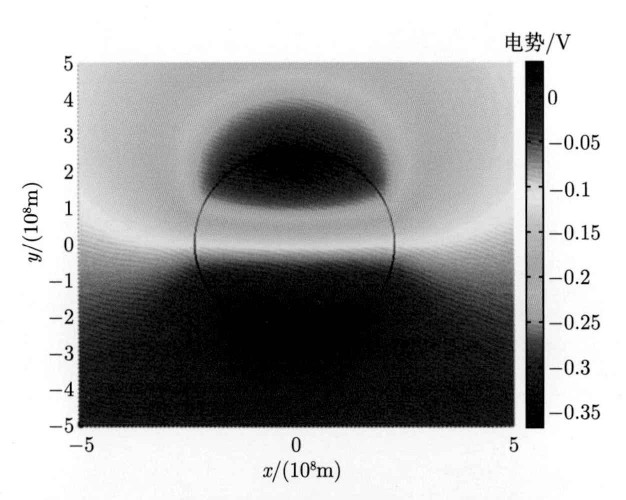

图 6.11　压电半导体纳米线横截面上电势的分布

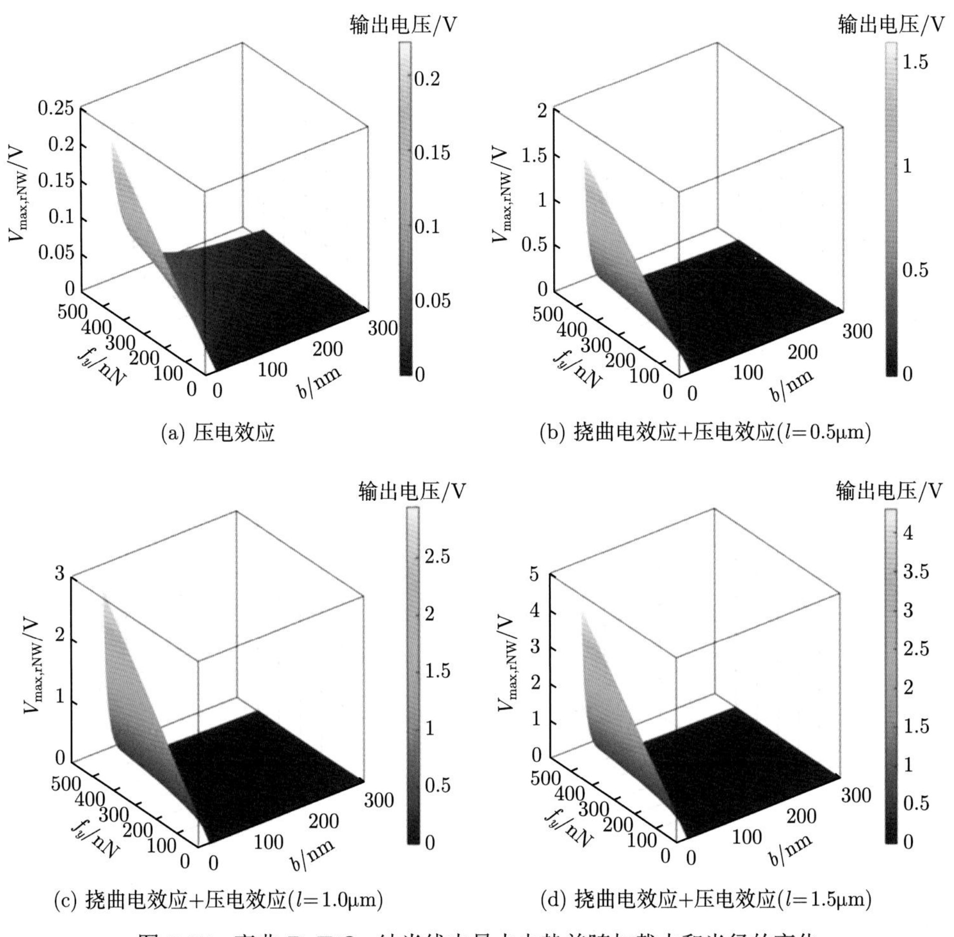

(a) 压电效应

(b) 挠曲电效应+压电效应(l=0.5μm)

(c) 挠曲电效应+压电效应(l=1.0μm)

(d) 挠曲电效应+压电效应(l=1.5μm)

图 6.17　弯曲 $BaTiO_3$ 纳米线中最大电势差随加载力和半径的变化

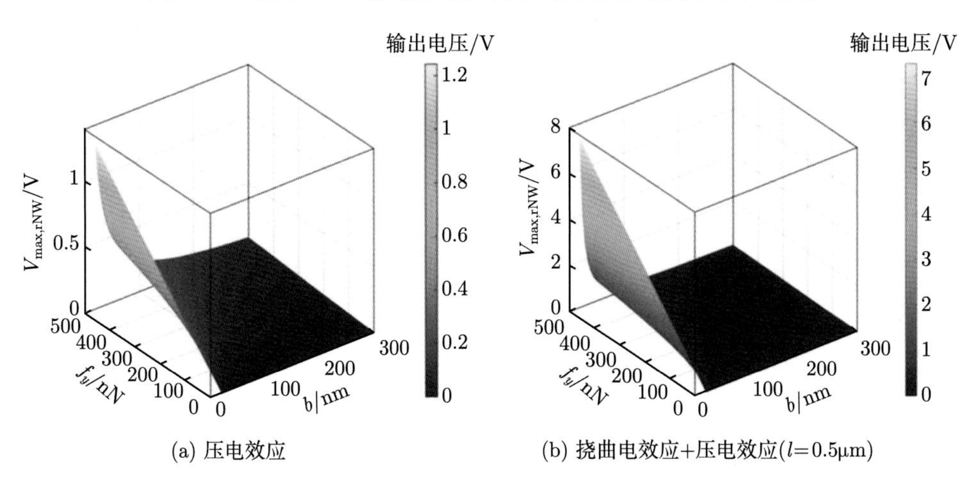

(a) 压电效应

(b) 挠曲电效应+压电效应(l=0.5μm)

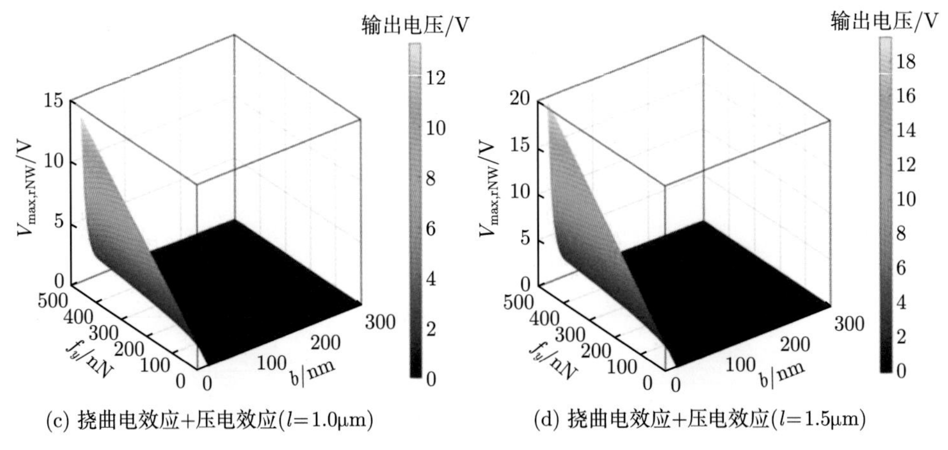

(c) 挠曲电效应+压电效应(l=1.0μm)

(d) 挠曲电效应+压电效应(l=1.5μm)

图 6.18　弯曲 ZnO 纳米线中最大电势差随加载力和半径的变化

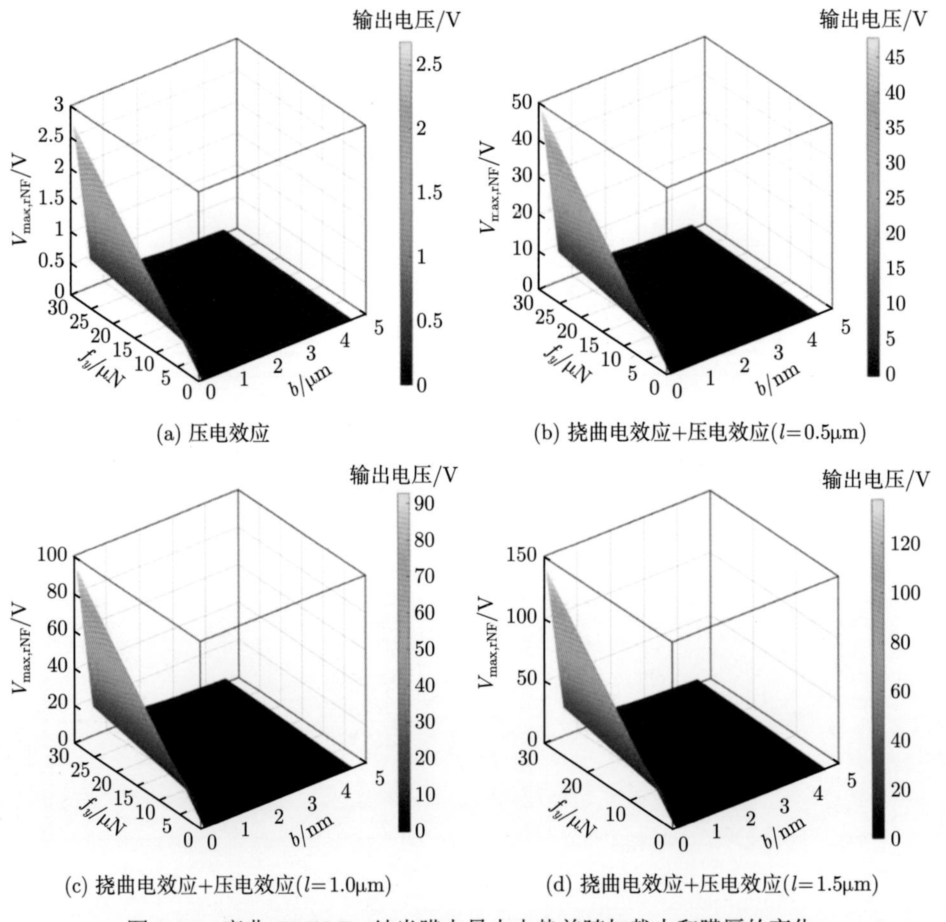

(a) 压电效应

(b) 挠曲电效应+压电效应(l=0.5μm)

(c) 挠曲电效应+压电效应(l=1.0μm)

(d) 挠曲电效应+压电效应(l=1.5μm)

图 6.19　弯曲 PMN-Pt 纳米膜中最大电势差随加载力和膜厚的变化

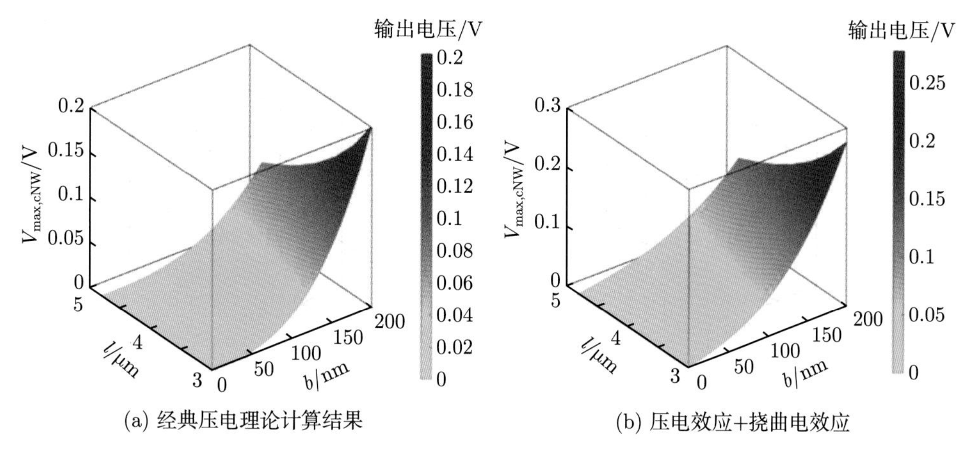

(a) 经典压电理论计算结果　　(b) 压电效应+挠曲电效应

图 6.20　$BaTiO_3$ 纳米俘能器的最大输出电压

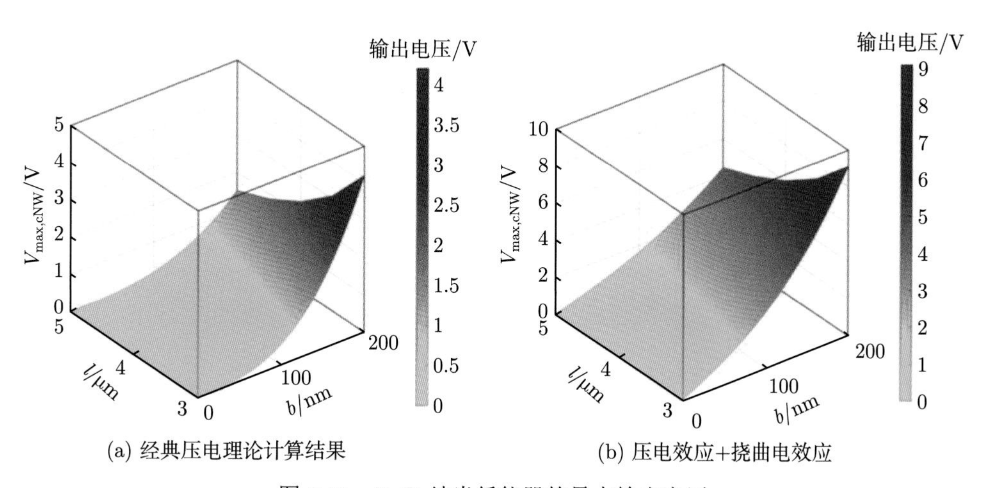

(a) 经典压电理论计算结果　　(b) 压电效应+挠曲电效应

图 6.21　ZnO 纳米俘能器的最大输出电压

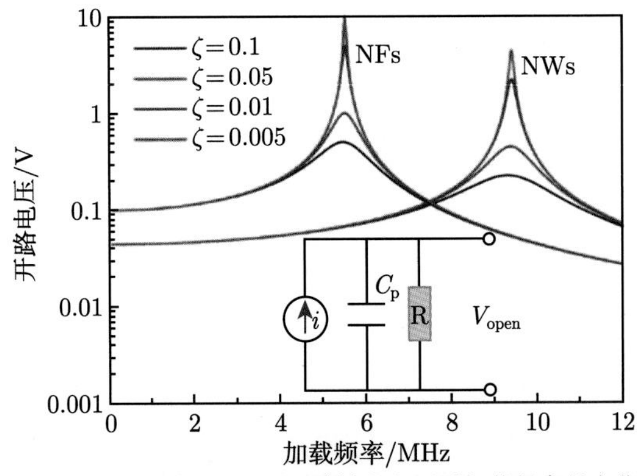

(a) 不同阻尼比下开路输出电压随加载频率的变化

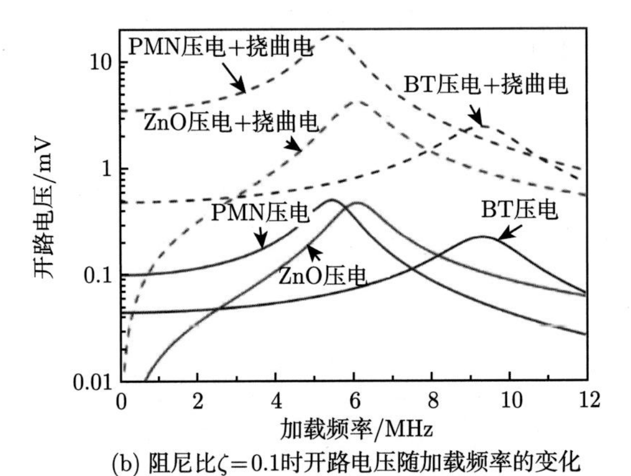

(b) 阻尼比$\zeta=0.1$时开路电压随加载频率的变化

图 6.22　纳米俘能器开路电压随加载频率的变化

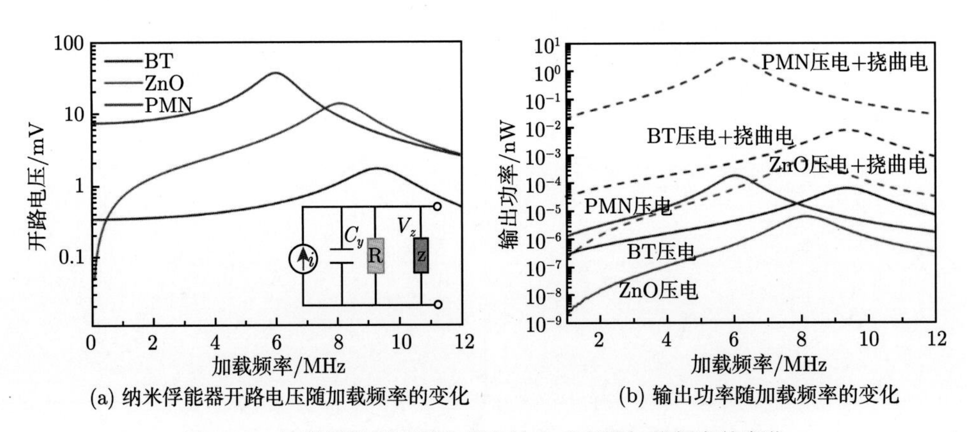

(a) 纳米俘能器开路电压随加载频率的变化　　(b) 输出功率随加载频率的变化

图 6.23　纳米俘能器开路电压和输出功率随加载频率的变化